石元春全集

COMPLETE WORKS OF SHI YUANCHUN

教育文集卷

石元春◎著

中国农业大学出版社
China Agricultural University Press
·北 京·

内容简介

《石元春全集·教育文集卷》主要收集了作者担任北京农业大学校长期间（1987—1995年）的文章、讲话、述职报告、文档等35文，分上、下两篇。上篇主要是第一届任期内的"三年转型改革"和"北京农业大学'八五'发展计划"；下篇主要是第二届任期内的"两年综合改革"与"北京农业大学'211工程'规划"。《教育文集卷》诸文的纪实性强，严格按时间顺序排列，以保持其系统性和连贯性，它是一帧描绘20年前北京农业大学那场长达8年的转型改革的长幅画卷，是一部北京农业大学转型改革的历史连续剧。

图书在版编目（CIP）数据

石元春全集. 教育文集卷/石元春著. --北京：中国农业大学出版社，2021.12
ISBN 978-7-5655-2700-5

Ⅰ.①石…　Ⅱ.①石…　Ⅲ.①石元春－全集②教育－文集　Ⅳ.①N53②G4-53

中国版本图书馆CIP数据核字（2021）第264075号

书　名　石元春全集·教育文集卷
作　者　石元春　著

总 策 划　席　清　丛晓红
责任编辑　田树君
策划编辑　田树君
封面设计　李尘工作室
社　　址　北京市海淀区圆明园西路2号
邮政编码　100193
电　　话　发行部 010-62818525，8625
　　　　　编辑部 010-62732617，2618
读者服务部 010-62732336
出 版 部 010-62733440
网　　址　http：//www.caupress.cn
E-mail　cbsszs@cau.edu.cn
经　　销　新华书店
印　　刷　涿州市星河印刷有限公司
版　　次　2022年2月第1版　2022年2月第1次印刷
规　　格　170 mm × 240 mm　16开本　29.75印张　580千字　插页　2
定　　价　220.00元

谨以此卷献给母校

中国农业大学建校110周年校庆

石元春

2015年教师节

为纪念20年前北京农业大学的那场转型改革而作

滴水粒沙集

——代全集序

科教生涯快70年了。

前40年主要从事土壤地理科教工作。参加过中国科学院黄河中游水土保持综合考察和新疆综合科学考察；参加过土壤地理教学；“文革”后参加黄淮海平原旱涝盐碱综合治理达20年之久。

世纪之交，参加过国家高技术研究发展计划（863计划）、国家重点基础研究发展计划（973计划）以及国家中长期科学和技术发展规划等三次国家重大科技发展战略的研究。

学术生涯的最后一站，是年过古稀还满怀激情地投入到一个全新领域，倡导生物质科技与产业化。

20世纪八九十年代，担任过8年北京农业大学校长。

自研究生学习以来，养成了一种“随做随总随写”的勤于笔耕习惯。为庆祝中国工程院成立20周年，不到一年时间就编撰出版了280多万字五卷册《石元春文集》。当了8年校长，秘书没为我起草过一篇文稿。因勤于笔耕，70年积淀了一大箩筐的陈年旧纸。

2016年夏得短暂性脑缺血症，即小中风，体能明显衰退，毕竟已是85岁的人了。于是减少外勤学术活动，增加室内写作，启动了整理编撰《全集》计划。

《全集》包括：文集类6卷册，《土壤文集卷》《农业文集卷》《教育文集卷》《生物质文集卷》《杂文文集卷》和《研究报告文集卷》；专著类4卷册，《黄淮海平原水盐运动卷》《战役记卷》《决胜生物质卷》《决胜生物质Ⅱ卷》，其中《决胜生物质卷》上一版出版后，美国和韩国的两家出版社又分别出版了英文版和韩文版，此次一并纳入《全集》中；其他类5卷册，《PPT选辑卷》《视频选辑卷》《自传卷》《影像生平卷》和《全集总览卷》。《全集》中的部分卷册是新编的，部分卷册之前出版过，此次在原有版本基础上稍做修改补充，尽量保持原貌。作为科技与教育成果，《全集》内容与资料都已经过时了，但却留下了一些时代印痕。《全集》工程，打算2023年底收官。

感谢一生中鼓励、支持和帮助我的贵人；感谢我的老伴李韵珠教授；感谢中国农业大学出版社席清社长和丛晓红总编辑等同志为出版《全集》所做的巨量工作；感谢王崧老师在《全集》出版过程中提供的种种帮助。

我是新中国培养的知识分子。通过《全集》，将自己一生工作做一番清理，像整理打扫一间老旧住房一样。也想以此作为一种交代，对培养我的祖国与人民的一个交代与感恩，对辛勤一生的自己的一个交代与慰藉。

科学是一条流淌不息的长河，科技工作者是一滴水；科学是一座巍峨雄伟的大山，科技工作者是一粒沙。科技工作者的岗位就是做好滴水粒沙工作。

石元春

识于北京燕园，2021年末

序

——北京农业大学转型改革8年记

《教育卷》多工作报告、讲话之类的，总觉琐碎与平淡。意想不到的是，越整理越有兴致，信心见涨起来。

文字积累与整理的个人习惯，也影响到我当校长时的校长办公室工作。在我授意下，校长办公室每年要编写一本《北京农业大学年鉴》，8 年出了 8 本。每本《年鉴》都将这一年里的学校大事、文档等记录在案，当然少不了有校长的报告与讲话。没想到，20 年后整理本《教育卷》时，这 8 部《年鉴》可是派上大用场了。

那些看似散落的远山近水、巨石台阁、茅屋小桥、风情人物、庭院集市等画面，一旦集装整合于北宋汴梁的清明时节，就会升华出一幅“清明上河图”。《年鉴》中那些看似零散的报告、讲话和文件，从我的第一篇就职演说，到离任前发表的最后一篇论文，整合到一起后，原来是从头到尾地记录了国家改革开放以及高教改革之初的那个重要时段里，北京农业大学的一部完整的“转型改革”历程；一部由受“文革”重创、由羸弱到振兴崛起、重立全国著名高校之林的北京农业大学的那段历程。

校长 8 年，千头万绪地忙于校务，不料 20 年后回头一看，只做了一件事，就是“转型改革”！这倒是应了“万事当时不清后来清”和“只缘身在此山中，不识庐山真面目”的老话。

所谓“转型改革”，就是将在计划经济体制下，承袭于美欧，改良于苏联的“农学院”办学体系转型为能适应国家改革开放和市场经济需要，能适应现代世界科技与教育发展形势的，培养农业高层次人才的“农业大学”办学体系。这是北京农业大学脱胎换骨的蜕变，一次历史性的转折。这 8 部《年鉴》记载了英雄的北京农业大学人为学校的生存与发展、荣枯与沉浮奋力拼搏的一篇史记。

一所大学或个人，只能在他所处时代里作为与沉浮。正是 20 世纪 80 年代的国家改革开放大势方才营造了北京农业大学的那段“转型改革”，乃时代之使然。

我是北京农业大学建校时入学的第一届毕业生，又是北京农业大学的“末代校长”（离任后北京农业大学即与北京农业工程大学合并改名为中国农业大学），能与母校共此一段经历而感无上荣光。

本卷共收入 35 文，其中有我的报告、讲话和执笔的重要文件 31 篇，相关文档资料 4 篇。诸文按时序排列，分上、下两篇。上篇由“转型改革”一期和制订“‘八五’发展计划”中的 16 文组成，可对应于校长的第一届任期；下篇由“转型改革”二期和“北京农业大学‘211 工程’规划”中的 19 文组成，可对应于校长的第二届任期。附录中有校长后的 4 篇教育方面短文、有沈阳农业大学“当代农学家学术思想研究课题组”撰写的文章“石元春教育思想研究”，以及这 8 年的大事记，每文文头都有“导读”。为了帮助读者了解北京农业大学这 8 年的转型改革和本卷中诸文的有机关联，此序文后加写了一篇文章，“20 年前北京农业大学的那场转型改革”，相当于“连续剧”的剧情介绍。

对本卷感兴趣的读者不会多，但是对有意于了解那个时代北京农业大学那段历史的中国农业大学师生，对有意于了解或研究那个时代中国高校改革的读者，这无疑是一个内容与资料皆丰的案例。

本卷诸文的纪实性强，严格按时间顺序排列，以保持其系统性和连贯性，她是一帧描绘 20 年前北京农业大学那场长达 8 年的转型改革的长幅画卷，是一部北京农业大学转型改革的历史连续剧。

石元春

2015 年 5 月于北京

目录

CONTENTS

下篇 转型改革二期

写在前面：20年前北京农业大学的那场转型改革

新中国刚成立，就开始了高校的“院系调整”。1949年秋，清华大学农学院、北京大学农学院和解放区华北大学农学院合并成立了北京农业大学。成立后，随即分出森林系建北京林学院和现在的北京林业大学；分出农机系建北京农机学院和后来的北京农业工程大学。三院合并集中了各方优势，特别是师资力量。1956年全国高校教授评级中，全国仅有一级教授百余位，北京农业大学就有10位，仅少于北京大学、北京医学院和上海第一医学院而位列第四，北京农业大学是当时全国6所重点高校之一。

原北京大学农学院和原清华大学农学院承袭了美欧办学理念与传统，华北大学农学院则重视学生参加农业实践，1952年开始全面学习苏联。所以，“文革”前的17年，北京农业大学是在国家统一招生和统一分配的计划经济体制下，融合形成了承袭于美欧，改造于苏联，强调实践教学的农业高等教育体系。

一、一次箭在弦上的改革

20世纪80年代是中国启动改革的年代。

1979年出台的《中共中央关于加快农业发展若干问题的决定》和连续5年的5个“1号文件”，力挽濒临崩溃的中国农业于狂澜，中国的改革是从此时的农村开始的。随之，1984年出台了《中共中央关于经济体制改革的决定》，将改革由农村延展到城市和工商业，在全国范围开始进行市场经济体制改革。1985年出台《中共中央关于教育体制改革的决定》，掀起了全国高校改革热潮。教育体制改革的《决定》中对高教改革有三句话：“当前高等教育改革的关键，就是改变政府对高等学校统得过多的管理体制，在国家统一的教育方针和计划的指引下，扩大高等学校的办学自主权”；“加强高等学校同生产、科研和社会其他各方面的联系，使高等学校具有主动适应经济和社会发展需要的积极性和能力”；“改变高等学校全部按国家计划统一招生，毕业生全部由国家包下来分配的办法”。仅此三句话，宣布了“文革”前计划经济体制下建立起来的高教体制的终结，中国高教将通过改革另觅新径了。

当时的一个情况很重要，就是随着改革开放，全球科技革命的冲击波和现代科技与教育思想一捅而入，洞开了长期处于封闭状态下的中国高教系统，唤醒了沉沦多年的中国高教。中国的知识分子和教授们不再沉默了，一定要锐意跟上世界科技与高教的时代步伐。

高教《决定》颁布的1985年，全国高校多已恢复元气，纷纷轻装上阵，投入改革大潮。北京农业大学不然，是连原“校名”与“校园”都没有了的“文革”重灾户，到1979年才批准恢复原校名和迁回原校址办学。此时的校园，还是满目简易房与地震棚，老师居无定所，党委和校长在学生宿舍办公，学校工作的重点是安置师生生活和讨回“文革”中被占用的楼房，哪里顾得上什么改革。繁重的“复校”工作使北京农业大学在全国高教改革开放的起跑线上就落后了许多。当时，有农业院校校长在农业部召开的会议上说：“重点农业大学不能是钦封的，要看实力。”这明明是在挑战北京农业大学，可见当时学校领导和教师承受着多大的压力。

我是1985年进到学校领导班子任副校长的，亲身感受到了这股巨大压力和面临着多么严峻的挑战，1987年出任校长时的心情可想而知。为了学校的生存与发展，振兴与崛起，北京农业大学的这场改革已是箭在弦上，兴衰荣辱，在此一搏。

上任两个月即召开有院长、系主任和副处以上管理干部参加的、历时5天的第一次工作会议，当时称为“8月会议”。我在总结讲话中开宗明义地提出了新形势下北京农业大学存在的6个不适应，即专业学科和院系设置不适应；培养人才的质量观不适应；教育层次和结构不适应；学科发展不适应；人才、思想和物质条件的凝滞状态不适应，以及管理工作不适应。会后，制订和启动了“三年转型改革”方案。所谓“转型”，就是要改掉“文革”前计划经济体制下的承袭于美欧，改良于苏联，加以解放区生产实践教学的“三结合”办学体系，建立能适应改革开放和市场经济，能适应现代科技与教育发展的，培养农业高层次人才的教育体系。

“三年转型改革”的核心是改变学生的培养模式，即将过去的“窄专型”培养模式改为“宽适应型”培养模式。主要措施是改按专业招生为按系招生、实行“三段组合式”教学，以及强化非智力因素培养，以提高学生综合素质和宽适应能力。当时的提法是“强基础，宽知识，能动手，思想好，素质高”。改变学生培养模式，提高学生适应能力就是为了适应市场经济条件下对学生的要求和学生自主求职的需要。

“三年转型改革”的其他内容，一是改单一的本科教育为构建本科教育、研究生教育和继续教育相结合的多层次现代农业高等教育体系；二是改单一的传统农业学科为传统学科改造与发展新兴学科相结合、单一学科与多学科交叉综合相结合、自然科学学科与社会经济和人文学科相结合、“硬”科技与信息、管理、边缘科学等“软”科技相结合的新的学科结构；三是强化农业高等教育的农业技术推广职能，建设一支强大的农业科技推广队伍；四是开拓校办高新技术产业，促进成果转化和扩大学校经费来源；五是以聘任制为中心进行人事分配制度改革和加快教师队伍建设；六是在校长负责制基础上，下放教育教学权限，推行系主任（院长）负责制；七是大力推进技术支撑系统、后勤保障系统和管理系统的改革。

在1988年8月召开的第三次工作会议上的总结讲话中有这样一段话：“我们已不是要有危机感而是已经身在危机之中了。面对当今形势，任务是如何在竞争中保护和发展自己，在改革中求得自身的改造和完善。光有热情和苦干精神是不够的，重要的是审时度势，深思熟虑，在大变革中把握学校的航向，健康迅速地向前发展。”

在国家改革开放、高教改革，以及北京农大必须通过改革以振兴崛起的大形势下，“三年转型改革”深得广大教职工和学生的欢迎、支持和积极参与，推进得很顺利。但是，教育思想和教学体系的转型谈何容易，三年岂能完成？提出“三年”是因为校长的一届任期只有四年。

1991年，学校迎来两个大好消息，一是经多方努力，北京农业大学的基建计划终于被列入国家“八五”大中型建设项目（新建16万米^2，国家投入资金1.06亿元）；二是北京农业大学被农业部列入了部“八五”重点建设计划。此外，国务院下达了校长连任的通知。于是，立即组织人力，研究制订了《北京农业大学‘八五’发展计划》以及相应的“两年综合改革”方案（1992.9—1994.9），以期使一期的《三年转型改革》得以完善和深化，是8年转型改革的二期。为何又提“两年”时限？也是因为校长的第二届任期将止于1995年。

1992年夏季启动的“两年综合改革”方案重点放在了新教育教学体系的整体建设上，从宏观性的院系专业设置与学科结构优化，到培养计划制订与课程设置，到微观性的课程建设，以及教师队伍与教学条件的系统建设。因为只有整体性的建设才能全面实现转型改革目标和巩固转型成果。同时对“三年转型改革”开始的高教体系建设、按系招生与组合式教学、精神素质培养、农业技术推广职能与高技术产业开发、教师队伍建设，以及人事制度与管理体制改革等进行完善与深化。

1994年初，获国家教委和农业部通知，国务院批准的高教“211工程”计划5月开始启动部门预审。于是在近7年的转型改革基础上，积极准备申报材料。1995年初，北京农业大学“211工程建设计划”通过了部门预审，它意味着北京农业大学的未来十年，将依此重要的国家建设计划而再上一个新的台阶。转型改革开启了未来十年“211 工程”的大门，“211 工程”将历时 8 年的转型改革推向了高潮，也为 8 年校长任期画上了句号。

8 年转型改革，基本实现了由“文革”前计划经济体制下的传统办学体系转型为能适应当代世界科技和教育发展，适应国家改革开放和市场经济体制需要的，培养农业高层次人才的教育体系，使北京农业大学逆转颓势，振兴崛起。

二、转型改革改了什么？

“转型改革”是一个大系统，大工程。是从理念和战略定位，到一城一池地争夺，一次会议一次会议地研究，一个计划一个计划地实施，一份文件一份文件地贯彻，一步一步推进群众运动，是一场艰苦的“八年抗战”。转型改革做了什么？大体有以下 17 个方面。

1. 明确战略定位和发展目标

转型改革的大目标是什么？就是北京农业大学要办成一所什么样的大学？

在就职两个月后第一次工作会议的总结讲话中提出了“我们的总体目标是办成一个综合性和多科性的、一流的新型农业高等学府。”强调了“综合性和多科性”与“一流和新型”。在“三年转型改革”完成后的 1991 年召开的第九次工作会议上的进一步表述是：“建成为教学和科研两个中心，兼有农业推广和高新技术产业开发职能，具有较高国际化程度和国际先进水平的，综合性和多科性的，一流的新型农业高等学府。具有规模不大水平高，人员不多素质好的特色。”表述中增加了“两个中心，两个职能”“较高国际化程度和国际先进水平”以及“规模不大水平高，人员不多素质好”的三项较为具体的内涵，这是校长四年对办学目标认识的深化。第三次是在“两年综合改革”和申请“211 工程”中提出了“以农科为主的综合性大学”的理念和目标，这是在更多地了解到如美国康奈尔大学等国外著名农业大学发展趋势和北京农业大学在中国新形势下的定位而提出来的。在“211 工程”中提出是使此目标具有行政性确定的意义。

2. 构建现代农科高教体系

现代农科高等教育应当包括本科教育、研究生教育和继续教育，这是我在 1987 年召开的第一次工作会议上提出来的。构建现代农科高教体系是此次转型改革的重要内容之一。

“文革”前的北京农业大学尽管是全国重点大学，但在当时时代背景下，研究生教育一直很弱，1967 年全校毕业研究生仅 16 名（《北京农业大学校史

（1949—1987）》）。1984年开始试办研究生院，1994年即招收硕士生182名和博士生89名。硕士和博士学位授权点分别由1984年的26个和13个，增加到1993年的39个和22个；硕士生和博士生导师分别由155名和8名增加到425名和74名。1985年建立博士后流动站，1986年国务院学位委员会批准我校为授予在职人员硕士、博士学位的试点院校。通过8年转型改革，初步建立起较为完善的研究生教育体系。

继续教育是指对具有大专以上学历，有一定实际工作经验的在岗科技人员、教师和管理人员，以多种形式进行知识和技能上的更新、提高和补缺。自1979年为农业部举办农业管理干部培训已近10年，但工作面窄，规范化和制度化程度不高。根据终生教育理论，转型改革中将大学后继续教育作为农业高等教育结构中的一个板块。1988年4月正式成立了继续教育学院，面积5 000米^{2}的继续教育大楼、专用报告厅和餐厅等投入使用，音像教材等扩展了继续教育范围和距离。继续教育板块得到了迅速和健康发展。

3. 重在学科建设

学科是一所大学的学术基础和细胞，学科的结构和水平是大学学术水平的重要标志。1987年第一次工作会议提出“学科发展上的不适应”时指出：“当代科学技术发展迅速，在高度分化基础上向高度综合方向发展。一方面传统学科要不断更新改造；另一方面交叉和新兴学科不断涌现和发展，科学技术与经济发展的关系越来越密切。然而，在当前的现实生活中，强调传统学科而对交叉和新兴学科的倡导、支持和重视不够，强调单项学科而对与近邻学科的结合和多学科的综合重视不够；强调自然科学技术而对社会、经济和人文科学重视不够；强调‘硬’科技而对信息、系统科学、管理等‘软’科技重视不够。”

学科建设的原则是“稳定提高一头，拓展搞活一片”。“稳定提高一头”是作物和果蔬栽培与育种、植物生理生化、微生物、植保、土化、畜牧、兽医、农经等传统和优势学科要在稳定中更新改造与提高。“拓展搞活一片”是指大力支持和发展分子生物学、生物技术、资源与环境、信息科学和技术、计算机、遥感、植物化控等前沿性的、新兴和交叉学科；大力发展生物环境控制工程（设施农业等）、微生物发酵工程、农村机电、食品加工工业、饲料加工工业和肥料加工工业等工程学科；大力发展农产品贸易、乡镇企业经营管理、农村发展、农业推广、土地资源与管理、经济法、行政管理、社会学等经贸管和人文社会学科；大力发展种子、肥料、饲料、植保、农药、农机、农产品加工、畜牧生产等农业科技产业和农村社会化服务体系所需要的学科；大力发展花卉、草坪、金融、会计、房地产等社会需要的热门学科；大力发展农产品国际贸易、农村发展等国际化方向学科等6个方向。在已形成的75个二级学科的总体结构基础上，通过“211

工程”再新建45个，达到120个，增幅最大的是人文社会科学。

4. 调整院系专业结构

学科是专业的基础，相近专业构成系，相近系组建学院，院系是一级学术管理机构，也是一所大学综合实力和对社会需求整体适应与应变能力的重要标志。在学科拓展与建设基础上对院系专业结构进行调整与优化是此次转型改革的顶层设计与框架布局。

“文革”前北京农业大学有农学、园艺、植保、土化、畜牧、兽医、农经、气象8个系。“文革”后的1984年成立了食品科学系和生物学院，共27个招生专业。招生专业的业务方向和内容偏细偏窄，如中兽医专业、兽医外科专业、草地科学专业等，而如上所述的新形势下所需求的专业内容又大量缺失。故此次专业结构调整的原则是，要密切适应国家经济建设和市场经济体制改革的需要，要密切适应当代科技发展的形势。一是向学科前沿、新兴交叉学科的方向延伸（如生物技术、资源与环境，计算机应用科学、信息管理、化学控制、生物环境控制工程以及工程学科）；二是向当前及今后农业生产中的技术需求方向延伸（如产前、产后的种子、肥料、水土、饲料、植保、兽医兽药、农机、信息和推广等）；三是向经、贸、管方向延伸（如农村乡镇企业）向国际化方向延伸；四是向当前和中近期的热点方向延伸（如财会、金融、草坪、花卉、果树）。

经过调整优化，第十二次工作会议上提出了8个学院，29个系，74个本科专业方向和18个研究所/中心方案。通过基础科技学院和人文社会科学学院的成立和发展，理工学科和人文社会学科加强了；通过农业设施工程、计算机和信息管理、土地资源和管理等系的成立使一批新兴和交叉学科发展了；传统的畜牧、兽医和农经也通过动物科技学院、动物医学院和农业经济与管理学院的成立而在全新理念和领域层次上焕发出新的活力和生机。这一系列的调整和充实，使北京农业大学向以农科为主的综合性大学的总体发展目标靠近了一步。

院系专业结构的内涵不是一成不变的，重要的是建立一套能主动和迅速适应社会需求和科技发展形势变化的机制。由相近学科的学科群组成的学院是一级行政管理层，有利于学科综合交叉和新兴学科发展，有利于教学科研工作的组织协调和具有较高的稳定性。系则专注于提高教学质量和学术水平，并可在学科发展、人才需求和培养方向上做出及时和灵活的反应和调整。构建校、院、系三级管理体制并拥有较大学科和专业自我调节的权力，可形成稳定性与灵活性相结合的院系专业结构调整优化的运行机制。

5. 改变培养模式

培养模式是教育改革的核心。

“文革”前17年，“窄专型”培养模式要求大学毕业即为栽培专家、育种专家、植病专家、昆虫专家等，这是学习苏联，按计划经济体制需要设置的培养模式。1987年第一次工作会议上提出“培养人才的质量观上不适应”时指出：“要求现代的大学生应具备良好的品德、事业心和进取精神，业务上基础扎实，知识面宽，动手能力和应变能力强。而长期以来，我们实行的是专才教育，强调专业知识学习而基础不厚，知识面窄，导致适应和应变能力差；强调理论和课堂教学，忽视实践教学，导致实际工作和动手能力差；强调传授知识，以教师为中心和注入式教学方法，忽视学生智能开发和能力培养，导致学生分析和解决问题的能力差。”

科技发展和知识更新速度日益加快，以及社会需求和市场经济条件下学生就业方向的多元化和不稳定性的时代特征，决定了大学生必须具有较宽知识和较强适应与应变能力。转型改革就是改“窄专型”培养模式为宽适应性的“通才型”培养模式，改“按专业招生”为“按系招生”，使学生从入学到毕业，都是在较宽口径下进行学习。此项改革自1988级入学的新生即开始实行。

与“按系招生”改革相配套的是改“四年一贯制教学”为“组合式教学”。即一二年级按系学习较宽的基础知识、参加基础实践训练，打下共同的“通用”基础。三年级按社会需要和本人意愿，在系内选学某几门课程并掌握某方面的专长与技能，构成“专业方向”。做到既有较宽厚的基础，又具有一定专业知识以及较强动手能力的高级专门人才。

6. 重构培养计划

实施“按系招生”和“组合式教学”改革，必须按新的理念和要求重构教学计划和调整课程，并新编了我校第一部《教学指导书》。经调整后的教学计划，四年全学程总学时数由3 100学时左右下调为2 800～2 900学时，必修课由95%下调为70%左右，选修课由5%上调到30%左右；基础/通识类、专业基础类、专业类教学内容的比例由5∶2∶3调整为6∶2∶2；专业技能类教学（实习与实践教学）增加到22～25周。基础/通识课的总学时数提高到576学时，其中外语课较大幅度地提高到288学时并规定二年级必须通过四级统考；计算机课较大幅度地提高到144学时，全学程累计上机120～150学时。同时狠抓理论教学、实验教学和实践教学三个体系的建设，要求一门课一门课、一个实验一个实验、一项实践一项实践地抓、实实在在地落到实处。做到教师、内容、方法、条件、效果考核“五到位”。

课程（理论教学与实践教学）是教学计划的“细胞”。一个学生四年里要上数十和近百门课程，如果课程“细胞”质量不高，整个机体能有活力和健壮吗？随着“按系招生，组合式教学”宏观性改革的推行，1989年的第五次工作会议适时地提出了以课程建设为中心的微观性教改，制订了《北京农业大学关于课程建设工作的意见》，随之进行普查调研，发动群众，制定规划，启动课程建设。

课程建设的内涵包括师资建设、课程内容、教学条件、教学效果和课程评估五个方面。即选择和培养一批高水平的主讲教师；根据教学计划的要求，拟订教学大纲、编选教材、不断充实与更新讲授内容、讲究讲授方法与效果；改善教学条件，以及每年进行课程教学质量评估，从中评出具有国内先进水平的一类课程。各院系先选几门在教学内容、方法、效果和教师授课能力各个方面确属上乘的王牌课，作为一类课程，加以重点扶持和提高。《课程建设三年规划（1990—1992）》是1989年秋季启动，1990年、1991年和1992年每年建设和评估一批，共三批。1990年建设的第一批一类课，有本科生课40门，研究生课27门。

7. 重设教学管理方法

一个好的教学目标和计划的实施，还要有配套的管理办法、规章和条例，关键是要调动“教”与“学”两个方面的积极性。在1993年5月召开的第十三次工作会议上，对本科生的教学管理制度改革提了6个要点，即全面实行学分制、主辅修和有条件转系（院）制、专业证书制、奖学金和单项奖励制、预淘汰和试读制以及导师制。为了加大奖罚力度，激发学生学习的主动性和积极性，改助学金为奖学金和贷学金，拉开档次，滚动评定，以及预淘汰和交费试读制等。学生可按计划完成学业，也可根据客观条件和自身能力，在允许范围内做必要调整，可提前毕业，也可延长修业年限至8年。

为了调动“教”的积极性，在教师中实行以优化为前提，以定任务为基础，聘任是关键，评议是根据，分配是驱动力的“优、定、聘、评、配”的管理办法。严格聘任和择优上岗制；高课时津贴和优质嘉奖制；挂牌上课和考教分离制；满工作量和累计工作量制等。校教务处在教学管理中，改过程管理为主为以目标管理为主，并建立基金、评估和奖励制度。

8. 强化精神素质培养

科技和社会发展愈是迅速，市场经济与职业环境竞争愈是激烈，学生的精神素质和非智力因素的培养愈加重要。在1987年第一次工作会议上提出“全面提高教育质量”中首先就是“改善精神素质培养”。过去的大学教育专注于智力教育，忽视非智力因素培养和以“政治思想工作”代替。现代教育学强调对受教育者非智力因素培养的重要性。受教育者对环境的适应和应变能力，以至于对社会贡献的大小，在相当大程度上与他的精神素质直接相关。非智力因素教育内容有五个方面：一是基本素质教育，指正确的世界观、人生观、科学精神和求实态度等；二是心理素质教育，指开拓创新、承受逆境和坚韧不拔的精神、应变能力和竞争意识等；三是社会素质教育，指社科、公关、法纪、社交、组织和领导能力等；四是文学、艺术、写作等文化素质教育；五是国际化教育，指要有国际和全球意识。

1988年秋开始，安排一位副校长专职分管学生工作，并配备较强干部成立了学生工作办公室，配合党委，将学生精神素质培养工作在组织领导上得到落实。1988年9月召开的学生工作会议上，制定了非智力因素培养工作纲要；1989年2月召开的第四次工作会议上强调学生非智力因素素质培养要做到“工作投入、感情投入和时间投入”的“三投入”，把工作真正落到实处，以务实的精神把虚的工作往实处做；3月召开班主任工作会议，检查贯彻落实情况和交流工作经验。我校的“八五计划”中制订了“熔炉工程”专项建设计划。

9. 提升整体科研水平

教学与科研两个中心是现代大学的基本特征，科研是大学学术水平与社会服务能力的重要标志。大学科研工作主要是以教师和课题组承担各类项目，特点是散、小和被动式接受。1988年8月第三次工作会议主题就是“提高学校科研整体水平”，提出在保证完成承担的200余课题的前提下，学校主动抓好“三重”（重大学科、重大课题成果和重要苗头）；1989年9月第五次工作会议上又进一步提出主动打好“四个阵地战”，即逐步形成农业生物技术、农业资源环境、高新技术农业应用以及重大基础研究“四个科研战略高地”，建设一批国家和部（校）级研究所、中心、实验室和工业性实验基地。将有关学科横向和综合组织起来，形成一批国内具有明显优势和领先地位，国际上有较大影响的优势学科群和领域。

目前已经形成11个国家级、20个校级重点学科，15个“七五”重点项目和一些重要苗头的课题。第一“战略高地”——农业生物技术涉及8个系的十余个学科，以国家农业生物技术开放实验室和农业生物学院为基础，成立了校农业生物技术委员会，制订了我校农业生物技术发展的《909计划》，这个优势学科群正在形成；以黄淮海平原综合治理和农业开发为主体的农业资源与环境学科群是第二战略高地；以计算机、遥感信息系统（GIS）为主要内容的高新技术农业应用以及一批重要基础性研究的第三和第四“科研战略高地”也在建设中。“三重”和“四个战略高地”既是产出高水平成果和培养高层次人才的基地，也是显示学校科研实力和水平的实体。

在激烈竞争形势下，“八五”主持和参加各类各级项目484个，总经费4 593.5万元，较“七五”增长了84%。已获国家和部委奖59项，较“七五”增加15项。我校主持的“黄淮海平原综合治理和农业发展”项目获1993年度国家科技进步特等奖，这是我校，也是全国高校获得的最高级别国家奖励。

10. 确立农业推广功能

美国“赠地法”赋予赠地大学以农业推广的使命，中国有9亿农民，农业生产与技术又很落后，中国的农业院校也应当以农业推广为己任。可是农业推广在农业大学里一直是一种非主流的和自发的活动。从事农业推广工作的老师没有专项经费，论文少，评职称时既非教学又非科研，非常不利。1987年第一次工作会议上提出的“六个不适应”中就曾指出：“强调研究而对研究成果向生产转移（推广和开发）重视不够，以及认为搞理论有水平，搞应用和生产实践技术没水平等旧的传统观念极大地阻碍着学科的发展。”1988年的第三次工作会议上提出“推广工作是学校三大职能之一”，“要建设一支强大的推广队伍”。随之，我校建立了我国第一个农业推广专业和结合中德合作项目建立了我国高校第一个农业推广的业务实体（“北京农业大学农业综合发展中心”）。有一支30余人的农业推广队伍，有一座设施先进的楼房，有一个大型的国际合作项目，有一个参与黄淮海平原区域农业开发的广阔用武之地。

1988年以来，每年有三四百名师生，以河北邯郸、衡水和沧州三地区为基地，覆盖30多个县进行实习。以我校38项成熟实用技术为内容，有科研基点和实验站外作技术推广示范模式、有与地方技术力量和农户结合的协力推广模式、有建立农业推广试验区和技术咨询培训模式等。在大规模和持续的农业推广实践中，举办了各类培训班百余次，接受技术培训人员近2万人次，集市大型现场咨询620场，达30余万人次和发放各种技术资料40余万册/份。农业推广取得了重大增产和经济效益，深受农民和地方干部欢迎，也在师生中树立服务农民的意识，参与了科教兴农的实践。

继我校成立全国第一个农业推广专业后，1991年4月出版了由北京农业大学主编和20所农业院校参加的《农业推广学》；1991年率先培养农业推广专业的博士生和硕士生；1992年4月评聘了国内首批农业推广型教授3位，副教授10位；1992年5月举办了国内首届“农民科技活动日”。农业推广在我校找到了自己的位置，成为我校一个新的重要支柱。

11. 开拓校办高新技术产业

现代农业科技中，越来越多地出现高新技术物化产品，如我校的种衣剂、新型农药、增产菌、赤霉素、杂交良种等，它们正催生着一个农业高新科技产业的诞生，是农业技术推广的一种延伸和新的表现形式。1988年5月，农业部批准我校成立“北京农业大学京农新技术开发总公司”；1989年3月被核准注册为海淀区新技术产业开发试验区的新技术企业；1989年10月学校发文确定了京农总公司的性质和各项管理办法。总公司下属两个分公司、6个校办工厂和1个设计所，职工60余人，组织开发的产品有增产菌、种衣剂、缩节胺、食品级赤霉素、玉米赤霉醇、莫能菌素等微生物发酵产品、新农药和微孢子虫制剂、NS-83增抗剂等。1990年产值约1 000万元，利润20%，出口创汇50余万美元。

发展农业高新技术产业是世界性趋势，是我国发展现代农业的需要。校办高新技术产业有利于校内科技成果转化；有利于师生对市场经济的实践；有利于增加收入，调剂和缓解办学经费不足和增加职工收入。与传统农业技术推广不同，校办高新技术产业需将技术研究成果转化为产品后进入市场。既有技术问题和生产问题，更多的是市场和企业化经营问题，这正是高校的弱势。校办产业在发展过程中取得不少经验，也走过一些弯路，在8年的转型改革中已具雏形。

12. 走向国际化

国际化是现代大学的要素。

8年转型改革中派出攻读学位、访问讲学、合作研究和参加学术会议的师生达1 207人次；请进文教专家532人次；接待来访2 146人次；接受外国留学生和实习生157人次。与国外合作的大型项目中，中德项目历时10年，德方提供1 600万马克，为我校培养博士20余名，合作研究课题12个，共同建立了综合农业发展中心，为我校开展农村发展和农业推广起了奠基作用。1993年开始了美国洛克菲勒基金会提供35万美元资助的中国留学生学者短期回国合作研究的项目；1995年开始了美国温洛克基金会提供100万美元资助和由我校主持的，为全国培养中国农业经济学博士项目；1992年泰国正大集团捐资980万元人民币建立北京农大正大肉鸡发展中心，捐资370万元人民币建立北京农大—正大培训中心；日本东京农业大学每年互派大学生暑期实习已有5年，日本神内先生无偿资助2.2亿日元建立北京农大神内农牧业经营研究开发中心，日本京食公司合资兴办都丽梦食品公司，双方投资4.7亿日元。我校与国外的合作项目逐年增加，内容与形式更加多样，累计引进国外资金近亿元。建立姊妹学校关系的有美国的康奈尔大学、明尼苏达大学、普渡大学、荷兰瓦赫宁根大学、德国洪堡大学、加拿大圭尔夫大学、苏联季米里亚捷夫农学院、新西兰梅西大学等，还首次与韩国、巴西、墨西哥、斯洛伐克等国的大学建立了合作关系。

在此8年间，我校的国际学术交流由前期的“大进（大量请进外国专家讲学）大出（大量派出教师研究生学习）”向“重点进出，扩大领域，相互交流”方向发展。派出人员的层次提高了，合作研究和讲学多了，举办国际会议和国际培训班多了。11位美国专家用英语为研究生和大学生讲授“实验动物系列讲座”以及聘请日本教练成立我国大陆第一支英式橄榄球队等，都说明我校国际交往日趋成熟和领域不断扩大。国际交往对吸收国外先进的教育思想、科技和管理经验，提高我校教学科研管理水平和师资队伍素质有着重要意义。

13. 狠抓“三风”建设

1987 年第一次工作会议上曾提出：“校风是一种无形的巨大精神力量。优良的校风，对学校的每一个成员都会产生一种积极向上的心理影响力和行为约束力。一是要在教师中树立严肃、严谨、严格和教书育人的教风；二是要在学生中，树立德才兼备，知识与能力并重，勤奋好学的学风；三是要在管理人员和职工中，树立质优效高态度好、团结协作不内耗的工作作风。”随即，校务会议通过了每年自教师节到 10 月 10 日为校风建设月的决定。1990 年 8 月第七次工作会议的主题就是“三风”（教风、学风、管理作风）建设，会后下发了加强教风、优良学风、工作作风建设三个文件。院系以教研组为单位，以 9 条教风检查总结工作；学生中把优良学风建设的 10 条意见作为检查自己言行的标准；广大管理干部根据加强工作作风建设的 11 条要求，努力做到“沉下去，做实事，服务好”。国家教委和北京市教工委将我校“三风建设”的三个文件以简报形式转发全国委属院校和北京市高校。好的校风是一种具有全局性的和稳定的精神力量，它的形成需要一个长期过程，8 年来对此常抓不懈，持之以恒。

14. 改革管理体制

20 世纪 80 年代前期，北京农业大学仍处在边恢复边招生状态，组织管理尚不健全。在当时情况下，学校的大量具体工作由各有关业务处推进，实权也在各处，而办学管理的主体——校与系却不到位，在任副校长期间对此已深有所感。就任校长半年后的第二次工作会议主题就是“实行校长负责制，建立新的运行机制，提高行政管理效率”。管理体制改革的核心是在校长负责制的基础上，建立以校系为主轴、处室为侧翼的校系两级管理体制。其关键环节是建立系主任负责制，给系下放人事权、财权和物权，以充分发挥院系在教学和科研上的积极性和主动性。学校大量和日常的行政管理和技术与后勤支持工作是由 28 个职能处完成的，他们是保证学校日常工作运行的中坚力量，他们的工作质量和效率决定了学校行政管理与支持系统运行的质量和效率。在学校的行政管理系统中，业务处是校长的办事机构，其职能是按各处行政职能，贯彻执行上级和学校的有关决定和所布置的工作，并为院系和教职做好服务。全校有院、系、处诸单位近 50 个，按其职能分成了四大系统，一是业务系统，院系是完成教学、科研、农业推广和科技开发的主体；二是技术支持系统，包括图书馆、出版社、计算机中心、电化教育中心、国家农业生物技术实验室、教学实验场站等，为完成教学科研和推广任务提供技术服务；三是后勤支持系统，包括食、住、行、水、电、暖、通信、医保、保卫以及小学托儿等 10 个方面，为全校师生员工提供优质的后勤服务；四是管理系统，包括教学、科研、人事、财务、外事、物资、行政等的管理。为了改变过去德育和智育分管和“两张皮”现象，成立了学生工作办公室；为了政通人和，加强校内校外信息流，成立了信息中心。为了学校这个大系统的有效运行，建立了一套会议制度，校务会和校长办公会是决策、校务委员会是审议、行政办公会议是贯彻、一年两次的大型工作会议是重要主题的议事、教代会和工代会是对学校工作的群众性民主监督。在第二届任期的四年中，共召开校务会 135 次和校长办公会 19 次，研究和决定问题 479 个（项）；行政办公会 41 次和工作会议 8 次，发布文件 1 352 个，重要规章制度 53 项，行政公报 30 期。

15. 根在师资队伍

一所大学的学术水平和办学质量，根本在教师；学校工作千头万绪，抓住师资队伍建设就是抓住了根本。

“文革”十年，学生停招，教师停课，教师队伍“断层”。按 1988 年夏统计，我校 35 ～ 50 岁的最佳年龄段教师只占总数的 16%，高于 50 岁和低于 35 岁的各占 42%，呈哑铃形。50 岁以上教师面临离退休而情绪不稳，多短期行为；35 岁以下青年教师多面临工资、住房、出国等问题而不能安心工作，这才是真正的堪忧。这个问题解决不好，一切都会落空和前景渺茫。任副校长期间即已发现教师队伍的“断层”现象，到 20 世纪末，“文革”前毕业的教师只剩下 5% 左右。任校长后，即按老、中、青三代人的不同特点，采取“严控规模，加快流动，促进优化，平稳过渡”的政策和措施进行结构调整和建设。一方面是离退休教授和副教授 6 成返聘，延长他们在教学、科研和培养年轻教师上做贡献的时间；另一方面是力促中年骨干教师上位，压担子，严要求，并质量双优地大力扩充青年教师队伍。

当时，最紧俏的是住房，在“房子就是人才”的形势下，顶着极大压力从新分配住房中一次强留 20 套、二次 18 套作为“吸引人才用房”。高级职称岗位奇缺，学校过去欠账又多，为避免论资排辈，采取“老人老办法，新人新办法”，居然评出了两位 28 岁的正教授。学校还为引进人才安排妻子工作、孩子上学、职称评聘以及科研启动费等，当时叫“五子登科”。校长的“礼贤下士”还真能起到“广纳天下英才”之效。

自 1986 年到 1995 年（少数数据为 1994 年）的 8 年间，教职工总数由 2 019 人净减 85 人；教师和科技人员由 1 302 人增至 1 389 人，在教职工总数中的占比由 64.5% 提高到 70%；专任教师平均年龄由 47.5 岁降为 39.9 岁，其中 35 岁以下的占比由 42% 增加到 50%，50 岁以上的占比由 42% 减少到 32%；具有研究生学历的由 11.5% 上升到 49.8%；人员流动率在 20% 以上。

队伍建设要放在教学科研一线上去锻炼。实行了以优化为前提，以定任务为基础，聘任是关键，评议是根据，分配是驱动力的“优、定、聘、评、配”的师资队伍管理政策。严格聘任和择优上岗制；高课时津贴和优质嘉奖制；挂牌上课和考教分离制；满工作量和累计工作量制。《北京农业大学“八五”发展规划》提出到“八五”末，我校的教师队伍建设目标是以约百名由学部委员、博士生导师、优秀中青年科学家，约 200 名学科带头人和业务骨干以及广大教师队伍构成的，结构布局合理、又红又专、高素质、精干高效，充满朝气和进取精神的优秀教师集体。这是转型改革的根本。

16. 增强“硬件”支撑

办学与转型改革是必须有相应“硬件”支撑的，“硬件”的改善也是改革成果。

1987 年和 1988 年，拆除遍布校园的木板房 84 栋和临建房 100 多间；收回部队占房 1.9 万米^2；整修年久失修的老房 4.7 万米^2，改建教室实验室 161 个，以及翻建游泳池、体育场和 3 000 余米^{2}校园道路，完成了改善全校排水状况的小清河下水排污工程。前四年，继续教育楼、101 教授楼、研究生 10 号楼和 11 号楼、农业综合发展中心楼、同位素楼，以及一座现代化的、面积 1.2 万米^{2}的新图书馆等相继建成，累计建筑面积 3.5 万米^2。此外，购置和建成占地 268 亩的科学园区，新购仪器设备 2 927 台件。由于我校办学与改革的业绩，学校基建被列入国家“八五”大中型基建项目后的四年基建经费分别达到 1 300 万元、1 530 万元、1 820 万元和 2 221 万元，累计 6 871 万元，相当于部属 17 所高校总经费的 1/3 强。后四年累计完成基建项目 17 项，占地 41 977 米^2，竣工用房 10 345 米^2，在建 2.34 万米^2。完成的基建项目中生活用房占 76%，教学科研用房中有兽医预防医学楼、动物医院、科学园区的两栋温室和锅炉房，以及我校的头号基建工程——1.6 万米^{2}的教学实验大楼。此外，电力双向保证，电话中继线由 36 条增至 112 条，电话由 700 门增至 1 600 门。全校有 580 户教职工迁入新居或改善了住房条件，占校区住户的 60% 左右，还腾出了两栋楼让 204 户已婚青年教职工分配到过渡性住房，分房年龄降至 27 岁。天然气及燃具、烤箱和热水器免费普及到每个家庭，家用电话由 150 门增加到 900 门，安装率达 80%，在北京市高校和农口兄弟院校中，我校教职工的住房条件居于前列，名声在外。8 年里全校新增固定资产 2 亿元。

17. 巧渡财务危机

学校基建被列入国家“八五”大中型基建项目，经费充足，科研经费也有明显增加，但是校财政状况和办学经费极其艰难。

上任之时，校财政已有 337 万元赤字。第一次工作会议上指出：“摆在我们面前有两大难题，办学条件太差和经费严重不足。”第三次工作会议上说：“学校经费已经达到难以维持正常运转，严重影响学校发展和师资队伍稳定的程度。实验材料、图书资料、水、电、煤等均大幅度涨价。还有各种各样很难预料而又不敢不承担的摊派，导致学校经费严重不足，捉襟见肘，困难重重。院系不得不靠砍实习、砍实验、降低教学质量来维持。”第八次工作会议上说：“1990 年，农业部给教育经费 1 178 万元，从创收中补充经费 114 万元。人头费占农业部下拨经费的 49.2%，业务费只占 19.8%。在教育事业经费十分困难的情况下，难能可贵的是连续四年预算持平，没有产生赤字”。在 1991 年 5 月的第一届任期述职报告中说：“人头费占事业总经费比重逐年增加，由 1986 年的 40.65% 上升到 1990 年的 51%。教学业务费和水电暖分别稳定在 25% 和 13% 左右。教学业务费的绝对数尽管稍有增加，但物价上涨，使原本严重不足的经费更加困难，平均一门课的教学经费才几百元，达到难以维持的地步。我们财务管理的指导思想是：保教学业务、节水电暖、压行政开支，在加强管理中节支挖潜。”“为了缓解学校经费不足和教职工收入低下，学校千方百计组织创收。1988—1990 年的基金收入分别为 221 万元、230 万元、310 万元。基金中，60% ～ 70% 用于奖励福利，其余用于学校发展。四年累计用于学校发展的金额为 135.6 万元。”

在 1993 年的第十三次工作会议上说：“今年的事业费的绝对数比去年只多了 13 万元，而人头费由去年的 727 万元（占总经费的 53%）增加到 986 万元（占总经费的 63%），可支配经费较去年减少了 88 万元。水、电、暖三项今年因涨价多支了 85 万元，经费缺口在 200 万元以上，财务预算很难做。尽管如此，校务会做出了必保教学经费较去年增加 30%，别的方面再想办法的硬性决定。”“对于经费严重短缺，我们的对策有四个：一是要，发动校、院、系、组、个人，通过各种关系和渠道到外面去找钱，学校制订奖励办法；二是赚，大力抓好校产，在收入上要明显高于去年；三是积，加强管理，该收到校财政的钱想法都收上来；四是省，制定严格和有效的节支措施。”

在 1993 年年底给农业部的工作汇报中写道：“当前最大的问题仍然是教学经费极缺。事业费中人头费已占到 63%，水电暖占 18%，教学经费很少。多年未曾添置的教学设备，陈旧落后和严重不足。今年水电涨价，将较年初计划多支出约 100 万元；近两三年医疗费猛增，超支 160 万元。另外，教师待遇太低，特别是青年教师已处在温饱线上下，中老年教师生活拮据。”“水电煤通信差旅等各种费用的大幅度上涨使教育事业费更加严重不足。这种势头 1994 年还将继续发展，日子会越来越不好过。”

在 1995 年 5 月的第二届任期述职报告中说：“1992 年到 1994 年国拨经费较前一年的增长率分别为 14.8%、16.4% 和 47.4%，但人员费的国拨款占比分别是 54.6%、58.3% 和 64.8%。也就是说，近 2/3 的经费是人员费，水电暖和通信费用因涨价而大幅度增长，又占去国家拨款的 20% ～ 25%，教学业务费只有 300 万元。学校不得不利用基金等收入拨款 200 余万元，以课时补助费形式改善教师待遇和提高教学积极性。”在述职报告中动情地说：“在资金总量不足和经费严重短缺的情况下，广大教师顾全大局，仍然较好地完成了教学科研等各项任务。各院系处所中心的领导同志、为学校创收和管理财务的同志都能在穷家难当和十分困难的情况下保证了各项工作的正常运转和学校的发展，我深切地对他们表示敬意。”8 年的穷校长当得非常艰辛，曾言：“如果每年我手上有 100 万元的自由支配资金，我真不知会做出怎样的奇迹来。”

不嫌其赘地大段大段引用当时讲话原文，是想更生动而真实地反映那 8 年办学与转型改革中校财政的艰难，也生动而真实地反映了“文革”使国家经济陷于崩溃边缘后，改革开放初期国家财政的拮据与困境。8 年的办学与改革是何等不易啊！

三、20 年后的回眸

登泰山之绝顶，方有“一览众山小”视野；拉长时间距离，才能看清世事真情。20 年后回眸北京农业大学的那段转型改革历史，比当时要清晰了许多。

国家民族也好，单位个人也好，都只能在他所处的时代和所在的舞台上作为，轰轰烈烈也好，平平庸庸也好。20 世纪 80 年代北京农业大学的那段转型改革，适逢“文革”结束不久，国家开始改革开放的时代。当时全国上下思定思变思上，北京农业大学的师生员工也希望学校稳定变革和发展，此乃“天时”也。当时的这个“文革”重灾户，虽满目疮痍，百废待兴，却有着“人心齐泰山移”的一种人心优势。

“文革”结束后偏安涿县、争取恢复校名和迁回北京办学、讨要被占校园和开始招生上课堪称是北京农大的最困难时期。最困难时期是在高鹏先、王明远、李开鼎、安民等同志领导下渡过的。十一届三中全会开过了；农村改革成功了；1984 年《中共中央关于经济体制改革的决定》出台，一场轰轰烈烈的市场经济体制改革和开放开始了；1985 年《中共中央关于教育体制改革的决定》出台，全国高教的变革时代到来了。北京农业大学只有抓住这次改革时机，才能应势崛起，再造辉煌，此乃“时势”也。当此扬帆起航之时，周鹏程和石元春接过了这程接力棒，和全校师生员工一起开展了这场持续 8 年的转型改革。

经过这场改革，北京农业大学由单一的“本科教育型”大学转型为本科教育、研究生教育与大学后教育相结合的“全高教型”大学；由“教学型”大学转型为教学、科研、农业推广的“多功能型”大学；由单一传统学科向新兴学科以及学科交叉与综合的现代学科拓展；由只有 9 个传统系的大学发展到有 8 个学院，29 个系，74 个本科专业方向以及 18 个研究所（中心）的多科性和综合性大学；由

"窄专型"的本科生培养模式转变为"宽适应型"；由单一的智力教育发展到对非智力教育的强化；由校处两级管理体制转变为以校系（院）为主轴，由业务系统、技术支持系统、后勤支持系统和管理系统组成的新的管理体制。此外，7万多米^{2}的基建和2亿元新增资产等大大改善了办学与生活"硬件"，教职工收入与福利显著增加，全校师生员工精神饱满和意气风发地投入到本职工作和转型改革。北京农业大学治愈了创伤，重新走在了全国高校改革前列，立于全国著名高校之林。

北京农业大学的转型改革是一场有2 000余位教职员工，万余名学生学员参与的、持续8年的群众运动。每当想起那每年2次、一共开了15次、有百余位党政干部参加的工作会议上，大家踊跃发言、各抒己见、建言献策的场景；每当想起那评聘两位28岁教授和3位推广教授时的场景；每当想起那教师积极挂牌上课和争上一类课的热烈场景；每当想起国家教委会议上辩论是否需要设置农业推广专业和最后说服众评委的场景；每当想起在争取国家科技攻关、自然科学基金等科研项目中我校处在全国高校前列和我校主持的黄淮海项目获得国家科技进步特等奖的场景；每当想起除夕夜大礼堂里的新年钟声，和我代表学校党政领导向全校师生祝福与起舞狂欢的场景；每当想起……，我总是心情激荡，难以平复。

我在北京农大工作生活了65年，北京农大可以暂时失去校名、校园、校舍和装备，但只要保留这支特别能吃苦、特别能战斗的优秀教职工队伍，凭借他们的精神与韧性就可以战胜一切困难。正是这支队伍在全国改革开放的形势下和上级领导与支持下，取得了8年转型改革的成功，我以作为这支队伍中的一员而自豪。这一代教职员工多已退出岗位，但是他们在为北京农大重塑辉煌中的贡献永存，他们的精神会代代相传。在庆祝中国农业大学建校110周年的时候，每一位农大人都要铭记校史，继承传统。

在此8年转型改革中，我努力实现了就职演说中"靠农大人，振兴农大"的诺言；实现了在新形势下通过改革实现转型的诺言；实现了北京农业大学重新崛起和再造辉煌的诺言。美国加州大学名誉校长克尔在总结美国200年中100所大学的发展变迁时指出，时代的重大转变是导致大学排位升降的重要因素。在中国改革开放的重大变革的时代里，北京农业大学顺应时势的8年转型改革，使她由深受重创而重新崛起，犹如凤凰之涅槃。

（写于2015年5月，北京）

上篇

转型改革一期

1987.9—1991.9

在计划经济体制和学习苏联农业高等教育体系下成长，1979年才“恢复原校名”和“迁回原校址办学”的北京农业大学，尚在边恢复和边招生，境遇十分困难的时候，迎来了1985年颁布的《中共中央关于教育体制改革的决定》和在全国高校掀起的改革热潮。1987年石元春接任北京农业大学校长，举起改革大旗，带领全校师生员工进行了持续8年的转型改革实践。本卷上篇收入了他在第一届任期内关于“三年转型改革”和主持制订《北京农业大学“八五”发展计划》的13篇报告文稿及3篇有关文档资料。为了反映当时改革过程，诸文均按时序排列，可以从中感受到此一期转型改革的脉络与轨迹。

上篇目录

1 靠农大人　振兴农大

——石元春校长的就职演说

（1987 年 6 月 10 日）

【导读】

1987 年 5 月国务院批准石元春担任北京农业大学校长，6 月 10 日召开全校师生员工大会宣布国务院决定。会上农业部人事司司长王锵，北京农业大学党委书记周鹏程、校长安民讲话后，新任校长石元春讲话。以下是他的就职演说，载于 1987 年 6 月 30 日《北京农业大学》校报。

同志们：

我首先要感谢农大的全体教职工，感谢上级领导对我的信任。我也要感谢在安民校长领导下，全校教职工为恢复和发展农大所做出的艰苦努力和所取得的显著成绩。这些都为今后的工作打下了好的基础，今后所做的每一项工作和取得的每一点成绩，都是与今天的基础分不开的。

现在，我谈谈自己的想法。过去，在安民校长和周鹏程书记的领导下，我分管研究生和科研工作。会上会下，常发议论。现在真把自己推到校长的位置上，却又有一种惶恐感，怕力不胜任，有负众望。这时，我想起了老校长王观澜同志的一句话："农大有一支很好的队伍！"确实如此！这支队伍有强烈的事业心；有较高的学术水平和业务能力；这支队伍作风朴实、崇尚实践、勤奋工作、积极进取。学校在十年"文革"中，受到严重摧残，但是这支队伍顶了下来，没有拖垮，没有打散。在很差的条件下，大家各自为战，自觉工作，取得了许多出色的成绩。"文革"中，有的同志上午遭批斗，下午继续搞研究工作；有的同志在不到 10 米^2、没有窗户的斗室中取得了重要的科研成果。为了改善教学和科研条件，许多教师常为争取一点儿经费，一间工作室，一台仪器而到处奔走求助，"甘为五斗米折腰"。很多老教授一生鞠躬尽瘁，在生命垂危之时，还在工作。这些平凡而伟大的精神在我们学校是屡见不鲜的。他们的忘我精神像金子一样闪闪发光。总之，农大这支队伍是优秀的，有战斗力的队伍，是发展农大的基石。想到农大有这样一支队伍，我对建设农大、办好农大就有了勇气和信心。

党的十一届三中全会以来，改革、开放、搞活的方针和在这种方针指导下制订的教育体制改革和科技体制改革的决定，使我们国家和教育科技界进入一个前所未有的安定团结、兴旺发展的时代。我们幸逢盛世，又有农牧渔业部领导的关怀和支持。农大正处在这样一个非常好的“大气候”条件下，又据有地处北京的地利，这些有利因素是事物的本质方面，是经常起着决定性作用的因素，是办好农大的基础和依据。

当然问题还有另一面，那就是农大当前面临的形势十分严峻。国民经济，特别是农业生产发展很快，不断提出新任务、新问题，农业科技发展日新月异，新的科技革命席卷全球；教育的观念、思想、方法在不断地更新发展，各兄弟院校近几年来发展很快，迅速发展的新形势使我们面临严峻的挑战。农大和每个农大人都要面对这个现实，必须更新我们的思想观念，那种因循守旧、以老大自居、以不变应万变的思想是绝对要不得的。现在已经不是“逆水行舟，不进则退”的时代了，而是进步慢了就会落后，就会沦为二流、三流学校。这就意味着党中央要求创办的北京农业大学的消亡，意味着被时代淘汰。我们必须有这样的紧迫感和危机感，慢步前进不行，要跑步前进。

我们面临的困难很多，任务十分繁重。我们办学的指导思想是什么？我们发展的战略目标是什么？我们动员群众为之奋斗的方向是什么？这些大前提不清楚，就是糊涂人，打乱仗。

我们必须认认真真、扎扎实实地提高教学质量，培养德、智、体、美全面发展的“四有”人才。学生的质量，是衡量一所学校水平高低、工作优劣的主要标志。要提高本科生和研究生的质量，提高教学质量不只是教师的事、教务处和研究生院的事，而是全校师生员工和各个部门的共同任务。

北京农大作为一所两个“中心”、双重任务的学校，科学研究工作以及它的成果和水平是至关重要的。我们要在全面发展的基础上，出一些高水平的科研成果，建设一批高水平的、在国际上有影响的重点学科、重点实验室和出色的研究所和中心。

我们一定要重视科技成果的转化工作，让它们在国民经济建设方面、在农业现代化建设中发挥更大的社会影响。

此外，我们的工作条件、生活条件和服务工作亟待改善；全体师生员工对后勤工作十分关注并抱有热切的希望；我校目前的财政状况是令人十分担忧和不安的。我们在这方面必须有一个很大的突破，使我校的经济状况有一个明显的好转，使办学的条件和职工的生活水平逐步得到改善，年年都有进步。

我校的机构和管理工作还有许多方面需要改进。机构和管理上的改进，将会使学校这架大机器能够更加正常和高效地运转。

总之，我们要做的工作很多，我们面临的困难也很多，我们的对策是要在改革中找出路、在改革中提高效率增加效益，以改革求发展。具体来说，我认为以下三点是很重要的：

第一，民主管理。

农大的事要由农大人来办。要振兴农大，只有靠农大人来振兴。农大的每一个师生员工都视自己为主人翁，事情就好办了。要做到这一点，学校必须实行民主管理，要让大家来“参政”。要参政，首先是要知政。大家都来参与议事、决策、执行和总结。要做到这一点，矛盾的主要方面是领导。领导要发扬民主，要创造群众参政的条件。为此，我们要办好一张高质量的农大报，建立一个农大电视台。经常举行校事发布会，设置意见箱，安排接待日和建立各种会议制度等，以多种形式让大家沟通信息，交流思想，一同决策。要形成一种风气，有情况向大家讲，有困难和大家商量，有任务发动大家一起干。群众路线本来就是党的优良传统，充分调动每一个人的最大积极性和主人翁精神是管理科学的核心。我就不相信，农大人都发挥了主人翁精神，怎么会办不好农大？在坚持四项基本原则的前提下，全校工作都要实行民主管理。

第二，以严治校。

任何一个有远大目标的集团，有战斗力的队伍，都不会是松垮散漫、各行其是的。一个高等学校如果办学没有目标，教学没有要求，学习上随随便便，工作上各自为政，谁也管不了，什么办法也不灵，这样的学校是办不好的，是没有希望的。我们必须在各个管理环节上都要有严格的要求，严明的纪律。

我们的干部和职工要坚持民主集中制原则，要在校党委和学校的领导下做好各自岗位上的工作，要做到令必行、禁必止。我们的教师要在自己的岗位上严肃认真地搞好教学、科研工作，教书育人，为人师表。我们要在干部和教师中实行聘任制、任期目标责任制和评议制，这将有利于各司其职，各明其责，赏罚分明。对于学生，学习上一定要严格要求、严格考核，实行淘汰制。对于少数学生中存在的生活散漫、纪律松弛的现象，一定要纠正。我想以严治校，大家一定会拥护，但执行起来却不容易，我们应当逐渐形成风气，互相监督。

第三，人和第一。

我们有一支好的教工队伍，又幸逢盛世和地据首都，可谓占天时、得地利。如果再加上人和，将会无往而不胜。“文化大革命”，使学校的“肌体”受到了摧残，也在人们的思想和同志间的关系上投下了阴影，我们的同志要在振兴农大的大目标下，摒弃前嫌，目光向前看。希望我们的同志顾大局、讲团结。俗语说，“人心齐，泰山移”！众志可以成城嘛！

只要我们能够实行民主管理，以严治校，人和第一，我们就能开创振兴农大的新局面。最近有许多同志出于对我的关心和爱护向我提出一些问题：

有同志问：你对农大的前途乐观吗？

我说，乐观！非常乐观！

有同志问：你意识到没有，你在今后的工作中会遇到很多的困难?

我说，我意识到了，我在今后的工作中会遇到很多困难，有些困难是料想不到的。但是我认为，只要依靠党的领导，依靠群众，就没有过不去的“火焰山”。

有同志问：你能舍得你的业务吗?

我说，舍得！我将全力以赴做好我的岗位工作。因为任职期间牺牲一点儿我的业务，而对其他同志的业务和农大的发展有帮助，我认为是值得的，有价值的。相比之下，社会效益可能要高几倍、几十倍。

有同志说，你可要担心你的弱点。

我说，是的。我的主要毛病有两条，一是有时主观，固执己见；二是有时在工作中不冷静、态度生硬，不能和同志很好地共事。这些弱点，我要在工作中努力克服，也希望组织上、同志们，对我进行监督和帮助。

有同志问：你认为当好校长的关键是什么?

我说，团结大家，共同振兴农大。我坚定不移地认为，农大要由农大人来办。

有同志问：你对搞好农大有信心吗?

我说，有信心！而且信心十足。我有这样的信念，信心是成功之母！

有同志问：你对大家有什么希望?

我说，如果我做了一点好事，请不要夸奖我；如果我干了错事和蠢事，请批评我、帮助我和继续支持我，而不要嫌弃我，因为我也是农大这支队伍中的一员。

有同志问：你是不是要烧三把火?

我说，新官上任三把火，是个好的传统经验，火是一定要烧的。但是，一定要大家一起烧，众人拾柴，火焰高嘛！这个火还要一直烧下去，相信下任校长还会继续烧，一定要烧出个第一流的“新农大”来。办好农大的事是很不容易的，更不会不费事地出现什么奇迹。如果不这样想，就会失望和灰心。我们需要的是信心和韧性、锲而不舍的精神和持之以恒的努力。

“千里之行始于足下”，路要一步一步走，仗要一个一个打，事要一件一件做。不急不行，太急了也不行。今天，我没有讲客气话和谦虚的话，讲的都是心里话。

谢谢大家！

2 北京农大的办学方向与发展目标

——在第一次工作会议上的总结讲话

（1987 年 8 月 26 日）

【导读】

石元春校长上任两个月后，即召开了第一次工作会议。在总结讲话中全面阐述了对国内外形势的分析，提出当时北京农大存在的 6 个不适应和需要进行的 6 项变革，以及北京农大的办学方向和发展目标。讲话中指出："当前存在的不适应时代发展的旧的传统观念、体制结构和管理方法等，犹如沉重包袱和无形枷锁，使我们在前进路上步履蹒跚，事倍而功微。它反映了脱胎于旧的传统的北京农大与新的时代要求之间的矛盾和不相适应。我们应当清醒和深刻地认识到，北京农大正处在由旧的传统的农业大学向新型的现代的农业大学转变的历史时期，需要的是敢于面对现实的态度，自觉而坚定地引导和促进这个历史进程的决心。"石元春校长在第一次工作会议上的总结讲话，是他上任校长后对办好北京农业大学发表的一份"施政纲领"，以转型改革贯穿于他 8 年任期的全过程。20 世纪 80 年代改革开放初期的思想活跃与宽松形势，以及校长负责制的护航，促进了这些理念与抱负的实施。

此次工作会议还讨论了提高教学质量问题和校风建设问题。

历时 5 天的 8 月工作会议即将结束。

这次会议的中心议题是："全面贯彻党的教育方针，深化改革，进一步提高教学质量"。与会同志一致认为，这次会议的主题抓得好；准备工作做得充分；发言和讨论热烈；气氛和精神状态都很好。这是一次发扬民主、共商大计的会议。通过会议，明确了目标，找到了办法，增强了信心，鼓舞了斗志，是一次振奋精神的会议。这次会议是在党的十三大召开的前夕举行的，这将为学习贯彻十三大精神，加快我校改革步伐打下良好基础。

相重扬副部长、贺修寅司长、孙孟忱副司长等 10 多位领导同志到会并做了重要讲话，这是对会议和我校工作的支持和关怀，我们表示深切的感谢。

以下就会议的三个主要议题，谈些意见。

一、变革和发展的目标

近二三十年，各国和世界经济发展很快，科学技术日新月异，新技术革命的浪潮冲击着各个领域。当今的时代是五光十色、发展迅速、不断变革和创新的时代。教育深刻地承受着这种变革时代的压力和挑战，新的教育理论、思想、形式和方法不断涌现。欧洲理事会的“大学问题常务委员会”对“公元2000年欧洲大学的前景”进行了专门讨论和研究，提出了一系列令人深思的问题和对策。英国未来大学的蓝图——“萨尔福试验”、以斯坦福大学为中心的美国“科学园”、苏联的教育科研生产一体化以及日本的“学产合作”等，世界许多国家都在探讨高等教育如何适应当今时代发展的问题。

党的十一届三中全会以来，我国进入了一个新的历史时期。在坚持四项基本原则和改革、开放、搞活的方针指引下，经济建设和农业生产迅速发展，体制上发生了深刻变化。农业正在经历着由自给半自给经济向商品经济，由传统农业向现代农业的历史性转变。我国的高等农业教育必须面对这种社会经济和科学技术上的迅速发展和重大变革的现实与挑战，在思想和实际方面都要有充分的准备。

在这个意义上，对农大的优势和问题也该有个正确的认识，“知己”很重要。我以为农大的优势，一是师资力量较强，表现在教授、副教授和具有博士、硕士学位的教师数量较多和水平较高，以及研究生的学科专业数、导师和研究生人数较多上。二是学科专业比较齐全，特别是近年来在传统学科更新改造的同时，建立了一些重要的新兴学科。国家级农业生物技术实验室、全国农业遥感应用和培训中心、全国农业生物和实验动物研究所、中德合作综合农业中心（CIAD）、农业生物学院、食品科学系的建立以及农业资源和环境学科、农业系统工程学科等方面的建设和发展，对提高我校教学科研和学术水平具有重要意义。三是承担的科研项目、科研经费和设备、科研成果及获奖数量较多。四是迅速发展的国际学术交流对提高我校的整体素质有着重要意义。我校地处北京，具有信息灵通、国际国内交往方便和有利于吸引人才等特有的良好发展环境，以及作为部属重点院校和全国10所重点建设院校之一，也是很有利的条件。

下面着重谈一些当前存在的问题，特别是与当今时代发展不相适应的观念及现象。

这些年来，全校师生员工在党委领导下，克服了重重困难，忘我地工作，在我校的恢复和发展工作中取得了很大成绩和进展。但是，由于十年“文革”的严重摧残，我们的恢复工作确实困难和繁重，时间拉得很长。当前，摆在我们面前的主要是两大难题。一是某些办学条件太差，如校舍至今未能全部收回，校园环境杂乱；教室、实验室、图书馆、校内实践教学和科研用地十分紧张以及经费严重不足。二是工作上的原因，在教学质量、科研管理工作上问题甚多，不能令人满意。学校工作要上去，在这两个问题上一定要有所突破。

我们还必须把农大摆到变革的时代和国家改革、开放的背景下去考察和省思，在更深层次上去剖析和认识自己，提出那些与时代发展不相适应的观念和现象。以下可列举六个方面的不适应：

第一，专业学科和院系设置上的不适应。

我国农业正在经历着巨大而深刻的变革，科学技术日新月异以及近代教育思想的发展，对高等农业教育不断地提出新的问题和要求。可是，目前的专业学科设置和培养计划基本承袭于20世纪50年代中期的苏联模式，至今仍处在相当稳固的状态。教育战线上之所以能如此地以不变应万变，是因为受到国家包培养、包分配、包接收的“大锅饭”用人制度和办教育不必讲效益的观念的保护。随着改革的深入，这样的日子是长不了的。市场机制渗透到人才劳务方面，招生分配制度的改革必将冲破这种稳定性和安全感。我们现在能做的，一是向上级反映意见；二是根据社会需要，不断调整培养计划；三是要建立与社会密切联系的信息反馈系统。最基本的，是在思想和观念上不断强化教育要密切为社会主义建设服务的意识。

第二，培养人才的质量观上的不适应。

社会经济和科学技术的迅速发展和变化以及大学教育不再是一次性教育，而是终身教育的一个阶段的教育思想，要求现代的大学生应具备良好的品德、事业心和进取精神，业务上基础扎实，知识面宽，动手能力和应变能力强。而长期以来，我们实行的是专才教育，强调专业知识学习而基础不厚，知识面窄，导致适应和应变能力差；强调理论和课堂教学，忽视实践教学，导致实际工作和动手能力差；强调传授知识，以教师为中心和注入式教学方法，忽视学生智能开发和能力培养，导致学生分析和解决问题的能力差。只有更新教育思想和质量观，改变教学内容和方法，才能从根本上全面提高教学质量。

第三，教育层次和结构上的不适应。

社会经济和科学技术的迅速发展，冲破了一次性的大学教育可以终身受用的传统教育思想，代之而起的是终身教育观。20世纪80年代以来，我校在本科生教育基础上，逐步形成了学历教育的最高层次——研究生教育。就终身教育中的高等教育而言，本科和研究生都是教育层次上的一个阶段，而大学后和研究生后的继续教育必须成为高等教育中的一个新的重要环节。它将为已经取得大学或研究生教育学历，工作在各种岗位上的高层次科技人员的知识更新、补缺和提高提供服务。以不断产生和发展的新理论、新知识、新技术武装他们。继续教育是时代和社会经济、科学技术发展的需要，它具有投资少、见效快、学以致用、效益高的特点。同时，继续教育有利于加强大学与社会的联系，及时和大量取得教育信息的反馈和扩大对社会的贡献，这对促进大学的自身更新改造有着重要意义。社会需要大学办继续教育，大学更需要在办继续教育中自我完善和提高，近年来，我校管理干部学院、农经、农学等院、系从事了这方面工作，取得一些成绩和经验。但是从整体上看，还是处于自发和初始的阶段，一个由本科教育、研究生教育和继续教育三个支柱构成的现代高等农业教育体系亟待建立。

第四，学科发展上某些观念的不适应。

当代科学技术发展迅速，在高度分化基础上向高度综合方向发展。一方面传统学科要不断更新改造；另一方面交叉和新兴学科不断涌现和发展，科学技术与经济发展的关系越来越密切。然而，在当前的现实生活中，强调传统学科而对交叉和新兴学科的倡导、支持和重视不够，强调单项学科而对与近邻学科的结合和多学科的综合重视不够；强调自然科学技术而对社会、经济和人文科学重视不够；强调“硬”科技而对信息、系统科学、管理等“软”科学重视不够；强调研究而对研究成果向生产转移（推广和开发）重视不够，以及认为搞理论有水平，搞应用和生产实践技术没水平等旧的传统观念极大地阻碍着学科的发展。

第五，在人才、思想和物质条件上存在的凝滞状态的不适应。

在师资队伍中，高低优差一个样的“大锅饭”现象很普遍，竞争意识淡薄；论资排辈思想严重，优秀中青年教师难以脱颖而出；人才单位所有，难以流动及“近亲繁殖”现象等很普遍。学术思想上交流少，不活跃，学术空气不浓厚。仪器设备和工作条件上各立门户，小而全和“万事不求人”的小生产思想，导致仪器设备重复购置，利用率低和浪费严重。目前人才流、思想流和物质流的凝滞状态和缺乏活力，极大地妨碍了学校潜力的发挥和教学科研等各项工作的进展。

第六，管理工作上的不适应。

我们缺乏一个深思熟虑、高瞻远瞩的发展战略和目标；缺乏一个中近期的工作规划和计划；缺乏一个高效的运行机构和科学决策、执行、监督、反馈和咨询系统；缺乏一个推动和控制运动过程的各种规章制度和先进的管理工具及手段。应该看到，一流的学校要有一流的管理，现在，恰恰是管理工作跟不上形势的发展。

以上这些不适应时代发展的旧的传统观念、体制结构和管理方法等犹如沉重包袱和无形枷锁，使我们在前进路上步履蹒跚，事倍功微。它反映了脱胎于旧的传统的农业大学与新的时代要求之间的矛盾和不相适应。我们应当清醒和深刻地认识到，农大正处在由旧的传统的农业大学向新型的现代的农业大学转变的历史时期，需要的是敢于面对现实的态度和自觉而坚定地引导和促进这个历史性的转变过程。

我们还必须清醒地认识到我校正经历着的第二个，也就是教师队伍上的历史性的转变。目前年龄在 50 岁以上的教师占 41.2%，30 ～ 45 岁的教师只占 15.8%，人才“断层”现象更加突出了。预测，到1992年，50%以上的教师年龄在35岁以下。以新中国成立前参加工作的老教师为一代人，新中国成立以后到“文革”前毕业工作的中年教师为一代人，“文革”后，主要是80年代毕业的青年教师为一代人的话，由于客观存在的人才“断层”和年龄段上移到45～55岁以及退离休制度的逐步贯彻，现在我校正处在由第一二代人向第三代人迅速过渡的时期。对这个战略性的转折要有清醒的认识，不能掉以轻心和任其自流发展。否则会贻误工作，耽误大事的。

根据以上对时代特征，农大优劣势和正处在两个历史性转折时期的认识和分析，我们可以考虑和确定我校的发展目标，勾画未来农大的蓝图了。

我们的办学指导思想是密切结合四化建设需要，面向未来，面向世界，培养“四有”人才。在坚持四项基本原则和改革、开放，搞活的方针指引下，结合我校实际，运用先进教育理论和思想，为国家培养高质量人才，出高水平科研成果，为现代化建设做出色贡献。学校要有时代感，有特色，有生气。我们的总体目标是办成一个综合性和多科性的、一流的新型农业高等学府。具体发展目标是：

1. 北京农大要建设一个具有本科教育、研究生教育和继续教育三层结构的综合性的农业高等教育体系。本科生应当培养成具有正确政治方向，事业心强，有进取创新精神；业务基础深厚，专业知识面宽，动手能力、工作能力和应变能力强的新型农艺师（畜牧师……）。北京农大要成为新型农艺师的摇篮。研究生应当培养成具有正确政治方向，品德高尚，有献身农业和农业科学的精神；有较好的科学素养和从事科学研究、工作的能力，成为活跃在各学科领域前沿的一支生力军。北京农大要成为年轻农业科学家的摇篮。北京农大要为广大在职农业科技和管理人员的知识更新补缺和提供优质的终身服务。北京农大要成为我国农业科技和管理人员之家。

2. 北京农大要发展成为科研实力很强，出高水平科研成果，出新思想、新学科和学术思想活跃的农业高等学府。

3. 北京农大要发展成为科研成果不断向生产转移；为国家和地区制定农业政策和发展规划提供优质咨询服务，具有较大社会影响和贡献的农业高等学府。

4. 加强国际合作和交流，北京农大要发展成为面向世界，具有较大国际影响的农业高等学府。

5. 北京农大要造就一批一流的教师；建设一批一流的学科专业和院系；拥有一批一流的课程、教材和实践教学基地；设立一批一流的研究所、中心和开放实验室。

6. 在专业学科上要具有较强的自我调节能力和对社会需求的适应和应变能力；在管理上要逐步建立起现代农业高等教育的管理系统。

根据对客观形势发展和农大本身的状况和承受能力的客观估计，北京农大近三四年的工作重点是以提高质量水平和效益为中心，搞好调整、改革和提高。规模和速度不是战略目标。本科生和研究生规模大体维持或稍高于目前水平，本科生与研究生的比例保持在（3.5～4.0）：1，继续教育要有一个较大的发展。科学研究的综合实力和水平要有一个较大的提高。社会影响和贡献要有一个较大的发展。我们将尽早制订和提出一个以调整、改革和提高为中心的三年计划，初步考虑到的有十项调整改革措施和十项建设计划（略）。

二、全面提高教育质量

对当前我校教育质量如何估计，大家的看法和说法不尽相同，但有一点是一致的，就学校的师资力量、学生入学成绩和现有条件而言，我们的教育质量远没达到应该达到的程度，是不能令人满意的。分析其原因，一方面是各级领导和部分教师，精力分散，没有把主要力量放在提高教育质量上，学校的整体功能在不同程度上存在失调现象；另一方面是管理系统不健全，管理工作不力。教育质量是全校同志共同关注的一个问题，也是这次工作会议讨论的重点。根据会上讨论的情况，下面以本科生教育为主（研究生教育部分在今年 4 月的研究生工作会议上已有全面部署）就如何从宏观上全面提高教育质量问题谈些意见。

提到教学质量，首先要有一个科学的、明确的和统一的质量观。前面谈到的“在培养人才的质量观上的不适应”中已经提出以知识传授为主的、窄深型人才的质量观已经不能适应时代发展的要求。现代质量观要求受教育者在品德（正确的政治方向，事业心和献身精神，进取开拓创新精神）、知识（基础深厚，知识面宽）和能力（动手和工作能力，适应和应变能力）三个方面得到全面培养和发展。这应作为一个新型农科大学生或农艺师的培养模式和教育质量的衡量标准。

从这个质量要求出发，结合我校情况，当前改革的主要方向是：对学生要改善精神素质培养，拓宽知识面，加强基础课教学和实践教学四个环节；对教师要建立教师聘任—责任—评议制以及系主任（院长）负责制两个制度。

第一，改善精神素质培养

在全国，农口和我校对近几年毕业的大学生质量追踪调查中提出的共同问题，首先是缺乏社会和工作责任感，事业心和责任精神不强，不适当地强调个人追求。这种精神状态在很大程度上影响了他们才智的发挥。现代教育学研究提出学生培养中非智力因素的重要作用及其对智力因素培养的重要影响。良好的和积极的个性品质能促进智力的发挥，不良的和消极的个性品质则起着阻碍作用。其影响程度随学生年龄和年级的增加而增加。提高精神素质的培养质量在全面提高教育质量和学生素质中有着根本性的意义。如何根据当今青年学生的思想特点进行思想政治教育和精神素质的培养对我们是一项新的和缺少经验的工作。《中共中央关于改进和加强高等学校思想政治的决定》为我们指明了方向和做法。这次会议上我们学习了这个重要文件，讨论和制订了贯彻这个文件的措施。下面我仅就在实践中培养学生精神素质和管理体制上谈一点个人体会。

一个人的精神素质的培养，最经常的、大量的和起着重要作用的是通过每个人自己的学习实践、社会实践和生活实践得到的。古今中外的革命家和爱国主义者，科学家和文学家以及各方面的仁人志士莫不如此。他们的坚定信念和勇于献身的精神都是在他们的工作、生活、科学和学习实践中逐渐形成的。回顾我们自己的成长过程，性格信念的形成无不与个人的经历和实践有关。青年人可塑性强，比较容易接受客观环境的影响，问题是什么样的客观环境和受到的是什么样的影响。

讨论中，大量事实说明实践教学对学生精神素质的培养起着重要作用。农学系副系主任兰林旺同志在介绍农学系实践教学时有力地说明了实践教学不仅使学生学到实践知识，而且在培养同学对农业生产和科学的兴趣，对农业知识和科学的追求以及思想感情的转变上发挥重要的和综合的作用。一位女同学在实践教学中专心于田间观察，暑假里父母三次来信催她回家而不动其心。我们要认真总结在实践教学中进行精神素质培养的经验。

我们可以通过组织农村考察，与农民生产能手、优秀农民企业家和农业生产第一线的指挥员（如干训班学员等）座谈对话。组织校友返校，报告会，演讲会，辩论会，知识竞赛活动，介绍学校教学科研推广成果，为农民办博览会、咨询会，以及搞好校园和楼内的环境布置等各种形式引导同学了解农业，关心农业和农业科学，培养兴趣和事业心。这种气氛要搞得浓浓的，农业大学就要有农业的气氛。

学生在校学习期间，生活实践也占有重要地位。个人的良好品德风貌常常是在日常生活中表现和培养的。少数同学存在的损人利己，言行粗鲁，喧哗吵闹，打架斗殴，不讲公德，考试作弊，自由散漫，不守纪律等不良现象必须制止和遭到群众舆论的谴责。一个大学生必须品德高尚和具有良好的精神风貌和素养。党团组织要发挥重要作用。教师要为人师表，教书育人。职工要严格要求自己，起模范作用。同时，还要建立和健全规章制度，严格校风校纪。

社会实践、学习实践和生活实践是学生精神素质培养的重要途径。要寓思想教育于实践，要注重熏陶感染，潜移默化，要“好雨知时节，润物细无声”。高等学校应当具有一股强大的精神力量和深沉的气质，犹如一座陶冶英才的熔炉。做到这点不容易，需要长期不懈的努力，又要从现在做起，从我做起，从一点一滴做起。

在思想教育中，一些传统的观念需要更新。精神素质培养是学生培养目标中重要的和有机的组成部分，应当列入培养计划，还要有具体的内容、方法和工作上的保证。在内容上要有马列主义理论教育和形势教育，也要有专业的使命感和献身精神的理想教育，有开拓进取创新精神的教育，有个人品德风貌和纪律的教育。在方式上，精神素质的培养要渗透到智力培养中去，要渗透到学生的社会实践、学习实践和生活实践中去，要做到有形的教育与无形的精神力量的熏陶相结合。

观念上的更新要求管理体制上与之相适应。专职政工队伍是从事思想政治工作的主要力量，但是也要注意克服只靠政工队伍搞政工和就政工抓政工，与学校整体工作结合不够紧密的现象。精神素质培养和思想政治工作一定要在党委和校长统一领导和协调下，发挥党、政、工、团和师生诸方面的作用和积极性才能做好。即要有一支稳定的和素质良好的政工队伍作为主力，各院（系）、教务处、研究生院、学生处、总务处等部门要以培养学生精神素质为己任，纳入工作计划；教师要教书育人，为人师表；学生不应只是单向的和被动的受体，也是自我教育的主体；学校要给同学提出精神素质培养的明确要求和新型农艺师的模式，鼓励学生结合自己情况，进行自我精神建设。以上几个方面的作用和任务、工作内容和方式不同，但要在一个整体目标下协同工作。做到了这一点，相信在思想政治工作和学生精神素质培养上可以开创一个新局面。

第二，拓宽知识面，增强适应能力

当今社会经济和科学技术的迅速发展以及学生毕业后工作岗位、性质与内容的变化幅度越来越大，都要求学生有较宽的知识面和较强的适应和应变能力。大学教育只能是终身教育中的一个阶段。如前所述，目前专业划分过细，卡得过死，课程设置和内容偏窄的窄深型培养模式越来越不适应时代和社会发展的需要。这个状况不改变，越往窄深方向发展，“学”与“用”的脱节将会越来越严重，整体质量将会下降。因此，必须对这种窄深型培养模式进行较大改革，从宏观和整体上将教学质量提高一步。这次会议对此做了有益的讨论，一致认为，应当模糊专业界限，改专业一贯制为三段组合制。

所谓专业一贯制即现行的按培养专业学科专门人才的要求而设计的、从入学开始四年一贯制的窄深型培养计划。所谓三段组合制即将四年学程分为三段，大体以一二年级为第一段，三年级为第二段，四年级为第三段，第一段以学基础课、公共课、初级实践教学课为主，也学习部分专业基础课。在此段内，不以专业为单位，而将现在的 24 个专业划分为植物生产类、动物生产类、农业经济类、兽医类和农业生物类五大组。每个组有一个通用的教学计划，适当增加公共课和基础课的门类和学时。第二段以系为单位（也有少数例外），学习专业基础课和部分专业课和实践教学课。本段重点是在理论教学和实践教学上打好专业基础。第三段是以现有的 24 个专业为单位，有主、副修，学习专业课并进行毕业（生产）实习。

专业的划分实质上是课程组合和实践教学内容上的不同。全校的课程将以组合的形式为各院系的专业开设。

三段组合制不仅可以拓宽学生的知识面，增强适应能力，而且在教学结构上的整体性能好，管理方便，可以提高师资、课堂、实验室、设备和经费上的投入效益。课程的组合制也有利于专业方向和课程内容的调整，增强对形势发展的整体适应能力。

三段组合制计划以今年入学的 87 级试点。由于下学期课程已经安排，请教务处与各院系在本学期内研究和提出一个过渡性的试点计划，并在执行中不断总结经验，逐步完善。

第三，打好基础，增强应变能力

重视基础教学是我校的优良传统，基础扎实有后劲是我校历届毕业同学的重要特点之一。科学技术发展很快，对科学工作者的基础要求越来越高。基础扎实，专业课才能学得深，掌握得牢，运用得好，才能在当今学科交叉、综合和新学科不断出现和发展的形势下具有较强的适应应变能力和主动权。因此，加强基础课建设，提高基础课质量是全面提高整体教学质量的战略重点之一。

值得我们注意的是，我校基础课程建设上存在的困难和问题甚多，亟待解决和加强。数学教研组裴鑫德教授在这方面做了一个全面的发言。基础课和公共课任务重，教师数量少，队伍不稳，设备条件差和经费严重不足。对基础课我们过去欠账较多，只要认真对待和多方支持，总是可以解决一些问题的。关于师资队伍建设、教学改革、改善教学条件，全面提高基础教学质量以及是否设立基础部等问题以后将做专门研究。

第四，加强实践教学，全面提高学生素质

三十多年来，高等农业教育一直在系统理论教学和参加生产实践的问题上，时而强调这一面，时而强调那一面，忽东忽西，大起大落，吃了不少苦头。我校自 1950 年的农耕实习，曾有四次大幅度摆动。十一届三中全会以后，才逐步走上稳定的发展道路。

一个农业大学，必然要有以课程为中心的系统的基础和专业理论教学，同时也要有以生产实践为中心的实践教学。二者应当相互协调，比例得当，构成一个完整的知识体系和认识过程。相互割裂孤立和以一面代替或否定另一面是不符合马克思主义认识论和理论联系实际原则的。这些年来，各院系在总结过去经验教训的基础上，积极探索在新的形势下开展实践教学的路子。这次会上，农学系介绍了他们的“四段实践教学法”，这是植物性生产专业教学改革试点的成果。园艺系的蔬菜专业等也有类似的经验，做得也不错。

四段实践教学法是利用学生四年学习期间的三个全生长季，分农事实习、田间技术与生物学观察、科研训练和生产实习四段安排。实践教学累计 24 周，占总学程的15%。四段实践教学法的特点是根据学生实践学习的要求，系统地连贯性地由浅入深、层次分明地做了科学和细致的安排。可贵的是，这个实践教学系统与目前理论教学的基础课、专业基础课和专业课的系统和程序相呼应，相互协调补充。现在已初步形成一个包括系统理论教学和实践教学的整体性的教学计划。课程表上排有理论课教学，也排有实践教学。农学系还为实践教学增设了《农业概论》《田间技术》和《生物学观察》等新课。

农学系和其他院系在开展实践教学中的共同认识是，实践教学不只是学习实践知识和印证、巩固、深化所学理论知识，而且在动手能力，分析问题、解决问题能力和创造性思维能力的智能培养以及在生产观点、实践观点、学农爱农、献身农业的使命感、艰苦朴素的作风等精神素质的培养上都有着重要作用。实践教学的作用是多方面的和综合性的，它是整个教学体系中的重要的有机组成部分。在实践教学上借鉴历史上的经验教训，克服盲目性，提高自觉性，按教育本身的规律总结经验，使之系统化、制度化和不断完善是当前深化教学改革的重要任务。

四段实践教学法适合于植物性生产专业，但是在指导思想和思路上是有普遍参考意义的。其他专业怎么搞？可以按本专业学科的特点，学习参考四段实践教学法，总结自己的经验，逐步成型配套。请教务处考虑，在适当的时间，召开一次全校性的实践教学经验交流会，总结推动我校的实践教学工作。

在开展实践教学中，存在的困难和问题也不少。一是尽管我们有条件相当好的涿州教学实验场，两个试验站和许多个试验点，但是在学校附近没有实践教学基地，经常性的实践教学受到很大限制。二是师资状况不适应。实践教学要求教师不仅有坚实的理论基础，还要有丰富的实践经验和较好的体质，现在的教师队伍中，有经验的教师多数年龄偏大，任务繁重和体力较差，青年教师又经验不足。三是工作量计算，聘任和职称评议，生活补助等配套政策和办法也不完善。四是经费不足。这些都是影响实践教学开展的重要制约因素。

精神素质培养、拓宽知识面、加强基础和实践教学，从宏观上抓住这四个环节和采取得力的改革措施，就可以在教学质量的整体上和根本上得到改善和提高。做好这些工作，一靠教师，二靠系主任（院长），他们的主动性和创造性发挥了，事情也就好办了。

无论是理论教学或实践教学，课程是基础，教师是提高课程质量的主导因素，必须调动起教师的积极性。但是，由于种种原因，相当普遍地存在水平高低、效果好差一个样的“大锅饭”现象。有的教师主要精力没放在本科生和研究生教学工作上，一些有经验和教学效果好的教师没有上教学第一线。为了改变这种状况，会上提出和讨论了教师的聘任—责任—评议制。即由系主任负责，在定编定岗基础上按照课程计划和要求，选聘主讲教师和教学小组，明确教师岗位职责，检查执行情况，最后按一定评价体系做出评价。根据评议结果，按统一标准，将课程分为甲、乙、丙三级。教师管理制度上的这一改革，使教学质量高，效果好，认真负责的教师得到肯定和鼓励，精益求精。处于中游状态的教师将会奋起向上，争取课程升级。这项制度在执行中涉及面广，情况比较复杂。聘任部分先在少数院系试点，责任和评议部分会后修改，校务会议讨论通过后，于本学期全面试行。

院系是组织教学科研的最基本的重要单位，处于教学科研的第一线。各方面的大量的管理工作，主要靠院系去做。院系工作上去了，学校也就上去了。目前在不同程度上存在的院系无权少责，机构不健全，工作难做的状况一定要逐步改变。这次会上提出和讨论了系主任（院长）负责制。试行办法中包括系主任（院长）的职责、权限和任职条件三部分。学校一定要给院系放权，充实和加强这一层的机构和干部。系主任负责制准备先在少数系试点，逐步实行。

我们用一两年的时间把四个环节和两个制度集中抓一下，抓出成绩来，在全面提高教学质量上必见成效。微观上的一些教学改革措施，也将随之进行。

提高教学质量是个复杂的系统工程和长期的工作，要全校各方面配合和持之以恒地抓下去。提高教学质量涉及各个方面，不仅是教务处、研究生院和院长、系主任的事，其他各处各单位都有责任，都要以提高教学质量和培养人才为己任。要在全体师生员工中逐渐树立和强化质量意识，没有质量，北京农大也就失去了存在的价值。

三、关于校风建设

校风是一种无形的巨大的精神力量。优良的校风，对学校的每一个成员都会产生一种积极的心理影响和约束力。高等学校是治学育人的地方，培养出来的学生，是否具有坚定正确的政治方向、献身“四化”的精神、高尚的品德情操和在科学技术生产实践中攻关陷阵、建功立业的精神，不仅需要在教学科研生产活动实践中培养，而且需要在学校里有一种良好的心理环境和行为风尚。在这种良好的集体环境中形成的优良作风深刻地感染着每个成员和整个集体，在完成教学、科研、生产实践、管理服务等各项工作中，将发挥出意想不到的作用，对提高学生质量和整个学校的素质有着重要作用。所以建设优良校风是全面贯彻党的教育方针，进一步提高教学质量的具有深远影响的重要内容。

我校是解放初由清华大学农学院、北京大学农学院和解放区的华北大学农学院合并而成的。具有严谨勤奋、求实创新的精神和艰苦朴素、联系实际、关心生产的优良传统。几十年来，在这种精神和优良传统的影响和熏陶下，为国家培养了大批优秀人才。优良的校风和传统是我校宝贵的精神财富。

目前，在部分学生中存在学习动力不足，社会责任感和事业心不强，学习不刻苦，个人品德要求不高，纪律松弛的现象。在领导教职工中，不同程度地存在治校不严，管理不善，效率不高，教学秩序和服务质量较差以及校容校貌不整的现象。校风上的这些问题，应当引起注意，一定要花大气力改善这种状况，加强校风建设。

结合当前实际和校风中存在的问题，近期校风建设的重点是：树立五风，爱我农大。

一要在教师中树立严肃、严谨、严格和教书育人的校风。即在工作上严肃，倾毕生精力于教育事业，为四化建设培养高质量人才；教学工作上认真严肃，精益求精；在治学上严谨，实事求是，尊重科学，追求真理，不务虚名浮利；对学生要严格要求，善于引导，既教书，又育人。

二要在学生中，树立勤奋好学，德才兼备，知识与能力并重的学风，在品德、学识和能力上受到全面培养。

三要在管理人员和职工中，树立质优效高态度好，团结协作不内耗的工作作风。

四要在服务人员中，树立为他人设想，热情主动，服务光荣的服务作风。

五要树立讲文明礼貌，遵守公共道德和秩序，要团结友爱的生活作风，把自己培养成为有素养、有风度的一代学子。

要不断增强全体师生员工对学校集体的光荣感、自豪感和内聚力，增强创一流高等农业学府的决心和信心。只有爱我农大，才能振兴农大。

校风建设有继承的一面，也有随时代发展而发展的一面。今天我们提校风建设，既有继承过去的优良传统，又有发展和逐渐形成的过程，这需要自觉的长期坚持不懈的努力。就目前而言，许多的内容和要求还处在初级阶段，我们任重而道远。校风建设要有要求，有计划，有领导，有部署和有检查。新的学年即将开始，老同学将陆续返校，近千名新同学要来到这个新的环境，广大教职工度过暑假，各项工作要重新运转起来，在这个时候，全校抓一下校风建设很有必要。为了使这项工作开展得更好，需要有一定的声势和较强的心理气氛，校务会议决定从 9 月 10 日的教师节和开学典礼开始，到 10 月 10 日为校风建设月。

今年校风建设月的重点是：迎新和新生入学教育，建立正常的教学秩序；课堂、食堂和宿舍的文明建设活动；机关后勤抓高效优质服务以及整顿校容校貌 5 个方面。学校成立了校风建设月活动领导小组，制订了活动计划，设置了“教书育人”“服务育人”和“优良校风”3 个流动奖杯。校风建设月结束时，要全面检查评比和总结，提出转向经常化的计划。

100 多位同志，五天时间，讨论了一个问题——如何以改革精神全面提高教育质量。这是一次集中的民主议事，汇集了大家的智慧，统一了认识，统一了行动。我们相信，这次工作会议定将对我校当前工作和提高教育质量起着重要的推动作用。通过会议，提出、讨论和明确了问题，但是更加重要的还在于会后贯彻执行和解决问题。这需要做很大的努力和有克服困难的精神。千里之行始于足下，从现在做起，从我做起吧！农大要振兴，一个一流的新型农业大学定将在我们的辛勤耕耘下形成和壮大。

同志们，工作会议就要结束了，新的学年即将到来，让我们以饱满的精神和崭新的姿态，在各自岗位上，为振兴农大，创造新的业绩吧！

3 启动转型改革的1988年
——1988年8月28日在第三次工作会议上的总结讲话

【导读】

1988年是全面启动转型改革的一年。2月2—6日召开的第二次工作会议主题是讨论学校管理系统和运行机制的改革，通过了“北京农业大学校长负责制暂行条例”，部署了1988年的10项工作。3月2日石校长在全校教职员工大会上做了工作报告，报告了第一次工作会议及以后的进展；8月召开第三次工作会议，讨论全面推进各项改革工作及提高全校科研工作质量与水平问题。

在第三次工作会议总结讲话中，石校长一开始就谈到当前学校面临的严峻形势。指出：“我们已不是要有危机感而是已经身在危机之中了。面对当今形势，任务是如何在竞争中保护和发展自己，在改革中求得自身的改造和完善，光有热情和苦干精神是不够的。重要的是审时度势，深思熟虑，在大变革中把握学校的航向，健康迅速地向前发展。”讲话中提出，面对危机一是根据教育改革形势和我校的优劣势，必须处理好办学水平和规模的关系，将北京农大的发展目标定位在高质量、高水平、高层次和现代化上，而不求发展规模与数量；二是办学经费严重不足和教职工待遇太低已成为达到办校目标的重要和全局性的制约因素，需要通过开发自身科研成果和办培训班等以舒缓经济紧张状况。总结讲话还部署了下学期的七项重点工作。

按照第一次工作会议提出的办学方向与发展目标，1988年启动了8项转型改革。它们是：①为改单一的本科教育而构建本科教育、研究生教育和继续教育的现代农业高教体系；②为改窄深专才型培养模式为广适应性培养模式，改按专业招生为按系招生和三段组合式教学；③为改单一的智力教育而建立智力教育与非智力因素相结合的综合素质培养工作体系；④建设传统学科改造和与发展新兴学科、单一学科与多学科交叉综合、自然科学技术与社会经济和人文科学、“硬”科技与系统、信息和管理等“软”科技；研究成果与技术推广和开发等的“五个结合”的学科体系，以提高学校科研的整体实力与水平；⑤强化农业高教的农业技术推广职能，建设一支强大的农业科技推广队伍；⑥发展校办高新技术产业与培训工作，缓解学校经济困境；⑦以聘任制为中心，深化人事制度改革，加快青年教师队伍的成长；⑧在校长负责制试点的基础上，推行系主任（院长）责任制，建立校系两级管理体制。

根据学校的请示报告，国家教委发来《关于同意北京农业大学1988年开始试行本科按系科招生的复函》（1988.1.27），农业部发来《关于北京农业大学实行校长负责制的通知》（1988.5.14）、《关于成立北京农业大学京农新技术开发总公司的批复》（1988.5.23）、《关于北京农业大学成立继续教育学院的批复》（1988.5.28）等文件，表示了上级对学校此次转型改革的积极态度和大力支持。以下是第三次工作会议上总结讲话全文。

历时四天的第三次工作会议即将结束。

这次会议主题有两个：一是如何使科研工作上一个新台阶，二是下学期学校的工作。会议上就这两个议题，大家发表了许多好的意见。与会同志认为，这次会议的主题抓得准；发言和讨论热烈；气氛和精神状态都很好。这是一次民主的会议，议政的会议，共商学校改革大计的会议。这次会上还议论了学校面临的严峻形势，探讨了对策。农业部教育司贺修寅司长，高教处马士欣处长等领导同志到会并讲了话，这是对会议和我校工作的关怀和支持，我们表示深切的感谢。

从去年八月会议（第一次工作会议）到今年八月会议，已经一年了。由于大家的努力，学校在许多方面取得了明显进展。在第一天的会上我归纳成十项进展（详见下文）。现在，仅就下学期工作讲一些看法。

首先，谈谈当前我校面临的严峻形势和对策思考。

近年来，国家的改革日益深入，形势发展很快。从去年八月会议到今年八月会议的一年中，在一些重大的政策问题上有较大的变化和出现一些新的形势和问题。这必将对我校当前的教育改革和各项工作有着重要的影响，在讨论我们当前和今后工作时，一定要考虑到大形势的变化，才能审时度势，及时调整我们的部署。

从国家改革的大形势看，首先与我们有关的是教育改革的进展。这一年来，教育改革的进展很快，国家教委今年1月召开了全国高教工作会议；8月在北戴河召开全国高校工作座谈会。明春中央召开的四中全会，将要全面讨论教育问题。教育改革和知识分子问题是当前改革中的一项重要内容。1月全国高教会和8月北戴河会上提出了教改的一系列措施和部署，其中在招生分配制度改革中提出，1989年开始国家不包分配和学生上学也要按情况交一定数量的学费。无疑，这样的改革非常必要并涉及教育改革的各个方面。但是，对我们学校来说，它将产生怎样的影响，我们又将怎样迎接这个改革和挑战，这是一个很大的问题。

我们是农业院校，我们的招生和生源是否会出现一些新问题？我想是肯定的。有的同志说："不想交钱买一个'出城证'。"报名人数是否会减少？录取标准是否会下降？另外，从最近得知的农口大专以上学生的需求情况来看，暂时的承受能力是有限的。河北省有项调查，在2000年以前，河北省培养的大学生可满足本省需求量的136%，研究生为130%。在当前农村改革和生产力水平下，我们应当对高层次农业科技人才的需求有个基本估计。在全国有约70所农业高校的形势下，北京农大对自己的办学目标和定位应做何考虑？

在科研方面，随着科技体制改革的深入发展，科研单位逐渐减少事业费，科研经费改贷款的比重在不断提高。争取项目和经费的竞争比以往任何时候都更加激烈，这种形势在争取“七五”项目时已深有感受了。我校的科研管理工作能否跟上去？全体干部和每一位教师的思想能否跟上？“八五”的科研形势和经费怎么样？这又是一个必须十分重视的大问题。

学校经费十分困难是众所周知的。今年的事业费956.9万元，预算很不好做，反复三次才定下来。各院系困难，靠砍实习、砍实验、降低教学质量来维持。实验资料、图书资料、水、电、煤等均大幅度涨价。导致学校经费严重不足，捉襟见肘，困难重重。

此外，物价上涨，脑体倒挂和经商热像一股强大的冲击波向知识界袭来。反应最灵敏的是青年学生学习积极性下降以至厌学和青年教师的出国热和公司热。师生和干部中不安和不稳的因素在增长。

以上严峻形势说明，我们已不是危机感而是身在危机之中了。最近何东昌同志对高校领导说：“钱太少，心不稳，（校）长难当。”我想，这是问题的一面；还有一方面是“统得死，改革难，进展慢”。高校的职能是为国家培养高质量人才，出高水平成果，做出色贡献，这是问题的一个方面，也是主要方面。而另一方面是过去提的比较少的，即如何在竞争中保护和发展自己，在改革中求得自身的改造和完善。面对当今形势，光有热情和苦干精神是不够的。紧要的是审时度势，深思熟虑，在大变革中把握学校的航向，健康迅速地向前发展。就当前形势而言，我认为把握以下两个战略要点十分重要。

第一，根据教育改革的形势、高层次农业科技人才的需求状况和全国农业高校的结构及我校师资、设备、地理条件的优势和校舍不足近期扩展潜力不大的不利条件，必须处理好办学水平和规模的关系，把农大办出与之地位相当的特色来。也就是向高质量、高水平、高层次和现代化的方向发展而不求其规模数量。在教师、实验室和生活设施极其不足、教师队伍需要调整改善（5～8年）的情况下，如果规模大了，就像负重竞走，妨碍学校在整体上休养生息、组织队伍、调整运行机制和向“三高”和现代化方向的发展，学校也就办不出特色。

重质量水平而不重规模的名牌大学在世界上不乏其例。英国的剑桥大学、美国的麻省理工学院以及普林斯顿大学和斯坦福大学，都是名列前茅的世界一流大学，他们的招生人数都只有几千人（一般大学都是2万～3万人）。美国加州理工学院有一个世界性的最大研究中心——“应用工程学中心”，美国发射的第一颗人造卫星勘探者一号就是它与美航天局合作研制成功的。这个大学，在 1983 年只有本科生 829 人，研究生 936 人，共 1 765 人，但它在世界上的学术地位很高。约翰霍普金斯大学规模不大，以培养高水平、高层次人才（特别是研究生）而著名，它的教师大都是一流的，在世界上享有很高的学术威望。去年我校八月会议提出了“要把农大办成一所综合性和多科性的一流的新型农业高等学府”的总体目标。近期内，在调整改造的基础上，把高质量、高水平、高层次和现代化作为工作的重要方面，而不求规模，这是第一战略要点。

第二，办学经费严重不足和教职工待遇太低已成为达到办校目标的一个重要的和全局性的限制因素。提高教学质量和科学水平，稳定和改善教职工队伍以及还有许多该做和想做的事情等，都必须有经济上的支持。在经济十分拮据的环境下，不仅难以发展，现有的教学质量和师资队伍也难以稳定。

在某种意义上说，在抓好改革和各项工作的前提下，学校的稳定、质量、发展和提高在很大程度上取决于财力。国家已经重视教育经费匮缺和知识分子待遇太低的问题并将有所改善，困难局面会有所缓和。但是，鉴于国家财力和困难，能改善的程度尚难预料。北戴河高教工作座谈会上提出，以后学校经费来源靠税、费、产、赠和基金。其中，税、费、赠和基金都是手心向上，尽管有一定限额和来之不易，但也要力争。而“产”，即靠学校的智力和技术优势去开发高科技产业，手心向下地去“抓”。从我校目前情况看，潜力较大。工作做好了，很有希望，最近，我校成立了“京农新技术产业开发公司”，打算拿出 5% 左右的人力，专门从事技术开发经营，用企业管理的办法办好公司。目前还有许多困难，但是，一定要下决心搞上去。这是一项牵动全局的战略行动，希望得到全校师生员工的理解和支持。要求各院（系）、处和各单位部门给以大力支持和协助。希望能顾全大局，广开绿灯，不要只是孤立地和简单地计算本单位部门一时一事一人的得失，如果学校的经济状况有一个较大的改善，各项工作和大家的生活也会得到相应的发展和提高。

一手抓高质量目标，一手抓改善经济状况。以改革精神抓好这两个战略点，各项工作再跟上去，学校将在大变革中求得自身的发展和完善。

下面谈谈下学期的七项重点工作。

一、继续抓好教育改革和提高教学质量工作

办学要始终如一地抓教育改革和提高教学质量，这是首要任务。

1. 关于本科生教育

今年上半学年进行了“按系招生、三段组合制”的重大改革；推广了四段实

践教学法；改善了基础课教学条件；抓了正常教学秩序和其他方面的建设。

下学期仍将以贯彻“按系招生、三段组合制”为主轴线来安排本科生的教学。今年入学的 88 级是按系招生的第一期试点，将正式实行三段组合制。与此同时，87 级以至 86 级和 85 级也可参照这个精神，对教学计划作可能和必要的调整。基础课教学质量对学生智力培养的整体质量具有重要意义，一定要长期地持续地抓好。基础课教学存在许多困难和问题。它面对的都是刚入学的新生，班次多任务重，科研项目和创收渠道少，设备条件差。

三段组合式的第一阶段，前三个多学期是基础课，有许多共性，集中起来抓会有好处。但是矛盾集中了，弄不好，问题就更难办。我以为，这里的关键是两条：一是能否组建一个团结向上，富有改革创新精神的领导班子；二是学校在政策和人财物上加大支持力度。第二次工作会议上曾酝酿过成立基础教学部问题，此次又议及此事，因事关重大，希望在充分酝酿的基础上再做决策。

下学期要抓一下微观改革。主要是课程建设，可以先选拔培养一批王牌课（一类课）。各院（系）选择几门在教学内容、教学方法、教学效果和教师的授课能力各个方面确属上乘的课程，作为一类课程，加以重点扶持和提高。课程是教学的细胞，课程好了整个教学和机体就会健康和充满生机。

建设正常的和良好的教学秩序是一项长期的任务，下学期不能放松。关于改善教学条件方面，学校最近设法筹措了一点经费，稍做补充。

2. ***关于研究生教育***

过去的一年，研究生院和各院系在研究生教育改革上做了许多工作，取得了不少进展。下一段工作仍要继续贯彻国家教委《通知》精神和我校的十条意见。结合当前形势分析，下学期除经常性工作外，重点抓好以下两项工作：

一是认真搞好中期考查和制订严格论文答辩的有关规定，必须从严要求，把好质量关。近一个时期，读书吃亏论、经商风在研究生中颇有影响。加以论文答辩要求不严，不费劲地能过关的安全感较普遍。部分研究生中不同程度上存在学习积极性下降，要求不高，纪律松弛的现象。若不注意，任其发展，将冲击研究生教育和严重影响培养质量。对此，主要的是加强思想教育，同时必须严格要求，加强管理。下学期是 87 级研究生的第三学期，要认真和严格地进行中期考查，该处理的处理，该补的补，该批评的批评，不能马虎走过场。另外，研究生论文答辩要严肃对待，严格要求，杜绝“保驾”过关现象。研究生院要根据近一两年的情况，修订论文答辩的有关规定，年底以前讨论通过实施，打破拿学位的安全感。新修订的规定要在明年进行论文答辩的硕士和博士生中宣传贯彻。

对研究生的严格要求和提高质量，一定要与广大导师和院（系）领导一起做工作，共同对学生负责，对质量负责，对国家负责。要求松一尺，客观效果松一丈，如不注意，会不可收拾的。从严要求决不能动摇，一定要持续地抓下去。

二是使在职人员申请学位工作走上一个新台阶。它是多渠道、多形式地培养高层次人才的有效途径。我们要向各个农业院校、研究单位发出通知，宣传申请学位的一系列方法，也可以是点菜式的补课和聘请指导教师，这样可以把学校办活，为国家培养更多的高层次人才。希望研究生院做好这项工作。同时要把博士后的培养工作抓好。总务处等业务部门要密切配合。现在只有四位，以后有合适人选，可以继续扩大数量，请各院（系）院长（系主任）、教师主动物色和接收博士后人员，这对学校的发展很有好处。他们的到来，会给农大增添新鲜血液，从国内外带来新知识、新思想和增强学校的科研力量。博士后也是补充和加强我校师资队伍的重要途径。

3. **关于继续教育**

干部教育已经 10 年了，继续教育刚刚起步，希望继续教育学院在干部教育的基础上，把继续教育办起来，这是教育改革的一个重要方面。同时也希望继续教育与黄淮海地区的农业开发工作结合起来。教委成人教育司希望农大承办一个全国农村中专或大专以上师资的培训中心，把黄淮海地区当作培养锻炼的基地，也请他们把农大的科研成果推广到广大农村。

今后，凡学历教育统一到教务处，干部教育和技术培训等非学历教育统一到继续教育学院。各院系办班都要经继续教育学院审核批准以保证质量和统一管理，各有关证书只能由继续教育学院颁发。办班的收入，采取谁办班归谁，继续教育学院只收 5% 的管理费，继续教育学院楼投入使用后，将逐步拆除各院系的招待所。

二、努力开创一个精神素质培养的新局面

去年八月会议提出了全面提高教学质量的四个环节，第一环节就是要改善学生的精神素质培养（即非智力因素培养）。就当前情况看，学生的思想教育和精神素质培养就更加具有现实意义和更加重要了。

目前，大学生和研究生的问题是学习动力不足，积极性不高，甚至有厌学情绪。少数或部分学生中，存在着贪图玩乐、纪律松懈、迟到旷课、抄袭作业、考试作弊、恋爱成风、甚至打架斗殴、酗酒吸烟、弃学经商等不良现象。原因是多方面的。一是在变革过程中，青年学生对改革中出现的不正之风、物价上涨、脑体倒挂等一时存在的问题不理解；二是受社会上经商风的冲击，受“读书吃亏”“知识贬值”“知识越多越贫困”“读书无用”和“经商赚大钱”的影响；三是由于毕业分配制度尚未转入新的轨道，学习好不等于分配好，学习好不如后门硬；四是学校管理工作不到位、某些课教学质量不高、有的教师要求不严。有的

学生说，有的课程是“蒋宋孔陈”，即“僵松空陈（旧）”，这也影响了学习情绪。还有学校的民主空气不够，对话少和伙食、管理等方面的问题。学生的思想教育和精神素质培养有许多工作要做。

第一，以“五个教育”为中心内容，抓好第二课堂和非智力培养

1. 形势教育：对学生开展改革开放的政策教育和形势教育。

2. 理论教育：进行马列主义的人生观、理想观、价值观的教育和马列主义与中国革命实践相结合而产生的新理论、新思想的宣传教育。

3. 献身农业教育：通过让学生选学“中国农业”以及专业概论、举办教授与学生座谈会和专题讲座等多种形式，使学生了解中国农业、了解学校的科研成果，了解农大的校史、党史。教育他们学农光荣，为农业献身，增强使命感和责任感。

4. 民主教育：通过多种途径，使学生参政、议政。可根据内容邀请学生参加校务会、系务会和行政办公会。举行校事发布会，让学生了解和关心学校工作。院长（系主任）可请学生担任秘书。学生中广泛开展“三自”活动。要加强学校与学生的联系，听取学生的呼声。通过各方面的工作，使他们感到是学校的主人，而不是被动的客体。

5. 品德风貌和纪律教育：要以“校风建设月”为主线，集中抓，经常抓。要“树立五风，爱我农大”；要抓实事，做贡献，在学生集中活动的食堂、教室、图书馆、宿舍，要形成一种良好的心理环境和行为风尚，以此来感染每个学生。

在工作方法上，一要抓实践教育。通过社会实践、学习实践和生活实践，加强以上五项教育；二要抓熏陶感染，潜移默化；三要抓正面激励，增加“三好学生”奖金和奖学金；组织各方面表现突出的同学参加夏令营活动，在优美的环境中，净化心灵、陶冶情操，还可能选拔优秀学生赴日实习；在分配上，实行“双向选择、择优录用”制度。要做到“好雨知时节，润物细无声”。

第二，要建设一支以行政为主体的强有力的思想教育队伍，与党委系统一起做好学生的思想教育工作

学校增加了一名主管学生工作的副校长，各院（系）要配合设置负责学生工作的副院长（副系主任）和秘书（或助理）。学生处的职能要做相应的调整，集中精力抓学生的非智力因素的培养。

在学生思想教育队伍中，教师的教书育人有着十分重要的意义。学生受教师的影响极大。任课教师要与学生多接触、多谈心，教师们要理解学生，爱护学生，要诲人不倦、谆谆教导。对待学生要像作家、艺术家对待自己的作品一样，“精雕细刻”，精心培养。

各部门要密切配合，主动做好工作，形成一个大的良好的环境，使学校变成一个陶冶英才的熔炉。

三、将科研的整体水平提高一步

科研工作是这次工作会议重要议题之一，所以讲得稍多一点，细一点。

当今世界各国都面临着一场全球性的新技术革命和经济上的大竞赛，一个国家，一个地区，以至于一个部门都要对此做出抉择，兴衰沉浮皆系于此。经济上竞争的核心是技术上的竞争，技术竞争的实质是人才竞争。农业科学也将在新技术革命的冲击下酝酿着一场大革命和新的重大突破。我校作为一所高等农业学府，必须在此世界性的科技和人才竞争的激流中勇进。否则将沦为二三流学校。没有一流的学术水平，就没有一流的大学。我校必须励精图治，不失时机地把我校的学术水平和科研实力提高到一个新的高度。

学术水平不能只重一些科研成果，而要观其综合实力和整体水平。如项目、经费、机构、队伍、科研条件、管理水平、学术风气、图书资料和信息、学术交往均为取得高水平科研成果的背景和必要条件。其中核心是人才，特别是一些具有良好科学素质和天赋的科学家（千军易得，良将难求）。要提高我校的学术水平，必须不断增强科研的综合实力和整体水平，突破口是选好用好人才和有一个远见卓识的部署。

我校在科研方面具有学科齐全综合，队伍素质较好，基础和综合实力较强，学术和信息交流条件较好的优势。但是，也存在着项目量大而有分量的项目少，短期行为多而长期行为少，科研任务重，战线长，而队伍结构不合理和青黄不接。此外，学术空气不浓和管理工作跟不上也影响我校科研水平的提高。

从整体上或战略上考虑，我校应当是一方面加强基础和综合实力，另一方面要着眼于“高”（即高质量，高水平）和“新”（即新思想，新学科，新领域）。要在学科的前沿和制高点上做文章。

关于如何提高我校科研的整体水平，这次会上开展了讨论，大家发表了许多好的意见。在讨论中我们认识到，要使我校科研工作上一个新台阶，要从认识上和工作上处理好如下的一些关系：

第一，多争项目与自主部署的关系

有同志认为争取来的项目多是小、乱、杂，但还必须争，而且要发动大家去争。因为这和承担国家科研任务，扩大学术影响有关，而且是我校科研经费的主要来源。但是，不能只停留在争得一批项目和经费的水平上，而要对那些“高”“新”和综合性强的重大课题，特别是具有长远和重大经济意义的项目，学校必须有意识地组织和部署。对此科学的远见和高瞻远瞩是十分重要的。

第二，“小山头”与大综合的关系

科学研究主要是脑力劳动，要靠系统的思维和知识的积累，要靠创造性的发挥。所以，科技工作者个人的创造性劳动是最基本的并具有特殊的意义和作用。我们不应当忽视或贬低个人作用，科学上吃“大锅饭”更加有害。但是，当今科学越来越分化又日益趋向综合，因此要十分重视在个体基础上的大综合和相互渗透、相互协作，要处理好个人与小组、本学科与其他学科的关系。问题并不出在“小山头”上，关键是如何把“小山头”合理地科学地融汇在科学的大综合和大集体中去，建立起一种良好的科学人际关系。这里有观念问题，也有做好组织协调工作，创造一个和谐环境的问题。

第三，基础研究和应用研究的关系

农业科学是一门应用科学。为适应当前国民经济发展的急迫需要，我们要把应用研究作为主战场并应投入较大力量。同时，作为我们这样一所高等农业学府，应当重视应用基础和基础研究。否则，我们也会犯短视和片面的毛病。近几年来，在这方面有了明显改善。据科研处统计，1988 年基础研究（包括应用基础）课题比 1985 年增加 3 倍，经费增加 6 倍。比应用性课题增长快得多。但是对基础和应用基础研究的领导、组织和宣传等方面的工作尚待加强。

第四，教学与科研的关系

教学和科研的关系是一个时常产生异议和人们关心的问题。在研究生教育占重要地位和两个“中心”的高等农业学府以及当今科技发展日新月异的新技术革命的时代，没有科研是不可想象的。没有较高的科研和学术水平就不可能有一支高水平的师资队伍，也办不出高质量的高等教育。更何况现代的高等教育本身就具有包括科研在内的综合职能。从整体上看，我们没有必要在谁第一、谁第二；谁为主、谁为辅的概念上做无谓的争论。在一个相辅相成的关系和统一系统中没有必要强加进一些客观不存在的人为的一些概念。但是，在具体的单位、个人、时段以及工作上却要注意处理好二者的关系。如有的教师或单位科研任务过重，社会活动过多，对教学工作抓得不紧、不认真，效果不好。这是不应当和不允许的。要使关心教学、努力提高教学质量和教书育人蔚然成风。但是也不能把工作安排和管理上不当而产生的某些现象以偏概全地归之于科研冲击教学。

另外，就具体的组或人在某个时期里，有的科研多些，有的只搞教学，这是正常的，是工作的需要。因此，领导上和舆论上不应当用一把尺子去评他们的工作和水平。各组或人也不必互相攀比。今年在教师职务聘任上分型对待就是要体现这一原则。但是，高校教师，特别是高职称的教师，一定要创造条件，在完成教学任务的前提下，尽力从事科研工作和取得好的成果，以不断提高自身的科学和教学的素养。

第五，一般教师和专职科研人员的关系、院系组和研究所室的关系

对于广大教师，特别是专业课和高中级职称教师以及他们的研究生，既有教学任务，又有科研工作，是学校人数众多、队伍最大的基本的科研力量和主要形

式，担负着学校主要和大量的科研工作。但是，一些重点学科、重大项目和某些重要的新兴领域在激烈竞争中，为争取和保持我校的领先地位，没有一支专职的科研队伍和科研所（室）是不行的。他们是一支可以根据形势发展的需要、可以较好地调遣部署的战略部队和重要的突击力量。以上两支队伍（包括研究生）的密切配合构成了我校宏大的科研队伍。这是具有不同职能而又要科学配合的“两支队伍”的构想。但是，目前的现实情况则是职能不清，界线（人和机构）不明、有些所（室）有名无实。第二支研究队伍未能尽其职能和形成一个突击和稳定的力量，这是我校科研工作上的一大损失。通过这次会议，研究院和科研处要认真总结经验，把科研所室和专职科研队伍的关系理顺，搞好管理，充分发挥这支队伍的作用。

近期科研工作如何抓？根据会上的讨论，要抓好以下五方面工作：

一抓学科建设。为什么要抓学科建设，特别是重点学科的建设，在我校1986年制定的《北京农业大学学科发展战略和规划蓝皮书》中已有充分的说明。该蓝皮书中提出了“抓两头、促综合、形成重点、核心是人才”的学科发展战略和加强“生物技术、农业资源和环境、管理科学、新技术科学（包括计算机、遥感、信息科学等）”的四大战略重点和20个校级重点学科，10个系级重点学科。今年国家教委在全国范围内进行评议，我校可能有11个学科被评为国家重点学科。请研究生院、科研处牵头与有关院系和业务处按蓝皮书提出的五项措施，制订具体实施方案和计划，切实把我校的重点学科抓起来。

二抓重大的和有突破性的科研成果和推动新兴的、前沿性的学科和领域的发展。学校有列项课题200多个，还有一些未列项的。我们一定要头脑清醒和具有科学的眼光和敏感性，发现一些已经是或潜在重大而有突破性的研究课题，新兴的和前沿性学科和领域加以重点扶持，促其脱颖而出，早结硕果。免其在板结的表土覆盖下难以破土，苗弱色黄，甚至夭折。如微生物发酵工程；猪生长激素；玉米、棉花等作物的育种；增产菌；种衣剂；农业遥感；利用系统工程和计算机进行模式化栽培等均已崭露头角。农业信息系统、农业系统工程、农业资源和环境、农业实验动物等新兴学科我校具有潜在实力。此类学科和项目需要大力扶持和开发。请科研处加强调研，仔细分析，明确目标、主动“出击”，精心组织。特别是那些综合性强、跨院系的内容，还要注意那些一时还不为人们（领导）所重视、列不上项、缺少经费和支持的内容。

三抓专门科研队伍、科研条件和科研管理的改善。前面已经谈到，专职科研编制和研究所室是一支实现我校科技发展战略战术的一支突击而稳定的力量。一定要结合重点学科，重要突破方向和急需加强和建立的新兴学科和领域，全盘考虑，精心部署和充分发挥这支队伍的特殊作用。在改善科研条件上，这次会议重点突出了温室区的建设和生物技术实验室（中心实验室）的管理，这是十分必要的。这两翼上去了，还有图书馆、计算机中心、实验站、农场等条件的改善，对我校科研工作的推动和科研综合实力的提高将起着重要作用。请科研处牵头，与有关单位协同，共同做好这两项工作。下学期要有一个较大的进展。在科研管理上，科研处做了大量工作，成绩显著。但是在当前科技体制改革和形势不断发展变化的情况下，科研管理一定要跟上去和走在前头。这对服务和促进我校科研工作有着重要意义。科研管理亟待加强。陆光明同志代表科研处在会上的发言很好，望认真组织实施。需要学校解决的问题，如人员、经费等，学校将与有关方面研究，予以支持。

四抓“七五”项目检查和争取“八五”项目。今年是“七五”项目的第三年，只剩二年多一点时间了。一定要抓紧时间，全面检查，按项目分类指导、部署明年，也是最后一段的研究工作，保证全面完成任务和力争部分项目取得优异成果。

从今夏到明夏，也是国家酝酿和制订“八五”科研计划的时期，我们一定要认真组织教师参与“八五”计划的制订。科研处对此要有个大体的思路和主导思想及重点内容和全面部署。力求主动，为国家出谋划策，为学校科技发展争取更好条件。

五抓学术气氛。学术气氛在推动科学研究，特别是促进新的学术思想，新兴学科领域的发展方面是一种无形的巨大的力量。对于一个高等学府，浓厚和良好的学术气氛是一笔宝贵财富。据说在英国牛津和剑桥大学，许多新的学术思想和科研难题的解决是与“烟斗”和“咖啡”分不开的。我校的发展目标中指出：“北京农大要发展成为科研实力很强，出高水平科研成果，出新思想、新学科和学术思想活跃的农业高等学府”（第一次工作会议上的报告）。要达到这个目标，没有良好和浓厚的学术空气是不行的。

我校有这方面的良好传统。但是由于多数教师教学科研任务超负荷而缓冲时间少，加以缺乏条件和主动组织，学术活动的开展，切磋学问和交流学术思想的气氛还是很不够的。希望各院系和科研处等业务处加强组织。学校考虑提供学术沙龙之类的条件，加以提倡和鼓励。

提高我校科研整体水平的根本是人才，这将在其他部分谈到。科研工作就谈这些。

四、建设一支强大的推广队伍，在黄淮海平原开发的主战场建功立业

推广工作是学校三大职能之一。这几年，不少教师做了许多工作，如李季伦、李丕明、尚鹤言、王云龙、梅汝鸿、李金玉等同志，他们在科研成果的推广

中都做出了突出成绩，取得了可观效益。

去年八月会议明确提出了学校的教学、科研和推广三大任务和加强我校推广系统的建设。经过一年的酝酿筹备，现已成立“北京农业大学农业推广中心”，它是由原来的 CIAD 项目、黄淮海的开发项目以及推广处、情报室和图书馆情报部分等组成的四部（推广部、培训部、信息服务部、项目管理部）一室（办公室）的业务实体。这个中心的成立和专职推广队伍的壮大，标志着学校的推广工作将进入一个新的阶段。当前我校推广工作的主战场是黄淮海平原。黄淮海农业开发工作，祖康祺同志在大会已有详细汇报。今年年初，经过短促而紧张的准备，黄淮海农业开发战役打响了，从 3 月到 7 月初，完成了第一战役任务。取得了成绩，打开了局面，扩大了影响，摸索了经验，揭开了黄淮海平原农业开发的序幕。

第二战役怎么打呢？提一点初步想法。

主要是以效益为目标，以多种形式组织推广和开发。

国务院提出，通过黄淮海的农业开发，到 2000 年黄淮海平原要增收 500 亿斤粮，2 000 万担棉，3 000 万担油料，200 万吨肉。学校的黄淮海开发，也要有个明确的思路和指导思想，也就是围绕这四大指标农大能通过哪些技术和办法能为国家做多少贡献。这应当成为我校参加黄淮海开发的基本的检查指标。

总结第一战役的经验，推广和开发的形式应有：①形成综合治理样板，在面上辐射，如曲周、吴桥等；②以单项的作物或养殖为对象，提供综合配套技术，如在盐城市的大面积棉花增产项目，武夷县 30 万亩蛋白质饲料生产基地和发展草食动物项目等；③可在面上大范围推广的单项技术，如增产菌、种衣剂、新型农药等；④应用软科学对黄淮海的经济、农业的信息，农业的发展战略等问题，收集分析资料信息，研究对策，对上（国务院、农业部）参谋，对地方和广大农村提供咨询服务；⑤推广开展人才培训。

黄办和推广中心要以立项为主要办法，组织推广和开发工作。也就是以项目的形式使每一个推广的内容有明确的预期目标、技术内容、工作方法、工作条件以及预计取得的社会和生态效益。需要有申请、论证、批准、检查、验收等严格管理程序。同时要提供经费等条件保障和规定参加人员应当享受的待遇和奖罚办法。各推广项目要开展有偿服务，但应以社会效益为第一位和第一衡量指标。启动费要滚动使用。另外，制订项目时要注意与地方科技和行政力量相结合，这对推动项目的顺利进展十分重要。

参加黄淮海开发的队伍包括各院（系）承担项目的同志和推广中心的专门队伍。京农公司也要以开发黄淮海为己任和在黄淮海农业开发中开展和扩大经营业务。也希望农场、实验站、研究生会、学生会等积极参加黄淮海农业开发工作。

通过黄淮海开发，学校参加了国家的一项重大的经济建设。在参与中，锻炼和建设起一支推广队伍；也为面向国民经济建设，进行教育改革提供了良好的环境和条件以及为在师生中树立联系实际、关心生产的良好风气和坚持我校的优良传统等均将产生全面而深远的影响。黄淮海开发工作一定要持之以恒地抓下去，抓出成效来。

五、以聘任制为中心，深化人事制度改革

首批专业技术职务聘任改革的试点已经结束了。这是一项非常复杂、艰巨和繁重的工作，三年来取得了很大成绩。但是，冷静地反思，问题还很多。一是由于职称改革和工资制度改革不配套，评技术职称成为增加工资的重要途径，造成千军万马挤过独木桥之势，冲击了技术职务的本身含义和改革工作的正常进行。二是过去积下的历史遗留问题太多，以限额控制，控制不住又出现“地方粮票”“授予任职资格”等弥补性办法。限额成了焦点，而更重要的任职标准却不为人们所重视了。继之而生的问题是，它与定编定岗定任务的工作不配套，造成评上了也就聘上了，至于是不是有岗位和工作、是否需要反倒是鲜为人们所关注。另外，由于未与工资改革挂钩，提升职务后都进最低档，原已拉开的档次又拉平了，“大锅饭”的锅更大了。

这次评聘工作解决了多年积存的问题，对广大教师的积极性起了正面的鼓励作用。但是也出现如上一些新的问题，在部分教师中产生“松口气”的思想。评上教授后感到离退休年龄不远了，“奔头不大了”；有的评上副教授后估计升教授的希望不大，“不费那个劲了”；有的青年教师看到争个教授副教授不容易，工资才 100 多元，“吸引力有限”。

首批技术职务聘任工作已经结束了。农业部 7 月大连会议做了总结和对今后正常化做了部署，毛达如同志对此做了传达。根据这些精神，下面谈谈我校近期的考虑和安排。

如何建立正常和有效的技术职务评聘运行机制？首先要确立一致的目标，我认为要达到三条：一是按需择优选聘，量才绩提升；二是形成较强的竞争和向上心理效应；三是教师结构和素质处于动态化过程。最终是更好地推动学校教学科研和各项工作的完成。具体的是做好以下 5 项工作。

1. 问题的核心必须坚持按任务择优选聘。第一步是各院（系）对本院（系）近期（暂定三年）的教学、科研、推广、学科、实验室等各项建设和院系发展设想和规划有个统筹和比较清晰的考虑和部署。第二步是切实做好定编定岗定任务（“三定”）工作。第三步是与具体人挂钩，按“三定”择优选聘。首先保证教学和重要科研项目的人选。聘任中要任务明，工作量满，职责清。聘书任务一起下。若本系确无合适人选，可向系外校外聘任。第四步，有领导、有计划、有组织地

推动人才流动，一个学校一个系需要各种各样的人才，不同人具有不同的才干。结合工作需要，把每个人放在他最（或较）适合展示才干的位置上，做到“人尽其才”，这是对最宝贵的人才资源的开发。外国人喜欢“跳槽”，中国人习惯“从一而终”。我看在当今形势迅速发展变动的情况下，还是做必要的调整、流动，使人与工作岗位之间始终处于不断调整的动态优化过程中为好。谁要是改换工作，常被看成是不能胜任原工作，我看这种观点要改。有的同志在这里干得不太好，换个岗位也许干得很漂亮。对人才流动要树立正确观念和良好的社会心理环境，这对各级领导和广大教职工都是很必要的。人才流动主要在院系内，人事处也可设人才交流站，促进人才在更大范围内交流优化。

按任务择优选聘，下学期先在两三个院系试点，然后铺开。

2. 关于结构限额与标准问题。教师结构中最主要的是职务结构。现在我校教授、副教授、讲师和助教的比例是 1∶2∶4∶2。在“两个中心”和有研究生院的高校，高职的比例可更高些，如 1∶3∶4∶2。教委文件也明确指出，在少数有条件的学校，高职可以达到 40% 以上。具体到校内各院（系）和单位，结构比例也不同，一般来说，基础课的教师结构可以是金字塔形的，专业课的高职比例要大些。结构不一样，限额也就不能一样。关于限额和标准的矛盾，我认为问题的实质是标准。人才流动经常化以后，够标准的就应该上，不够标准的有限额也不能上。北京农大要成为一流学校，就必须有较高的标准，如副教授升为教授必须完成多少教学任务，达到什么样的教学效果，科研或推广工作要达到什么样的水平，取得什么样的成果。有了明确的标准，达到了就可以上，达不到就上不去，要充分体现竞争，摒弃论资排辈。由于历史遗留问题解决得差不多了，对贯彻标准原则和竞争精神是有利的。

3. 职务分级和量才晋升。教授、副教授、讲师、助教四种职务，每种职务不能只有一个档次，而必须分级。过去教授就有一到五级。现在工资改革不能配套进行，调工资与职务分级和实际才绩脱节。这个关系理不顺，很影响教师积极性，希望尽早在工资改革中实现。使之真正做到同一职务中分级和量才绩晋升。建立正常的职务工资体系。

4. 建立严格的考绩制度。以上各项工作都要在对每位教师进行科学考绩的基础上进行。每位教师每学年要按受聘任务书的要求和考绩内容向系主任（院长）申报自己的工作和所取得的进展。系主任（院长）和学术委员会按学校统一制订的评估办法做出评价，纳入技术档案和上报学校，作为晋级和提升职务的主要依据。

5. 在工作安排上，先作教学、科研、推广、实验技术、农业技术五个系列，从中摸索经验。在组织上，建立校长领导下的教师职务校评审委员会和系主任领导下的系评审委员会，撤销原来的职称改革领导小组。中初级职称的评审权下放到院（系）。在人事处设立师资科，在研究生院、教务处的配合下进行校级师资管理。

六、努力改善学校的经济状况，做好总务基建等后勤工作

前面已经谈到，学校经费已经达到难以维持正常运转，严重影响学校发展和师资队伍稳定的程度。改变学校的经济困境，根本上要靠国家增加教育投资和提高教师工资待遇。学校也要在可能的条件下，尽力改善学校经济状况。这是影响学校全局的一件大事。

首先，财务处及全校各单位严格执行今年的校财政预算，认真贯彻保证今年财政持平的 10 项措施，为学校理财把关。其次，下大力气组织技术开发和创收。对此前面已经谈到。

涿州农场、昌平和曲周实验站以及畜牧系的小牧场在大会上提出的“菜篮子计划”很好。北京农业大学应当充分利用我们的条件为大家提供肉、菜、蛋、水果等食品，改善学校师生员工的生活。我代表全校教职工对两场两站表示感谢。请校办、工会等单位组织好这项群众福利工作。

总务工作任务很重，下学期在继续抓好经常性工作的同时，还有以下三项工作重点：第一件事是修房分房。今年八月收回主楼等用房面积约 2 万米 ^{2}。旧房维修任务很重。同时，如何合理分配，充分发挥作用，推动教学科研工作更是件大事。学校已组织有关业务处成立用房调查和分房工作组，为学校提供情况和建议，由校务会最后议定。下学期内，分配调整生活用房也要分期分批进行。房屋是个热点，分房是个非常复杂和难办的事，望大家从大局出发，积极参与和配合工作。第二件事是继续抓紧校园的整洁、绿化和美化工作。整顿重点是两条线（即五号楼南的中路两侧和兽医楼前的东路两侧）、四个点（研究生楼区、继续教育楼区、小灰楼区、主楼－大门区）、一个面（学校的全貌）。第三件事是争取在下学期内，将后勤服务的改革步子迈得大一些。这方面总务处已经有所考虑。

我校的基建任务很重，基建处的工作是很有成绩的。教授楼已经竣工。继续教育楼和推广楼即将竣工，图书馆已开工，同位素楼、浴室、校门即将开工。还有温室区、牧草种子室、微孢子虫室、赤霉素车间等也将上马。对我校教学科研条件的改善有重要意义的 208 亩地的购置手续正在紧张办理。下学期将组织力量做好建设规划工作。

七、做好校长责任制试点工作

实行校长责任制是高校领导体制的一项重要改革。由于我校党委在贯彻中央此项改革的决心和大量深入细致的工作，农业部于今年六月批准我校为实行校长

责任制的试点单位。这是对我校的信任和给予的艰巨任务。我们应当认真努力地做好试点工作。下学期准备抓以下五件事：

第一，继续抓好以系主任（院长）责任制为中心的校系两级管理体制。贯彻系主任负责制的中心是放权。在下放人事权方面，首先是下学期结合聘任制进一步下放系主任的用人权，技术考核和晋级职权；结合师资队伍建设规划下放进人、出人权；各系除副主任需系主任提名，学校考察批准外，其他干部均由系主任聘任和报校人事处备案。在下放财权方面，如已经实行的各系创收在人均500元以下，学校只提5%管理费，其余全部归系按规定支配；学校将从各系（院）科研项目经费中提取的5%科研发展基金中的60%作为本系（院）的科研发展基金交系主任（院长）支配；明年开始各系行政费单列下拨。在一两个月内改革购物管理办法，扩大各系在购买仪器药品方面的自主权。另外，要加强以系主任为首的行政管理机构，配备行政副系主任分管学生思想教育和根据工作需要设置秘书或助理系列等工作。

在贯彻校系两级领导体制改革和系主任负责制中，要强调学校的宏观控制，处的三项职能以及逐步淡化教研组的作用。

第二，逐步建立以行政为主的学生思想教育工作系统。现在已经有了分管学生思想政治工作的副校长，并以学生工作副校长为首建立学生工作办公室。各院系有分管学生工作的副系主任和学生工作秘书。在建立学生工作的行政系统过程中，要十分尊重和注意与各院（系）党总支、校团委、院系团总支等有关方面，搞好协调和职能上的分工。

第三，建立校信息中心。信息是促使社会和一个单位发展的一种资源和财富；也是管理中的一种精神动力因素。学校将在已有工作基础上建立信息中心，管理（采集、分析、发布）校内多种信息。通过报纸、广播、闭路电视等各种工具和渠道，使信息在校内校外（包括国外）及时和有效地传播交流。

第四，建立群众性的监督、反馈和参政系统。建议加强和提高教代会职能，既要议教职工生活中的问题，也要议学校教学、科研等各项改革大事。建议教代会设置提高教学质量、师资培养、青年教师、财务、生活等常设的工作委员会。与有关业务处相配合，听取工作汇报，进行监督，反馈群众意见，为校外和院系当参谋、出主意。逐步形成一个群众性的民主监督和参政系统。民主监督和群众参政是实行校长负责制的重要组成部分。

第五，在第二次工作会议讨论的基础上，对一些不适应新形势的机构做必要的调整。下学期的七项重点工作就谈到这里。

同志们，我们生活在一个大变革的时代。北京农业大学正处在由旧的传统的农业大学向新型的现代的农业大学转变的历史时期。这是我们这一代人面临的严峻挑战，同时又是一个难逢的良机。需要的是远见、决心和勇气，团结、奋斗和同舟共济的精神。振兴农大首先要振奋农大人的精神。无论是社会或个人，在前进和发展中，心理和精神上的障碍比物质和条件上的障碍更加具有破坏性。

第三次工作会议即将结束了，新的学年就要来到，让我们根据中央的改革开放精神和各项方针政策，按照此次会议对下学期工作的部署，同心协力，一步一个脚印地向着我们制定的目标迈进！

4 转型改革 1988 年的 10 项进展

（1988 年 12 月）

【导读】

1988 年是转型改革全面启动，百废待兴的一年。在全校师生员工的共同努力下，围绕 8 项改革，取得了如下 10 项进展。

启动转型改革的第一年，北京农业大学取得了可喜成绩。

1988 年是我校各项工作取得显著进展的一年，是在改革开放方针指引下，根据 1987 年 8 月会议的部署，在加强教学、科研、推广、新技术产业开发和国际交流工作，改善技术—生活支持系统和办学条件以及改善人、财和行政管理三个方面进行的。主要进展如下。

一、教育改革取得明显进展，结构趋于完善

本科生教育方面。为适应改革开放和国家经济建设发展的需要，在增设药检专业、土地资源专业、农业推广专业和花卉专业方向等专业外，经农业部和国家教委批准，1988 年开始进行“按系招生，组合式教学”试点，改窄深的专家型培养模式为基础好、知识面宽、适应能力强的农业科技人才培养模式。曾组织了全校性讨论、制订了各系培养计划和招收了第一届学生。此外，加强基础课教学和实践教学是今年重点工作之一。1987 年 8 月会议上提出的 9 项加强基础课教学措施在 1988 年基本落实，包括专拨 52.7 万元基础课设备及筹款 8.5 万元装修新语音室等。加强实践教学方面，今年有 712 名 87 级同学参加了农事实习、708 名同学参加了生产实习，其中 400 余名到我校组织的黄淮海开发中受到了良好的实践锻炼。1988 年本科生毕业 358 人，招生 677 人；开课 536 门，开实验课 282 门。

1988 年的研究生教育是在一个大的发展以后，在稳定规模的基础上，重点是加强管理，狠抓质量。去年修订了各专业培养计划，今年又完成了全校研究生课程的规划和 310 门课程约百万字的教学大纲，为研究生教育的规范化和全面提

高质量打下了基础。1988 年对 1981—1985 级 22 个专业已毕业的 497 名硕士生进行了学位授予质量的评估自检复查。得分在 9 分以上（满分为 10 分）的有 8 个专业，14 个专业得分在 8 ～ 9 分。为严格要求，加强管理，在农学系和农经学院的 87 级 37 名研究生中进行了中期考核试点。其中 3 名成绩优秀者提前攻博，28 名通过，4 名补考，2 名停止培养。在职人员申请学位工作过去一直限于校内，1988 年 7 月在报纸上公布简章后，收咨询信 500 余件，十余人正式提出申请，3 人已办正式手续。1988 年有 17 位博士生和 234 位硕士生毕业；招硕士生 171 名，博士生 34 名；有 8 名在美、英、日等国取得博士学位的青年科学家进入我校博士后流动站，其中外籍博士后 2 名。

继续教育是根据改革开放和国家经济建设需要和终身教育的教育思想，在我校干部教育和函授夜大教育基础上发展起来的一个新的农业高等教育层次。1988 年 4 月 21 日农业部正式批准我校成立继续教育学院，担负起各种非学历的大学（中专）后教育和农业管理干部教育的任务。1988 年中，充实了干部，加强了组织和机构建设，继教—干训楼也于年中投入使用，继续教育已具规模。1988 年，举办了两期有 86 名县以上领导干部参加的“现代农业经济管理知识培训班”；两期有 114 人参加的全国乡镇长“农村经济管理培训班”以及为北京市和农业部的农业规模经营和现代化试点的顺义县的 122 名农场场长举办了专业证书班等。

1987 年的 8 月工作会议上，将学生的精神素质或非智力因素培养作为整体培养目标和质量中的重要组成部分。学校有一位副校长专门负责学生的思想政治工作，成立了学生工作办公室，配合党委负责学生的精神素质培养。在召开的学生思想工作会议上，对精神素质培养的内容和要求，当前学生的思想状况以及工作方法等进行了研究。要求做到思想、组织、内容、措施和时间五落实。校系和班主任的大量工作使学生们的精神状态和风气日益向着健康方向发展。参加社会实践，纪念“一二·九”系列活动等都很有特色和良好影响。

二、科研工作进展喜人

我校有国家“七五”科研项目 237 项，85% 为国家级。我校申请自然科学基金获准率达 52%（全国平均为 27%），在全国 1 000 多所高校中名列第七。在“七五”项目的检查中，91% 达一类标准。

1988 年我校通过鉴定项目 27 项。其中冯仰廉教授研制的大型自动双呼吸测热箱达国际先进水平；齐顺章教授等的猪生长激素基因工程在此领域取得突破性进展；魏淑秋副教授研究成功的计算机引种咨询系统具有重要实际意义，受到有关方面的广泛重视。在报奖项目中，有 17 项科研成果获奖，其中 4 项获国家级奖，6 项获部委级奖，12 人受国务院表彰。还有两项青年科技奖和全国青年优秀科技论文 3 篇。

此外，相当一批科研项目已经取得重要进展和可能得到较好成果，如农大玉米 60 号、高油玉米、高赖氨酸玉米、棉花、水稻、甘薯等的育种研究；生物技术方面的植物基因潜在载体的研究、普通小麦与簇毛麦杂交的研究、玉米高光效基因分离研究、固氮螺菌研究等；植物病毒病研究、小麦棉花病虫综合防治研究；反刍家畜瘤胃降解蛋白质研究、反刍兽消化道线虫离体培养与免疫研究；小麦生产控制系统研究、地热温室栽培技术以及黄淮海平原综合治理和旱作农业的综合科技攻关课题等。

1988 年 8 月召开的第三次工作会议将加强我校科研工作列为重要议题。在讨论如何把我校科研的整体水平提高一步的问题上，提出了要处理好五方面的关系；要注意抓学科建设、抓重大的和有突破性进展的科研成果、抓新兴和前沿性学科和领域，以及重视科研队伍和学风建设、改善科研条件和管理、抓“七五”项目检查和争取“八五”项目等（详见石元春校长在第三次工作会议上的讲话）。

1988 年科研处在项目管理、成果管理和科研经费管理（如与财务处共同改进经费管理办法、自费课题经费两级管理等）等方面做了不少改进，取得了明显进展。

三、农业推广体系已具雏形

农业科技推广是农科高校重要职能之一，但一直较为薄弱。1988 年经过酝酿和筹备，将原来的中德合作的 CIAD 项目、黄淮海开发项目、推广处（部分）和研究院的情报室等共同组成了“北京农业大学农业推广中心”，含推广部、培训部、信息服务部、项目管理部和办公室。现有专职工作人员 30 人。具有良好设备的推广楼（CIAD 楼）也于 10 月开始投入使用。该中心担负着黄淮海平原农业开发和中德 CIAD 项目两项重大任务。农业推广专业也正式批准成立。我校的农业推广体系已具雏形。

1988 年中 16 个院、系、所的 485 名师生，组织了邯郸、沧州、盐城三个工作团，投入了今年的黄淮海平原农业推广和开发工作。印发资料 1.4 万册，1.2 万人次接受了推广和咨询服务，推广了 36 项实用技术。其中种衣剂推广 150 万亩，增产 10% ～ 30%；新型农药和涂抹技术推广 120 万亩，节省农药 80%。增产菌在全国粮食作物上推广 1.5 亿亩，增产粮食约 40 亿斤；棉田使用面积 1 000 万亩，增产皮棉 8 000 万斤；油菜使用面积 4 500 万亩，增产 13.5 亿斤。

四、新技术产业开发工作进入一个新阶段

受新技术革命浪潮的影响，一些高技术和新技术领域由于自身发展的特点和需要，将技术高度密集的研究、生产和经营组成一体，成为一种重要形式的发展趋势。科研单位和高校以其自身优势技术，组织各类新技术产业开发已成为“北京海淀新技术产业开发实验区”的主体，也成为高校多功能化中的重要内容之一。同时它也为缓解高校当前经济困境提供了重要途径和可能。

1984 年以来，我校组织了农药、种子、干制花等的开发和成立了“兴农技术开发服务中心”，做了大量工作并取得一定的进展和经验。但仍处在自发、分散和以创收为主的阶段。经酝酿，1988 年 5 月经农业部批准成立了“北京农业大学新技术产业开发总公司”（BAC）。BAC 以我校研究成果中的生物（技术）产品为主体，已经和正在筹备成立生物发酵、种衣剂、增产菌、种子、农药、兽药、农牧工程设计、干制花等 10 个分公司。

BAC 是一个在学校领导下的独立的、具有法人地位的经济实体。经济上单独核算，自负盈亏，按规定向学校上交部分收入。为了理顺关系，全校开发工作统一由 BAC 经管。有的可供开发的技术成果，由有关院、系、所提供和配合，由 BAC 经营；有的则由有关院系所直接经营，业务上受总公司领导。学校为此制订了有关规定。1988 年，BAC 的各项工作开始取得进展，为学校创百余万元收益。

五、国际交流迈出新的一步

北京农业大学要面向世界，逐步向国际化的方向发展。1985 年开始的由我校和西德霍姆海因大学执行的中德合作项目——综合农业发展研究（CIAD）已经取得重要进展。10 月 4—6 日，我校 50 位专家，德方 27 位专家在我校新落成的“综合农业发展中心”楼举行了 CIAD 项目国际讨论会。双方专家报告了合作研究的 14 个项目成果并讨论了第二期项目（1990—1994 年）的方案。联邦德国经济合作部国务秘书 Lengel 博士表示对第一期合作项目的充分肯定和赞赏，并明确提出了德方对第二期合作项目的经费支持。

8 月，日本东京农业大学校长一行三人访问我校，签订了两校开展交流合作的协议书。同时，确定 1989 年两校各互派 15 名大学生到对方作一个月的农事实习。实验动物专业大学生也将于明年赴美实习一年。国际交流扩展到在校大学生的实习标志着我校在国际化方向上迈出了一步。此外，由于受我校生活和学习条件的限制，“文革”以来一直未能接收留学生。随着条件开始改善，1988 年有 7

名来自日、德、法、荷、加等国的进修生和2名来自美、法的博士后来我校学习。

1988年，来我校做3个月以上的讲学和合作研究的外国学者41人。临时来访的有18个国家的400多位专家教授。我校派出进修和攻读学位的58人，参加各种国际学术会议的24人次。请进来和派出去的人数均多于去年。

六、技术－生活支持服务系统提供了良好服务

1988年，图书馆接待了28万人次，平均800人次／天；借书7.7万册，平均200册／天。由加拿大圭尔夫大学赠送的激光盘检索使我校现代化文献信息服务体系提到一个新的层次。电教中心除经常性服务外，完成电视教材14集。获奖9项，其中有大奖——金穗奖一项。

涿州教学实验农场、昌平实验站和曲周实验站为学校的教学科研和推广提供大量服务。昌平站扭转多年亏损局面，较1987年增收88.5万元，创利53万元，涿州农场受灾而不减收；曲周站科研、教学、生产三丰收。一场两站还为实现我校“菜篮子计划”做出了重要贡献。

中心实验室与生物技术开放实验室调整为一套体系，两个牌子。在机构体制调整和准备1989年国家验收的情况下，对全校的服务工作暂时受到一定影响。出版社经整顿后，工作明显改进。全年出图书45种，43.6万册，1 400万字。

今年冬季供暖好于往年，且节煤千吨，省电27万度。汽车队安全行车70万公里，较去年增加10%，节油2万升。食堂去年获农业部、国家教委和北京市表彰，今年继续为师生提供良好服务。负责保卫工作的同志对校园及重要部门24小时巡逻和执勤，及时发现和处理火警4起，破案率50%左右，受到学生会和研究生会的感谢和表扬。在北京市高校后勤表彰会上，我校伙食科和托儿所被评为先进集体，于占群等9位同志被评为先进工作者。

七、办学和生活条件明显改善

今年是我校用房条件得到重大改善的一年。部队交还主楼和农学楼等约1.1万米^2（280间房）。新建的干训楼、教授楼、CIAD中心楼等于今年竣工，面积达1.3万米^2（1986年和1987年两年竣工面积共5 000米^2）。在广大师生关注下，仅用180天，经过重新翻建，一座高标准、高质量和漂亮的游泳池于7月开始投入使用。此外，教工浴室、工会文娱室和理发室等也相继开放服务。

盼望已久的新图书馆工程于6月6日破土开工。同位素楼也已完成基础。对

改善我校教学科研推广条件有着重要意义的土地问题，经多方努力，克服重重困难，已完成在我校温室区以东购置价值近 900 万元的 208 亩地的全部手续。在校园环境的整理上，拆木板房和简易房 23 栋，基本完成了小灰楼以南、土化楼东西两侧和两条主干路的绿化任务，校园面貌明显改观。

八、师资队伍建设取得进展

通过历时近三年的专业技术职务评聘工作，我校有 89 人晋升正高职，322 人晋升副高职，329 人和 316 人分别晋升了中级和初级职务。教授、副教授、讲师和助教的年龄分别由 68 岁、58 岁、51 岁和 34 岁下降到 64 岁、53 岁、38 岁和 26 岁。以上四个层次的现有人数分别为 107 人、372 人、313 人和 147 人。师资队伍的职称结构和年龄结构均有明显改善。

1988 年教师离退休 44 人，留应届生 54 人。目前，我校青年教师占教师总数的 43%，他们是农大的未来。8 名青年教师获霍英东基金奖金及全国青年科技奖，派出攻读学位的 19 人，进修和合作研究的 21 人。在职称评聘中，14 名 45 岁以下的讲师被晋升为副教授，其中最年轻的 26 岁。中青年教师中有 2 名被评为国家级、3 名部级优秀中青年科学家。有 24 名教师分别到 13 个国家参加了 21 个不同学科的国际学术讨论会，发表论文 16 篇。6 位教师被评为北京市高教系统先进工作者，145 人被评为学校课程教学成绩优秀教师。

为了加强师资队伍建设和管理，1988 年秋季开始在畜牧系、土化系和生物学院实行聘任制试点，取得了较好成效和经验，1989 年将在其他院系推开。

九、财务结算持平，职工福利提高

1984—1986 年的三年中，每年赤字 100 余万元，1987 年和 1988 年连续两年持平，制止了我校日益恶化和危急的经济状况。1988 年学校财政开支原则是：保业务费、压行政费和节约水电暖开支。据 1988 年决算，人头费（包括工资、离退休金、助学金）占总支出的 46.3%、水电暖占 13.4%、业务费占 25.6%、修缮费占 3.1%、行政费占 6.7%。

校基金（不包括院系）总收入 93.1 万元，用于发展事业和职工生活福利各占 50%，年终持平。在学校经济十分困难的情况下，通过组织“菜篮子计划”，实行郊区补助、低工资青年教职工补贴等，使个人实际收入水平较去年明显增长。此外，新建和分配教授楼住房 50 套，单独腾出 4 号楼 107 间作为大龄已婚青年教职工暂时用房，以及修浴室、理发室等措施，关心群众生活。

十、实行校长负责制，建立新的运行机制，提高行政管理效率

在校党委的领导和支持下，经过近一年准备，农业部于6月批准在我校实行校长负责制试点。根据第二次工作会议精神，将我校实际存在的校、处、系、组四级管理体制逐渐转移到以院系为基础的校系两级管理体制。由正副校长和正副书记组成的校务会是学校最高决策层。学校逐步将考评、奖罚、晋升、培养和离退休等人事权、财权和教学科研指挥权等下放到院系，实行系主任（院长）负责制。处是职能部门，执行校长的决定和下达的任务，做好本职业务管理工作的同时，对校长参谋，对院系和师生服务。经过一年来的努力，已逐步向新的运行轨道转化，新的运行机制开始发挥作用。

为了加强学生工作，理顺和协调有关方面关系，成立了由学生处、团委、人文教研室等组成的学生工作办公室，并有一位副校长与党委配合，专门负责学生工作。一年来，学校与学生的联系、理解和工作大大加强。

为了加强校内和校外的信息交流，将校报、闭路电视台、广播站、对外宣传报道等组织起来，成立了信息中心。一年来，对内沟通信息，发挥了显著的交流、促进和凝聚作用；对外报道率显著提高；对推动学校工作起到重要影响。

在试行校长负责制中，为了加强民主管理和监督，在首届三次教代会上，进一步明确了“支持、监督、反馈、参谋”的职能，成立了教育改革、民主管理、生活福利、经费管理、提案等5个工作委员会参与学校管理。

为了使学校工作有效运转，建立了一套严格的会议制度。在行政管理方面主要是一周一次的校务会、2～3周一次的行政办公会和一学期一次的工作会议。1988年召开校务会42次，研究了158项次工作（其中教学科研推广工作占42%、人事和财务占29%、后勤和基建占17%，其他占12%）。召开行政办公会16次，研究贯彻校务会的重要决定。2月2日召开第二次工作会议，主要内容是讨论领导体制和机构改革。8月召开的第三次工作会议研究了如何提高我校科研工作的整体水平和1988年下半年工作。

1988年，在全校师生员工共同努力下，各项工作取得明显进展，北京农业大学的实力和水平得到较快的恢复和增强。需要强调提出的是，“靠农大人振兴农大”，“在改革中求发展”，团结、求实、创新、奋进的精神和农大人的内聚力的加强更为可贵，它是取得进展的重要精神支柱和动力。

5 转型改革行进中的1989年
——在北京农业大学第二届教代会和第十四次工代会上的学校工作报告

（1989年12月20日）

【导读】

1989年是学校转型改革的第二年。在1989年年末召开的北京农业大学二届教代会和十四次工代会上报告了这一年的教学等6项经常性工作，以及8项"重要进展和发展趋向"。正是在这一年8月召开的第五次工作会议上适时地提出了将教育教学改革由宏观转到以课程建设为中心的微观性的教学改革；制订了《北京农业大学关于课程建设工作的意见》，建设的第一批一类课中，有本科生课40门和研究生课27门。另外，为改变科研项目散、小和被动式接受的特点，第五次工作会议上提出抓"七五"争"八五"，打好"四个阵地战"，即组织多学科，相对集中力量于生物技术、农业资源与环境、计算机和系统科学的农业应用以及基础研究四个综合性、前沿性的重大学科领域与课题，并在校学术委员会下成立了生物技术分学术委员会。此外，学生的非智力因素培养、农业技术推广体系的建立以及新技术产业开发的运行都取得了实质性进展。1988年转型改革的主旋律仍然是教育教学与科研体制。

去年12月和今年2月的教代会和第四次工作会议上，我曾报告了1989年工作的设想和计划，经大家讨论修改，形成了1989年工作纲要，共20条。在全校师生员工的共同努力下，我们较好地完成了1989年的各项任务，取得了不少可喜的进展。1989年，北京农业大学在她的恢复发展时期又迈出了新的一步。现将一年来的工作简要报告如下。

一、较好地完成了1989年的各项任务

1. 教学工作

大学生教育方面共开出课程615门，其中必修课460门，实验课40门；各

类实习 38 个，有 150 余位毕业班同学到黄淮海平原农业开发中实习锻炼。自编教材 74 种，630.86 万字；“七五”规划教材 55 门，95％已交稿。今年本科生毕业 475 人，结业 14 人。各类大专班毕业的有：夜大生 140 人、专科生 35 人、专业证书班 38 人、农经函授班 254 人、昌平分校蔬菜班 60 人，共计 527 人。今年招本科生 385 人、专科生 50 人、干部专修科 36 人、夜大 16 人、专业证书 1 493 人、农经函授班 117 人、昌平分校 42 人，共计 2 139 人。

研究生教育方面开出课程 119 门。今年毕业硕士生 173 人，其中 3 人提前攻博，6 人出国培养。从分配情况看，留京 106 人，占分配人数的 75.2％。分配在高校 38 人，占 25.5％；科研机构 45 人，占 30.7％；行政和生产部门 66 人，占 44.3%。今年毕业和取得博士学位的博士生 12 人。在职人员申请学位 11 人（含校外 4 人）。本届毕业研究生论文中评出优秀论文 23 篇，其中博士论文 5 篇。今年招收硕士研究生 158 人，博士研究生 26 人。

继续教育方面。今年举办了两期“县长现代化农业知识管理培训班”，有 53 人参加；两期“专业证书班”，有 177 人参加；一期“农业区域开发高级研讨班”，有 46 人参加。此外，举办了农经、植保、果树、蔬菜各类培训班 33 班次，参加培训的共 3 492 人。

综上所述，1989 年我校为社会输送各类人才共 4 982 人。

今年是我校教学成果获奖最多的一年，“在教学—科研—推广中建立农科实践教学体系”获国家级特等奖；“勇于开拓、不断创新植病流行学免疫学的学科建设和人才培养”获北京市级奖；获北京市高教局局级奖 4 项和获北京农业大学优秀教学成果奖 20 项。研究生院还对 15 项优秀教学成果给予了奖励。获个人奖项的有全国教育系统劳动模范 1 人，全国教育系统优秀教师 2 人，北京市“五一劳动奖”获得者 1 人。

2. 科研工作

今年开展的各类科研项目共 299 项，经费约 450 万元。其中国家攻关项目 72 个，部重点 51 项，博士点基金项目 41 项，自然科学基金 89 项，其他 48 项。

1989 年是科研工作丰收的一年。通过鉴定项目 19 个。获得科技进步奖 9 项，受表彰的 8 项，获霍英东基金奖 3 项。一批成果在学术界和农业生产中产生了重大影响。在应用研究方面，王树安教授等的“吨粮田”研究，在 3 000 亩土地上获得成功，田纪云副总理，何康部长亲临现场视察，给予高度评价。免耕覆盖技术在北京市和河北省东光县推广 3 000 亩；一批新培育的农大 60 玉米品种和小麦品种等倍受农民欢迎。第三代调节啶（GR811）可使水稻增产 14%～20%。在高新技术方面，齐顺章教授等“猪生长激素研究”通过鉴定，小试成功，下步着手中试；“小麦的生产管理计算机辅助咨询系统”通过鉴定，达国内领先水平；实验动物所的“实验动物小型猪的开发利用研究”，在医学系统获一等奖并在全国实验动物学会年会上获得优秀论文；鸡白血病的检测获二等奖。在基础研究方面有孟繁静教授的“高等植物体内的玉米赤霉烯酮的研究”通过了鉴定，获很高评价。

3. 推广工作

在黄淮海农业开发区，派出科技副县长 4 人，地区开发办副主任 2 人，盐城市常驻联络员 1 人。在河北省建立了 5 个综合示范区，覆盖 30 个县，推广增产菌、种衣剂、缩节胺、农药、除草剂、涂抹器、83 增抗剂、配方施肥技术、免耕覆盖技术、节水灌溉技术、吨粮田栽培技术等十余项实用技术和农大 60 号玉米、旱稻、棉花和花生等优良品种。并为示范区调运优良玉米种 2.5 万斤，大豆 4 万斤，缩节胺 2 200 斤，种衣剂 6 000 斤，除草剂 2 000 斤，农药 4 吨等。经过半年多的酝酿，我校 CIAD 中心与河北省农业技术推广总站建立了“京冀农业技术推广协力集团”。这是一种由高等农业院校与地方推广部门结合，面向 1 000 农户，直接向农户进行推广培训和推广农业技术的探索。在 9 月、12 月分别举行了两次大型技术咨询和培训，达 5 000 ～ 6 000 人次，深受当地领导、群众和技术干部欢迎。

与盐城市第一期合作的 8 个项目进展良好。以张仲威教授为首的包括 6 个院系的 9 名专家组，调查了 4 个县 9 个乡，制定了该市 2000 年综合农业发展规划。

全年累计，举办推广培养班 34 次，培训 3 000 人次；集市大型现场咨询 620 场，35 万人次；发放各种技术推广资料 32 万份。

4. 技术支持服务工作

图书馆克服经费严重不足的困难，承担了 117 581 人次的阅览和借阅 39 万册图书的繁重的日常服务工作。今年增购中文图书 7 000 余册，订中外文期刊 1 700 余种，外文图书 587 册。外国教材中心成绩显著，复印率达 32%。他们围绕新馆准备工作，在组建机构、运行机制、人员培训、购买家具，以及基建上的一些技术论证方面做了大量工作。国际联机室检索和扩大激光盘的服务方法很有成效。

生物技术开放实验室、中心实验室今年从国外新购仪器设备 23 件套；制订和健全了 5 项管理制度和条例；承担了 8 个科研项目。在对外开放服务方面，华中农大、山西农大、黑龙江水产所、美国 Davis 公司、爱尔兰拜尔康公司等来此做实验。全年电镜开机 1 726 小时，纯工作 1 139 小时，其中教学 392 学时；等离子发射光谱、原子吸收光谱、色谱、光谱、氨基酸分析仪工作 3 116 小时，各项总计为科研服务 5 727 小时，教学 6 门课 815 学时。

计算机中心全年开课 13 门，746 学时，495 人上课，上机 1 200 人次，学生用机 16 419 小时，科研用机 7 453 小时，主持和协作科研项目 8 项。

电教中心全年完成电视教材 23 集，折合成片 650 分钟，55 集电视教材的素材正在拍摄。此外，为 11 院系 3.2 万学生人次播放电视教材 576 学时；播放新闻 72 次；录制新闻 108 次，制作专题片 39 个。“育秧新路”教学片在北京高校电教协会年会上获“金烛奖”（大奖），在北京科技声像协会评审会上获“银河奖”（大奖）；“高效率地制作适合农业院校教学需要的电教教材”研究课题，获北京市高教局优秀教学成果奖。

涿市农场今年粮食产量 599.1 万斤（水稻 480 万斤、小麦 92 万斤），油料 5.83 万斤；工农业总产值 1 000 万元，利税 200 万元，纯利 100 万元，外销水稻、小麦、玉米、大豆、花生良种 92.2 万斤，种苗 2 万株，种鸡 13.5 万只。产量、产值、税利、纯利润均创历史最好水平。1989 年接待了三个系四年级同学实习 76 人次，3 ～ 4 个月。

昌平实验站，承担了我校 42 个科研项目的实验任务。全年收入 186.2 万元，节余 25 万元，还贷款 79 万元。1989 年产鲜蛋 15 万斤，小麦 10 万斤（单产 800 多斤），出售小麦良种 30 万斤，推广小麦良种 46 万斤，玉米良种 15 万斤。与全国 24 个县（市）建立了开展良种示范和推广的联系。今年建成了 50 吨的油库一个，12 亩水面鱼塘一个。

曲周实验站，是一个教、科、推、生产相结合，以科研为主的基地。承担“七五”科技攻关课题 3 个，河北省科委研究课题 5 个；接待校内外研究生、大学生实习参观 50 人次；承担了河北四县 100 万亩盐碱低产田的治理与开发推广项目以及中长绒棉开发、种草养畜开发、沙荒地开发等开发推广任务。

5. 后勤保障服务工作

伙食科克服物价上涨带来的困难，对职工加强思想教育，采取精打细算，勤俭节约，堵塞漏洞，增加花色品种等一系列有效措施，开展优质服务竞赛活动。11 月，对三个学生食堂进行评估，发学生评估票 1 000 张，回收 706 张，三个食堂的满意和基本满意票分别为 92.7%、96.4％和 70.3%。学二餐厅为市文明食堂，学一餐厅为校文明食堂。

今年陆续对主楼、农学楼、教学楼、回民食堂、农颐园餐厅等进行了维修；修复实验室 139 个，重修实验台 50 个，新建油库 1 个，教室 3 个，自行车棚 2 个。今年供暖情况良好，节煤 408 吨，节电 19.68 万度。

汽车安全行驶 62 万公里，节油 1.4 万多升，价值 1.28 万元；招待所接待各类人员 29 765 人次。为大龄已婚青年解决住房 107 户并清理调整了集体住房，还将在 1 号楼解决 80 多户住房。调整办公实验用房 1 178 间，涉及 27 个单位。

治安保卫工作在查处隐患、防火防盗方面做了大量工作，制订了各种规章制度和措施。全年查处各类案件 40 多起，多次受市公安局和海淀区的奖励和表扬。

6. 行政管理工作

人事管理方面，今年接收 67 名应届毕业生和调进 33 人，离退休 81 人，审定正高级职称 34 人，副高级职称 2 人。另外，中职 19 人，初职 65 人定职。今年有 160 人提资；在人事管理建设上，重点抓了以聘任考绩制为中心的一系列准备工作。

1989 年度全校财政收支平衡，此为自 1987 年以来第三年连续持平。学校开支坚持“保业务费、压行政费和节约水电暖开支”的原则。根据决算全年事业费 1 032.8 万元（比去年净增 7 万元），其中人头费占 51%，业务费占 26%，水电暖开支占 14%，行政办公费占 2%，修缮费占 7%。

事业发展和福利奖励基金全年收入 230 万元，其中承包单位为 101.4 万元，校基金收入为 129 万元，比去年略有增长。用于职工福利奖励基金平均每人每年 622 ～ 672 元。

行政管理方面：作为学校最高决策的校务会全年共召开了 43 次，研究了 109 个问题，其中人事方面 24 次，教学 16 次，讨论部署全校工作 24 次，其他为总务、基建、外事等。

在信息管理方面，出农大报 16 期，农大信息 16 期，闭路电视台播放《农大要闻》66 次，出版了《1988 年年鉴》《农大简介》，即将出版教授名录、校友名册。积极为各类报纸提供稿件，加强了对外报道、信息交流，发挥了交流经验和整合凝聚的作用。

审计和监察工作是管理工作中的重要一环。1989 年进行了 4 个专项审计和参与了清理整顿公司的工作。监察室处理事件 12 起。

二、重要进展和发展趋向

1989 年的工作，是在过去工作基础上取得重要进展的一年。当我们回顾这一年的工作时，发现在以下 8 个方面取得了重要进展，或是出现明显转折，或是尽管是开始滋发，但确实值得关注和培植的一些动向。因此，将它们单列陈述很有必要，且利于总结和指导工作。

1. 教学改革由宏观性和框架性改革向以课程建设为中心的微观性改革方向发展

1987 年 8 月召开的第一次工作会议上，我们在讨论现代教育思想和当今形势的基础上，提出了我校的办学目标和新的质量观，继而用了近两年的时间进行了“按系招生，组合式教学”的改革，按系制订了培养目标和计划并招收了两届学生。此外，根据国家经济建设的需要，增设了药检专业、土地资源专业、农业推广专业和观赏园艺专业方向。

研究生教育在稳定规模，提高质量的方针指导下，修订了专业培养计划、课程规划和编写了 310 门课程近百万字教学大纲，大覆盖面的评估自检以及狠抓了中期考核、论文答辩，学位授予三关。此外，大力发展在职人员申请学位，开拓具有广泛适应能力的，新的培养高层次人才的渠道。

在近十年的管理干部教育的基础上，发展为多层次多形式的高等农业的继续教育，并成立了继续教育学院。

一个由本科生教育、研究生教育和继续教育三个部分构成的现代农业高等教育体系和框架已经形成。

当这些宏观性改革和新型结构基本形成的时候，学校在今年召开的第五次工作会议上适时地提出了以课程建设为中心的微观性的教学改革。制订了《北京农业大学关于课程建设工作的意见》，阐述了课程建设的意义、内涵、目标、要处理好的十种关系以及方法和步骤等。下半年主要是进行普查调研，发动群众，制定规划，为课程建设的启动阶段。1990 年建设的第一批一类课，有本科生课 40 门，研究生课 27 门。同时，要完善和健全实验教学系列和实践教学系列。在学校领导下，各院系正在制订课程建设的三年规划和实施计划。

以课程建设为中心的课堂教学以及实验教学和实践教学三大教学体系的建设将成为我校近三年内相对稳定的教学改革的主体内容。

2. 科研上开始出现向综合、前沿和重大课题方向上集聚

长期以来，科研工作是以教师和课题组分别承担各类研究任务的形式进行的。当然，过去和今后这仍将是科研工作的重要形式，但是从学校的整体上看，它具有散、小和被动式接受的特点。不易发挥学校的多学科和综合的优势，突出重点和主动部署，提高学校科研的整体水平。1986 年我校制订了重点学科发展规划，强调“三重”（重大学科、重大课题成果和重要苗头）；1988 年 1 月的第三次工作会议上做了专题讨论和具体部署；科研处 1989 年为此做了大量调查。在保证完成承担的二百余课题的前提下，学校在 1989 年 9 月初召开的第五次工作会议上进一步提出，在抓“七五”争“八五”的同时，打好“四个阵地战”，即采取措施，组织多学科，相对集中力量于生物技术、农业资源与环境、计算机和系统科学的农业应用和基础研究四个综合性、前沿性的重大课题和学科、领域。目前，在校学术委员会下成立了生物技术分学术委员会，在学校领导下负责组织协调各有关院系力量，有领导有计划地使我校处在生物技术领域的前沿和取得较多和较大的成果。其他三个领域亦开始酝酿和组织。我们相信，如此坚持多年，必见成效，使我校的科研水平提到一个新的高度。

3. 推广支柱已经成型起步

长期以来，推广工作是教学科研以外的一项附带和自发性的活动，时而抓得紧，时而放之自流，在高等农业教育中始终没有它的一定位置。1987 年，学校提出农业推广应作为现代农业高校综合职能和支柱之一。1988 年，结合参加国务院部署的区域综合开发任务（我校重点在黄淮海平原）和我校的中德第二期综

合农业发展（CIAD）项目，学校建立了一个机构——综合农业发展中心（又称农业推广中心）、组建了一支专职推广队伍（30余人，其中应届博士、硕士、学士10人）、一个专业——农业推广专业，一栋房子——CIAD楼、一个国际合作项目——中德CIAD项目和一项重大推广任务——参与黄淮海平原区域开发和扶贫。

1989年开始形成多层次多形式的农业推广体系，包括向中央和省地县级提供区域开发和农业推广的决策咨询服务、为省地县及部分农户的农业推广培训，在四个地区（邯郸、沧州、盐城、湘西）建立了9个综合示范推广基地，与地方推广系统（河北省推广总站）结合，面向1 000个农户，组织了以培训为先导的“农业推广协力集团”以及综合和单项实用技术推广。

近两年我校先后出版了《农业推广概论》《农业推广学》，开出了部分课程，发表了多篇农业推广研究的论文。

作为我校的一个支柱，农业推广已经成型，工作已经起步，发展势头可喜。

4.新兴的新技术产业开发诞生

以新技术和高技术为依托，建立技术密集型产业，生产和出售物化产品（如种衣剂、新型农药、增产菌、赤霉素、良种、干制花等）和转让实用技术在我校是以1984年成立“北京农业大学兴农新技术开发服务中心”为标志和开始的。几年来，取得不少成绩，也走过一些弯路。最可贵的是在实践中认识到，高技术和新技术产业开发已成为现代高校职能之一和国内外的重要发展趋势，并进一步组建了“北京农业大学新技术开发总公司”。

1988年5月农业部批准成立京农总公司，6月总经理上任，1989年3月正式核准注册为海淀区新技术产业开发试验区的新技术企业。经过内部整顿，接管了原农药厂和赤霉素厂两个经济实体，成立了四个职能部门，职工30余人，合同制临时工30余人。1989年冬，根据国务院和农业部关于清理整顿公司的文件精神，撤销了原“绿原公司”及所属的烤鸡场；原“兴农中心”撤并到京农总公司；各院系办的经营实体均相对独立经营，单独核算，归口于京农总公司。

现该公司下属两个分公司、6个校办工厂和1个设计所。为理顺关系，确立新技术产业开发体系，学校于1989年10月发文（89校字37号）确定了京农总公司的性质和各项管理办法。

两年来，京农总公司做了大量的卓有成效的工作，为学校创经济收入300余万元，上交学校基金近百万元。1989年国家计委和农业部正式批准在赤霉素厂的基础上，建立“农牧业用微生物发酵工程工业性试验基地”，投资600万元（偿还75%），该基地将为我校生物技术开放实验室研究成果的转化提供良好中试和生产条件，其经营产值和利润也将达到一个新的水平。

一个新兴的事业——新技术产业开发，作为我校的一个新的职能和支柱已经开始形成和发展。

5. 国际交往出现新形式

1989年虽因政治风波而国外学者、来访者减少，但派出人员数（116人）是最多的一年。在国际交往中出现“四增多一减少”和大学生出国实习的新的形势和特点。今年出国讲学的增多了（6人到日、美、泰、苏）、出国合作研究和考察的增多了（占出国人员总数的30%）、副教授以上高职人员增多了，主持召开国际会议和办班增多了（如小反刍动物国际会议、中兽医针灸国际培训班、FAO在我校办的在大学生中开设营养课程讲习班等），“一减少”是一般性的请进派出减少了。

今年国际交往的第二个特点是向大学生层次发展。4月由11位美国专家为我校实验动物专业大学生和部分研究生直接用英语讲授“实验动物系列讲座”；8月15位三年级大学生到日本东京农业大学作为期一个月的暑期实习。这两次活动取得比预想好得多的效果，获得很好的评价。

自开放以来至20世纪80年代中期，一直是以大量请进讲学和派出学习为主要内容的国际交往。近两年我校开始出现的“四增多一减少”和向大学生层次发展的势态说明我校在国际学术交往上向着新的阶段发展。这是进步的发展，应自觉推进这个势头，我校国际性程度也将随之而提高。

6. 精神素质培养趋于务实

一定要将学生的精神素质培养落在实处。1988年秋，安排一位副校长专职分管学生工作，并配备较强干部成立了学生工作办公室，配合党委，将学生精神素质培养工作在组织领导上得到落实。1988年9月召开的学生工作会议上，制定了学生思想政治工作纲要，对学生精神素质培养的目标、内容、体制、队伍、运行机制、途径和方法等做了全面规划，构成了精神素质培养的总框架。1989年1月的学生思想政治工作会议上，提出要做到思想、组织、内容、措施和时间“五落实”；2月召开的第四次工作会议上又强调了学生精神素质培养要做到“工作投入、感情投入和时间投入”的“三投入”，把工作真正落到实处。3月召开班主任工作会议，检查贯彻落实一月会议情况、交流班主任工作经验。

通过组织学生参加社会实践（我校为高校社会实践先进单位，36人获奖），有针对性地组织各种讲演会、辩论会、报告会和文化娱乐活动。学生工作是一个系一个系，一个班一个班地做，农学系还组织每位教师固定联系几个同学，每个同学都有一个教师作为朋友。思想政治工作是一种精神文明建设，以务实的精神，将“虚”的工作往实处做是值得总结和提倡的。

7. 工作条件和环境又有较大改善

去年部队交房300余间，经维修于今年全部投入使用。修复了139个实验室，改建教室3个，使480座位得到更新。新图书馆已拔地而起；同位素楼即将交付使用；科学园的购地手续和规划已经完成；继游泳池后的运动场看台已破土动工，完成基础；学校到小清河的下水排污工程已完工；天然气管道工程料已备齐，多年没有完成的全校基建总体规划已经完成并报国家计委和农业部，正多方争取列为国家大中型开工项目。过去每年基建费四五百万元，近三年，达 1 000 万元左右。这是在全国大力压缩基建形势下实现的，说明农业部对我校的重视和支持。同时，这几年基建处的工作是出色的，在十分困难和繁重的工作中为我校的建设和发展做出了可贵的贡献。

1989 年是校容校貌发生重大变化的一年，校门和门前区焕然一新；拆木板房 61 栋、临建房 80 间，铺草坪 1.32 万米^2，栽松柏绿篱和多种花木 8 100 株；干训楼、8 号楼、小灰楼前、学生生活区环行路及主楼、土化楼东路沿线已经改观。

今年我校集资改善通信的落后状况。电话由原来的 600 门增至 1 160 门，外线由 40 条增至 100 条。另外，增加长途直拨线 2 条，电传和传真设备各一套。

今年春天，解决已婚大龄青年住房 107 户。

8. 社会影响在扩大，地位在提高

一年来的许多事实和迹象，说明我校的社会影响在扩大，地位在提高。我校“农科实践教学体系”获国家级特等奖，是北京 7 个特等奖之一；经贸部发文通报联邦德国第一批恢复执行的 47 个项目中，我校 CIAD 项目名列榜首；今年批准的国家级重点学科中我校占农口的 40%；被批准的全国统编教材由我校主持编写 102 门，占总数的 21%；7 月赴苏参加中苏科技活动的 10 名科学家代表团有我校代表参加；8 月江泽民、李鹏同志接见全国 21 名著名科学家中有我校代表参加；我校教授多次出席高层座谈会，参与国家对发展农业和区域开发方面的讨论和政策制订；学校为“科技兴农”、落实我校大中型建设项目等事多次向中央报告，中央领导同志十分重视，及时批示和给以满意的答复。今年，《人民日报》《光明日报》《科技日报》等报刊、电台、电视台以显著地位多次报道了我校的农业开发、科研成果、学生工作、军民共建和教师先进事迹等。

社会影响和地位是社会对一个高校的存在和价值的承认和评价，是高校办学水平的重要标志之一。我校应当在努力做好工作的基础上不断扩大社会影响和提高学术地位。

三、困难和问题

当前，我们面临的主要问题和困难有以下几方面：

1. 提高教学质量仍然是当前首要问题

这些年来，由于受“大气候”和各种因素的影响，加强学生思想工作具有十分重要意义。坚定正确的政治方向、正确的人生观和价值观、爱国主义和献身精神（献身祖国、献身科学、献身农业）教育必须加强。同时，要不断提高学生的学习主动性和积极性，这是提高教学质量的基础。

在教的方面，部分教师受过多的科研工作、社会活动、培训班、创收的影响，不能把主要精力集中到教学工作上来。部分教师教学马虎，教风不严，或是讲课效果不好。教学管理上，如排课、实验实习安排、教室管理等均有待改善。在宏观改革和有一个较好的培训计划和课程安排的前提下，创造一个良好的教学环境和重视微观的教学改革是当前提高教学质量的关键。提高教学质量是个涉及面很广的复杂问题，需要做长期和坚持不懈的努力。当前工作重点是一方面加强教风建设，改善教学环境；另一方面加强学生思想教育，提高学生学习积极性。

2. 队伍建设问题

教师、实验技术人员和管理干部队伍面临问题很多，特别是教师队伍断层问题越来越突出，按今年夏天的统计资料，我校 35 ～ 50 岁年龄段的教师只占总数的 16%，高于 50 岁和低于 35 岁的各占 42%，呈典型的哑铃形。50 岁以上教师面临离退休而情绪不稳，多短期行为。35 岁以下的不少青年教师也面临工资、住房、出国等问题而不能安心工作。

我校有 200 余人的实验队伍，他们的经济、业务和社会地位较低，待遇差、出头难、没奔头，影响了他们的积极性和聪明才智的发挥，也给教学科研等各项工作带来不利的影响。管理干部队伍是推动学校各项管理工作的主要力量，是提高管理和办学水平的关键。由于受到体制和政策的影响，干部队伍不仅断层严重，而且后继乏人，素质难以提高。这些都将严重制约着学校的发展。

队伍的现状和存在的严重问题，在很大程度上是历史和社会原因造成的。我们只能面对现实，注入极大热情和努力，运用一切可能的条件做好队伍建设工作，在一代人向新的一代人的历史性交替的转折时期里，努力建设一支新的更强的队伍是我们这一代人的历史任务。

3. 教学经费严重短缺

三年来事业费拨款基本未变，而学生人数和人头费增加，物价上涨两三倍，尽管学校采取了力保教学事业费的政策，教学费的绝对数不减或稍有增加，但平均开一门课只有 300 多元。由于教学和业务经费严重不足而只有靠减少实验和实习，以降低教学质量的代价来补偿。学校曾多次向上级呼吁，争取增加教学经费，但成效甚微。今后还要进一步呼吁，多方设法开辟资金来源渠道，并从现有设备的管理中挖掘潜力，千方百计地改善教学设备和条件。

4. 物质挖潜问题

实验室管理处对学校实验仪器和设备做了一次普查，到 1987 年年底，固定资产达 4 165 万元，主要是 1979 年以后添置的。从总的看，我们的仪器设备条件是相当不错的，但是，大高精得多，而常规的，特别是教学用的仍然十分缺乏。在使用情况上，据抽样调查，符合国家教委规定，年利用机时在 1 000 小时以上的只占 43.7%；而利用率低，不足 500 小时的达 50.3%；也有少数仪器几乎全年未用。另外，管理不善，保养维修差以及重复购置等问题也不少。

目前，在经费极缺，教学用仪器设备严重不足的情况下，一方面争取经费，购置一些必需的教学仪器设备外，大力抓好已有仪器设备的管理，提高利用率，要引起大家的重视。做这件事很复杂，难度很大，但是要列入议事日程，下决心和大气力来抓。

5. 管理工作中的问题

学校在管理工作上，自上而下的布置多，深入下层和教学科研第一线了解情况，发现问题和解决问题少。学校和各职能部门要改进工作作风，树立为第一线和基层服务的思想，帮助和支持他们的工作，多解决实际问题，多作实事，并以此作为管理工作的重要考评内容。少数职能部门也存在关系没理顺，工作交叉重复，扯皮多，效率低。也有少数单位服务差，问题多，群众意见大，学校解决不力。有的单位奖金管理不当，多头发放，造成不良影响。此外，在住房、电话的分配和管理上，服务收费上，存在一定问题，群众意见较多。在教代会上，学校热烈欢迎各位代表从不同方面给学校工作提出意见，学校有决心和大家一起，发扬成绩，克服缺点，把农大的工作做得更好。

6 科学研究、技术推广与教学相结合的一个成功案例

——黄淮海平原旱涝盐碱综合治理与农业开发

（1990 年 3 月 6 日在全国科技工作会议上的发言）

【导读】

强化农业高等院校的技术推广职能，将科学研究、技术推广与实践教学相结合是“三年转型改革”的内容之一。北京农业大学土化系部分教师于 1973 年在河北曲周县张庄村搞了一个盐碱地改良试验区，成效显著。张庄试验区于 1978 年被纳入《1978—1985 年全国科技发展纲要》108 项重点科研项目后转为“六五”国家重大科技攻关项目，石元春被任命为项目专家组组长和“七五”科技攻关的项目第一主持人。此项目有农业部、水利部、林业部、中科院及冀鲁豫苏皖京津 7 省市所属的 138 个研究院所、13 所院校等 204 个单位的 1 141 名科技人员参加，设立了 18 个研究专题、12 个综合试区和 28 个专题试区。此项成果获 1993 年度国家科技进步特等奖。

在 1990 年 3 月召开的“全国科技工作会议”上，由石元春校长代表北京农大就此做大会发言。发言中介绍了北京农业大学在张庄试验区、“六五”和“七五”科技攻关三个阶段的工作，提出一所大学能主持如此重要和大规模的国家科技攻关项目，贵在“积极参与和长期坚持”与“发挥多学科综合与人才优势”。当国务院确定黄淮海平原为首批农业开发区时，学校即全面参与，充分发挥科技攻关和其他研究中获得的应用性成果，精选和投入了 38 项技术成熟、效益大、易推广的实用技术，成立邯郸、沧州和盐城三个工作团，组织师生开展农业推广。主要形式是利用和加强已有科研基点和实验站向外做技术示范和扩散的研究 – 推广模式；与地方技术力量和农户结合的“协力推广模式”和“技术咨询培训模式”等。

北京农业大学将农业推广和参与农业开发作为学校综合职能之一，成立了农业推广专业和农业推广中心，是一个具有操作、研究、培训和信息服务等综合职能的专门性的推广业务实体。并以黄淮海平原为重点，面向全国各省开展农业推广的实践和研究工作，下设区域开发部、培训部、信息服务部和项目研究部。与农业推广中心相呼应的是高新技术的产业开发。我校成立了“北京农业大学高新技术产业开发总公司”，是在学校领导和支持下的一个独立经营的高新技术产业

开发的实体，设有2个分公司、6个厂和1个农牧业工程设计所。10多种高新技术正由总公司组织开发，40余项技术转让到全国各地。

北京农业大学已初步形成科学研究－技术推广－高新技术产业化开发的体系，进而与科研成果转化、本科生和研究生的实践教学紧密结合。在黄淮海平原有两个综合试验区（站）和14个专业性基点。由于有较好的工作基础和得到地方领导和群众的信任和支持，近两三年有千余名学生到现场实习，做社会调查，取得了很好的效果。增进了他们对农业、农村和农民的“三了解”和“三热爱”。他们在完成实习任务的同时，特别是高年级同学，还负有向农民推广我校实用性科研成果的任务。通过举办培训班，现场指导，在集市上开展农业技术咨询服务等多种形式参与科技兴农，深受农民欢迎。

农业科学是一门应用性学科。提高实践教学质量和不断改善实践教学的方法和条件始终是教育改革中的一项重要内容。参与黄淮海平原的科技攻关和农业开发为实践教学提供了一个广阔和内容十分丰富的课堂和改革实验的现场。以下是石元春校长代表北京农业大学于1990年3月6日在全国科技工作会议上的发言。

从20世纪70年代初，我校在河北省曲周县建立一个旱涝盐碱综合治理试验区，后来发展到主持“黄淮海平原综合治理的研究”这样一个大型国家科技攻关项目，并参与这个地区的农业开发，已近20年了。作为一个高校，这是个不短的和很有意义的经历。对此，谈一点初步的认识和体会。

一、积极参与和长期坚持

黄淮海平原是我国最大的平原和重要农区，全国1/5的粮食和1/2以上的棉花出产于此。这里一方面具有丰富的农业自然资源和良好的生产条件，另一方面旱涝灾害频繁和土地盐碱大大制约了资源优势的发挥。自20世纪60年代以来，这里始终是国家组织科技会战和攻关的“战场”，是多少科技工作者辛勤探索和奉献聪明才智的舞台。

20世纪60年代末和70年代初，我国北方连续三年大旱，周恩来总理召开了我国北方17省市抗旱工作会议，并建议在河北省黑龙港流域的43个县组织合理开发地下水和综合治理旱涝盐碱的科技大会战。我校部分教师作为参加单位之一，来到曲周县北部受旱涝盐碱严重危害的张庄村，建立了面积为4 390亩的综合治理试验区。治理工作是从深入调查和周年水盐动态观察等基本工作入手的。在掌握了大量资料的基础上，大胆地提出了打破地下咸水禁区，以浅井和深沟为主体，农林水并举的综合治理旱涝盐碱和地下咸水的新的科学思想和技术体系。

由于治理理念与方法对路，此项试验仅两三年即取得明显效果，5年使试验区的旱涝盐碱基本得到治理，生产条件和生态环境有了很大改善。粮食亩产由治理前的100公斤左右提高到400公斤以上（现已稳定在600公斤以上），人均年收入由四五十元增至400多元（现已近千元）。80年代初，世界银行和联合国农业发展基金会考察后，深信其科学依据和先进可靠的技术，确立在黄淮海平原8个点的360万亩土地上贷款8 000多万美元开展旱涝盐碱综合治理项目，现已全部完成并取得很好效果。1988年教师节，曲周县农民为表示感激之情，在我校校园树立了一座“治碱改土，造福曲周”的汉白玉石碑。

20世纪70年代末以来，我校先后受国家农委委托，主持了“黄淮海平原旱涝盐碱综合治理区划”和受国家计委委托，主持了“黄淮海平原农业发展战略研究”以及受国家农委和农业部委托主持了“六五”和“七五”国家科技攻关项目——“黄淮海平原中低产地区综合治理的研究”。

参加“七五”科技攻关项目的有农业部、中科院、水利部和林业部及冀鲁豫苏皖京津7省市所属的138个研究院所、13所院校等204个单位的1 141名科技人员。设立了18个研究专题、12个综合试区和28个专题试区，面积96万亩，示范区和扩散区面积1 091万亩。现已获成果114项，19项达国家领先和先进水平、45项达国内领先水平。项目经济效益达34亿元。

1988年春，国务院决定以开发农业作为推动我国农业发展的重要战略部署，并以黄淮海平原等10个地区作为首批农业开发区。我校立即论证和提出了黄淮海平原农业开发的战略和粮棉油肉四大指标以及实施的重大措施的建议。同时，推出我校38项实用技术，每年组织400余名师生到黄淮海平原第一线参与农业推广和开发。

近10年来，我校在黄淮海平原研究和农业开发中获国家和部委级一二等奖20余项，两次获国务院嘉奖令和表彰。

二、发挥多学科综合优势，抓重大课题

我校每年承担国家和部委级重点科研项目200余项，但始终抓住像黄淮海平原综合治理这样的几个在学科和国民经济发展中有重大意义的课题。高校具有多学科和易综合的特点，这是个可贵的优势。我校有30多个专业和近百个三级学科。参与和主持这样一个有4个部7省市的138个院所大学，几十个学科参加的大型综合科技攻关项目也促进了我校学科综合优势的发挥，在此项目的18个研究专题中，我校主持了3个专题，参加了4个专题。学校组织土壤学、农业化学、农业水利工程、作物栽培、植物保护、农业气象、农业机械、园艺、畜牧、计算

机科学等10多个学科协同工作。“七五”期间直接参加黄淮海科技攻关项目的教师124位，其中教授副教授38位。

在国家计委、国家科委和农业部领导下，我校设立了“黄淮海科技攻关办公室”。担负起整个项目管理工作。有严格的汇报会议制度和管理办法；印发《黄淮海科技攻关通信》以沟通信息，传达领导要求和布置工作。校内的组织协调工作由“黄办”和科研处共同管理。

组织多学科综合协同攻关的意义很大。旱涝盐碱综合治理、吨粮田技术、区域水盐运动监测预报技术以及软科学课题等重大成果的取得，无不得益于多学科的综合。学校一方面鼓励教师按研究任务跨学科寻求研究“伙伴”，另一方面学校通过接受大课题和经费安排等，出面组织协调多学科参加。其中关键的一环是选好业务强、有一定组织领导能力和能与大家团结共事的学科带头人。

20世纪80年代以来，学校逐步自觉和有意识地组织有多学科参加的大型科研课题。1986年，学校制订了重点学科发展规划，有计划地扶植和建设了20个校级重点学科和其后经国家教委批准的11个国家级重点学科。同时根据重大、综合、新兴和前沿的原则，形成农业生物技术、农业资源和环境、系统科学和计算机的农业应用等几个学科（课题）群，学校在组织领导、经费、人员和条件上给以重点扶植。力图在科研管理上纵向接项目，横向组织协调，将鼓励教师积极争取项目与学校有计划地主动部署结合起来，抓好综合性的重大课题，以提高学校的整体科研水平。

三、发挥人才优势，出高水平成果

参与和主持像黄淮海平原综合治理这样大型科技攻关项目，我们认为，最基本和重要的一条是自己要出高水平成果，得到学术界和社会的承认。这是对学校科研水平和实力的考验和挑战，我们面对的形势是十分严峻的。总结起来，我们的做法一是上面谈到的发挥多学科综合的优势，二是发挥高校人才和智力密集的优势。

高校人才和智力密集，教师一般具有比较扎实的基础和系统知识，治学严谨和学术思想活跃的特点。我校在长期实践中形成的，既强调在实践中出效益，又十分重视在科学上出思想、出理论的理论与实践并重的传统和艰苦朴实的作风，在参与和主持这个项目中起重要作用。

在河北省曲周县建立旱涝盐碱综合治理试验区的工作和生活条件十分艰苦，承担的又是个难度很大的课题。十余年如一日地坚持下来和做出了出色成绩，若没有一批科学素质好和具有献身精神的教师队伍是不可能的。

我校在曲周试验区的教师从系统的勘测调查和周年水盐运动观测入手，积累了大量一手资料，提出了综合治理旱涝盐碱的一套新的思想和技术方案，并在实践中取得了成功。同时，始终坚持基础性和理论性的研究。70年代后期，提出了半湿润季风气候下水盐运动的理论，科学地揭示了黄淮海平原旱涝盐碱形成的原因。据此理论，提出了旱涝、土壤盐渍化和地下咸水必须综合治理而不能头痛医头，脚痛医脚；综合治理旱涝盐碱的实质是对区域水盐运动的科学调节和管理；调节管理的枢纽和杠杆是浅层地下水的采补。同时还提出了不同条件下的调节管理模式和技术。十余年的大面积实践证明了这种理论的正确和技术的有效和先进。1985 年召开的，有 14 个国家 70 余位科学家参加的“国家盐渍土改良学术讨论会”上，对此给予了很高评价。

在此理论观点的指导和大量实践工作的基础上，“七五”攻关中进而研究了区域水盐运动监测预报技术，对这个十分复杂和开放的系统建立了各种分模型和综合预报模型，并从资料处理到绘出旱情、涝情和盐情预报图全部由计算机实现。经专家鉴定，达到国际领先水平。

20 世纪 80 年代开始在河北沧州建立的吴桥试验区，在综合治理旱涝盐碱的基础上，探求一条高产之路。即在黄淮海平原北部积温偏低，水资源紧缺和土壤肥力较低的条件下能否实现高产，亩产吨粮？长期以来，在我国北方广大的冬麦区形成了“重夏轻秋”，即重冬小麦，轻秋粮的习惯。我校吴桥试验区在大量调查和预测研究的基础上，应用系统分析方法，提出了“退一进二”的战略，即小麦退一步，改适时麦为晚播麦，玉米双高产，达吨粮。并研究解决了晚播麦如何高产等一系列技术难题。1988 年以来，累计在 8 000 多亩农田上实现了吨粮。新思想和新技术体系为我国北方广大中低产条件下创高产提出了新的路子。中央领导对此十分重视，田纪云副总理，何康部长等亲临试验现场视察，给予很高评价。经过推广，今年在我国北方 8 省市的 30 多万亩农田上实现了吨粮。

除了在综合治理试验区和一些综合和专门技术研究上取得一些水平较高的成果外，还组织了大量人力和多学科对黄淮海平原从整体上开展宏观性的研究。如受国家委托主持研究和提出“黄淮海平原旱涝盐碱综合治理区划”“黄淮海平原农业发展战略”、《黄淮海平原农业图集》以及“黄淮海平原中低产土壤的遥感监测”“黄淮海平原水均衡研究”等。科技攻关中还系统研究了整个平原的不同条件下的气候 - 土壤生产力和主要作物的作物生产力及其增产潜力计算。并据此研究提出了黄淮海平原的农业发展战略和建立全国最大商品棉基地、第二大商品大豆基地和粮棉油肉等农业开发目标以及调整作物布局和农牧业内部结构的总体方案。根据对整个黄淮海平原自然和经济等条件的综合分析，提出了“棉花北上，小麦南移”的作物布局上的战略调整。

在 1987 年国务院将区域开发作为农业上两个台阶的战略重点，并将黄淮海平原列为第一批开发的十大片之首时，我们参与并论证和提出了区域开发的四大目标和重点措施。按照区域发展的需要，参与和主持国家委托的这些重大的，政策性和指导性很强的综合性课题，受到国务院和有关部门的重视。通过参与，将学校的科研工作与国家经济建设紧密结合起来，对提高教师参与研究和解决国家重大经济建设问题的能力和素质起了很好的作用。

在实践中我们体会到，只要充分发挥人才和多学科综合的优势，高校有能力参与和主持一些国家重大科研和国民经济建设项目，发挥重要方面军的作用。

四、重视成果转化，参与区域农业开发

如果说参与和主持上述大型科技攻关是第一战场，那么，将科研成果转化为生产力和实用技术的推广，参与黄淮海平原的农业开发则构成了第二战场。

80 年代以来，我校应用“植物体自然生态系”理论筛选出的“增产菌”在黄淮海平原和全国 10 多个省推广 2 亿多亩次，增产粮食 40 多亿斤，皮棉百万担；新型植物生长调节剂——缩节胺推广 1 亿多亩，增产皮棉 400 多万担；能够在作物苗期防治病虫害和供应微量元素肥料的“种衣剂”推广了 850 多万亩，增产幅度一般在 10% ～ 20%，共增产粮食 2.9 亿斤、皮棉 17 万担、油料 212 万担，并将促进我国良种标准化进程；一种新型农药和涂抹技术较常规方法节省农药 60% ～ 70%，药效期增加 1 ～ 2 倍，已在 300 余万亩棉田上应用，在 5 个县约 500 万亩农田上建立和开展的施肥咨询服务可减少化肥用量 10%，增加作物产量 10%，免耕覆盖技术可使夏作套种变平播，大大提高了劳动生产率和作物产量……此外，如北京菊醋三号、玉米赤霉醇、调节啶、PP333、小麦生产控制计算机辅助系统、全国引种咨询信息系统等新的一批实用技术正在不断推出。

在优良品种方面，北京郊区 300 万亩小麦中，“农大 142”和农大“146”优质麦约占 40%；近年育成的“农大 60 号”玉米在全国 10 多个省、市开始较大面积推广；通过基因工程与常规育种相结合，经过 7 年研究培育的“农大高油玉米”，含油量较普通玉米高一倍，产量和其他性能均同于普通良种玉米。不仅高油，而且蛋白质、赖氨酸、维生素 A 的含量显著高丁普通玉米。若全国 1/3 的普通玉米被高油玉米代替，即可多得 20 亿～ 30 亿斤玉米油、10 亿斤蛋白质、2 亿斤赖氨酸。玉米将成为粮油兼用和优质饲料作物。另外，如旱稻、中长绒棉、大豆、花生、黄瓜、青椒、瘦肉型猪、蛋鸡等良种均有很高推广价值。

当国务院确定黄淮海平原为首批农业开发区时，我校即全面参与，充分发挥科技攻关和其他研究中获得的应用性成果，精选和投入了 38 项技术成熟、效益大、易推广的实用技术，组织师生开展农业推广。主要形式是利用和加强已有科

研基点和实验站向外作技术示范和扩散的研究－推广模式；与地方技术力量和农户结合的“协力推广模式”和“技术咨询培训模式”等。为了探索农业高校参与农业推广的经验，在衡水地区建立了农业推广试验区。

作为一所农业大学，要不要搞应用性科研成果的转化和农业推广以及搞到什么程度，存在不同看法。通过我们的实践，认为这是一条重要渠道，它可以促进高校参与国家经济建设，密切与社会的联系，及时掌握对科研成果的反馈和农业建设对学校需求的信息。同时，有利于在师生中发扬我校理论联系实际的学风和关心农业、农村和农民的优良传统。因此，我校将农业推广和参与农业开发作为学校综合职能之一。当今，农业推广（extension）已经发展为信息交换（communication），成为一门自然科学与社会科学交叉的新兴学科，越来越受到社会的关注。我校成立了农业推广专业和农业推广中心。该中心是一个具有操作、研究、培训和信息服务等综合职能的专门性的推广业务实体。以黄淮海平原为重点，面向全国各省开展农业推广的实践和研究工作。这个中心下设区域开发部、培训部、信息服务部和项目研究部。中心除自身业务外，还在学校领导下，负责组织协调全校的农业推广和参与区域性农业开发工作。

与农业推广中心相呼应的是高新技术的产业开发。我校成立了“北京农业大学高新技术产业开发总公司”，被批准注册为北京海淀新技术产业开发试验区的新技术产业。公司是在学校领导和支持下的一个独立经营的新技术产业。下属2个分公司、6个厂和1个农牧业工程设计所。总公司负责组织开发全校的，如赤霉醇、莫能菌素、种衣剂、增产菌、新型农药等易于物化和进入技术商品市场的高新科技成果，进行生产和经营，开展全程性的技术服务。在国家计委和农业部支持下建立的“农牧业用微生物发酵工程工业性实验基地”将为我校农业生物技术等有关科研成果的工业性实验和转化为技术产品提供重要条件和渠道。增产菌厂在全国范围组织了开发联合体，种衣剂组织国内4个厂家生产，干制花组织了中外合资企业。10多种高新技术正由总公司组织开发，40余项技术转让到全国各地。

在实践中体会到，一方面，一些高新技术的开发和产品的及时更新换代必须有强有力的技术依托。高校具有人才和科技优势，是发展高新技术的一支重要力量。另一方面，学校的一些应用性高新技术成果，需要有一定的中试条件和从事小批量生产，以利于成果的转化和不断研究推出新的成果和产品。在当前学校经费严重不足的情况下，高新技术产业开发也可起到一定的缓解作用。只要安排和管理得当，高新技术产业开发不仅不会削弱而且加强了教学和科研两个中心，它已经成为学校综合职能中的一项内容，学校整体结构中的有机组成部分。这是在新技术革命和我国改革开放形势下，对高校教育改革提出的一个重大课题。

近10年来，通过农业推广和高新技术产业开发，促进了我校科技成果转化，直接经济效益达 85 亿元，对推动农业发展和农业科技进步，密切学校与社会的联系和促进学校的教育改革起到了良好的作用。

五、与教育改革相互促进

农业科学是一门应用性学科。提高实践教学质量和不断改善实践教学的方法和条件始终是教育改革中的一项重要内容。参与黄淮海平原的科技攻关和农业开发为实践教学提供了一个广阔和内容十分丰富的课堂和改革实验的现场。

我校在黄淮海平原有两个综合试验区（站）和 14 个专业性基点。由于有较好的工作基础和可以得到地方领导和群众的信任和支持，近两三年有千余名学生到现场实习，做社会调查，取得了很好的效果。增进了他们对农业、农村和农民的“三了解”和“三热爱”。他们在完成实习任务的同时，特别是高年级同学，还负有向农民推广我校实用性科研成果的任务。通过举办培训班，现场指导，在集市上农业技术咨询服务等多种形式参与科技兴农，深受农民欢迎。一些家在农村的同学，在寒暑假回家时也利用这些形式，振兴家乡农业。常常是实习同学还未回校，感谢信、表扬信、锦旗或奖金就已送到学校。同学们受到的教育和鼓舞是校内课堂和大报告所不及的。经过总结，这些做法和经验，逐步纳入正式的实践教学计划。

现在，我校已经形成了由本科教育、研究生教育和继续教育构成的农业高等教育体系。本科教育中不断加强和完善课堂教学、实验教学和实践教学三个系统。整个教育改革和建设是参与国家重大科技攻关项目和农业开发密不可分地有机组合在一起的。所以，高校一方面可以其人才（包括可组织大量研究生和大学生）和多学科综合的优势在参与和主持一些国家重大科技项目，发挥重要方面军的作用，同时这种参与也有利于培养人才和促进大学的教育改革。高校参与国家重大科技项目和国家经济建设可收到多方面的综合效益，希望得到国家和社会各界更多的关心和支持。

7 在建校 85 周年纪念大会上的讲话

（1990 年 10 月 20 日）

【导读】

转型改革的第三年，1990 年迎来了建校 85 周年纪念大会。在纪念大会上的讲话中提出："经过十年的努力，我们已经胜利地完成了恢复时期，在恢复中有所发展，我们取得了成绩和进步。全校师生员工正以矫健的步伐迈入 20 世纪 90 年代，迎接一个新的发展时期的到来。""在新技术革命的挑战和我国改革开放的形势下，北京农业大学正经历着一个由传统的农业大学向现代的新型农业高等学府的历史性转折时期，这是时代的挑战和机遇。"

各位领导，各位来宾，来自全国各地和北京的校友们、全体师生员工同志们：

今天是北京农业大学成立 85 周年的纪念日。我谨向全校师生员工和工作在祖国农业战线上并取得优异成绩的全体校友致以节日的祝贺和亲切的问候，向对我校各项工作和发展一贯给以关怀和热心支持的各级领导，社会各界和国内外朋友们表示最衷心的感谢。

北京农业大学的前身——京师大学堂的农科大学于 1905 年正式开始筹办后，发展为北平大学农学院。1949 年新中国成立，继而由北京大学、清华大学和华北大学三校农学院合并成立北京农业大学。她是我国最早建立的一所农业高等学府。现在是农业部领导下的，也是全国十所重点建设的高等院校之一。

自 1905 年成立至 1949 年，培养了 1 300 多名农业科技人才，他们是我国现代农业科技和教育的先驱和奠基人。自 1949 年至今，北京农业大学培养了本科生 15 000 余名、研究生 1 500 余名、外国留学生 150 余名，管理干部和继续教育培训 3 769 名、函授教育 4 000 余名。从祖国的北大荒到海南宝岛，从东海之滨到富饶的大西北都有我北京农业大学的校友。他们在祖国的农业生产、科研和教育战线上辛勤耕耘，默默奉献，立下了赫赫功绩。我们为培养了这支优秀的农业建设人才和他们在祖国农业建设中所做的卓越贡献而感到无比自豪。这是一个高等学府和教育工作者的最大欣慰和满足。

近十二三年来，我校承担了国家和部委级等各种科研项目近千项，有 210 项获国家和部委级奖。一批科研成果，达到国际先进水平。40余项实用技术的推广和开发，经济效益达70多亿元。

我校先后与8个国家的14所大学以及8个国际组织建立了正式关系。我校与联邦德国霍因海姆大学、日本东京农业大学等姊妹学校的合作成果累累，进展喜人。

党的十一届三中全会以来，在党的改革开放政策指引下，在农业部、各级领导和社会各界的关怀和支持下，经过10年的努力，我们已经胜利地完成了恢复时期，在恢复中有所发展，我们取得了成绩和进步。全校师生员工以矫健的步伐迈入90年代，迎接一个新的发展时期的到来。

在新技术革命的挑战和我国改革开放的形势下，北京农业大学正经历着一个由传统的农业大学向现代的新型农业高等学府的历史性转折时期。这是时代的挑战和机遇。我们恳切地希望，各部门、各级领导、各兄弟院校和单位、社会各界以及国外的大学、国际组织和学者教授们，继续和更多地给我们以支持、指导和合作。

亲爱的校友们：希望你们继续和更加密切地与母校取得联系。以你们的亲身体验，反馈意见，促进母校的教育改革，在你们工作岗位上，加强对母校的支持和合作。

5 000余名全体师生员工同志们：尽管在我们面前还有不少困难和问题，任重而道远。但是，我们完全有理由相信和满怀信心地在党的领导下，沿着社会主义道路，团结一心，把握这历史转折的时机，勇敢地迎接时代的挑战，继续发扬“理实并重，严谨求是，艰苦朴素，团结奋进”的校风，弘扬崇尚科学，献身农业的精神，不负众望地将北京农业大学办成综合性和多科性的、一流的新型农业高等学府，开创我校历史的新纪元。

我们农大人衷心地祝愿：北京农业大学繁荣昌盛。

【资料】我校隆重庆祝建校85周年综合报道

园丁引泉东篱下　桃李满目南山葱

我校隆重庆祝建校85周年，国家副主席王震、中央政治局常委宋平发来贺信贺词。

10月9日，秋日明丽，蓝天无垠，我校师生和历届校友迎来了期盼已久的北京农业大学建校85周年纪念日。一大早，全校师生员工，就身着节日盛装，满面春风地聚集在校前区广场上，迎接参加校庆的校友和来宾。重逢的喜悦，热切的寒暄，校园里洋溢着喜庆的节日气氛。

莅临我校庆典的领导人有：农业部前部长、我校名誉教授何康，北京市委副书记汪家镠，农业部副部长洪绂曾，农业部前副部长相重扬，总参政治部主任张黎，首都军民共建指导小组常务副组长宁巨川，国家教委、科委、民委、体委，北京市委，北京市43家有关业务司、局的领导人，22所兄弟院校领导以及88615部队、中央警卫团和昌平县流村乡的领导。

出席庆典的还有我校历届党、政领导人，不同时期在我校工作过的老教授、老职工及在我校工作的外国专家和留学生。

此外，出席在我校举行的"农业教育现状与展望国际研讨会"的德国、日本、苏联、新西兰、澳大利亚、美国、印度的专家、学者们也参加了校庆活动。

上午9时许，李青山副校长在鲜花簇拥的新图书馆平台上宣布庆祝北京农业大学建校85周年大会开始。全校师生员工、历届校友及各界来宾6 000余人报以热烈的掌声。

石元春校长在庆祝大会上首先讲话，他向全校师生员工和工作在祖国农业和其他战线取得优异成绩的全体校友致以节日的祝贺和亲切问候；向对我校各项工作和发展给予一贯关怀和热心支持的各级领导、各兄弟单位和国内外各方朋友们表示衷心的感谢！

石校长在回顾我校建校85周年以来的光荣与坎坷的历史和取得的巨大成就后，强调指出，在当前新技术革命的挑战和我国改革开放的形势下，我校正经历着一个由传统的农业大学向现代化的新型农业高等学府的历史性转折时期。希望校友们更加密切地与母校合作，反馈信息，促进母校的发展。希望我校师生员工要在党的领导下把握时机，迎接挑战，继续发扬"理实并重、严谨求是、艰苦朴素、团结奋进"的校风，为将我校办成综合性和多科性的一流的新型农业高等学府做出新贡献。

接着校党委书记周鹏程宣读了国家副主席王震的贺信；中共中央政治局常委、我校校友宋平同志的贺词，与会人员受到很大的鼓舞。

南京农业大学校长刘大钧代表出席国际研讨会的兄弟院校讲了话。德国霍因海姆大学前校长、北京农业大学名誉教授莱施博士，日本东京农业大学理事长内田计手、校长松田藤四郎和苏联季米里亚捷夫农学院第一副院长丘里居可夫分别向大会致贺词并向我校赠送了礼品。

我校67届毕业生、黑龙江省委常委、常务副省长陈云林代表全国各地的校友发言，他满怀深情地缅怀了母校哺育之恩，并激动地表示要为振兴祖国农业不懈努力，多做贡献。祝愿母校繁荣昌盛，学友们后来居上。

农业部前部长何康在大会上向校庆献诗。最后，北京市委副书记汪家镠代表市委、市政府发表了热情洋溢的讲话。

大会结束后，我校近200名教工表演了韵律操，88615部队的军乐队进行了精彩的军乐表演。

校庆之日，我校收到了全国各地校友和有关单位上千封贺信、贺电和纪念品。

下午，校友们纷纷参观了介绍我校历史和教学、科研、推广等情况的十几个成果展览及图书馆、科研楼、实验动物研究所等单位。

入夜，彩灯齐放，火树银花，往日宁静的校园变成了一片欢乐的海洋。校友们和全校师生员工、家属成群结队，观赏校园夜景，月光花色与人亲，说不完的同窗谊，道不尽的师生情。

（刘令娥，引自1990年《年鉴》）

8 石元春校长在实验室工作会议上的讲话

（1990年12月27日）

【导读】

讲话中再一次阐述了大学教育是一个大系统，提高教学质量的组成因素是多方面的教育观，以及农业高等教育教学体系中的课堂教学。“文革”后北京农业大学的实验教学，恢复与提高的难度很大，实验教学工作人员的队伍与待遇存在问题很多，石元春校长对此做了系统阐述和提出如何加强这个环节的意见。

我参加这个会的心情比较复杂。一方面是感到很高兴，因为这次会议标志着这项工作推进到了一定的阶段，又有了新的开始，也是这些年来大家辛勤劳动和取得成绩的一次总结。另一方面心情是有些负疚感，负疚的是这个会开得还是晚了一些。我指的晚了一些，不是说本来是上半年推到了下半年，而是指我本人在学校工作安排上对这件事抓得晚了。

在我们学校，大家都有着一个共同的愿望，就是不断地提高教学质量，而形成这个质量的因素是多方面的。一个大学的教育是一个大的系统，是由各个方面组成的，而绝不只是某一两个方面。大家都看电影，也看电视剧，电视剧不长，可是排在片上的幕后工作人员名单却很长，二十多分钟的电视剧，它就放了四五分钟，一些观众不太满意。但我觉得这也反映了另一个方面，一部电影和电视剧的拍成，如果没有摄影、灯光、化装、道具、导演、舞台监制，光凭几个演员表演是不行的。从这个意义来讲，我觉得应当把这些无名英雄或是看不见的幕后的同志们的工作体现在这个整体中去。演员大家都认识和喜爱，而一些配音演员有谁看得见呢？现在很多配音演员出来了。不要抹杀他的这样一份重要劳动。孩子们很喜欢的美国影片《唐老鸭》，如果没有李扬这样恰如其分和精彩的配音恐怕也不行。我的这个意思是说一个大学要办好，教学质量要提高，绝不光是教师在台上一讲质量就上去了。这当然是一个重要方面，但要形成一个教师讲课的效果和做好实验、实习这些教学工作，没有教务、科研、总务、人事、财务等的工作，就很难体现出来。就像一个演员演得再好，如果他化妆不好、布景不好、灯光不好，摄影也很糟糕，角度也不对，即使有再好的演技也体现不出来。

话又说回来，回到我们的实验室工作上来。我们知道，我校是属于两个中心的大学，既是教学中心又是研究中心。另外，我们是一个农业大学，农业科学本身就是一种应用性和实验性很强的一门学科。所以，无论是教学也好，研究也好，都离不开实验和实验室。我们的实验室工作上去了，我们整体的工作就加强了。我们农业大学决不能讲课都是清唱，就是教师在台上讲，下面没有配套的，没有实验、没有实习，那是不可想象。在我们按系招生和组合式教学的教学改革中，提出了三个体系：课堂教学体系；实验教学体系；实践教学体系。这就说明在座诸位是三分天下而各占其一。如果说课堂教学还可以，而实验和实践教学较差，就必然导致学生的动手能力弱。学生出去以后，讲起来还不错，一动手他就不行了。大家工作在三个体系之中，有着重要位置，是整个大系统中的一个重要组成部分。

尽管理论上如此，但实际怎样呢？我本人和学校的工作中就这项工作相对来讲抓得晚了一些、弱了一些，抓得还不够狠。常常谈的是教材建设、师资队伍建设、实验基地建设、图书馆建设等。这些都重要，要继续抓好。但对实验室建设、实验技术队伍的建设提得比较晚，提得不那么响，没有摆在应有的位置上，这就是我所说的负疚感。我和毛副校长都是普通教师，都亲身教书、带过实验和实习，我们深感这块工作的重要和目前存在的问题是很多的。

首先，在实验设备上，10 年来增加了 4 000 多万元，这在农口院校是数一数二的，在一般综合性大学，我们也不算太小。这是由于我们国家对教育、对农业的重视和我校承担了大量科研课题。可是我们在如何加强对这些设备的利用和管理上，还有很多工作要做。

其次，谈对实验室工作的认识问题。参加这次会议的同志都是多年从事实验室工作的同志，我作为学校管理工作人员，感到有许多对不住大家的地方。实验员同志的地位相对来讲不是那么太高，经济收入上相当困难，工作又很辛苦，有时还要接触一些毒品和危险品。而在职称评定、工资、住房等方面上确实存在一些问题，这也说明对技术科学的认识问题。科学与技术是密切相关的，但不是一回事。科学是以认识客观世界为主要任务；技术以改造客观世界为主要任务，二者具有同样的和不可代替的地位。日本很重视技术科学，第三世界国家更要大力发展技术科学，农业科学中我们必须要大力加强技术科学这一块。在这种情况下，我们如何重视技术科学，从事实验技术人员的地位、作用、价值和他们的劳动应该得到大家承认和尊重。在新技术革命浪潮的形势下更应当做到这一点。这是观念和认识上的更新，使每一位同志认识到从事实验室工作是光荣的，是我们学校队伍中的一个重要的方面军。老观念过时了，要用新观念代替。这不是我强加给予的或是说好听的话，而是从客观的发展和学校的客观实际出发的。

最后，谈谈实验室建设问题。实验室建设一定要纳入与学校的教材建设、实验基地建设、图书馆建设和师资队伍建设同样重要的地位上去考虑。最近在国家教委召开的“全国科技工作会议”上，谈到了要建设500个重点学科，建设100个重点实验室，都是国家级的重点实验室。我们知道世界上最有名望的贝尔实验室，要进这个实验室是很难的。很多有名望的实验室比一个研究所、研究院威望高得多。因为它做出了出色的工作，有很多的名人，教授在实验室里工作。有的任实验室主任，有的当研究人员，等等。对实验室的观念也要更新。

实验室建设包括条件、设备、队伍和管理四个方面。条件我们在逐步改善，包括水、电、房子等。再有就是设备，设备也在逐年增加。关于队伍和管理，我想先谈队伍建设问题。队伍建设是否可把实验室队伍的建设与实验室管理服务中心及有关方面结合起来，做一次专门的研究，而不是说反正先凑合着过。实验人员队伍结构怎样？到底哪些实验室应是国家级的？哪些是校级重点实验室？与重点学科和重点课程一样，重点实验室建设中必须有相应的人员配备，各种结构人员的配备，缺什么？今后发展什么？下步怎样接上去等都有一个总体规划。在队伍建设中要考虑到现在已经在位的人员的培养提高问题。尽管我们的工作很琐碎，但这本身就是一门科学，一种技术科学。如何使这些同志有岗前的培训和在岗不断提高是个大问题。这些同志的工作条件和劳动保护都要考虑。对实验室工作、实验室先进个人要进行广泛的宣传。对从事实验技术工作的同志，一方面要严格要求，在业务和工作上要认真负责，业务上不断提高。另一方面在职称评定上也应当体现。在经济上，校务会研究了实验室工作人员的岗位津贴问题。明年开始实行，具体做法由实验室管理服务中心、财务处、人事处共同协商。学校再穷，大家应当有的，应当得到的也应照顾到。尽管不多，但也是一点心意。随着学校经济状况及各院系的经济状况的好转，再有所增加。

关于实验室的硬件，即设备的建设问题。我们及第一线的同志有很深的感受，这几年设备越来越多，但由于管理不当，积压浪费，利用率低的问题也越来越严重。实验室分得过细，统得过死，我们的学生、研究生及其他教师想用仪器而用不上。这个问题对于我们这样一个经济上还相当困难的国家和学校来讲，是一个极大的损失。能否在明年安排一个重点工作，就是如何提高仪器利用率，其效益应该体现在教学质量和科研水平上去了、师生员工的素质也上去了。人尽其才，物尽其用嘛！ 4 000多万元的设备中，据调查使用率为零的，占20%，当然有多种原因。如何在管理上、体制上做些改革，挖掘潜力是非常重要的。我校一方面争取外延，另一方面就是挖掘内涵，即人力资源和物质资源开发，必须下大力气去做。我们眼光不能只停留在外延上，而要充分挖掘内部的潜力，我建议明年在众多的工作中把这件事作为重点工作之一来考虑，一是队伍建设，一是物尽其用，围绕人尽其才、物尽其用这两个方面做有关的工作。

最后提出两点希望和建议：①首先要有一个很好的和很高尚的服务精神，服务于我们的教学和科研，献身于国家教育事业和农业建设事业；②希望大家在业务上精益求精，不断提高自己的文化和科学素养。只有这样才能提高工作的质、量和服务水平。

最后，向受到表彰的同志表示祝贺，向所有从事实验室工作的同志致意。谢谢大家！

9 1990年的工作报告

——在第八次工作会议上的报告

（1991年2月22日）

【导读】

1990年是实施“三年转型改革”的最后一年。1月8日石元春校长在全校教职员工大会报告1989年工作；2月12—14日召开第六次工作会议，会议主题是“保证教学质量，加强教师队伍和教风建设，强化院系管理”（简称“三教一管”），制订了《关于加强工作作风建设的意见》，要求各级干部要“沉下去，做实事，服务好”，并规定每周四为无会日；8月23—24日召开第七次工作会议，会议主题是“加强管理严格校纪建立良好的教学秩序”；1991年2月20—22日召开的第八次工作会议主题是总结交流1990年工作，讨论和制定1991年工作纲要。1990年转型改革的重点是教风、学风和工作作风建设。本文后附有第六、七、八三次工作会议的报道资料。

石元春校长在第八次工作会议总结讲话中全面列述了1990年的业务系统在本科、研究生和继续教育的教学，以及科研和推广工作的进展；技术支持系统的新建图书馆投入使用，计算机中心、电教中心、实验室管理服务中心、出版社等服务的全面加强；管理系统的行政、人事、财务、后勤、基建、审计、监察、保卫等进入正常和较高效率的运作状态。报告也讲到学校面临的困难和工作中的薄弱环节，既有硬件（财、物）上的困难，也有软件（人、思想、管理）上的薄弱环节。必须千方百计，一手抓硬件，一手抓软件，用软硬结合的办法，把学校工作搞上去。

1990年是“七五”的最后一年，也是我校各项工作大踏步前进的一年，全校师生员工同心同德，努力贯彻改革开放方针和有关政策，认真落实我校制订的《1990年工作纲要》，较好地完成了各项任务，为今后五年、十年的发展打下了一个良好的基础。

一、业务系统成绩喜人

1. **教学工作**

1990 年本专科生教学共开出课程 677 门，其中必修课 595 门，选修课 82 门，任课教师 1 150 人次。教材吞吐量 84 690 册，价值 33.5 万元，胶印教材 39 种（占自编教材总数 71%），565 万字。本专科毕业生 527 人，昌平大专部 55 人，成人专科生 1 581 人，共计 2 163 人。招收本专科生 575 人，成人专科生 431 人，共计 1 006 人。1990 年在校本专科生 2 413 人，成人专科生 1 413 人，共计 3 826 人。

1990 年，以课程建设为中心，深化教学改革，完善组合式教学计划，出版第一部《教学指导书》。通过农事、毕业实习，组织千余名学生回乡或“下海”，参加开发和技术推广工作。编出较完整的《教务手册》，把计算机全面引入教学管理领域，提高管理水平。首次接待日本东京农业大学的大学生实习，圆满地完成了教学任务。

研究生教育，开出课程 395 门。毕业硕士生 177 人，博士生 27 人，其中在职人员申请获硕士学位 11 人，博士学位 1 人。校学术委员会评出优秀论文 26 篇，其中硕士生 20 篇，博士生 6 篇，4 名博士后出站，均留校任教。1990 年录取硕士生 132 人，博士生 47 人，10 名博士后进站。

1990 年编写了 11 个重点学科建设规划，农业部、国家教委拨款 180 万元作为重点学科建设费。27 门第一批重点建设课程不断充实和更新教学内容，改进教学方法，从多方集资 33 万元装备了两个实验室和购置了计算机，对课程建设起了一定的促进作用。修订了 10 个研究生专业培养方案，开展了博士生培养工作的调查，对 88 级 145 名硕士生和 25 名博士生进行了中期考核，评出 33 名优秀硕士生和 8 名优秀博士生，有两篇教学论文获北京市奖。

继续教育方面，首次举办了 5 个高层次、高规格的培训班，学员 261 人。举办了 25 个分段教学的“专业证书班”，学员 1 341 人。配合社科部、植保系和老干部处举办了 21 个培训班，学员 876 人。

1990 年的成人教育，由于狠抓教学管理和教学质量，使之一度处在低谷的成人教育，又出现了一些新气象。对高层次的培训班，请高水平的教师授课，教学内容新，教学方法灵活，均取得较好的培训效果。顺义县委托举办的农场场长“专业证书班”，第一期 115 名学员毕业，他们对全县夺得小麦单产 800 斤，粮食总产过 11 亿斤大关发挥了很好的作用。实践证明，这是培养农村基层干部的一种好形式。

2. **科研工作**

1990 年开展的各类科研项目共 330 项，经费 600 万元。基础研究、应用研究和开发研究三者之比约为 2 : 6 : 2，结构趋于合理。1990 年共鉴定 51 项成果，其中达到国际领先水平或国际先进水平的 24 项，占 47.1%，达到国内领先水平或填补国内空白的 15 项，占 29.4%。获各级奖励 33 项，获奖项目之多，获奖层次之高（获农业部、国家教委和北京市科技进步奖 24 项，其中一等奖 7 项）和获奖率之高（76%）均创 1978 年以来最高纪录。已有 45 项成果列入国家科委编制的农业科技成果推广计划项目指南，占全国各类高校被编入指南总数的 27.5%。1990 年是新增科研项目较多的一年，新上课题 92 项，总经费 381 万元。自然科学基金自由申请项目获准 45 项，获准率 42%，高出全国平均获准率近 1 倍，获基金 148.5 万元，从 1982 年 116 个单位获准我校排在第 37 位到 1990 年 1 214 个单位获准我校排在第 7 位，农口的第一位。

农业生物技术国家重点实验室经过两年多的筹建，正式通过国家验收开放。光合作用中心蛋白基因，植物体内玉米赤霉烯酮，改进植物品质的有用蛋白基因的克隆，转基因动物，猪生长激素，牛凝乳酶和固氮螺菌基因工程等项研究，达到或部分达到国际先进水平。在 DNA 合成、PCR 基因扩增和 DNA 序列自动分析技术等三项分子生物学尖端技术上，达到国内先进水平。

实验动物研究所完成了中国实验用小型猪的培育、开发与应用项目，获农业部 1990 年科技进步二等奖，新型畜禽舍消毒剂“透膜特”的生物实验部分通过部级鉴定。

3. 推广工作

在黄淮海开发区，派出专员助理 1 人，科技副县长 3 人，县长助理 4 人，协调员 4 人。以 20 个县为基点，承担并实施了秸秆免耕覆盖、配方施肥、沙荒地综合治理等 14 个农业区域开发研究项目，并将以我校成果为主的 30 项适用技术组装配套，综合地用于农业生产，使项目区 21 万亩小麦、23 万亩玉米和 4 万亩棉花的产量分别比往年增长 10% ～ 20%，10% ～ 60 % 和 10% ～ 15%，增产 3.5 万吨粮，1 万担棉，增加经济效益 3 100 万元。

举办地、县级开发、推广培训班 6 期，300 余人参加；乡、村级技术员和协力户示范和培训 100 余次，近万人参加。编辑印发各种材料 22 000 余份。从农村的实际出发，进行大学—地方—农民三位一体协力推广的新型模式探索，在 11 个县内建立起“协力集团”。结合推广工作，今年在各试区接受并指导了大学生 500 人（毕业、农事实习）、研究生 30 人、青年教师 18 人。推广中心共有 30 名成员，年平均“下海”4 个月，其中近一半人在 6 个月以上。

在湘西扶贫，学校组成 9 人专家组，18 名教师长期驻点。实施“丰收计划”30 万亩，技术培训 7 万余人次，引进我校科技成果 5 项，农业部投入项目资金 15 万元。增长粮食 4 389 万公斤，增加产值 1 818 万元。

4. 新技术产业开发

1988 年 5 月，经农业部批准成立了“北京农业大学新技术开发总公司”，

1989 年 3 月正式核准为海淀区新技术产业开发试验区的新技术企业。两年多来走过了艰苦创业的历程。1990 年，食品级赤霉素加工出口 100 余公斤；玉米赤霉醇试验、示范推广已达 5 000 余头牛；新上 NS-83 增抗剂生产线，1991 年可销售产品；投资 6 万元，改造了农药厂；1991 年度可向农业部提供防治 40 万亩草原蝗虫的微孢子虫制剂；微生物工试基地二期工程开工，全部大型设备已订货完结，大部分已运至学校；签署技术转让合同 5 份。1990 年技工贸总收入 440 万元，比上一年提高 76%，纯利润 110 万元，比上一年提高 49%，出口创汇 53 万美元。

二、技术支持系统明显加强

新建图书馆投入使用，对全部大学生做了入馆前的培训。自晚间开馆以来，读者每天约 2 000 人次。自 10 月 4 日起接待参观人员，已达 2 975 人次。全年购入中外文图书 5 270 册，中外文期刊 1 728 种，接受赠书 2 500 册。为教学科研复印 100 余万张书刊资料，计算机打字 1 818 万字，光盘检索 244 个课题，联机检索 48 个课题，查新 16 项 28 个分题。主持召开了“全国高等农业院校第一届外国教材研讨会”和“全国外国教材中心成立十周年成果交流会”。

计算机中心开设 7 门课程，选课学生 685 人，编写 5 本教材和 1 本实验指导书，共 85 万字，上机学生 1 457 人。争取到 3 项国家自然科学基金项目，承担 4 项农业部重点科研子专题，参加 1 项“七五”攻关项目已通过鉴定和验收。全年提供服务：中型机终端 18 000 小时，CPU 520 小时，微机 13 296 小时，PDD 2 700 小时。承担和参与了农业部农村发展研究中心、本校学生处和科研处委托的任务。

电教中心制作电教教材 87 部，总长度 4 077 分钟，专题片 3 部 160 分钟，校内新闻片 163 条，新闻专题片 10 个。播放服务 338 次，收看者 21 932 人次。《育秋新路》获第三届全国农业电视“神农奖”、特别奖和优秀编导奖，又获第七届尼特拉国际农业电影节联合国粮农组织奖。

实验室管理服务中心于 3 月组建开始工作，坚持贯彻“服务第一”的思想，扩大了院系采购自主权，加收管理费由 2% ～ 4%改为 1%，加强了设备管理，召开了实验室工作会议。年物资采购总量达 347.7 万元，仅用 20 天时间完成了 110 万元（400 余台）装备 11 个重点学科的任务。举办了 3 次仪器展览会，坚持为教师送货上门 130 余次，500 多台件。

出版社出书 49 种，共计 25 万册，1 646 万字，总码洋 97.5 万元。出书质量有明显提高，《俞大绂论文集》《写意花鸟画法》等书已获北京市优秀印装奖。全年利润 11 万元。《北京农业大学学报》被北京市自然科学学报研究会评为 1990 年一等奖。

涿州教学实验场粮食生产首次突破 350 万公斤大关，达 362.2 万公斤。水稻平均亩产 512.4 公斤，小麦平均亩产 251.6 公斤，粮食生产创历史最高水平。年产鸡蛋 21 万公斤，果汁 150 吨，罐头 157 吨，机制纸 948 吨。全年改造砂石地 1 750 亩，其中种水稻 150 亩，小麦 300 亩，栽果树 400 亩，为 1991 年小麦、果树扩种扩播、平整土地 900 亩。全年各业总收入 1 033 万元，纯利达 100 万元。完成 178 名大学生农事实习，36 名大学生生产实习和毕业实习，东京农业大学实习团来场实习的任务。花生品种“农花 10 号”已通过北京市鉴定。

昌平实验站承担科研项目 40 项，接收本校实习学生 75 人，第一次接收日本实习生，圆满地完成了任务。全年总收入 380 万元，盈利 33 万元。全年产鲜蛋 18 万公斤，其中出售种蛋 133 万个。生产粮食 8 万公斤，其中小麦种子 4.5 万公斤，推广小麦良种 42.5 万公斤，玉米良种 75 万公斤。

三、管理系统工作效率又有提高

行政管理方面，作为学校最高决策的校务会全年共召开 38 次，其中有 10 次是在院（系）、处开会的，共研究了 82 个问题，其中讨论部署全校性工作 19 次，教学科研推广开发 13 次，人事工作 21 次，总务 7 次，基建 4 次，学生、财务、外事等 18 次。召开工作会议两次，行政办公会议 10 次。校办处理上级来文 937 件，机要文件收发 1 158 件，学校发文 303 件，收转人民来信 1 825 件，接待校外来访 120 人次，加盖学校印鉴 2 万余次。

在信息管理方面，出《北京农大报》21 期，《校友通讯》2 期，《农运会会刊》3 期，《农业发展思考》5 期，《农大信息》10 期。外投稿件 50 篇，各报刊报道我校新闻 160 余条，中央和北京电视台播出 11 次。闭路电视台播出 107 次，农大要闻 118 条，制作播出专题片 22 个，会议专题讲话 18 次，学生广播站坚持早中晚 3 次正常广播。接待记者 50 人次。出版了《1989 年年鉴》和《北京农大新闻选编》。

综合档案室已开展 12 大类档案管理工作，经农业部验收，已获“农业部合格档案室”称号。1990 年立卷归档 1 665 卷，也是利用率最高的一年，为编写校史、院系史、研究生教育史、新闻选编等提供大量档案。出版了《北京农业大学教授名录》。利用档案者 9 238 人次，查阅 1 862 卷（盒）。

人事管理方面，接收国家统一分配毕业生 72 人，83 人办理了离退休手续。对全校教学科研人员、专业技术人员、实验技术人员和行政管理人员进行了业务考核。71 人获高级技术职务，48 人审定具有高级技术职务的任职资格，119 人获中级专业技术职务。有 4 104 人次调整了工资，月增工资额 34 800 元，有 11 位高级专家确定享受特殊津贴待遇。7 位博士后调整了工资。到 1991 年，我校离退休的教师和干部，已达 415 人。

国际交流方面，向 19 个国家派出 100 人，请进 10 个国家的专家、学者 47 人来校讲学和进行科研合作，接待了 18 个国家的外宾 215 人次。1990 年恢复了执行 CIAD 项目和同苏联季米里亚捷夫农学院的校际合作关系，为外国人举办了兽医针灸培训班和食用菌技术培训班，东京农业大学 8 人第一次来我校实习，组织了中日橄榄球技术交流，在日方的帮助下，我校组建了第一支橄榄球队，也是我国第一支橄榄球队。

1990 年，农业部下拨教育经费 1 222 万元（含农科院代管研究生费 44 万元），从创收中补充经费 114 万元。人头费（工资、补助工资、物价补贴、离退休人员费、助学金等）用去 580.6 万元，占农业部下拨经费的 49.2%；业务费 233.3 万元，占 19.8%；设备购置费 74 万元，占 6.2%；修缮费 74 万元，占 5.9%；公务费（水电暖、办公、行政差旅）311.8 万元，占 26.4%；其他（抚恤金、学生会活动、幼儿园等）41.5 万元，占 3.5%。创收补充经费全部用掉，在部拨 1 222 万元中尚结余 2.7 万元。在教育事业经费十分困难的情况下，连续四年预算持平，无赤字。

全校基金收入 310 万元（其中校基金 188 万元，各单位基金 122 万元），按政策规定 6∶4 提取，可用于福利的 186 万元，应用于发展的 124 万元。福利实际支出 155 万元，其中校奖金 61.6 万元；洗理费 21.8 万元；郊补 20 万元；防暑费 4 万元；书报费 14.8 万元；岗位津贴 16.2 万元；其他 16.6 万元。发展部分实际支出 86 万元，其中用于 60 门重点课程建设 10 万元；印名人专著 8.5 万元：农药开发赔款 14.6 万元；图书馆、总务处搬迁等 11.8 万元；鸡场维修费 6 万元；农运会、校庆、建陈列馆等 5 万元；补充科研及业务费 30 万元。每位教职工从福利基金得到的是 868 ～ 1 420 元，比上一年增加 14.5% ～ 100%。

总务处在“为农大增光，创一流服务”的思想指导下，完成了“农运”“迎亚运”和“校庆”三大活动的吃喝住行的服务工作，接待 3 000 余人的住宿，8 000 余人的用餐，4 000 余人的接送，受到广泛的好评。

经过清理整顿，调出 80 余间住房分给已婚青年教职工，全年由无到有、由小调大共调整住房 145 户。校医院门诊 6 万多人次，体检 3 864 人次，预防接种 3 500 人，269 人献血，超额 16 人。千方百计改善伙食，学生餐厅主食花样由 5～8 种增至 10 ～ 12 种，副食花样由 8 ～ 10 种增至 15 ～ 30 种。向职工供应液化气 8 400 瓶。还开展了学雷锋的便民活动。

对 501 部队交回的车库进行了大修，新建油库投入使用。汽车队安全行车 73.8 万公里。拆除平房 18 间，清除渣土 5 000 多米^3。仅用半年时间，保质保量地完成了 1 200 米^2 看台工程，保证农运会如期召开。年内绿化栽树 3 400 棵，绿篱 2 400 米 ^{2}，铺草坪 4 500 米 ^{2}，提供鲜花 3 000 多盆，是历史上绿化任务最重的一年。

基本建设方面，国家计委、农业部和首都建设规划委员会批堆了我校“总体规划”。全年完成基建投资 1 325 万元，竣工面积 10 315 米 ^{2}，开工面积 11 500 米 ^{2}，完成规划设计项目 24 500 米 ^{2}，天然气工程的西苑至农大的中压外线和庭院管网及调压箱已竣工，完成了科学园区的民房搬迁和修建围墙任务。

四、审计、监察、保卫系统作用充分发挥

审计处根据中央关于进一步清理整顿公司的决定，对我校经营性为主的公司——绿原、肉类实验加工厂、兴农、增产菌中试厂和农药厂先后进行了审计和部分审计。通过一年来的反复审查、核对和调查，基本查清了公司的经营情况，发现并更正了大量错账、乱账和违纪问题，清理了债权债务，提出了处理意见，经校务会议审定，做出了处理决定，遗留问题正在解决，清理整顿公司的任务基本结束。

4 月下旬召开了全校监察工作会议，传达了全国监察工作会议精神和中央领导同志的讲话。全年共受理 10 个“案件”和多起群众来信来访，做到了件件负责查证，认真分析研究，依据有关政策，做出实事求是的处理。完成了 4 件农业部监察局交办的工作，查清了一件举报不实，解决了 2 件纠纷，有 2 名干部受到行政警告处分。

我校地处城乡接合部，周边环境复杂，是案件多发区。1990 年保卫处全体同志在人员少（正式职工 9 人）、任务重的情况下，做到了 24 小时巡逻，圆满地完成了“四、五、六”3 个月非常时期保持学校稳定、全国农业高校运动会、日本东京农业大学学生来校实习、农业教育国际研讨会、建校 85 周年庆祝活动，特别是第十一届亚运会等一系列重大活动的安全保卫任务。1990 年北京市刑事案件呈上升趋势，我校却下降了 47.6%。全年共破获刑事案件 4 起（其中万元大案一起），处理治安案件 9 起，治安事件 40 余起，扑救火隐 8 起，找回被盗、丢失自行车 60 辆，为师生员工义务办理边境证 230 人次。他们还抽出力量参加人口普查、区、乡人民代表换届选举、灯会的安全保卫等项工作，较好地完成了任务。

五、主要进展和发展趋势

回顾总结一年的工作，深感有几个方面的工作进展较快，并可从中得到有益

的启示。

1. “三教”是学校工作的中心

提高教学质量是办学的首要问题，也是涉及面很广的复杂问题，教学质量既是办学指导思想、教学水平、设备条件和管理工作诸因素的综合反映，又是衡量学校工作的最主要的尺度。学生处选择中科院遗传所、北京市农场局下属农场、市畜牧局下属畜禽场饲料厂和留校生作为科研、教学、生产、推广性质用人单位的代表，对 1981—1990 年 10 年间毕业的 253 名学生做了调查，根据政治素质、业务素质、动手能力和组织能力四项标准，用好、中、差三级评价，其结果：好的占 76%，中等占 18%，差的占 6%。用人单位一致认为我校毕业生综合素质比较好，基础知识和专业知识扎实，运用知识和动手能力较强，思路灵活开阔，踏实肯干，能较好地适应工作要求。弱点是语言文字表达能力差，外语水平不如综合院校，组织管理和协调能力差。用人单位建议培养学生的知识结构要处理好宽与深、分工与交叉的关系，加强实习教学和实践教学的针对性；加强表达能力、组织能力、适应环境能力、独立工作能力的培养；加强艰苦奋斗的教育。事实说明，前几年在教学上所做的改革是对的，以后也必须紧紧围绕着提高教学质量这个中心问题，继续深化改革。

没有一流的教学队伍，办不出一流的大学，提高师资水平是提高教学质量的关键。充分发挥现有教师的作用和不断地引进人才是加强师资队伍建设的重要措施。实践检验，已经实行的教师考核和聘任制度是行之有效的，我们要在实行中不断完善，坚持实行下去。加强教风建设，是提高教学质量的一个途径。

2. “三风”建设要常抓不懈

加强校风建设是深化教育改革，稳定教学秩序，提高教学质量，培养“四有”人才的重要条件。1987 年第一次工作会议上，本着“爱我农大，树立五风”的思想，提出了加强校风建设的意见，决定每年从教师节开始的一个月为校风建设活动月，开展“抓实事，做贡献活动”。从 1989 年下半年开始，又采取多种形式，特别是结合庆祝建校 85 周年，有计划、有组织地对全校学生进行了发扬优良传统校风的教育。1990 年第七次工作会议，把“三风”（教风、学风、管理作风）建设作为中心议题，随后下发了加强教风、优良学风、工作作风建设三个文件。9 026 次校务会，进一步把我校校风明确为“理实并重，严谨求是，艰苦朴素，团结奋进”，校训是“崇尚科学，献身农业”，我们抓“三风”建设，引起领导的重视，北京市委和国家教委将我校关于“三风”建设的三个文件以简报形式转发给北京高校和委属院校。

“三风”建设深入人心，传统校风已被全校师生员工和广大校友所认同，以“农大人”为荣，把校风、校训作为座右铭。不少学生把优良学风建设的 11 条意见作为检查自己言行的标准，有的院系，以教研组为单位做了教风建设检查工作。广大管理干部，根据加强工作作风建设的要求，努力做到“沉下去，做实事，服务好”，深入基层，密切与群众的联系。事实雄辩说明，好的校风可以陶冶师生的道德情操，激发向上精神。校风是一种具有全局性的稳定的精神力量和习惯行为，它的形成需要一个长期的过程，它还具有时代的特征，要随着形势的发展不断充实新的内容。我们要发展“三风”建设的好形势，依靠群体力量，常抓不懈，持之以恒，努力建设一个好校风。

3. **一定要把学生的思想政治工作抓好**

学生质量如何，关系国家的前途和命运，1987 年第一次工作会议上将学生精神素质培养和坚定正确的政治方向放在首位。1989 年制定了学生思想工作提纲。对学生思想工作的目标、内容、队伍、体制、运行机制、途径和方法等做了全面规划。后在具体实施工作中又提出思想、组织、内容、措施和时间“五落实”，做到工作、感情和时间“三投入”。1990 年第六次工作会议后要求学生工作重心下移，加强学生班级建设。1991 年是学生工作取得明显进展的一年，围绕解决学生政治方向、人生观、道德观等根本性问题集中抓了四件事：一是以稳定形势为目标，进行坚持社会主义方向和集体主义价值观导向为中心的思想教育，激发了学生的政治热情；二是贯彻第七次工作会议精神，落实学生工作重心下移，狠抓学风和班风建设；三是发展新形势下的学生社会实践活动；四是严格管理与思想教育相结合，维护规章制度的严肃性和权威性。现在，要求进步申请入党的人多了，努力学习刻苦用功的人多了，自觉遵守纪律的人多了，精神面貌发生了可喜的变化，好人好事不断涌现，总的趋势出现了积极向上的势头。但另一方面，还要充分估计到思想政治工作的难度，不少学生思想深处的问题尚未解决，长期养成的不良习惯也未彻底纠正，已有的进步基础不够牢固，在一定的“气候”条件下可能出现反复。在当前形势下，稳定还是头等大事。学生的稳定是学校稳定的基础，而教职工的思想状况，言行举止又直接影响学生的稳定。为此，我们必须牢记历史教训，认真贯彻中央和市委关于加强高校思想政治工作的指示精神，发扬积极因素，克服消极因素，继续开展“教书育人”“管理育人”和“服务育人”活动，扎扎实实地、认认真真地把学生思想政治工作抓好。

4. **加强管理，提高工作效率**

“向管理要效益”已被越来越多的人认识。随着教育改革的深化，在加强思想政治工作的同时，必须辅以健全章法的管理。1990 年下决心整顿住房秩序，对违章占房者其中包括影响很大的干部，既进行说服教育，又坚决按章办事，解决了 30 多户违章占房的问题，违章占房现象大有好转。1990 年加强了对学生的管理，奖惩分明，维护规章制度的权威性。评出甲等助学金 91 人，乙等 186 人，优秀干部 71 人，优秀运动员 23 人。开除 1 人，留察 2 人，记过 6 人，严重警告 2 人，警告 15 人，劝退 2 人，通报批评 1 人。优秀学风发扬，邪气被遏制，令行禁止的管理有所突破。事实说明，有效的管理是推动工作前进的保证。我们要认真贯彻关于加强工作作风建设的意见，校级干部要下到院系，院（系）处干部要下到班、组、科、室，所有干部都要下到教学、科研、推广、开发、后勤、管理和学生工作第一线。特别强调各级干部要切实负起管理的责任，要会管、敢管，要出以公心敢于碰硬，打开工作局面。通过建立健全管理制度，做到有章可循，有章必循，逐渐形成一个“严”字当头的管理作风。

5.“三大活动”是对综合校力的考验

1990年，我校成功地主办了“农业教育的现状与展望”国际讨论会，第二届全国农业高校田径运动会，圆满地举办了纪念建校85周年庆祝活动，这是对我们综合校力的一次大考验、大检阅。

主办有54所院校1 000余名运动员、教练员和裁判员参加的运动会实属我校历史上的首次，要求之高、难度之大可想而知。全校师生员工决心为农大争光，以其严密的组织工作和热情周到的服务工作，取得了盛会的圆满成功。

“农业教育的现状与展望”国际讨论会，有来自德国、日本、苏联、加拿大、美国、澳大利亚、新西兰、印度、菲律宾和中国等10个国家、24所院校的院校长、教授、专家等54人参加，就农业教育在社会生活中的地位和作用，农业教育的现状、发展趋势和改革途径等共同关心的问题，进行了认真的探讨，内容十分丰富，在许多方面取得了共识，与会代表对我校所提供的卓有成效的组织工作表示满意，对会议所取得的成果留下了良好的印象。兄弟院校反映，会议的成功是北京农大综合校力的体现。

历时一个月的校庆活动色彩纷呈，高潮迭起。近4 000名校友返校，院系举行学术讨论会13次，专业或学科学术讨论会60次，各种类型的校友报告会56次。活动的特点是：接待工作细，相聚情谊深，学术气氛浓，思想教育实，达到了“弘扬农大精神，增强农大人凝聚力，鼓舞士气，推动工作”的目的。

“三大活动”的成功，是全校师生员工共同努力的结果，同时通过这些活动也锻炼了队伍，考验了意志，增强了信心，提高了能力，将进一步激励大家勇于承担更繁重、更艰巨的任务。

六、面临的困难和工作中的薄弱环节

由于教育经费短缺，该做的实验不能做，该去实习的不能去，或者“晚去早归”，这种靠牺牲质量来维持教学的局面还一时难以扭转，尽管学校拨款数十万元用于教学发展，重点学科建设得到百余万元的建设经费，也不过是杯水车薪。教学用房年久失修，教室破旧，教学设备得不到更新和补充，这些都是制约提高教学质量的硬件条件。

部分教师受过多的科研工作、社会活动、办班外出讲课、创收及政策导向的影响，不能把主要精力集中到教学上来。有的教师教学内容陈旧，教风不严，讲课效果不好。在教学管理上，如排课、实验、实习、考试的安排，教室教具的管理等也都有待改善。这是影响教学质量的软件。

已经好转的精神面貌并不牢固，许多深层次上的思想问题尚未解决。当今世界政治风云变幻，社会主义遇到前所未有的严峻考验，从理论与实际的结合上做好师生员工的思想政治工作，做好学生精神素质的培养工作，恢复和发扬农大的优良传统校风，还有相当的难度。

教学科研队伍虽后继有人，后生可畏，但在老的教师离退后，“断层”显现，一时难以“成龙配套”；管理队伍“青黄不接”；政工队伍“后继乏人”；工人亟待补充。“职称”问题使人牵肠挂肚，教师、政工、管理、工人四支队伍建设问题，仍是一个长期的艰巨的系统工程。

社会上存在脑体倒挂，分配不公，高校教职工工资低、收入少。不少人，特别是中青年，生活负担重，经济拮据。校内也在不同程度上存在分配不公，人心不平，福利诱惑造成队伍不稳的问题。多数人是很忙很累，超负荷运转，也有一些人干活不多，奖金不少拿，影响了情绪和工作积极性。

没有一流的教师办不成一流的大学，同样办一流的大学没有一流的管理也不行。管理的核心问题是效率。毋庸讳言，我们在管理工作上，自上而下布置多，深入实际了解情况、发现问题解决问题少，管理落后于形势，跟不上工作的需要。领导是服务，管理也是服务。管理工作一定牢固树立为基层服务，为教学、科研、推广、开发第一线服务的思想。要进一步端正思想、理顺机构、转变观念，掌握新的管理方法，运用新的技术工具，实现管理的现代化。我们清楚地看到，提高管理人员的素质，加强工作作风建设，向管理要效益，也是当务之急。

我们面临的难题，既有硬件（财、物）上的困难，也有软件（人、思想、管理）上的薄弱环节。我们必须千方百计，多找出路，广开财源，解决硬件问题，也要加强思想政治工作，建立健全规章制度，加强管理，克服薄弱环节。我们要一手抓硬件，一手抓软件，用软硬结合的办法，把学校工作搞上去。

【资料】第六次工作会议——研讨“三教一管”大计

2 月 14 日上午，瑞雪纷飞。第六次工作会议已由前两天的专题发言、分组讨论进入总结阶段。

教书育人是高等学府的首要任务。近年来，我校一直把培养社会主义建设合格人才放在首位。在教学上，前两年重点抓了宏观的框架性的改革，从去年开始向着以课程建设为中心的微观方面深化。课程建设在去年进行的大量准备工作的基础上，今年将开始实施。本次会议重点讨论了“三教一管”，即如何保证教学质量，加强教师队伍和教风建设，强化院系管理的问题。

会议一开始，就由12个院系的“首脑”唱主角。他们结合本院系特点，对教学、教师、教风和管理方面的现状及存在问题进行了分析，并提出了对策和措施，同时也交流了各自的做法。教师队伍建设问题成了热门话题之一，反映出人们对我校目前“哑铃型”教师队伍年龄结构的关切和忧虑。兽医学院、农经学院、园艺系等已开始在青年教师培养方面进行了有益的尝试。

教务处、研究生院、人事处和总务处负责同志也都从各自工作的角度谈了如何加强管理、搞好服务的问题。农业部教育宣传司孙孟忱司长到会并讲了话，讲话中高度评价了农大干部、教师的积极进取精神。会议还对学校工作纲要、党委工作要点、系主任负责制试行条例和《关于加强工作作风建设的意见》进行了讨论和修改。

在总结会上，毛达如副校长重点谈了课程建设的实施方案，强调要从师资队伍、实验员、教学条件、仪器设备、教学大纲和教材、教研室的领导力量六个方面入手深入抓好这一工作。党委书记周鹏程同志传达了中央和教委的有关精神，重点强调维护安定团结应成为压倒一切的首要任务，并要求各级党组织对教学改革要起到监督保证作用。

最后，石元春校长进行大会总结。他首先肯定了这次会议重点突出，12个院系领导的发言对问题有分析有对策，表现出了高度的责任感和积极向上的精神；四个职能处的发言也都体现了为院系服务的思想和作风。他在简述了1990年学校工作设计思想之后，重点谈了教师队伍建设问题。他强调，对老教师，要反复做工作，请他们以培养新一代为己任，当好教练员；对中青年教师，特别是青年教师，要制订培养计划，实施聘任考绩制，搞好出国管理，要加强政治思想教育，大胆使用，大胆提拔，关心他们的生活，创造良好的成长环境，使他们尽快脱颖而出。他希望农大人继续发扬登山精神和挖山不止的精神，在1990年共谱农大“同心曲”。

学校副处级以上干部、校务委员、民主党派负责人共200余人参加了会议，共同研讨“三教一管”大计。

（岑溪　春彦）

【资料】学校第七次工作会议——提出加强管理严格校纪建立良好的教学秩序

我校本着“坚持社会主义方向，密切结合四化建设，面向未来，面向世界，培养‘四有’人才”的指导思想，在第七次工作会上明确提出：加强管理，严格校纪，建立良好的教学秩序。

第七次工作会议于8月23—24日召开。副校长李青山做了主题报告，阐述了问题提出的背景，近、远期目标和措施。他谈到，学校的主要任务是培养人才，良好的教学秩序是培养人才的一个重要保证条件。学校近几年在教育改革方面取得了可喜的成绩，但不能因此而忽视工作中的薄弱环节。由于多种原因，目前少数学生缺课较多、考试作弊，许多学生不能按时作息；有的教师教学马虎、教风不严；过去多年行之有效的管理制度未能很好坚持等问题，是提高教学质量的障碍。这个障碍不扫除，再正确的办学目标，再好的改革方案，再周密的教学计划，也难以在“教”与“学”两个关键环节上落实。我们的目标是抓管理，抓校风校纪建设，把正常的教学秩序建立起来，恢复和发扬农大固有的好的教风、学风和管理作风。他还强调，在制定目标和具体措施上要从实际出发，并坚持正面教育，要建立健全规章制度，各方面都要负起责任，人人从我做起。

教务处长黄铁城、研究生院副院长曹永华分别谈了“近年教学情况与看法”和“如何在研究生中树立良好的学风”，土化系李酉开教授、植保系青年教师王寿华分别介绍了教研组教学管理经验和班主任工作（班风建设）经验。

与会同志在讨论中认真总结了学、教、管中的经验和教训，通过了关于加强校风建设和开展优良学风班建设活动的决定。“决定”提出，通过教师认真备课、重视教学环节（教学计划、教材、教案、提问、测验、答疑等），严格要求学生，树立为师形象来加强教风；通过正面教育和严格课堂纪律、严格考场纪律与作息制度来整顿学风；通过建立健全管理制度，各级领导深入教学第一线，认真负起管理责任，逐步形成“严”字当头的管理作风。

在总结会上，党委书记周鹏程回顾了党委上一学年工作并提出了下半年的主要任务。他说，上一学年党委坚决贯彻了“稳定压倒一切”的方针，积极进行了坚持四项基本原则、反对资产阶级自由化的教育，认真地抓了党的建设和党员重新登记工作，全面进行了干部考察，认真而慎重地进行了清查清理工作。下半年，党委工作重点是继续坚持党的基本路线，深入开展爱国主义、社会主义教育，切实加强党的建设，积极做好教书育人、管理育人、服务育人工作。

农业部教育司副司长云泽民在发言中对学校每学期一次工作会的做法予以肯定，并认为这次会议提出抓管理是抓到点子上了，他希望管理干部要爱学生、爱教师，做他们的朋友。

（岑溪）

【资料】我校第八次工作会议——总结交流1990年工作讨论制定1991年工作纲要

一元复始，万象更新。2月20—22日，学校副处级以上党政干部、校务委员和各民主党派负责人140余人满面春风地参加学校第八次工作会。农业部教宣司副司长云泽民和有关处负责同志出席了会议。

会议以党的十三届七中全会精神为指导，全面贯彻教委提出的“稳定规模，调整结构，深化改革，加强管理，提高质量，改善条件”的方针，以提高教育质量为中心，总结了1990年工作，讨论制定1991年工作纲要和提出“八五”期间工作规划和今后十年发展设想。

会上，首先由石元春校长传达了最近召开的农业、教育、农林高教改革等几个全国性的工作会和农业部部属院校书记、校长会会议精神。然后进行大会交流。

教务处处长黄铁城、研究生院副院长曹永华、继续教育学院副院长洪瑶琨、科研处副处长白玉良、生物技术实验室主任陈永福、农学系主任戴景瑞、畜牧系主任张沅、食品系主任蔡同一、学生工作办公室副主任程贵铭、CIAD副主任李欧、图书馆馆长杨直民、涿州教学实验农场副场长郑学义、总务处长许文、财务处长郑斌魁先后发言。他们不仅总结汇报了工作成绩和经验，也谈到了问题和困难，并提出了今后的工作目标和措施。特别是涿州农场已率先制定出“八五”和今后十年发展规划，提请学校审批。

在各部门总结交流的基础上，石元春校长报告了1990年学校工作。报告中谈道：1990年是“七五”的最后一年，也是我校各项工作大踏步前进的一年。全校师生员工同心同德，努力贯彻改革开放方针和有关政策，认真落实我校制订的《1990年工作纲要》，较好地完成了各项任务，为今后五年、十年的发展打下了良好的基础。他对大家主动工作的精神和高度的工作热情表示感谢。他说，没有涓涓细流，难以汇成大海。没有同志们辛勤的工作，学校就无法前进。

充分肯定成绩的同时，他还谈到工作中的差距和问题。如教学上有些工作抓得不实，教师在教学方面的积极性和素质有待进一步提高；科研上如何把争“八五”项目与学校部署主动结合，克服以往项目散、小、杂等弱点；还有青年教师队伍建设、仪器设备利用率、教师生活建设等问题，在1991年工作计划中应进一步得到落实。

石元春校长对《1991年工作纲要》（讨论稿）逐条进行了阐述。在谈到制定学校“八五”规划和今后十年发展设想时他强调：发展规划也是工作计划，要体现改革和创新的精神。进一步找差距，探求对策，不断优化。学校要组织专门班子搞，各业务处、各系院要大力支持，广泛征求意见，集中集体智慧，使之成为北京农大团结奋进迈上新台阶的总体部署和进军号。

石校长还着重指出：经过全校教职工12年的努力，农大的恢复阶段已基本结束，从现在开始，我们学校已经走上了全面发展的新阶段。他希望今后工作中同志间多一些理解，多些爱心，相互尊重，相互补台，努力完成学校“八五”规划的各项任务。副校长毛达如、孙正权、靳晋、李青山先后讲话，从不同方面总结了学校工作。

与会同志对《1990 年工作纲要》进行了认真的讨论，并提出了修改意见。

（引自北京农业大学 1990 年《年鉴》）

10 转型改革的部分文档选辑

【导读】

转型改革是按改革目标与设计，一个一个会议，一项一项规章条例，一点一滴贯彻落实的过程。只有从这些改革的规章条例中才能具体反映改革的细节内容与过程。本文从1988—1991年《年鉴》中选辑了关于《北京农业大学校长负责制暂行条例》《八八级本科生试行按系（科类）招生》《成立继续教育学院》《成立“北京农业大学京农新技术开发总公司”》《参加黄淮海平原开发工作的报告》的请示与上级批复；有学校向院系处下发的关于课程建设、教风建设、学风建设、工作作风建设的“意见”等12份文档，从中可以了解到转型改革的部分细节与内容。

一、北京农业大学校长负责制暂行条例

第一章 总则

第一条 根据中国共产党第十三次代表大会关于政治体制改革的精神和“中共中央关于教育体制改革的决定”学校实行校长负责制。为确定校长的职责，保证校长行使职权，加强科学管理，保障校长负责制的实行，特制定本条例。

第二条 校长是政府任命的学校行政负责人。校长对本校的教学、科研、政工、行政、后勤等各项工作实行统一领导；对培养学生成为有理想、有道德、有文化、有纪律，德、智、体诸方面发展的人才全面负责；对外代表学校。

第三条 校长要接受学校党委的监督，在决定学校重大问题之前要征求党委的意见，在组织实施重要工作中要注意取得党委的支持，工作结束后要向党委通报情况。

第四条 由校长主持、副校长及其他人员参加的校务会议是学校的决策机构。党委负责同志应参加校务会议。学校重大问题的决策应在校务会充分讨论之后由校长决定并组织实施。

第五条 校长要充分发挥校务委员会的审议职能。学校必须通过校务委员会审议发展规划、年度工作计划、专业设置、年度财政预决算等重大问题。

第六条　校长要尊重学校教职工代表大会、学生代表大会行使民主管理的权力，支持教代会、学代会所做的决定，接受教代会、学代会的民主监督。校长要向教代会报告工作，听取代表的意见、建议和批评。

第二章　校长的职责

第七条　必须贯彻执行党和国家的方针、政策，依法行使管理，执行上级主管机关的指令和决定。

第八条　根据国家计划和社会需求确定学校办学方向和管理目标，制定学校的发展规划和年度计划，经校务委员会审议、校务会议通过后组织实施。

第九条　组织全校教职工完成国家下达的培养人才、科研和技术推广任务；加强教师队伍、职工队伍、干部队伍的建设，不断提高教职工队伍的素质。

第十条　领导全校进行教学、科研、政工、行政、后勤等方面的改革，充分发扬民主，尊重师生员工当家做主的权利，加强管理，提高效率，从各方面保证教学质量的提高。

第十一条　校长主持校务会议、校务委员会、校教师专业职务评审委员会、校基金委员会以及其他应由校长主持的会议。

第十二条　校长领导校系（院）处、部、室、场、站、所、中心等行政机构，校长可以委托副校长领导研究生院、研究院、继续教育学院等。

第十三条　校长主持外事工作和国际合作交流。

第十四条　校长要关心全校教职工，努力改善他们的工作、学习、生活条件，抓好教书育人、服务育人、管理育人的工作，通过教学、科研、政工、行政、后勤管理，全面关心学生的成长，还要通过协商对话，通过工会组织、学生会组织对职工、学生进行思想政治工作。

第三章　校长的职权

第十五条　根据党和国家的方针政策，结合学校的实际情况，对学校的教学、科研、政工、行政、后勤等方面的重大问题有决策权和统一指挥权。

第十六条　审定基建计划、招生计划和财务预决算；审批重大项目经费开支；审定学校创收基金的使用和分配方案；决定校长基金的使用。

第十七条　经校务会议讨论后，校长有权在上级主管部门批准的机构权限、编制总数、领导干部职数内决定学校行政系统的机构设置、人员编制和干部配备。

第十八条　校长有权提名副校长人选，报主管机关任免。有权提出系（处）级领导干部人选，经校人事部门考察征求党委意见后，经校务会议决定，由校长任免（其中，人事、财务、审计、监察部门处级领导干部的任免，事先应征得上级主管部门的同意）。通过校及有关专业技术职务评审委员会审定后，校长有权对教师职工的专业技术职务进行聘任。

第十九条　校长通过一定的民主程序有权批准教学、科研、政工、行政、后勤管理方面的规章制度的建立、修改和废除。

第二十条　根据国家和学校规定的奖惩条例和办法，对本校教职工和学生进行奖励和处分。

第二十一条　校长有权代表学校，也可委托副校长代表学校签署国际、国内的学术交流、科技合作、联合办学、军民共建等项目的协议合同；有权派出留学生、进修生、专家、教授出国讲学、访问；请外国专家、学者来校讲学或任教；批准接受外国留学生。

第二十二条　校长对学校工作全面负责。副校长受校长委托分工负责某些方面的工作，重大问题要向校长或在校务会议上报告，在分管的工作范围内副校长有决定权和指挥权。

第二十三条　校长因故不能履行职责时，有权指定一名副校长代理履行校长职责。

第四章　决策原则和检查制度

第二十四条　校长必须认真学习马克思主义理论、学习高等教育理论和现代管理知识，认真做调查研究。在决策时应当遵循民主化、科学化的原则，力求决策正确避免重大失误。

第二十五条　校长在决策时，要充分发挥各职能部门的参谋助手作用，尊重职能部门按照国家政策规定所提出的意见，要注意发动各行政职能部门积极实施学校的决定。

第二十六条　校长和副校长要定期检查自己的工作，鼓励干部和群众对学校工作提建议、意见和批评。一年至少要开两次民主生活会，认真开展批评与自我批评，党委领导同志应参加民主生活会。

第二十七条　校长、副校长在任期内按学校规定享受学校岗位津贴，工作成绩优秀者，经学校党委、教职工代表大会、校务委员会同意，校务会通过，可以向上级主管部门建议晋级工资或授予“优秀教育家”称号；在任期内因工作失职造成重大损失，可以建议上级给予处分。

第五章　附则

第二十八条　本条例经上级主管部门批准后实行，在实行中如有不符合国家教育委员会规定之处，以上级规定为准。

中共北京农业大学委员会
北京农业大学
一九八八年六月六日

二、农业部《关于北京农业大学实行校长负责制试点工作的通知》

北京农业大学：

你校农党字（1988）第4号“中共北京农业大学委员会关于实行校长负责制的请示报告”收悉。经研究，同意你校为实行校长负责制的试点单位。请进一步加强领导，精心组织实施，不断总结经验。

现对“北京农业大学校长负责制暂行条例”中有关条文提出如下修改意见。

第十七条原条文略。修改意见：经校务会议讨论后，校长有权在上级主管部门批准的机构权限、编制总数、领导干部职数内决定学校行政系统的机构设置、人员编制和干部配备。

第十八条原条文略。修改意见：校长有权提名副校长人选，报主管机关任免。有权提出系（处）级领导干部人选，经校人事部门考察征求党委意见后，经校务会议决定，由校长任免（其中，人事、财务、审计、监察部门处级领导干部的任免，事先应征得上级主管部门的同意）。通过校及有关专业技术职务评审委员会审定后，校长有权对教师职工的专业技术职务进行聘任。

专此通知。

一九八八年五月十四日

三、北京农业大学关于八八级本科生试行按系（科类）招生的请示

农牧渔业部教育司：

党第十三次全国代表大会报告中强调指出：“要坚持教育为社会主义现代化建设服务的方针”，要克服教育脱离实际的倾向。通过学习十三大文件精神，我们进一步明确了办学指导思想应是紧密围绕国家经济建设的需要，面向未来，面向世界，培养高质量人才，出高水平科研成果，为现代化建设做出色的贡献。为了适应农业现代化和迅速发展的农业商品经济对人才的需要，本科生的培养目标应由培养资深的专家型人才转变为面向农业生产和科教第一线，适应性广的科技型人才。我们认为，着力拓宽本科专业口径，扩大学生知识面是当前学校加快改革步伐，增强办学活力和提高办学效益的一项重要措施。为此，我们设想，从八八级本科生开始试行按系（科类）招生。学生入学后，头两三年加强学科的共性基础理论知识教育（编制共同的教学计划），最后再分专业进行一定深度的专业知识教育及能力培养。同时，对学生因材施教，以兼顾专业的多服务方向。

1988学年度，经国家教委批准，我校新增设本科《土地规划与利用》专业，

连同原设置专业共 25 个。再考虑到国家经济建设发展需要，近期内我们可能设置共计近 30 个专业。按其主干学科的共性归类，可分为以下 12 个科类，它们大多与现设的系（院）相一致。

（1）农学：含作物和植物遗传育种专业方向；

（2）园艺学：含果树、蔬菜和观赏园艺专业方向；

（3）植物保护学：含农业昆虫学、植物病理和植物保护专业方向；

（4）环境、土壤和植物营养学：含土壤与植物营养和农业环境保护专业方向；

（5）畜牧学：含畜牧、动物营养与饲料加工、动物遗传育种和草原专业方向；

（6）兽医学：含兽医（五年制）、中兽医和实验动物专业方向；

（7）农业经济学：含农业经济管理、农业计划与统计、农村金融和农业推广专业方向；

（8）农业生物学：含植物生理及生物化学、动物生理及生物化学、农业微生物和应用物理（农业）专业方向；

（9）农业气象学：含农业气象专业方向；

（10）农业化学：含农业化学专业方向；

（11）食品科学：含农（畜）产品贮藏与加工专业方向；

（12）土地资源科学：含土地规划与利用专业方向；

我们拟按以上 12 个系（科类）招生，当否，请批示。

北京农业大学

一九八七年十二月十一日

四、国家教委关于同意北京农业大学从一九八八年开始试行本科按系科招生的复函

〔87〕教高二司字 007 号

农牧渔业部教育司：

你司〔1987〕农（教高）字第 305 号《关于在北京农业大学试行八八级本科生按系科招生的报告》收悉。经和我委计划财务局、学生司研究，并经委领导批准，我们同意北京农业大学的这项改革。希望该校在招生简章中向考生加以说明，尽早研究、提出培养阶段后期分专业的具体办法，认真制订分阶段教学计划，切实加强领导，努力做好思想政治工作，及时研究解决改革实施过程中出现的各种问题，注意总结经验，不断提高教育质量。

国家教育委员会高教二司

一九八八年一月二十七日

五、北京农业大学关于成立继续教育学院的请示

农业部教育司：

为贯彻落实国家教委等六部、委《关于开展大学后继续教育暂行规定》及部领导有关指示精神，经学校研究，在中央农业管理干部学院北京农业大学分院的基础上成立北京农业大学继续教育学院，实行统一领导，统一管理，一套人员，两块牌子。该院的任务是：在继续承担县级领导干部“现代农业经济管理知识”和其他管理干部的培训任务的同时，有计划地开展对具有大专学历或具有中级技术职称以上的专业技术人员、经济管理人员进行岗位培训。培训的重点是中青年业务骨干，并逐步使大学后继续教育制度化、规范化。

为保证大学后继续教育的质量，我们将组织和聘请校内外学术水平较高的教授、副教授、高级研究人员和领导干部授课，使培训对象通过短期培训（岗位培训时间暂定五周），在知识能力方面得到扩展、加深和提高，使知识结构趋于合理，以适应岗位职务的要求。特此报告，请审批。

北京农业大学

一九八八年五月六日

六、农业部关于北京农业大学成立继续教育学院问题的批复

北京农业大学：

你校 1988 年 5 月 6 日〔1988〕校字第 9 号文收悉。

经研究，同意你校成立继续教育学院的报告。继续教育学院与中央农业管理干部学院北京农业大学分院实行两块牌子，一套人员，领导体制不变，不另增加编制。其主要任务是：继续承担县以上农业领导干部的岗位培训和开展农业系统科技、管理干部的继续教育工作。

此复

一九八八年五月二十八日

七、农业部关于成立“北京农业大学京农新技术开发总公司”的批复

北京农业大学：

你校〔1988〕校字第5号、第7号文悉。经研究，批复如下：

一、同意成立“北京农业大学京农新技术开发总公司”（以下简称“京农总公司”）。“兴农技术开发中心”归属“京农总公司”。

二、“京农总公司”是在学校领导下的企业性质经济实体，其主要任务是开发学校智力资源，尽快将新技术成果转化为生产力，增强学校面向经济建设的动力和活力，为学校的教学、科研及农村商品经济发展服务。该公司具有独立的法人资格，经济上实行独立核算、自负盈亏。

三、“京农总公司”实行总经理负责制，企业编制暂定六十人。

专此批复

一九八八年五月二十三日

八、北京农业大学关于课程建设工作的意见

（一九八九年十一月二十日）

（一）课程建设的意义

课程是教学的“细胞”，建设一批高质量的课程并形成整体优化的课程体系，是提高教学质量的基本保证，也是深化教育改革的关键。经过前几年课程的发展，目前本科已开设课程612门，其中单独开设的实验课55门，研究生开课361门。

近几年来学校抓了教学的宏观改革，制订了研究生培养计划，本科生实行按系招生、组合式教学的改革，拓宽了大学生的专业口径。为了巩固教学宏观改革的成果，必须适时地转向教学的微观改革，以提高教学质量。课程建设就是实现这一目标的基本措施之一。通过在全校进行课程建设，把我校教学改革推向新的阶段。

（二）课程建设的内涵、目标和基本要求

课程建设是学校教学工作的一项基本建设，是当前我校教学改革的中心环节。只有各门课程都达到高质量，才能实现教学计划所规定的培养目标。

课程建设的内涵包括师资建设、课程内容、教学条件、教学效果和课程评估等五个方面。选择和培养一批高水平的主讲教师，并使其成为该门课程或学科的

学术带头人。同时，建设好各门课程的学术梯队，形成一个年龄、职称、知识结构比较合理的师资队伍。这是课程建设的关键。

在主讲教师的主持下，根据教学计划的要求，拟订教学大纲，实现规范化的课程建设，并编选教材和教学参考资料，使教学内容不断充实、更新。

教学条件是实现课程建设的重要保证。教学条件建设应包括实验教学和实践教学两部分。校、系（院、直属教研室）均应加强教学实验室和实践教学基地的建设。包括资金、设备、人员、管理等。要努力提高仪器设备的利用率和实验项目的供选率。在确保基本实验条件下，力争开出一批新的实验项目。

教学效果是多个因素的综合。简而言之，可分解为教师、学生与环境三个方面。三者之中教师是中心。讲课内容、表达能力、辅助手段、教学方法等，均直接影响到教学效果，必须讲求科学的方法。

评估是对课程建设效果客观公正的综合评判。可采用多因子模糊评判方法建立微机系统，逐年评出具有国内先进水平的一类课程。这是课程建设中一个重要环节。通过评估推动课程建设深入持久地发展。

（三）处理好课程建设中的十个关系

1. 课程整体结构优化和个体优化的关系。

2. 数量与质量的关系。目前全校已开出课程 973 门，在数量上已基本能满足本专科及研究生层次的需要。今后一个时期内应主要在提高课程质量上下功夫。各系（院、直属教研室）应结合课程建设工作，做好现有课程的清理、整顿。区分开研究生、本专科课程的档次；协调好课程间内容的衔接，避免交叉、重复或脱节；理顺同一学科系列的各门课程等。要保持课程的相对稳定。

3. 建与创的关系。建设一批条件成熟的、高质量的一类课程。同时，对现有条件和质量均较差的“薄弱”课，发动任课教师共同分析原因，切实解决影响该课质量的关键问题，限期改变面貌“达标”。全校在 1990 年前先集中抓好 2 ～ 3 门。

4. 课程建设工作的整体规划与分期、分批实施的关系。课程建设是学校的一项基本建设，必须在全局上做好整体规划。但它又是一项长期的工作，要分期、分批、有重点地进行。不能面面俱到，一哄而上。在具体实施上，首先要保证课程“达标”，在此基础上进一步创建一类课程。

5. 处理好“硬件”与“软件”的关系。我们把仪器设备、资金条件称为“硬件”，把课程内容、教学方法、管理水平、精神因素等称作“软件”。在“硬件”上，校、系（院）应采取积极支持的态度，也要做好挖潜工作。在“软件”方面，要努力发挥教师的主观能动作用。

6. 抓好课程建设本身与治理外部环境的关系。搞好课程建设在当前要反复强调其意义，提高广大教师的教学积极性，使他们把主要精力放到教学中来。同时，要制定必要的政策，着重解决和整顿教学的外部环境，避免教师过多的校外兼课、兼职和各种办班对正常教学秩序的影响，稳定教师队伍。

7. 系（院、直属教研室）与有关业务处的关系。课程建设以系（院）为主，作为一项长期重点工作认真抓好。由主管教学的系（院）领导负责，并成立由若干教师组成的课程建设指导委员会（或教学指导委员会）。学校成立相应的课程建设委员会，以领导全校的课程建设工作。研究生院、教务处负责组织、协调、督促、检查，并与有关系（院、直属教研室）配合，着重抓好几门公共课和基础课的建设。

8. 课程建设与师资队伍建设的关系。实施课程建设的基本单位是教研组（室）。应该选择学术水平高、管理能力强、有事业心责任感、年富力强的教师担任教研室主任，并建立以课程为主的教师梯队。注意培养选拔中青年教师，做好新老交替工作。

9. 利用现有经验和改革创新的关系。在课程建设中，既要利用现有的传统经验，又要有改革创新精神。必须打破灌输式教学，提倡启发式教学。努力做好农业部下达的“七五”“八五”期间教材编写任务，创建一批高质量的新学科教材体系。在实验课和实验室管理上，注意推广新的科学管理经验。

10. 面上的宣传发动和深入扎实工作的关系。前者是统一认识、消灭死角的过程，后者是课程建设的主体工作。二者相辅相成，缺一不可。

（四）选择重点课程的要求

1. 覆盖面大的公共课、基础课、专业基础课和部分专业课；

2. 与主干学科关系密切的主干课程及实验、实习课；

3. 校、院系（直属教研室）有传统特色的课程或与重点学科建设有关的专业课程；

4. 新兴与前沿学科的课程。

（五）课程建设的方法与步骤

课程建设面大、任务重，可以采取“抓两头、带中间、点面结合”和典型引路的方法，采用统一规划和分批实施的步骤。本学年度具体安排如下：

1. **启动阶段**（1989 年 10—12 月）

（1）宣传准备 1989 年 10 月中旬前。校、系（院、直属教研室）分别动员。召开教师会，明确课程建设的目的、意义、实施步骤，建立课程建设指导委员会。

（2）课程普查 1989 年 10 月中旬至 11 月中旬，按照统一制订的调查表进行课程调查，整理分析。

（3）制订课程建设规划 1989 年 11 月中旬至 12 月上旬，系（院、直属教研室）制定分年度的三年课程建设规划，并选择 3 ～ 4 门作为重点建设课程（全校 60 门左右），提出具体实施方案。

（4）落实计划 1989 年 12 月中、下旬，全校召开课程建设工作会议。落实计划、交流情况、研讨工作，发动教师实施。

2. 实施阶段（1990—1992 **年**）

1990 年 1—12 月为课程建设第一批实施阶段。11 月开始，第一批课程评估。

1990 年 12 月底公布、表彰第一批一类课程。

12 月总结，提出第二批实施计划。

1991 年 12 月公布、表彰第二批一类课程。

12 月总结提出第三批实施计划。

1992 年 12 月公布、表彰第三批一类课程。

3. 评估阶段

1992 年 12 月至 1993 年 1 月进行三年课程建设的总结、评估。

（引自 1989 年《年鉴》）

九、关于北京农业大学参加黄淮海平原开发工作的报告

〔1989〕校字第 18 号

农业部计划司并

何康部长：

去年，我校组织了 485 名师生，在以邯郸、沧州和盐城三个地区为主的 80 个县市的 2 000 余万亩土地上推广了我校的 36 项实用技术。参加技术培训班的有 2.3 万人次；利用集市进行技术推广和咨询约 620 场次和 33 万人次，散发技术资料 32 万份。据初步估计，通过技术推广，增产粮食 3.41 亿斤，棉花 8 100 万斤，油料 5 300 万斤，直接经济效益 3.48 亿元。详情已做报告。

根据去年和多年我校参加黄淮海平原开发工作的经验，去年年末进行了系统总结，制订了 1989 年和 1989—1991 年的三年工作计划。主要原则和内容有以下七点：

1. 目标原则。即紧紧扣住国务院提出的粮棉油肉四项增产指标，大力组织技术投入。“三年计划”若能实现，到 1991 年，技术投入的年增产能力为粮食 22 亿斤、棉花 180 万担、花生 8 700 万斤、肉 7.5 万吨。三年累计增产粮食 29 亿斤、棉花 250 万担、花生 1.3 亿斤、肉 7.9 万吨。

2. 单项—综合原则。一方面精选了我校的 38 项实用技术投入推广开发。同时，又按小麦、玉米、棉花、大豆、花生、肉牛、瘦肉型猪、鸡等的生产，将单

项技术组合成综合配套技术。如棉花，我们在当地栽培技术的基础上，提供5剂（增产菌、种衣剂、铃衣剂、缩节胺、乙烯利）1配方（即多元微肥和配方施肥）1模型（棉花生产控制系统模型）。其综合增产效益为30%～50%。此类综合配套技术共十余项。

3. 技物权结合原则。技术投入除宣传培训咨询外，需要相应物资保障。我校建立了以“北京农业大学新技术产业开发总公司”（下属10个分公司）为主体的物资保障系统，包括各种良种、种衣剂、铃衣剂、增产菌、新型农药、各种生长调节剂、肉牛增重剂、赤霉素、83增抗剂等，为保证黄淮海地区供应量，今年已准备增产菌1 000余吨（使用面积可达1 200万～1 500万亩），种衣剂、缩节胺等都做了相应的准备。做到既“开方”，又“抓药”。再以参与集团承包等形式，在各级地方政府领导下，与地方科技人员相结合，则可大大改善技术投入环境和运行机制，提高技术的转化率。

4. 培训先导原则。技术转化为生产力，是个由许多环节和约束条件构成的复杂系统。有了科学的统筹计划，在众多的具体实施环节中，要以培训作为中心环节和先导。这也是高校的优势之一。计划三年共培训中专水平以上的负责和参加推广开发工作的农业技术人员、中专和农中教师等2万人次。河北省农技推广总站已邀请农大在1989—2000年，按地区组织，将全省100多个县的农技推广人员，总计1万余人培训一遍。以他们为二传手，把要推广的技术扩散到千家万户。

5. 以地区为主的点片面结合原则。科研工作常以点为主，技术推广和区域开发则必须有技术转化的面和量的要求。这本身就是一门科学和技术。《三年计划》中，以地区为主要基地和工作对象。已确定和落实协议的有邯郸、沧州、盐城三个地区（36个县，耕地约3 000万亩）。在三大片中，布置多种中试和示范点，并以此三个地区为基地，向黄淮海平原的各省地县扩散。

6. 组织落实原则。组织落实是完成任务的根本保证。我校参加黄淮海开发工作是在以校长为首的指挥部统一指挥下进行的，下设办公室负责日常协调和管理工作。所有开发的具体业务工作由“北京农业大学农业技术开发和推广中心”（CIAD）执行。该中心下设项目部、推广部、培训部、信息服务部和办公室，已有35个专职人员。“北京农业大学新技术产业开发总公司”提供各种物化产品支持。各院系按承担的推广开发项目组织教师、研究生和毕业实习大学生参加。第一线组织了邯郸、沧州和盐城三个工作团及一个教授顾问团。在此三个地区各派一名地区开发办公室副主任或负责开发工作的市长助理。另对5个重点县派出了科技副县长。1989年参加黄淮海平原开发工作的有教师140人，研究生92人，毕业实习大学生210人。

7. 教学科研推广三结合原则。农业高校参加区域开发具有重要的综合效应。她可以发挥学科综合，科研成果多，师资力量强，有大批研究生和高年级大学生参加以及善于组织科技培训和宣传普及等优势，为农业发展和经济建设多做贡献。同时，区域开发工作为加强教学与农业生产实践密切结合，促进科研成果转化提供了良好环境和条件，这是当前农业教育改革的重要内容。

具体开发推广项目详见附件1。

计划进度和效益估算如下：

以1989—1991年三年计，麦棉玉米花生四种作物的综合配套技术三年推广面积分别为196万、760万、2 500万亩；秸秆覆盖免耕技术三年分别推广150万、300万和600万亩；肉牛增重剂三年推广头数分别为0.2万、6.0万和300万头；低产田综合治理100万亩。

到1991年，技术投入的年增产能力为粮食22亿斤、棉花180万担、花生8 600万斤、肉7.5万吨。

为保证上述技术投入的实现，除我校做好技术组织以及与地方联系的工作外，希望部分提供的条件有：

1. 物化产品的生产及周转金206万元，可用无息或低息贷款及少量拨款。

2. 必需的推广设施和工具（如汽车4辆、展览宣传用的版面、幻灯、录像、摄像以及印发各种技术材料讲义等）164万元，为一次性投资。

3. 经常维持费每年50万元，分年下拨。

有偿服务的收入是会有些，但把握性和稳定性很低，只能做些补充和对学校的经济困境稍有改善。上述三年累计投资314万元（不包括贷款），取得的直接经济效益为25亿元，投产比为1∶20。科技投入的经济效益较一般性生产投入效益要高得多，希望受到领导和社会的重视和支持。

当否，请批示。

附件：

1. 北京农业大学1989—1991年参加黄淮海平原农业开发工作计划。

2. 组装技术推广面积及效益。

3. 北京农业大学38项实用农业技术简介。

北京农业大学

一九八九年五月四日

十、关于贯彻《北京农业大学关于加强教风建设的意见》的通知

各院系、各单位：

现将《北京农业大学关于加强教风建设的意见》发至教师人手一份，请你们结合传达第七次工作会议精神、讨论石元春校长9月8日在全校教职工大会上的

讲话和教学实践活动，认真贯彻执行。各教研组至少组织全组教师学习、讨论两次，并随时检查贯彻执行情况，解决存在的问题，力争在教风建设上抓出成效。在讨论的基础上各院系制订本学期“教风”的工作计划，10 月中旬向学校汇报，本学期期中和期末学校将做两次检查。

附件：北京农业大学关于加强教风建设的意见。

北京农业大学

1990 年 9 月 12 日

北京农业大学关于加强教风建设的意见

根据第七次工作会议关于围绕提高教学质量，加强“教风、学风、管风”建设的精神，经 9 027 次校务会议讨论，提出加强教风建设的 10 条意见如下。请各院（系）、教研组和全体教师认真讨论、贯彻执行和加强检查，并在实践中不断总结经验和加以完善。

1. 校、院（系）要把教学工作和教书育人放在各项工作的首要地位。教师要在保证优质完成教学任务的前提下安排其他工作，避免干扰冲击。院（系）、组要认真通过聘任恰当安排每位教师工作。

2. 院（系）必须充分发动全体教师认真讨论制订教学计划，做到每一门课必须有教学大纲、教材（讲义）、教案、教具和教学法。课前要做到“五大件”完备，准备充分。

3. 教师要把上好每一堂课（含实验实习等）作为自己的庄严职责，钻研讲授内容，分析难点，讲究教学方法，准备好挂图、幻灯、投影、实物等教具和材料。

4. 实验和实习课要加强预作等准备工作，代课教师要认真指导学生实验操作，严格要求，不能擅离岗位。

5. 教师要按时上下课，未经允许不得自行调课、减课和改动课程教学计划。要加强课堂抽查点名（一学期不少于 4 次）和临时性不预先通知的测验和提问，作为了解学生学习情况和改进教学工作的参考。

6. 为了杜绝学生考试作弊，除对学生进行考场纪律等教育外，提倡一门课出 A、B 卷，尽量减少作弊的环境，有些课程也可试行口试，主讲教师必须亲自到考场监考，校、系两级领导应组织考场巡视小组，监督考场纪律的执行。

7. 青年教师要随班听课（含实验、实习课等），协助做好课前准备和课堂教学工作，认真钻研教学内容和方法，学习老教师的教学经验。第一、二次上课（含实验、实习课）要坚持教研组预讲制度。老教师对青年教师要悉心指导，严格要求，要十分注重师德和教风、学风的建设。

8. 教师要为人师表，课上、课下都要十分注重以自己的优良品德、学识和风貌影响学生。轻率和不负责任的言谈举止都会给学生带来不良影响，有损为师形象。

9. 教师要坚持四项基本原则和社会主义方向，把教书育人和做学生的政治思想工作为己任。

10. 教风建设要长期持续地进行，以上诸项作为年终教学考评的重要内容。

十一、关于实施《北京农业大学关于加强优良学风建设的意见》的通知

各院系、各单位、各学生班：

根据第七次工作会议加强“教风、学风、管风”建设的精神，学校制定了《北京农业大学关于加强优良学风建设的意见》，现发给你们，请认真组织实施。并要有组织、有计划地对学生进行我校优良校风的教育，开展建设优良学风班活动，把加强优良学风建设持之以恒地抓下去，不断地抓出新成效。

附件：北京农业大学关于加强优良学风建设的意见。

北京农业大学

1990 年 9 月 14 日

北京农业大学关于加强优良学风建设的意见

为了贯彻学校第七次工作会议关于围绕提高教学质量，加强“教风、学风、管风”建设的精神，促进优良校风和班风的形成，经 9 027 次校务会议讨论，提出加强优良学风建设的 11 条意见，请各院（系）、各单位、各学生班认真贯彻执行，并在实践中不断总结经验，加以完善。

1. 学风是班风的核心，一个良好的班风集中体现在学风上，每个学生必须继承和发扬农大“理实并重，严谨求是”的优良学风和“崇尚科学，献身农业”的农大人精神，把努力学习作为自己的天职，刻苦钻研，勤奋攻读，争取优良成绩。

2. 严格学习制度，按时上下课，遵守课堂纪律，专心听讲，做好笔记，认真上好每一堂课。

3. 上好晚自习，认真完成作业，高年级学生要认真参阅教师指定的参考书和有关文献、资料，以补充课堂知识，培养独立获取知识的能力。

4. 上好实验课、实习课，做到严肃认真，一丝不苟，不马虎从事，不弄虚作假。

5. 养成科学诚实的优良品质，自觉遵守考试纪律，杜绝各种形式的作弊行为。

6. 认真上好马列主义理论课，思想品德和形势教育课，积极参加校、院

（系）和班级组织的各种政治学习和集体活动。

7. 遵守学校规章制度，按时起床、熄灯，不影响他人休息，坚持体育锻炼，积极参加体力劳动和社会实践活动。

8. 讲究文明礼貌，遵守社会公德，举止文雅，行为端庄，自觉维护食堂、图书馆、会场等公共场所的秩序，不抽烟，不酗酒，杜绝男女同学在校园内勾肩搭背等粗俗行为。

9. 爱护公共财物，讲究公共卫生，节约水电、粮食，不在墙壁和桌椅上乱写乱画，保持室内和楼道的清洁整齐。

10. 同学之间团结友爱，和睦相处，关心集体，助人为乐，树立班集体的荣誉感，逐步形成朝气蓬勃，团结向上的优良班集体。

11. 以上诸条件作为评选三好学生、奖学金和先进班集体的重要内容。

十二、关于贯彻执行《北京农业大学关于加强工作作风建设的意见》的通知

各院系、各单位：

《北京农业大学关于加强工作作风建设的意见（初稿）》曾在第六次工作会议上做过讨论，试行半年，效果较好。根据第七次工作会议加强“教风、学风、管风”建设的精神，经 9 027 次校务会议讨论做了修订。现将《北京农业大学关于加强工作作风建设的意见》发给你们，请认真贯彻执行，并作为干部考评的重要内容。

附件：北京农业大学关于加强工作作风建设的意见

北京农业大学

1990 年 9 月 13 日

北京农业大学关于加强工作作风建设的意见

根据第六次和第七次工作会议的精神，校务会议决定，学校各级干部，特别是领导干部要深入基层，改进工作作风，密切联系群众，努力做好各项工作。必须充分认识：广大教职工是我校事业的力量源泉和胜利之本；群众路线既是组织路线，又是政治路线，也是党的优良传统；“从群众中来，到群众中去”是我们的主要工作方法；改善党群关系和干群关系，充分调动和发挥群众的积极性、创造性是做好工作的基本条件；脱离了群众，就会一事无成；学校就不能前进；了解民情，广交朋友，多做实事，群众是欢迎的。在当前形势下，我校加强工作作

风建设的具体要求是：沉下去，做实事，服务好。

（一）沉下去

1. 校级干部要下到院（系），院（系）处干部要下到班、组、科、室，所有干部都要下到教学、科研、推广、开发、后勤、管理和学生等工作第一线。当前，特别强调各级干部要切实负起管理的责任。通过建立、健全管理制度，逐步形成一个“严”字当头的管理作风。

2. 校、院（系）处两级干部都要结合分管的工作，在基层单位抓点（试点）和蹲点，做到“胸中有全局，手中有典型”。

3. 星期四为校、处无会日，作为领导干部深入群众的时间。

（二）做实事

1. 一年之内，要切实解决几个“老大难”问题，做好几件群众关心、应该解决，也是必须做的工作。

2. 通过深入群众，调查研究，广泛听取群众意见，掌握影响工作和关系群众切身利益的问题。

3. 对问题的症结所在及解决问题的必要性和可能性，进行认真的分析研究，并提出解决问题的工作方案。

4. 工作方案一经确定，便组织力量协同攻关，一抓到底，直到解决为止。

（三）服务好

1. 学校要经常召开座谈会，结合学校中心工作，请有关人员参加。诚心诚意地倾听群众的意见、建议和批评；实事求是地回答群众关心的问题和疑难问题；耐心细致地做宣传解释工作；虚心地请基层干部和群众出主意，一起商量，想办法，解决面临的问题，克服前进中的困难。

2. 校务会议成员要根据教学、科研、推广、开发中提出的问题，会同管理部门的有关人员，到现场办公。急基层所急，急群众所急，力求现场解决问题。

3. 一年之内，校务会议至少讨论一次各院系的工作，尽量安排到各院系去开会，院系参加的人可多一点，研究问题深一点，解决问题快一点。

4. 领导就是服务，管理也是服务，领导干部要增强“服务”意识，管理部门要强化“服务”职能。全校教职工都要牢记全心全意为人民服务的宗旨，做好为基层服务，为教学、科研服务，为师生员工的生活服务的工作。

11 转型改革中的部分专文选辑

【导读】

《年鉴》中有“专文”栏目，为记述这一年中某件有意义的事件的专门性文章。此“三年转型改革”期间有诸多改革专文，在此选辑了10篇，可以反映转型改革中的一些重要方面。如“按系招生、组合式教学计划培养”“培养社会主义建设需要的宽口径农业专门人才”“建立农科实践教学体系”“研究生招生工作改革”“发展成人教育”“建立良好的教学秩序”“科教兴农”“管理机制改革”等。专文多为该项改革的主管撰写的署名文章。从“专文”中可以了解转型改革的某些细节与内容。

一、不寻常的十年

1978年年底，北京农业大学在中央领导同志和叶帅、聂帅、徐帅的关怀下，国务院批准“恢复原校名”，“迁回原校址办学”。从此农大迎来了新的生机。

整整十个年头了，农大的师生员工没有辜负中央领导同志和老帅们的厚望，在国务院和农业部的领导和大力支持下，奋发努力，使农大在恢复中求生存、求发展。尽管步履艰难，道路曲折，然而昔日教师住席棚、睡马厩，木板房里办公，厕所里做试验的凄惨局面终于结束了。校舍相继收回，一幢幢新楼房竖起，温室、实验室和实验站也建立、装备起来了。学校教学、科研、生产实习和教职工的工作生活条件有了很大的改善。随着教育改革的深入，健全了学校的职能，改善了教育结构，院、系进行了调整，新专业、新学科有了扩充。建立健全了各级领导班子，党政领导在加强。教师队伍不断壮大、优化，一批新生力量在成长，教学质量在稳步提高。十年来我们为国家输送了3 329名大学生和研究生投入现代化建设第一线。科研成果更是令人鼓舞，全校222个国家、省、市、部级项目及100多个自选课题在顺利进展，而且有些项目在发展农牧业生产、资源开发方面取得重大效益，引起了国内外的关注。在农村技术开发、生产咨询、扶贫及学生社会实践方面也都迈出了可喜的步伐。农大终于站立起来了，而且越来越有活力、有气魄。

复校十年来的成就，是全体师生员工用诚实的劳动和事业上的热情创造的。十年的辛勤努力，对下我们取得了农民的信赖；对上我们取得了为发展农业生产、农村改革向中央献计献策的资格；对外我们与加拿大、日本、美国、联邦德国等 13 个国家发展了友好往来和科学技术交流与合作的校际关系。在世界农业科研舞台上，也常常听到赞许和鼓励农大科研成果的回响。农大复校的十年，是不寻常的十年。由于内外因素的制约，我们有过畏难、有过困惑，失落感一时笼罩过农大的校园，但被征服了。十年来农大同志走的是一条艰苦的路，创业的路，是从一筹莫展中开拓前进的光辉的路。农大之所以能恢复发展，之所以有今天，靠的是中央正确的决策，靠的是农大教师、干部这支可贵的队伍，靠的是农大同志脚踏实地的科学作风和攀登不止的顽强精神。吃够了苦头的人，会比别人更珍惜现在，渴望未来。

复校的当时，中央领导同志和老帅们在批示中曾郑重指出："办好一所重点农业大学，是促进农业现代化的一个重要措施""解决九亿人口吃饭问题，是比'上天'更重要更迫切的战略问题"。在回顾我校恢复十周年的时候重温上述教诲，我们不仅倍觉亲切，更感肩负责任之重大。我们农大的师生员工都该铭记上述教诲，身体力行，把办好北京农大这所重点大学，解决全国人民吃饭问题作为己任，做出贡献。

农大恢复了，但并不是说我们一切工作都做得很好了，面前没有困难，可以松懈拼搏的热情了。相反，教育改革的任务还很艰巨，面临的形势还很严峻。在去年和今年学校的两次八月会议上，学校领导曾提醒大家：我们必须把农大摆到改革的时代和国家改革开放的背景下去考察和反省，找到自己的位置和前进的方向。要在竞争中保护和发展自己，在改革中求得自身的改造和完善。是的，农大的领导和全体师生员工是有志气的，应该有这样的战略眼光和清醒的认识。在改革的新形势下，在我国农业生产出现新的徘徊的时候，我们农大的同志必须激流勇进，发挥我们的优势，认真贯彻学校十四次党代会精神，为振兴农大，多一点紧迫感，少一点惰性；多一点改革意识，少一点传统观念；多一点竞争进取意识，少一点太平、自封思想，积极推进我校改革发展的进程。

（王德人，引自 1988 年《年鉴》）

二、按系招生、组合式教学计划培养的做法与体会

新中国成立近 40 年来，我国高等教育基本上沿袭了 20 世纪 50 年代初期培养人才的模式，这种建立在严格的计划经济（社会主义产品经济）基础上、以培养"现成专家"为特征的传统模式所培养的人才，越来越不能适应农业商品经

济的发展和农村第二步改革形势的需要，不能适应改革开放的要求。大学毕业生分配制度的改革，人才市场的开放，使社会对人才的综合化需求与目前大学毕业生思想不过硬、知识结构单一、专业基本技能和综合运用能力不强的矛盾更为突出，进一步增加了高等农业教育的紧迫感。为此，必须加快和深化高等农业教育的改革，为农业生产的主战场——基层和生产第一线培养素质好的高级技术人才。

基于上述认识，我校从今年起实行“按系招生”改革。旨在加宽专业口径、淡化专业概念、扩大学生的知识面。在传授知识的同时，更加注重智力的开发和实践能力的培养，着眼于提高学生的全面素质，使之成为基础好、能力强、适应面广，具有一定业务知识的“通用型”农业科技人才。

“按系招生”就是打破四年一贯制的格局，学生入学后先不划分专业，在两年（或更长的时间内）按系（或科类）学习较宽的基础知识、参加基础实践训练，打下共同的“通用”基础。在此基础上，学生按社会的实际需要和本人的意愿，在系内选学某几门课程并掌握某一方面的专长与技能构成“专业方向”。这样做有利于拓宽专业面，主动灵活地适应社会需要。

按系招生以后，教学计划也必须由原来的专业教学计划相应地调整为系“组合式”教学计划。过去同一系（院）内不同专业之间，尽管教学计划大同小异，却自成系统，学生难以在系内变更所学专业。

“组合式”教学计划由两部分组成。第一部分为全系的“通用基础”；第二部分为“专业方向”。“通用基础”阶段包括公共基础和专业基础，在覆盖 2 个以上专业方向的系内，必修的教学活动完全相同，还有基础实践教学“农事实习”4 周。专业基础包括专业基础课、专业基础实践（田间技术和生物学观察）及专业基础课的教学实习。这样，在“通用基础”阶段，完成了总学时的近 80%。在此较宽的基础上，进入“专业方向”阶段。各系根据社会需要和本学科特点，设置不同课程组合，构成几个“专业方向”（已不完全等同于原来的“专业”概念）供学生选择。在这一阶段安排专业课及专业性选修课（占总学时的 15% 左右）。还有综合性实践锻炼（科研训练、毕业生产实习及专业课的教学实习等）。此外，为学生留出任选学时，供他们自由选课。“组合式”教学计划有利于增强学校主动适应的灵活性和提高学生的应变能力。

为了提高学生的全面素质，在制订教学计划时改变了过去以课堂理论教学为中心的传统模式，分别建立理论教学体系、实践教学体系和实验课教学体系。并将这三个教学体系分解到各个年级，有机地结合起来，以实现教学计划的整体优化。

与原来的专业教学计划相比，“组合式”计划具有如下特点：①协调了同一系内的共同性基础，将同一门课程归并为同一档次；②拓宽知识面，对全校所有系科普遍设置经济管理类课程。扩大或新设概论性课程，如对植物生产类专业，增设“畜牧概论”“园艺通论”“农作物概论”“植保概论”等课程。为切实加强和改进实验教学，准备逐步建立与理论教学体系密切联系、相互补充而又独立的实验教学体系，使实验教学摆脱完全从属于理论教学的传统。通过调查研究、认真论证，从基础课入手，先建立分学科的实验系列，最后形成包括基础实验、专业实验在内的一套完整的实验教学体系。

我校从 1987 年夏天提出“按系招生”改革设想以来，通过一年多的实践，尤其是本学期在全校范围开展的以完善落实改革方案为中心的深入研讨，使我们的认识不断深化，改革方案逐渐完善。工作中有以下几点体会：

1. 立足于教育思想的转变，从宏观整体规划入手。“按系招生”改革首先遇到的障碍，是传统教育思想的束缚。长期以来，我们习惯于“强化”的专业概念，由此带来专业课程无限膨胀，知识面越来越窄，盲目“拔高”本科层次，与研究生区分不清，以课堂理论教学为中心的体系越来越突出，实践动手能力削弱等一系列弊端。从学校全局看，学科设置缺乏总体规划，专业设置带有一定盲目性。

解决这一问题，应从全局规划入手，通过认真的调查研究，调整改革原有专业，慎重地设置新专业，逐步建立较为完善的系科结构。既有长线专业，又有独具特色的专业，社会急需的短线专业则通过适当设置专科作补充。

在设计智能结构时，应努力“淡化”专业概念。专业设置不同于学科的发展。在草拟组合式计划时，常常容易把原有的专业教学计划照搬进各个阶段，这就难以较大幅度地拓宽专业口径。其结果与原有计划没有太多实质性变化。或者，因扩大了共同基础和增加相关知识，造成学时数大幅度增加。

2. 既要有改革的总目标，又应制订分步骤的实施方案。“按系招生”改革是一项系统工程，涉及学校内部和外部的改革。总体上看，我们力求充分体现改革精神，注重实质，具有新意。在具体实施上考虑到教学过程的连续性、教学秩序的相对稳定性、改革的环境以及各方面承受力，改革不可能一次到位。比如第一步先由粗到细地构建组合式计划的整体框架，然后再逐步调整和完善三个教学体系。对于整体结构先抓基础部分的调整，再落实不同专业方向。三个教学体系中，课堂理论教学体系有一定的基础，通过课程调整、整顿，进而结合课程建设制订课程基本要求，逐步优化课程教学体系。实践教学体系在已有“四段实践教学法”雏形的基础上，制订出实践教学大纲。随着教学条件的改善，逐步完善达到规范化，形成各具特色的实践教学体系。“专业方向”的划分原则，选学办法等，准备组织有关方面加强人才需求预测，加强对学生选课及就业指导，逐步摸索制定出具体办法。

3. 处理好基本培养规格与办学特色的关系。如何在保证基本培养规格的前提下，办出我校的特色？这是经常遇到的问题，社会需要是多方面、多层次的，不同学校应有所分工，同一学校内各个系科的情况不同，也不可能要求所有的系都独具特色。我校现有 12 个系（院），共覆盖 29 个专业方向，既有面向生产的长线专业，也有少数是全国布点较少的理科性专业和新建专业。不同特点的专业在改革中也不应“一刀切”，上述长线专业，主要是通过淡化专业，拓宽专业口径，加强实践动手能力，调整知识结构，着眼于培养有一定专业知识的“通才”，以增强适应性，提高竞争能力，以“口径宽，适应广”为特色；少数理科专业，不必过多地强调“模糊”专业，通过调查研究，采取慎重步骤，逐步调整到研究生档次，并积极创造条件对相近系科进行调整。

4. 处理好整体教学计划与课程建设关系，科学合理地设置课程是教学计划整体优化的重要保证，课程结构应从提高大学生全面素质的前提出发，合理地确定“基础”与“专业”的关系，并努力体现因材施教的原则。

基础好、能力强是学生工作适应性强的主要实力所在。但在以往的教学计划中，基础课仅仅安排数、理、化、生（含动、植物）等自然科学基础知识，是不全面的。“基础”不仅是为专业服务，而应着眼于提高学生的全面素质，应该包括自然科学、技术科学和人文社会科学的基础知识。我校现行的教学计划中，生产类专业人文社会科学的基础不足，这将影响到学生毕业后工作的适应性和竞争能力。

5. 充分发挥学分制具有灵活性的特点。我校自 1985 年起实行学分制，但由于以往专业教学计划统得过细、过死，实际上可供回旋的余地很小，学分制“灵活”的特点难以充分发挥，组合式教学计划增加了学生选课的自由度，“弹性”较强，能够较好地发挥学分制灵活管理的特点。反之，学分制的管理也为实现组合式教学提供了可能，在完善组合式教学计划的过程中，我们将继续摸索，不断总结完善学分制管理的经验，更好地调动学生主动学习的积极性。

6. 关于宏观控制与微观放权。我校于今年 6 月起实行校长负责制，并相应实行系主任负责制，就整个学校的教学管理而言，需要有宏观控制，不如此就不可能保证良好而稳定的教学秩序，也不能保证整个学校的教学质量。反之，如果学校统得过细过死，既不利于调动系（院）的积极性，实际上也难以真正提高教学质量。修订教学计划时，在认真调查研究、反复论证的基础上，提出宏观控制的比例，同时允许各系（院）根据自己学科特点进行适当调整。对于专业方向的设置及课程安排，则“充分放权”，主要尊重系（院）领导及有关专家意见，允许根据不同学科特点，采取多种方式灵活设置，避免越俎代庖，只有调动两方面的积极性，互相配合，才能使教学计划更趋合理。

“按系招生”是一项全局性的改革，去年提出后，即得到国家教委及农业部有关领导的热情支持和许多兄弟院校的赞同，校内广大教师干部也积极拥护这一改革。但是，改革还刚刚起步，由于主观认识和客观条件所限，还很不完善，从总体情况来看，改革的进展是顺利的，我们将随时总结，使之更臻完善。

（林家栋、汪维景，引自 1988 年《年鉴》）

三、培养社会主义建设需要的宽口径农业专门人才

——“按系招生、组合教学”改革初探

随着我国政治、经济体制改革的深入，高等农业院校应如何尽快地建立起适应我国农村经济发展的有效机制，培养社会主义建设需要的高等农业专门人才，是当前改革实践中需要探讨的一个重要课题。

我校自1988年起，经原农牧渔业部批准，试行“按系招生、组合教学”。旨在拓宽专业口径、加强基础和动手能力的培养，提高学生的全面素质，主动适应我国农村社会主义建设对高级农业专门人才的需要。总结两年来的改革实践，将有助于深化我们的认识，不断完善这一改革。

（一）“按系招生”是培养宽口径人才的突破口

20世纪以来，世界各国高等教育在专业设置上出现两种模式：一种是按学科性质划分，专业设置定在系科层次；另一种是按专业性质划分，专业依一定的业务范围而定。欧美、日本等发达国家多采用前者，他们主张大学的任务是培养具有最大适应性的“毛坯”。美国大学是“通才”教育的典型。苏联在一个相当长的时期内，采用后一种培养模式。在20年代末、30年代初，苏联发展重工业、实现工业化和农业集体化时期，高等学校按照国家具体经济部门和各地区的具体要求，培养所谓“现成专家”。毕业生能很快适应专业需要，胜任本职工作，对当时的国民经济建设发挥了重要作用。然而，大学教育过早专业化和过分狭窄的专业划分，急功近利，毕业生很难在生产和学术上发挥潜力。苏联在1954年也已指出：“专业过多，分科过细，不符合国民经济需要，并给毕业生的分配和使用带来许多困难。”并对其高校的专业设置做了调整。70年代初期，苏联在《关于进一步改进高等教育的措施》中再次强调指出，为适应现代化生产的需要，要“着重注意培养知识面宽的专门人才”。

我国现行的高等教育体制与结构，是在1952年院系调整时，参照苏联高等教育模式建立起来的。近40年来，虽然进行了一些改革，但基本保持“按专业招生、按专业培养、按专业计划分配”，以培养具有某种专业知识和技能的“专家”为主要特征的教育模式和管理体制。把大学本科当作终身的职业教育。学生的知识结构呈“宝塔”形，盲目拔高。这种人才模式的弊端，在当今改革、开放的形势下愈显突出。

当前，我国农村经济发展很不平衡，农业技术改造程度差异很大，农村产业结构正在调整，对人才的需求既是多样的，又在经常变化。从数量上看，农村人才严重匮乏，全国平均每万亩耕地仅有1.4名农业科技人员；每万个农业人口只

有农业技术人员3.7人。而高等农业教育长期单一地面向全民所有制部门服务，只按照单一模式培养“专家型”人才。专业划分过细过窄；重技术、轻经营；重理论研究、轻应用开发的情况相当突出，社会主义建设对人才综合化、多样化的需求与当前大学生思想素质不高、知识结构单一、专业基本技能和综合运用知识能力不强的矛盾愈益突出。高等农业教育必须适应形势需要，突破单一规格模式、密切结合实际需要，培养多层次、多规格人才。就本科教育而言，最主要的任务是培养大批面向生产第一线的基础宽厚、动手能力较强的“应用型”人才。

“按系招生”是打破专业四年一贯制的传统格局，淡化“专业”概念，扩大学生知识面，培养宽口径人才的突破口。实行“组合式教学”将有利于培养既有较深厚的基础理论知识，又有一定的专业知识；有利于加强动手能力和非智力因素培养，使学生成为德、智、体全面发展，适应面广的“知识—技能型”农业科技人才。这是涉及教育思想、培养目标、教学计划和课程建设等诸多方面的全方位改革。需要对这一改革的指导思想和方向统一认识，以达到预期目标，发挥其应有的教育效益和社会效益。

（二）“按系招生、组合教学”的整体构想

实行“按系招生”后，学校不再设置专业。学生在前两年按系（科类）打好共同的理论与实践基础。高年级后，各系根据社会需求与本学科特点、教学条件，设置一至几个课程组（含相应的实践教学环节）供学生从中选学，即构成某个“专业方向”。课程设置尽量“淡化”或“模糊”原来的专业概念，使学生的知识呈“T”字形结构。学成后，成为既有较宽厚的基础知识，又具有一定专业知识，动手能力较强的高级专门人才。

根据这一构想，改变过去“四年一贯制”的专业教学计划，以“基础—模块”为基本模式，制订含有“两个阶段”“三个体系”的组合式教学计划。

在教学的时间和安排上，全学程分为“共同基础”及“专业方向”两个阶段。前者以系为单位安排公共课、基础课、部分专业基础课和各项基础实践教学环节（如农事实习，动、植物生产基础训练以及部分课程的教学实习等）；“专业方向”阶段安排有关的专业基础课和由专业课、专业性选修课构成的“专业方向”课程组，以及综合性实践环节（如科研训练、专业课教学实习及毕业实践等）。

四年制总学时大体上控制在2 900学时左右。其中“共同基础”阶段课程学时占80%左右；“专业方向”阶段占15%左右；任意选修课为5%。

“三个体系”是指在全学程教学活动中，分别建立课堂理论教学、实验教学和实践教学等三个体系。它们之间既相互联系、又相对独立，相辅相成达到教学过程的整体优化。改变以往以课堂理论传授为全体的单一教学体系。

（1）课堂理论教学体系。课堂教学是以传授理论知识为主的基本教学形式。

该体系的改革重点是，在共同基础阶段减少基础课的学时档次，扩大科类覆盖面；增设某些“概论课”和经济管理类课程，以拓宽学生的知识面。在“专业方向”阶段设置课程组，对原有的专业课逐步进行调整、改造。如对某些课程适当归并、拓宽；有些则删去不适合本科生培养要求的课程或部分内容。此外，还适当增设实用性、技术性较强的选修课及人文社科类课程，以实现课程总体结构的优化，使学生具备能较好地适应社会需要的良好知识结构。

（2）实验教学体系。实验教学是培养学生掌握专业基本技能和从事科学试验研究初步能力的重要教学环节。过去的实验课基本依附或从属于理论教学，不利于对学生的实验操作能力进行由浅入深，由简单到综合的系统、规范训练。因此，需要根据不同学科特点，建立相对独立的实验教学体系。首先将独立意义较强、可以自成体系的30学时以上的实验部分从课程内划出，单独设置实验课、单独考核，有些课程的实验主要属验证性的，与课程结合较紧、不便单独设课，也不必强求一律。然后，根据本科生的基本培养规格，通过调查研究拟订各学科应掌握的基本技能大纲，分别按学科建立包括基础实验和专业实验系列在内的一套完整的实验教学体系。后一项改革拟在部分系试点后，再逐步推开。

为适应社会和科学技术发展的要求。加强学生应用计算机能力的培养是非常必要的。本科生在修过“Basic及程序设计”课后，应用计算机的实际能力仍不强。需要根据不同学科要求，对本科生计算机应用课程做出全面规划，统筹安排。如适当增设后续课程或强化专业课中计算机应用的训练等。

（3）实践教学体系。实践教学是贯彻教育与生产劳动相结合的方针，培养专门人才所不可缺少的教学形式和方法，是实现专业培养目标和基本培养规格的有力措施和必要保证。实践教学在人才培养过程中有着其他教学形式不能代替的作用。建立相对独立的实践教学体系有利于充分发挥其在转变学生思想、树立学农爱农、献身农业的事业心和责任感，培养非智力因素和树立实践观点，强化技能训练等方面的教育功能。

实践教学体系不完全等同于以往的实践教学之处在于：它是从整体优化的原则出发，强调体系的整体性及各个环节的衔接与配合。根据国家教委对农科本科生在智能结构方面的基本培养要求，在明确各个实践教学环节在总体培养规格中的地位与作用的基础上，精选出若干个典型的实践环节，按基础实践、专业实践和综合实践等三个层次，将它们由浅入深地安排在全学程，不断强化，做到实践教育“不断线”。

农科实践教学体系由独具特色的各学科实践教学体系构成。各系除共同的基础实践环节——农事实习外，都突出了各自学科的特点。如植物生产、农业经济和兽医学科类分别突出了以田间技术、社会调查和兽医临床等基本训练为主的实践教学环节。教学计划规定，各系四年内实践教学总计一般不少于25周，占实际教学总周数的 16% 以上。

（三）实行“按系招生、组合教学”的条件及制度保证

任何教学改革最终应体现为提高教学质量、增强学生的全面素质。这是学生在校期间全部教育活动综合作用的结果。如前所述，实行“按系招生、组合教学”是一项全方位的改革，涉及面广、出现的新问题多。不可急于求成。为了保证改革的顺利进行和取得应有的教育效益，需要积极创设必要的条件，制订相应的制度。

第一，建立体现改革特色、整体优化的课程体系。

课程是教学的“细胞”。课程质量和课程结构的优劣直接反映出教学水平和教学质量。建设一批质量高、能够保证主干学科水平，构成学生主要知识面的优质课程；改变“宝塔”形的课程结构，建设一个层次清楚、结构合理，纵向衔接与横向协调得当的整体优化的课程体系，是实现“按系招生、组合教学”改革的基础。

做好课程的清理整顿是课程建设的前提。多年来，由于增设新专业和开设选修课等多种原因，我校课程设置在整体上缺乏统筹考虑，甚至有局部失控现象。目前全校总计开设课程近千门，在总体数量上已基本可以满足本、专科及研究生层次的教学需要。清理、整顿课程首先是区分开研究生与本、专科课程的档次；协调好课程间内容的衔接，避免交叉、重复或脱节；理顺同一学科系列的课程，并保持课程的相对稳定。其次是同一系内基础课档次划一。即将原来按专业设置的不同学时档次课程进行“归并”。课程档次的归并要考虑到课程的“通用”性，内容需覆盖系内各个专业方向。学时数原则上取下限或平均数，以免总学时过度膨胀。

灵活地设置专业方向既是组合式教学计划的突出特点之一，也是建设整体优化的课程体系的重要组成部分。改革后的“专业方向”不是原来“专业”的翻版。它以某种课程组合，使学生掌握一定的专业知识，较原来的专业“淡化”，各专业方向间的界限也较原来的专业界限模糊。即精选一批专业课和专业性选修课构成专业方向课程组的主体，同时，有目的地设置一些概论性课程，使学生粗通相关专业方向的知识，以拓宽其专业知识面，毕业后具有较宽的职业岗位适应性。某些系拟对原有专业课程进行必要的改造或重建。如园艺系拟将原来为三个专业开设的“果树育种学”“蔬菜育种学”及“观赏植物育种”三门课程合并为“园艺植物育种原理”及“园艺植物育种各论”。又如，兽医学院原设置兽医、中兽医及实验动物三个专业。改革后的各专业方向则均以“兽医”为主体学科设置课程。加强群发病和临床实践课，适当增加中兽医课程的比例，并拟根据学科发展和社会需要改造或增设一些课程，如“家畜繁殖与产科”“动物食品卫生”及“兔

病学”等。

增设概论类课程是组合式教学计划的又一特点。概论课可使学生对某个学科有一宏观的概括了解。它应有独特的体系，既不是专业课的“压缩饼干”，又不是机械的“拼盘”。建设概论课是一项繁重艰巨的任务，按照其在培养计划中的地位与作用，大体可分为三类：

（1）专业基础性的概论课（如“农业机械化”、经济管理类课程等）：以往专业教学计划中农机类课程按专业划分过细，每门课程覆盖面很窄，如“植保机械”“育种机械”等。调整后，植物生产类的农机统一归并为“农业机械化”，内容包括农用动力、农业机具和农业机械运用三部分。经济管理类课程则针对不同学科特点和业务要求，分别设置“农业经济管理”“畜牧经济管理”“农业技术经济”和“乡镇企业经济管理”等。

（2）面对外系开设的专业“通论”课（如“园艺通论”“植保概论”“畜牧概论”和“农作物概论”等），这类课程的体系和内容不完全同于原来的“外系课”。如“园艺通论”不仅覆盖了果树、蔬菜、观赏园艺等作物，而且内容涉及各种园艺作物的生物学特性、栽培技术、品种改良、植物保护及产品采后处理等方面的基本知识。

（3）为系内不同专业方向设置的概论课：如园艺系内设置的“果树概论”“蔬菜概论”及“花卉园艺”等。

为保证概论课的教学质量和充分体现改革特色，组织有经验的教师抓紧编写概论类课程的教材是一项刻不容缓的任务。

第二，建设一支适应改革需要的师资队伍，是“按系招生、组合教学”改革的可靠保证。

实行“按系招生、组合教学”要求教师必须具有宽广的知识面和较强的实践动手能力，目前在教学第一线的中青年教师在业务上各有长短，中年教师专业知识较深厚但偏窄，动手能力较强；青年教师易于接受新知识、基础知识较宽，但动手能力差。就师资队伍总体而言，不能完全适应培养宽口径人才的要求。为此，在师资队伍建设中，一方面要充分发挥中年骨干教师的智能优势，对青年教师做好传、帮、带；另一方面要有意识地给青年教师“压担子”，并通过必要的进修提高，促使他们进一步拓宽知识面；还要积极引导他们深入实际、增强动手能力、提高全面素质，尽快成为教学的中坚力量。为了消除当前师资队伍“断层”的影响，今后在充实青年教师时，应特别注意学历层次结构的合理搭配，以形成新的教学梯队。

实行教师“聘任—考绩制”是调动教师积极性的有效措施之一。改革已深入到教学领域，各方面出现许多新情况、提出了新要求，需要教师潜心于教学，克服困难，在教学中更好地发挥主导作用。实行“聘任—考绩制”，在教学中引入竞争机制，促使教师增强教学责任心，努力提高教学质量，使各项教学改革得以顺利实施。

第三，建设基地、严格管理，落实实践教学体系是“按系招生、组合教学”改革的必要条件。

多年的实践证明，农科实践教学体系是可以达到改革目标要求的。今后，除需进一步提高对实践教学在全面育人中作用的认识，继续完善该体系中的某些环节或内容外，还必须把实践教学基地建设和建立、健全科学规范的管理制度提到日程，以切实保证实践教学的实效。

基地是实践教学的依托。当前校内基地的教学及生活条件普遍较差，管理体制也在较大程度上制约了投资建设和为教学服务。因此，必须改革管理体制，理顺关系和采取多渠道解决校办场（站）的基本建设投资。校外基地应本着互惠互利的原则，根据各系和不同实践教学环节的要求，有选择地确定一批相对稳定的综合性或专业性教学基地，形成网络。

在实践教学的管理中需要强调提出的是，必须建立全面考核学生成绩的制度。实践教学的效果终将体现在学生身上，全面考核学生的成绩在一定意义上就是检验实践教学是否充分发挥了全面育人的功能。

“全面考核”即是对学生在各项实践教学活动中“德、智、能、绩、纪”等方面表现的综合评定。“德”包含政治思想（如对有关党的方针政策的认识和执行情况；学农爱农、专业思想的提高与巩固等）、劳动观点、生产观点、群众观点、学习态度和职业道德表现等；“智”指实习中掌握和运用有关理论知识以及对实践经验的积累程度等；“能”指通过实习达到所要求掌握的基本技能的程度及独立分析和解决实际问题的能力等；“绩”是指在实习中做出实绩情况，包括个人独立完成任务的多少、所完成任务在实际生产和业务工作中的作用（意义、效益）、能否独立顶岗工作和独立思考、创新能力等表现；“纪”是指整个实习期间遵纪守法的情况，包括遵守国家法律、政令、遵守实习单位的规章制度，遵守技术操作规程、实习纪律、出勤和服从调动、指导等表现。

针对不同实践教学环节的特点，德、智、能、绩、纪的评分比例可做适当调整。最后综合评出总成绩。

“按系招生、组合教学”的改革刚刚起步，还有不少欠完善之处，有待今后逐步解决。

（林家栋、汪维景、黄铁城，引自 1990 年《年鉴》）

四、建立农科实践教学体系的探索

（一）建立实践教学体系的背景和指导思想

党的十一届三中全会以后，面临改革、开放和世界先进科学技术的挑战，高等农业院校师生渴求吸取大量新的知识。在加强基础理论教学的同时，一度出现了放松实践、忽视对学生能力培养的倾向，加上学生普遍缺乏生产、社会实践基础，学校实践教学条件差，因此，培养出来的大学生不能很好地适应农业生产第一线的需要。毕业生跟踪调查表明，相当一部分学生献身农业的精神、社会责任感不强；业务上“高分低能”，动手解决实践问题的能力较差。

回顾新中国成立以来，在理论联系实践过程中，我校所走过的道路，尽管有很多好的经验，但是20世纪50年代曾出现过以劳动代替教学，60年代也发生过课堂搬家等，表明我们对高等农业教育规律认识不足，始终未能处理好理论教学和实践教学的关系，对实践教学的教育功能以及按教育与生产规律进行合理安排等都缺乏较全面、深刻的认识。

高等农业院校培养的本科生应该既具有宽厚的基础理论知识，又具有较强的动手能力。但是，在旧的教学体制中，实践性教学只处于从属地位，主要起理论联系实际，巩固所学知识的作用。为了培养新型人才，必须建立实践教学体系，充分发挥它在转变学生思想，树立学农爱农、献身农业的事业心和责任感，培养非智力因素和树立实践观点，强化技能训练等方面的功能，使学生的思想、知识和能力得以全面提高。1981—1982年，校领导和有关专家经过反复酝酿研究，既吸取过去行之有效的某些实践性教学环节的长处，又针对当时出现的新问题、新情况，提出了在四年全学程中从低到高（年级）安排若干实践教学环节的初步构想。自1983年起，在全校各专业开始第一段实践教学环节的实践。1984年秋，又在农学系、园艺系进行第二段实践教学环节的实践，接着又进行第三、第四段实践教学环节的实践，并制订了加强理论教学基础上的实践教学体系的新教学计划。经原农牧渔业部教育司批准，在农学系全面试点。农学系在试点中总结了“四段实践教学法”的实践教学体系。近两年来，随着教学改革的深化，我们不断完善“四段实践教学法”及其配套环节、制度等，并决定在全校范围内推广农学系经验，建立各系（科类）各具特色的实践教学体系。目前，这个体系各个教学环节基本做到有教学大纲（含教学指导书或参考教材）、有实施方案、有相对稳定的基地、有考核制度，逐步走向规范化、制度化。

（二）农科实践教学体系构成及特点

按照国家教委对本科生基本培养规格在学生智能结构方面的要求，在明确各个实践教学环节在总体培养中的地位与作用的基础上，我们把整个实践教学体系分解成基础实践和专业实践两个层次，分别安排功能各异又相互关联的若干实践教学环节，贯穿于全学程，由浅入深，不断强化，做到实践教学“不断线”。

以植物生产类各专业为例，实践教学体系可分解为四段：第一段——农事实习，全面了解农业、农业生产过程，深入农村社会调查，以增加对农业的宏观认识；第二段——以冬小麦、玉米、棉花、花生和甘薯为主，从种到收的“农作物田间技术和生物学观察”课，学生在固定的“责任田”内，学会种田，同时对作物生育状况及形态进行系统的观测；第三段——在老师的指导下，参加科研，进行科研基本方法训练；第四段——到农村基点，进行综合教学实践，通过推广、培训、示范、开发、咨询等活动，为农业生产服务。第一、二段为基础实践；第三、四段为专业实践。上述实践教学体系的特点还在于坚持了教学、科研、生产（推广）三结合。各实践教学环节都是在作物生长季中，密切结合农业生产过程（或动、植物生育过程）开展教学活动的。通过课堂与田间、学校与社会相结合的多次反复，由浅入深，由单项到综合的实践，每一过程寓思想教育于实践教学之中，不仅增强了学生学农爱农，献身于农业的事业心和责任感，并在实践教学中增长才干，为农业生产做出贡献，成为农业生产建设需要的合格人才。我校是一所多科性农业大学，现设 12 个系（院），覆盖 29 个专业方向，大体可划分为植物生产、动物生产、兽医、农业生物学和农业经济五大专业科类。由于各科类的研究对象和专业培养要求不同，它们的实践教学体系的构成及其特点也有所不同。例如，兽医类突出安排较长时间的各科临床实习；农经类除完成第一段农事实习，其余安排以不同内容、不同层次要求的社会调查为主的实践教学。

各科类全学程实践教学总周数大多为 25 周，实践教学和理论教学时数比接近 1∶2，由于精选了实践教学的环节与内容，在适宜的时间安排适当的环节，做到各环节相互协调、衔接，体现“整体优化”原则。因此，总体效果能达到预期目的。

（三）实践教学体系各环节的具体做法及实施效果

以植物生产类的主要实践教学环节为例，分析如下：

1. 农事实习是对低年级学生进行农业启蒙教育的第一个基础实践教学环节。安排在二年级上学期前四周，在校内“一场两站”及校外教学实习基地集中进行。各项教学活动按统一原则规定，因地、因系具体安排。农事实习由四部分组成，即农业生产操作占实习时间的 40%；“农业概论”课及现场教学占 25%；农业社会（生产）调查占 15%；其他实习教育及总结考核占 20%。各项活动交叉进行。

自 1983 年以来，已有六届各专业学生 2 810 人参加农事实习。大学生参加一些作物的播种、锄草、施肥、采收及修渠、积肥和畜禽饲养等农事操作，熟悉农业劳动技能。据审计，每年秋收，由于学生参加劳动可减少雇工约 100 人，节约了大量开支。实习期间，还围绕各种作物组织有关播种、测产、病虫害、施肥、品种鉴别、杂草和畜禽饲养、防疫以及农产品加工等形式多样的现场教学，使学生开阔了眼界，学到了很多书本上学不到的知识。

通过农村社会（生产）调查，使学生接触农村，接触农民，亲身体察党的十一届三中全会以来我国农村发生的巨大变化，提高对党的路线、方针、政策的认识，同时了解农民的思想感情，也看到当前农村尚存的落后状态，增强了自己的社会责任感。农事实习成绩根据平时的学习、劳动、纪律表现和实习总结、调查报告等综合评定。有的还进行口试或笔试。六年来，每年有 80% 的学生通过严格考核，成绩达到优良。个别学生因严重违纪或身体原因没通过实习，补做后方准予毕业。

2. 农作物田间技术和生物学观察课是继农事实习之后的又一基础实践教学环节。分别安排在二下、三上的一个完整的生长季进行，每周半天，累计折合为 3 周。学生在教师指导下，每人种植一小块“教学责任田”，选择几种大田作物（冬小麦、玉米、棉花、花生和甘薯）或蔬菜作物（黄瓜、番茄、白菜和萝卜），进行从种到收全过程的田间操作，并对它们的生育状况及外部形态进行田间和实验室的解剖观察，以及田间调查、取样和测产等。在这一段实践教学中，讲课仅占总学时的 33%，操作占 67%（其中田间生产技术操作及观察时间与实验室解剖观察时间约为 2∶1）。通过这一实践，学生对生产对象具有较系统、动态的感性认识基础，使专业理论学得深、学得扎实，并掌握一定的观察技能。本门课程的成绩是通过责任田产量、平时作业和总结报告、考试情况的综合评定得出的。70% 以上学生成绩达到了优良。学生负责管理的责任田农作物产量一般可达到中等产量水平。

3. 科研训练是专业实践教学环节之一，是与学习专业课同时进行的。分散安排在三下、四上的又一个完整的生长季，每周安排 1 ～ 2 天，累计折合 6 ～ 8 周。学生参加教师的科研课题工作，在教师指导下熟悉科研全过程，学习科学研究的基本方法，加强实验设计、测试、数据处理技能训练，培养独立研究和独立分析能力，使学生深入学科领域。

4. 综合教学实践是全学程最后一段实践教学，安排在第八学期，在农村基点上进行。大学生在生产第一线通过农业技术咨询、培训和试验示范，结合扶贫、农业区域开发等各项任务进行综合教学实践。

1985 年以来，我校每年都有大学生到京津郊区、黄淮海地区、湘西和内蒙古等地，结合扶贫、区域经济开发和攻关课题研究等任务，参加综合实践。1988 年，我校有 240 名大学生奔赴黄淮海平原的农业开发主战场，推广了 20 多项新技术，涉足河北曲周、大名、吴桥、泊头和苏北盐城等几十个县（市）。据初步统计，布置各类试验示范田 9 400 亩；在冬小麦、玉米、棉花、油菜、水稻以及果树、蔬菜上推广应用增产菌总计 164 万亩，平均亩增产 10% 左右；推广棉花、玉米、花生、西瓜等种子包衣剂总计达 150 万亩，收到明显增产节支效益；推广新农药棉花涂抹剂和涂抹技术 120 万亩；此外还推广了冬小麦、夏玉米、油玉米、优质棉和蔬菜的 8 个新品种，以及免耕覆盖技术、优化配方施肥技术、节水灌溉技术和“吨粮田”配套丰产技术等。同时，大学生在调查研究和科学试验基础上，写出对当地生产决策有参考价值的试验报告和毕业论文，不少建议已被当地采纳。

为实施实践教学体系，我校已建成具有较高生产水平的“一场两站”，几十个符合教学需要、遍布 15 个省份的相对稳定的实践教学基地，形成网络，这是开展农科实践教学所必备的基本条件。

（四）结语

农业科学是一门应用性强的学科。纵观世界各国高等农业教育无不遵循理论联系实际基本原则。推进教学、科研、生产（推广）一体化是深化教育改革的共同方向。各国高等农业院校都根据自己的国情，建立独具特色的实践教学制度。我校建立农科实践教学体系旨在打破旧的教学体制，吸取国内外成功的历史经验，在新的历史条件下，探索解决长期以来影响高等农业教育质量的一个根本性的问题。经过六年的教学改革实践，我校已经初步建立了一套符合各学科培养要求和本校实际的农科实践教学体系。该体系与理论教学体系有机结合，相辅相成。整个体系寓思想教育于实践教学之中，通过智能培养目标与非智力因素培养相结合，实现大学生的培养目标和基本培养规格。这是符合党的教育方针和理论联系实际的基本教学原则的。

农科实践教学体系由一系列功能各异、又相互关联的环节组成。各个教学环节按照农业生产和专业学科特点安排，贯穿于全学程，具有由浅入深，循环往复，不断深化、提高的整体优化效能，既符合一般教育规律，又具有农业教育特色。

整个实践教学体系的实施依托遍及农村的几十个稳定的实践教学基地，强化了学校与社会的联系，促进教学、科研和生产（推广）三结合。通过在农村基地的社会实践锻炼，促使学生走与工农相结合的道路，也增强了学生的社会适应性。

（毛达如、黄铁城、林家栋、汪维璟，引自 1990 年《年鉴》）

五、研究生招生工作应适应改革形势的需要

研究生招生工作是向国家输送合格的高层次人才的基础工作，抓好这一环节，对研究生的培养质量将起重要作用。

（一）

从恢复研究生招生制度十年来的经验看，为了适应改革形势的需要，按需招生和扩大招收有实践经验的在职人员是很必要的。

1. 随着改革的深入开展，各单位采取了定编、优化组合、承包等形式，对增加编制采取了谨慎的态度，加上十年来已培养了一批为数不算少的研究生，农口有 6 000 余名毕业研究生，高层次人才的供需矛盾开始缓和，甚至一些专业由于布点多，招生能力强，在校研究生较多，国家需求减少而出现了暂时分配困难（表 1）。

表 1　自 1981 年以来我校研究生分配去向统计　　%

	高校	科研单位	攻博或读博士后	党政机关	企业或生产单位
硕士生	47.3	36.9	7.7	5.8	2.3
博士生	60.9	13.1	17.4	4.3	4.3

由表 1 可见，硕士生中 91.9%，博士生中 91.4% 毕业后在高校和科研单位工作或学习，其他高等农业院校毕业研究生的分布情况也大致如此，基本上满足了急需高层次人才的高校和科研机构的需要，而新兴学科的发展，边远地区、艰苦地区的一些学校和科研单位及生产技术管理部门对高层次人才的需求矛盾显得较为突出，这就要求在研究生招生时注意按需招生。

2. 恢复研究生招生制度以来，各年录取硕士生的生源比例不同，在一定程度上影响了入学后的培养质量（表 2）。

表 2　我校近年来录取在职人员比例情况（不含代培生）统计　　%

年份	录取比例	年份	录取比例
1978	100	1984	19.5
1980	100	1985	29.9
1981	2.3	1986	24.7
1982	20	1987	35.5
1983	27.5	1988	64.8

导师们对 1978 年和 1980 年入学的硕士生印象极深，这批研究生虽然年龄较大，很多人经历过上山下乡，但是有相当的社会阅历和工作经验，求知欲较强，入学后刻苦学习，努力奋斗，尊敬师长，体谅国家困难，政治素质较好。这批学生目前已成为各单位的骨干。从应届本科生中录取的硕士生优势是有较扎实的业务和外语基础，但由于近几年来资产阶级自由化的影响和思想工作的薄弱，一部

分研究生社会工作能力较差、政治思想不够成熟、学习不够刻苦。尤其是这一两年社会上的出国热和经商热，反映到学校中出现了厌学风，一部分研究生要求退学。相比之下，以在职人员进来的硕士生，学习风气和政治思想素质更好些。因此，从生源中提高在职人员比例对提高研究生的素质和改进学校风气无疑是有利的。

（二）

为了保证入学质量，几年来，我们采取了以下措施：

1. 根据社会需求，制订招生计划

根据近年来毕业生分配反馈回来的信息，对研究生（主要是硕士研究生，下同）招生专业做了相应调整。对一些暂时需求量不大甚至出现分配较困难的专业如农业史、农业生物物理、中兽医、农业机械化等专业，暂停招生或少招生；农药及农用化学制剂、草原科学等专业增加招定向生和代培生；对需求量较大的专业和新兴学科，增加招收名额，如农产品贮藏加工、农业经济及管理等专业。控制需求量已逐年减少的理科类专业和全国布点多且各省能基本自我满足需要的专业的招生数量，如动植物生理生化类和植物生产类的某些专业。尽可能处理好按需招生的问题。

2. 健全遴选导师制度

近几年来，不少教师被评为高级职称，具有导师职称资格的人数超过了招生人数，为了保证研究生的培养质量及学科梯队建设，对硕士生导师的遴选做了规定：

（1）具有副教授（及相应职称）以上高级职称；

（2）具有坚实的理论基础和系统的专门知识，已具备讲授研究生课程的能力；

（3）有稳定的科学研究方向，并能指导较高水平的科研工作；

（4）有稳定的科研经费和基本的论文工作条件；

（5）有严谨的治学态度，重视教书育人，关心研究生思想政治上的成长；

（6）有协助指导研究生的经历，并熟悉学位条例；

（7）身体健康，能亲自指导研究生。

并规定要求招收硕士生的教师需按学校要求填写申请书，由系学术委员会评定招生导师名单。

3. 为报考的在职人员举办考前补习班

扩大招收在职人员比例的关键是要帮助他们提高业务素质，增强他们在入学考试中的竞争能力。一些单位向我校要求定向和代培研究生，反映了这些用人单位对硕士生层次的要求。我校自 1987 年起，为在职人员报考硕士生举办了考前培训班。聘请教学经验丰富、工作负责、长期在本科教学第一线的教师讲课，针对在职人员离开学校时间较长，基础知识遗忘较多、年龄偏大等特点，为他们补

习了基础课和专业基础课。

4. 通过签订合同，招收代培生和定向生

为了使用人单位有目的地提高人才素质，又不使高层次人才流失，除继续接收代培生外，1988 年我校与 30 多个单位签订了定向培养合同，共录取了 37 名定向生。这些代培生和定向生在学完培养方案规定的课程后，可以结合本单位的科研任务回单位进行论文工作，我校导师可与该单位高职称科研人员共同指导，联合培养，逐步打开一条教学、科研、生产相结合的路子。

（三）

总结十年来研究生教育工作，我们深深感到，研究生教育作为教育的最高层次，正面临如何适应经济建设需要的问题，这包括制订招生计划时既要考虑社会的实际需要，又要有长远的眼光，考虑到国民经济发展的需要；培养过程中既要注意业务水平及知识面的培养，又要注意对研究生实际工作能力和思想品德的培养以及培养规格不能单一等。评估培养质量应以人才是否有坚定的政治方向、适应社会主义建设需要为标准，不仅评估在校期间的培养管理工作，还要评估毕业生分配走向工作岗位后的业务能力和政治思想表现。

在招生改革中应考虑如下几个问题：

1. 正确处理按需招生与按能力（条件）招生的关系

在制订研究生招生计划时，必须考虑到目前我国还处在社会主义初级阶段，如果没有坚实的初等、中等教育的基础，要想用较快的速度发展高等教育尤其是研究生教育，是比较困难的。研究生教育在发展了十年，高层次人才的培养达到一定数量后，适当放慢发展研究生教育的速度，重点放在提高培养质量上是很必要的，提出按需招生也是适时的。

（1）目前，各级机构正在调整，各项改革正在进行，很难提出几年后对人才的需求量。目前看来是短线专业的学科，人才需求量较大，但如果缺乏宏观控制，许多招生单位不管条件是否具备，又一起上这类专业，几年后这方面人才就可能供过于求。而控制招生的专业，如不保证一定的招生量，几年后这方面人才就可能供不应求。招生单位应经常与各类用人单位联系，了解他们对教学、科研、生产和开发等方面的需求；对人才规格的要求；对人才素质的要求；对科学的要求。招生单位应定期进行信访和实地调查，才能为研究生教育打开与社会保持联系的渠道。

（2）应该利用高等学校师资力量雄厚、仪器设备较完善、学科较齐全的优势，适当调整招生单位的招生数量和招生专业，给有条件的重点高校较多一些招生名额，使其在培养跨学科、联合培养、多规格等方面进行探讨和积累经验，成为培养研究生的主要基地。

2. 处理好扩大招收有实践经验的在职人员与确保培养质量的关系

自 1987 年以来，我校十分重视扩大招收有实践经验的在职人员比例问题，并采取必要措施，既能发扬他们有实践经验的优势，又要帮助他们打好基础。在职人员入学后，最大的困难是外语关，根据这一情况，我们将参加全国统考英语成绩在 50 分以下，参加单独考试英语成绩在 55 分以下的 31 名 1988 年在职人员考取的硕士生，单独编班开课，从周学时 4 增加到周学时 8，配备业务水平较高、热情负责的教师讲课和辅导。在进行科研工作后，提倡将科研工作与原单位的科研项目或工作需要结合起来，提倡与原单位高职称科研人员联合培养，甚至可回原单位的基点去进行论文工作，在培养过程中尽可能体现按社会需要来进行，尤其是定向和委托培养生。

（斯而渊，引自 1989 年《年鉴》）

六、适应形势需要，发展成人教育

——干教工作回顾和 1988 年的新进展

1979 年，我校受农业部委托举办干部教育，负责对晋冀鲁豫京津四省两市县级以上分管农业工作的党政领导干部进行专业培训，先后经历了三个阶段：即第一轮专业培训、学历教育和带岗位职务培训性质的第二轮培训。

党的十一届三中全会后，党的工作着重点转移到社会主义建设上，农村面临改革和发展农业生产的新形势，党提出了“一靠政策，二靠科学”的方针，而当时干部队伍的状况，不论思想上、工作上以及知识结构方面，都不能适应新形势的要求，为了帮助农业领导干部学习党的农村政策和农业科技知识，掌握两个客观规律，解决“科盲”和“瞎指挥”，解决正确领导农民进行农村改革和科学种田的问题，中央组织部和农业部决定对县以上农业领导干部进行以农业科技知识和农村政策为主要内容的第一轮培训。为此，我校干训班从 1979—1984 年，办了 10 期以农业科技和农村政策为主要内容的培训班，每期四个半月，共培训了 970 人。通过培训，学员增长了专业知识，解放了思想，提高了领导管理水平，更自觉的按自然规律和经济规律办事。为推动农村体制改革和农业生产的发展，培养了一批管理人才。

1984 年，为适应干部队伍专业化、知识化的新要求，在第一轮培训基础上，开办了一期两年制干部专修科的学历教育。北方八省 47 名中、青年干部经过严格入学考试进校深造，学习农业科技和经济管理。这届毕业生 1985 年底走上工作岗位后，大多数在本部门发挥骨干作用。

随着干部队伍结构的逐步调整，一批年轻的、具有大中专以上学历的科技干部，走上了各级农业领导单位。新进班子的这批干部的知识结构与履行他们肩负的岗位职责存在着明显的差距，特别是对农村商品经济和现代农业管理知识，急需进行系统的学习和提高。为此，中央两部又安排开办以农村商品经济和经济管理为主要内容的第二轮培训，每期两个半月。至1988年年底，已培训了303人，受到多方的欢迎和好评。

在1988年，分院在举办两期“现代农业经济管理知识”培训班，继续完成第二轮干部培训任务的同时，在开展继续教育、试行专业证书制度、探索其他教育形式和改善办学条件方面，取得了新的进展。

经过长期酝酿，4月21日8 814次校务会议通过《决定》并报农业部批准，在分院基础上成立北京农大继续教育学院，作为校长领导下主管全校继教工作的管理机构和办学单位，并成立由各院（系）和有关部门领导参加的继教委员会，统筹协调全校的继教工作，使学校建立了以本科生、研究生、继续教育三个支柱配套的教育体系。

在继教方面，分院办了两期乡镇干部“农村经济管理知识”培训班，培训全国各地干部114人。受农业部教育司和中央农业管理干部学院总院的委托，还举办了《农业系统工程》教学观摩研讨班和由西德马扎特教授主讲的《教学方法》研讨班，为全国高等农业院校及管理干部学院培训了40名教师。研讨班使我们习以为常的传统教学方法受到了一次冲击，对今后教改将会产生积极的影响。

根据教委关于试行专业证书制度的规定，经农业部批准，学院接受县政府委托，为该县适度规模经营的农场场长，举办“农业技术与管理”专业证书班，采取两个冬闲季节集中脱产学习，农忙季节在农场结合实践学习的办法安排教学。122名场长已于1988年12月12日进校学习第一阶段农业技术课，以便开春后指导本场的生产，夺取1989年农业丰收。何康部长说：“这个班的创办，是教育改革与农业改革或农业技术改造相结合的一次尝试。”

此外，我们还在前两年开展的农业视听教育的基础上，运用视听教育手段，采取学校提供配套的文字音像教材，培训辅导教师，地方建立视听教育站，负责组织实施的办法，开展《果树》和《蔬菜》两个专业的专业证书教育，深受地方的欢迎。他们认为，这是一种适合我国国情的农业成人教育的新途径。

农业成人教育形式应是多种多样的。我们打破学校独家办学的传统，试行与部队、地方联合办学的新形式。分别为河北省固安县的乡镇干部及总后团级农场场长举办的“农业经济管理”培训班，培训了240多人。在固安班上，我们探索了“长计划、短安排，分段按需培训；教师讲理论，地方领导和专家讲实践，能者为师，理论联系实际，以训代会”的经验。也摸索了“培训骨干，回乡辅导；课堂录像，县电视台播放，分级扩散的运用视听教育手段，在一个县的范围内迅速普及培训内容”的方法，地方的同志认为这种滚雪球式的培训形式，符合多、快、好、省的办学原则，在教学方法上是一种创新。

1988 年培训楼竣工并交付使用，结束了我校开展农业成人教育没有基地的历史。启用 3 个月，办了第六期县级农业经济管理知识培训班，培训了 32 名学员。同时接待了全国农业高等院校教材会和中央农业管理干部学院工作会议等活动。培训楼将成为我校培训省地县三级领导干部、科技骨干及专业人员的重要基地，我们将以现有的条件为新起点，把干教、继教及其他形式农业成人教育推进到一个新阶段，为农村深化改革和农业上新的台阶服务。

（毛达如、洪瑶琨，引自 1988 年《年鉴》）

七、加强管理，严格校纪，建立良好的教学秩序

——李青山副校长在第七次工作会议上的讲话（1990 年 8 月 23 日）

第七次工作会议开始了，我受校务会的委托，做题为“加强管理，严格校纪，建立良好的教学秩序”的发言。

经过反复酝酿和校务会议的充分讨论，确定这次会议的主题是：讨论如何通过加强管理，严格校纪，建立一个良好的教学秩序。

（一）问题的提出

学校的主要任务是培养人才。正像纪律是执行路线的保证一样，良好的教学秩序也是学校培养人才的一个重要保证条件。在 1987 年 8 月第一次工作会议上，石元春校长做了题为《深化改革，全面提高教学质量》的报告，其中讲了：“我们的办学指导思想是密切结合四化建设需要，面向未来，面向世界，培养‘四有’人才。”“本科生应当培养成具有正确政治方向，事业心强，有进取创造精神；业务基础深厚，专业知识面宽，动手能力、工作能力和应变能力强的新型农艺师、畜牧师……”“研究生应当培养成具有正确政治方向，品德高尚，有献身农业和农业科学的精神；有较好的科学素养和从事科学研究工作的能力，成为活跃在各学科领域前沿的一支生力军。”在《1990 年工作纲要》中也明确规定：“以抓教师教学教风，提高教学质量为中心；以做好院系工作为重点；同时加强队伍、物资和工作作风的建设和管理。”为了实现这一培养人才的目标，几年来，学校进行了一系列的改革，全校教职工做了大量的艰苦的工作，付出了辛勤的劳动。各级党和行政组织以及广大思想政治工作干部，根据党中央、国家教委、农业部和北京市委的指示精神，不断地加强新时期的学生思想政治工作，全面提高学生的精神素质。为拓宽知识面，从 1987 年起改革按专业招生为按系招生，在重视课堂教学的同时，加强了实践教学和实验教学环节，提高学生实际操作、分析问题

和解决问题的能力。修复了游泳池，翻修了运动场，加强对学生课外体育锻炼的指导，学生伙食越办越好，学生身体素质有了提高。这些德、智、体几方面的进步都是学校在改革中所取得的成绩。

学生既是反映教学工作，也是反映学校全面工作的一面镜子。仔细观察、分析学生的现实状况，在看到成绩的同时，也使我们看到了在培养人才方面的薄弱环节以及受“大气候”的影响不该发生而发生了的问题。少数学生缺课较多，考试作弊严重，很多人不能按时作息。有的教师由于科研任务重，校外活动多，花较多精力忙于创收等原因而不能将主要精力集中于教学工作上，出现了备课不认真、教学马虎、教风不严等问题。在教学管理上，过去多年行之有效的助教跟班听课制度，实验预作制度，老教师、教研组主任、系主任到课堂去听课的制度，新讲课教师试讲和新老教师课程交接制度等，没有很好地坚持。对教学问题，校长、系主任忙于事务多，深入到教室、实验室、实习基点等教学第一线了解情况解决问题少。

上述现象说明，在“教”“学”“管”三个方面都存在着薄弱环节和问题，我们认为这是提高教学质量的障碍，这些问题不解决，再正确的办学指导思想和目标，再好的改革方案，再完美周密的教学计划，也无法在“教”与“学”两个环节上落实。正是出于这种分析和认识，才把加强管理，严格校纪，建立良好的教学秩序作为第七次工作会议的主要议题。

（二）围绕“三风”（教风、学风、管风）建立良好的教学秩序

我们的目标是通过抓管理，抓校风校纪建设，把正常的教学秩序建立起来，恢复农大固有的好教风、好学风、好的管理作风。校风校纪建设是件长期性的工作，结合上述当前情况，对近期具体目标，做如下的要求：

（1）通过教师做到人人认真备课，狠抓教学环节（教学计划、教材、教案、提问、测验、答疑、质疑等），严格要求学生，树立为师形象来加强教风。教师要以高度的责任心上好每一堂课，对待每一个教学环节。认真执行、继续做好聘任考绩制。年终评议工作，把教学和教风纳入评议内容。

（2）通过严格课堂纪律、考场纪律和作息制度来整顿学风。学生不迟到、不早退、不能无故缺课，考试不作弊，要按时作息。

（3）通过建立、健全管理制度，各级领导干部深入教学第一线，认真负起“令行禁止”的管理责任，逐步形成一个“严”字当头的管理作风。校长、系主任、教研组主任要坚持听课制度，新老教师交替时要坚持课程交接制度，坚持助教跟班听课制度。从下学期起，几个方面配合，要严肃认真地上好第四节课。

我们先从近期目标做起，再逐步实现校风建设的长远目标。这个长远目标，就是在第一次工作会议上提出的“爱我农大，树立五风”。要树立理实交融，严谨治学，教书育人的教风，勤奋学习，刻苦钻研的学风；追求实效，团结协作的

工作作风；热诚待人，精益求精的服务作风；艰苦朴素，团结友爱的生活作风。全校师生员工共建理实并重，严谨治学，艰苦朴素，团结进取的校风。

（三）做法与措施

怎样才能实现围绕“三风”，建立良好教学秩序的目标呢？重要的是措施与方法得当。

1. 从实际出发，提出切合实际的“有限目标”。在确定目标时也曾考虑过目标是否定低了？目标定的对不对，主要看它是否符合实际。学生要学习，考试不作弊，遵守作息时间，这本是“天经地义”的事。当前，我们面对的事实，恰恰是不该发生的问题发生了，而且还相当普遍。怎么办？只有面对现实，有什么问题就解决什么问题，既不能熟视无睹，也不能绕着问题走。所以，我们才正视现实，从实际出发，提出切实可行的目标，解决不该出现的问题。只有这些问题解决以后，才能谈得上建立一个正常的教学秩序。否则，脱离实际地提些高目标，是无济于事的。别看现实的目标定得“低”，实现它还很不容易，必须上下左右齐动员，下决心，花大力气，把它解决了。

2. 坚持正面教育，积极进行疏导。大学毕业考研究生难了，出国也难了，毕业后工资待遇低，这对前一时期想出国和为考研究生而用功的学生来说，自认为泼了冷水。最近一段时间学生的厌学情绪有所抬头。对一些教师来说，也因职称和待遇问题，还有政策导向问题，出现了科研一手硬，教学一手软的现象。有的干部面临换届，有意无意地放松了某些管理环节。这些问题明摆着，原因也知道，怎么办？我们认为还得坚持正面教育，积极进行疏导。对学生要进行坚持四项基本原则和爱国主义教育，成才和为人民服务的教育，遵纪守法和道德风尚的教育，还有劳动教育等。教师要忠诚于教育事业，要对学生负责，对国家的未来负责，要有高尚的师德，通过言传身教，做学生的楷模。干部要切实负起管理的责任，在其位，谋其政，尽职尽责。校庆期间会有很多校友返校，校友的先进事迹，会为我们进行教育和疏导工作提供有利的条件。通过教育和疏导，调动内在积极性，扭转情绪，振奋精神，打下教好、学好、管好的思想基础，这是一条“治本”的办法。

3. 有章必循，按章处理。思想教育是必要的，在进行思想教育的同时，还要结合规章制度的管理和必要的纪律约束。理论和实践都告诉我们，在社会主义初级阶段，社会成员（包括我们的师生员工）从总体上说，（个别先进分子除外）还不能自觉地、无条件地去为社会公共利益服务。因此，要他们的行为不致背离整体公共利益，仅凭思想觉悟，仅靠理性的约束，仅靠说服的办法是远远不够的，对有些党的干部甚至是高级干部尚且如此，更何况一般群众了。所以，思想教育要与加强带强制性的制度管理相结合。一定要有纪律约束，已有的规章制度要认真地贯彻执行，应该有而尚未建立的要着手制定。先做到有章可循，再做到有章必循。执行制度要严肃认真，不能“心慈手软”。对错误的姑息迁就，实际上是对犯错误者的放纵和支持。严肃处理才能既教育本人，又教育别人。不能在一个人身上搞“下不为例”，我们要的是处理这个，别人就不再这样做了的“下不为例”。今后对违纪学生的处理，是按规章制度对号入座，而不是把对同一性质错误的处理，再找种种“理由”为之开脱。学生受了处分，从中吸取了教训，真正改正了，在毕业以前，经过讨论、批准，根据不同情况，可以考虑撤销其处分，但不能不给处分。严师出高徒，严格管理才会形成好的风气。教不严，师之惰；风不好，“管”之过。我们一定要恢复严谨治学，从严治校的好风尚。

4. 责任在身，从我做起。教学过程是一个复杂的系统，既有教的问题，也有学的问题，又有管理的问题。这些问题又是相互联系，相互影响，相互制约的。在酝酿讨论时也曾考虑过解决问题时从哪一环节入手。分析来分析去，大家认为还是从实际出发，有什么问题就解决什么问题，是谁的问题就解决谁的问题，不找彼此间的因果关系，也不选择“突破口”。不能说，没学好是因为没教好，没教好是因为教研组没有组织好，教研组没有组织好是因为系里没管好，系里没管好是因为学校没做好，学校没做好是因为在当前形势下，学生的思想状况不大好。把问题推给别人，把原因推给客观，甚至是互相埋怨的做法无助于问题的解决。我们的做法是，有学的问题就解决学的问题，有教的问题就解决教的问题，是管理的问题就解决管理的问题。学生的主要任务是学好，教师的天职是教好，干部的责任是做好管理工作，人人都要负起自己的责任，人人都要从我做起。

（四）贯彻的方法与步骤

这次工作会议决定了的事情要认真贯彻执行。

（1）开学后召开全校教师大会，传达第七次工作会议精神，着重讲改进与加强教风问题。

（2）各院（系）召开教师会，结合本院（系）的实际情况讲教风问题，会后以教研组为单位讨论两次。各院（系）将贯彻情况、意见、建议收集整理后向学校做一次汇报。

（3）分院（系）向学生（含研究生）传达第七次工作会议精神，开展建设优良学风班活动。

（4）学期中间（11 月份）对第七次工作会议精神贯彻情况进行校、系两级的检查，通过检查，进一步深入贯彻。

（5）期末，结合年终总结进行评比。

以上意见，都不是什么定论，供大家讨论。

（引自 1990 年《年鉴》）

八、倾注满腔热情结累累硕果

——北京农业大学1990年为科教兴农办十件实事

北京农业大学素有教学、科研与生产实践相结合，为农业生产服务的优良传统，坚持理论与实践相联系的双相效应。在1990年——我国科技推广之年，学校组织师生员工积极贯彻落实国务院“关于依靠科技进步振兴农业，加强农业科技成果推广工作的决定”，迅速把科技成果转化为生产力，为科教兴农办了10件实事，取得了重大经济、社会效益，同时也促进了教育改革和科研工作的进一步发展。

1. 实施“下海（黄淮海）上山（山区扶贫）”计划为了科教兴农，科技推广，向农村输送科技力量。北京农业大学为河北省20个县的基点承担农业部和地方9个农业开发推广项目，5个农业区开发研究项目，向邯郸、沧州、衡水等5个地（市）派去地区专员助理1人，科技副县长4人，县长助理4人，长期蹲点，协助地县组织实施丰收计划；春、夏两季共派大学生、研究生和青年教师、专家1 700人深入开发区，结合农事实习、毕业实习，推广农大30项适用技术组装配套，综合应用于农业生产。经过一年的努力，使项目区21万亩小麦、23万亩玉米和4万亩棉花的产量分别比去年增长10%～20%、10%～60%和10%～15%，增产粮食3.5万吨，棉花1万担，增加经济效益3 100万元。

通过实践，北京农业大学综合农业发展中心所推行和探索的“大学—地方—农民”三位一体的协力推广模式，得到了中央和地方广泛重视和好评。

2. 在河北省曲周县连续17年改土治碱的科研推广工作基础上，北京农业大学曲周试验站组织10个专业的45名科研人员，进行多学科联合攻关，把曲周试验区的科研成果进一步辐射到丘县、鸡泽、广平和肥乡等县的60万亩土地上，推动了这些地区农业生产迅速增长。曲周县粮食产量连续9年递增，累计增产粮食4.9亿公斤，使这个生产落后县一跃成为全省的先进县。人均收入从17年前的60元增至目前1 500元以上。

3. 在沧州低产地区小麦、玉米两茬平播亩产吨粮配套技术于1988年、1989年试验成功之后，1990年在吴桥县扩大示范区5 000亩，再次实现吨粮指标，并且推动了黄淮海地区乃至全国吨粮田技术的迅速发展。

4. 围绕“武陵山区粮油综合技术（丰收计划）”开展对湖南湘西贫困山区的扶贫工作。为完成农业部批准的在湘西花垣、保靖、永顺及大庸市的永定区、桑植5个县区实施丰收计划，北京农业大学派出师生长期蹲点，对推行的“双西大”、垄厢栽培、玉米地膜覆盖、配方施肥、防治虫病害等技术进行指导；推广本校优良品种及物化产品等，共增产水稻、玉米4 389公斤，新增产值1 818万元；使保靖县3.93万农民达到400公斤温饱线，永顺县项目片内164个村基本解决温饱问题。

5. 为北京延庆县东北部山区“星火”粮、羊、草综合开发项目做好了前期准备并开展了工作。珍珠泉乡绒山羊项目 1990 年年底已形成规模，售出羊近千只，经济收入 7 万余元。协助北京市与农场局协作联合开发推广多项新科技成果。仅夏玉米免耕覆盖技术就推广 30 万亩。

6. 在全国 23 个省、市推广“农大 60”玉米良种 200 万斤；“农大 146”“农大 142”小麦良种 300 万亩，优良种蛋 150 万枚，果树苗木 52.25 万株。仅玉米一项，就可增产粮食 2 亿斤。

7. 生产和推广菊脒菊酯、百虫灵、83 增抗等多种农药 43.5 吨；推广种衣剂、增产菌、缩节胺、尼卡巴嗪等多种物化产品。仅增产菌一项就在 30 个省市推广 1.27 亿亩，新增产值 60 余亿元。

8. 在全国各省市推广了棉花系统化控吨粮田、计算机引种、夏玉米免耕覆盖、棉花病虫害综合防治、配方施肥、沙荒地改造、麦棉一体化、牛肉增重剂、现代化养鸡技术、畜牧工程等 30 多种实用技术，效果良好。

9. 配合农业开发和技术推广在校内外举办了 30 多种专业技术培训班，全年培训了各类农技人员 39 万人次，印发科技咨询材料 8 184 万份，发挥了培训、信息服务的作用。

10. 应各地邀请，学校先后组织有关专家和领导 70 余人次赴黑龙江（三江平原）农场总局 10 个分场、辽宁省新民县、河南省济源市、内蒙古后山地区及广西壮族自治区等进行资源考察，科技开发“会诊”，协助地方制定农业综合发展规划。

在科教兴农之年，北京农业大学已迈出了坚定的步伐，取得了不少的成就，今后会进一步为落实贯彻中央制定的国民经济和社会发展十年规划和“八五”计划做出新贡献。

（王德人，引自 1990 年《年鉴》）

九、新技术开发总公司工作总结

总公司在国家经济遇到暂时困难的形势下，迈着艰难的步履走完了它创业的第二个年头。回顾过去的一年，我们可以毫无愧色地说：这一年是我们全体职工艰苦创业的一年，是成功的一年。

（一）科技开发工作

由于我们是科技开发公司，因此我们的首要任务是将我校的科技成果尽快开发转化为商品。围绕着这个主题，我们做了以下工作：

1. 食品级赤霉素已获 1989 年国家级新产品，今年正式推向国内外市场，国内一些啤酒厂和麦芽厂已开始使用我们的产品，反映良好。今年共向国内外销售近 200 公斤。

2. 羊牛增肉剂——玉米赤霉醇的试验、示范、推广工作也取得了较大的进展。7 月份我们在河北省大厂县举办了全国首次培训班，河北省 70 多个县的畜牧局派人参加。今年我们在全国进行试验和推广共计 5 000 余头牛和羊，取得了大量的动物实验数据。与此同时，还拍摄了教学示范录像片。为了今后大量推广，我们还配合微生物专业教师攻克了弹丸压制工艺并研制了注射弹丸用的注射枪。收集和翻译了大量国外有关使用此产品的资料，汇编成册。所有这些工作，都为今后此药的报批登记和推广销售奠定了良好的基础。

3. 总公司农药厂投资 30 万元，建起了我校植保系科研成果 NS-83 增抗剂生产线，设计年产能力 200 吨。解决了长期以来我校有此技术无此产品的现状，这条生产线的建立，必将为我国在植保方面利用植物免疫调节剂这一新技术防治众多的病毒病害起到引导作用。

4. 总公司农药厂在原灭蝇灵配方的基础上，为了克服由于长期使用，苍蝇已产生抗药性的弱点，又自行研制了新的灭蝇灵Ⅰ号和Ⅱ号，并已获得市卫生防疫部门批准登记，1991 年可望大量生产销售。

5. 农药厂在 1989 年工作的基础上今年又投入 2 万元与植保系和应化系进行合作开发研究，对农药新品种倍氰乳油和倍溴乳油进行毒理测定、热储试验和田间试验，以便使其按期完成农药登记所需的“两年两地”试验数据，使这项成果尽快应用于农业生产，目前该项成果业已通过鉴定。

6. 总公司在今年为有关院系鉴定技术转让合同共计 5 份。合同总额 56 万元，按合同规定现已收入 16.5 万元。

7. 我校以技术入股形式在河南灵宝联营兴办的中联发酵厂，今年已稳定生产（该厂年设计生产能力为 10 吨），其产品 85% 赤霉素粉剂和 4% 赤霉素乳油经检验完全达到国家标准，已获农业部药检所颁发的农药登记号和河南省化工厅颁发的生产许可证。

8. 我校以技术入股与中国航空服务公司和香港泛华公司兴办的企业“富华花卉有限公司”已于今年 8 月成立。经过一段初期准备，该公司现已开始正常生产、销售。该公司已被外商誉为世界上第 12 家干花公司。

9. 微生物发酵工程工业性试验基地原计划今年底全部土建竣工，但由于在规划和环保方面遇到了一定困难，因此工期不得不拖后。现工试基地的全部设备已订购、加工完毕，1991 年开始安装，按原计划基本可以保障 1991 年四季度进行国家级验收。

（二）完成经济指标

今年我公司技工贸总收入达 440 万元，比上年增长 76%。全公司获纯利润 110 万元，比上年增长 49%。出口创汇 50 余万美元，比上年增长 10 倍。上交学校基金办 60 万元。

（三）创业中育人

由于我们总公司是新建单位，新进大学生、研究生和技术工人较多，年轻人占绝大多数，且公司平均年龄仅 30 岁。因此对公司中青年人的品德、情操的教育也是我们日常工作中的一项任务。工作中，我们提倡一种精神：奉献精神。教育职工认识到我们目前从事的工作是一项崇高而艰苦的工作，创业阶段，大家都应具有艰苦奋斗的思想准备和心理素质。每个人与他人横向比较的首先应该是工作的成绩，而不是首先攀比谁挣的钱多。但对工作中做出贡献的同志，我们也实行贡献大，报酬高的原则。

推崇“奉献精神”，执行“按劳取酬”是我们在思想工作和管理工作中实行的两个相辅相成的原则，公司这辆机车在这两条轨道上运行得十分平稳。世间万物中“人”是第一重要的，人的素质决定着公司的命运，正是由于有这些同志的奉献和劳动，才结出了这第二年的硕果。

（引自 1990 年《年鉴》）

十、我校管理机制在实践中优化

我校党委贯彻党的十三大精神，在改革学校管理体制上，采取了积极、主动、慎重的态度，做了大量深入细致的工作。1988 年 6 月，经农业部批准和北京市委同意，我校作为校长负责制的试点单位。一年多的工作实践，证明我校实行校长负责制的效果是好的。因此，1989 年 8 月，农业部再次决定继续实行校长负责制。为贯彻落实农业部批复的《北京农业大学校长负责制暂行条例》，建立、健全校长负责制的管理体制和运行机制，学校近一两年来在实践中做了有益的探索。

（一）健全管理机制

实行校长负责制的内涵是学校行政的决策权力和责任赋予校长一人来承担，使党委的政治核心作用、教代会的民主监督作用和校长的职责真正得到发挥，以期收到行动快、效率高的效果。为适应教育改革的需要，落实我校《校长负责制暂行条例》，逐步构建了新的行政领导框架——建立了校务会、校务委员会、学校工作会、行政办公会议制度，起决策和推动各方面工作正常运转的作用。

1. 行政领导框架

校务会是学校的决策机构。它由校长主持，副校长、党委书记和副书记为会议成员，校长办公室主任、党委办公室主任列席。主要讨论和决定重要校务问题，会前认真做好准备。凡系、处提交讨论和解决的问题，要有自己的意见和建议以及上级有关文件的规定，尽可能拿出几种方案，供校务会讨论和校长决策参考，从而提高了决策的科学性。1988 年共召开 42 次校务会；1989 年共召开 43 次。对部署全校性工作、教学、科研、推广、开发、人事（包括行政干部的任免）、财务、总务以及院系、处的发展等问题进行讨论并形成决议。

校务委员会是审议机构。由校长任主任，党委书记、副校长任副主任，委员由各院长、系主任、工会主席、团委书记、研究生会主席、学生会主席及学术造诣较深，有经验的教师组成。本着民主协商的精神，审议学校的办学方针、院系及专业设置、教育改革方案等重大事项。1989 年审议通过了《课程建设的实施意见》《校园建设总体规划方案》和《纪念建校 85 周年活动方案》等。这样可发挥高校人才优势，集思广益，使学校的重大决策更加科学化。

学校工作会议。它是从 1987 年开始的，在寒暑假召开，每次 2 ～ 4 天，由全校副处级以上的党政干部、校务委员会委员、各民主党派负责人、特邀的专家教授及有关人员约 200 人参加的会议。其任务：①对学校的办学方针、目标、管理体制、教学、科研、推广和开发以及人事、总务、基建等学校重大问题进行讨论。②对年度工作进行总结交流。③讨论和布置下学期学校的中心任务和系处行政管理工作重点。这个大型的会议在我校已形成了制度，它起着上下交流，互通情报，统一思想，增进共识，动员团结全校师生员工为实现新的目标共同前进的作用。三年间，学校工作会议已开过 6 次，都取得了令人满意的效果，对推动学校工作和全面进展起了积极的整合作用。

行政办公会议。它是讨论、布置和通报学校近期校事的工作会；是贯彻校务会议的重要途径。一般 2 ～ 3 周召开一次。由校长主持，副校长、各院系、各行政处级单位的主要负责人参加；必要时，经党委同意也请党委各部部长、党总支书记、工会主席和团委书记参加。1988 年召开行政办公会 16 次；1989 年召开 12 次。会议使各院系、各单位的主要负责人掌握了学校的整体动态和工作节奏，相互配合，协调一致地做好工作。

2. 群众性的民主监督和反馈系统

民主监督和群众性参与是实行校长负责制的重要组成部分。校长在教代会上，负责报告学校工作，听取代表的意见、建议和批评。校长主动提出教代会既要议教职工生活中问题，更要议学校教学、科研等各项改革大事。为使此项工作在组织上得到落实，1989 年年初召开的首届三次教代会下设了提案、生活、教育改革、民主管理和经费管理五个委员会。经费管理委员会在 1989 年就召开了两次会议，听取学校财务处的工作汇报，并提出了意见和建议。校长依靠教代会，教代会支持校长工作；既体现了校长置于广大教职工的监督之下，又体现了广大教职工是参与管理学校的主人翁，形成了一个群众性、经常化的民主监督和反馈系统。

3. 建立健全各种规章制度

为建立学校正常的工作秩序，完善学校管理，使学校各方面工作有章法、有效率地运转，学校近两三年来，除建立了会议制度外，还着重抓了教学、科研、推广和开发等方面规章制度的建设。如《88 级试行组合式教学计划》《课程建设的实施意见》《“科学技术成果奖”奖励规定》《关于青年教师参加实践锻炼的暂行规定》《实行教师职务聘任制的几点参考意见》和《关于京农新技术开发总公司暂行管理办法》等。这些规章制度都从不同的系统保证了学校工作的有序性。

（二）建立以校系为主轴，处室为侧翼的校系两级管理体制

多年来，我校行政体制大体上是校—处—系（院）—科（教研组）四级。由于在运行机制上强调集中和统一，以及当时条件的限制，形成了校、处两级管理的局面。由于校、处两级指挥，而作为教学、科研业务实体的系（院）则处于被动执行的地位，很难发挥他们的主动性。在行政管理体制上实现校长负责制以后，必须合理地调整机构，科学地划分职能和强化运行机制，以提高行政效率，实现行政管理目标。

1. 实行系主任（院长）负责制

院系是业务实体，处于教学科研第一线，是办学的基础。为改变院系被动执行为主动作战，与校长负责制相适应实行系主任（院长）负责制。这既是实行校长负责制的配套措施，也是实行校长负责制的基础。学校制定系主任负责制条例，明确系主任的任职条件、职责和权限。贯彻系主任负责制的中心是放权。学校下放人事权，结合聘任制给系主任用人权、技术考察和晋级职权；结合师资队伍建设规划下放进人、出人权；副系主任需系主任提名。

由学校考察批准外，其他行政干部均由系主任聘任。下放财权和物权，学校拨的科研开发基金交系主任支配；扩大各系在购买仪器药品方面的自主权。在行政管理方面，加强系主任为首的行政管理机构，配备行政副主任主管学生思想教育和根据工作需要设置秘书。

2. 明确处的职能

行政管理系统的各处，应是校长的办事机构，是专业辅助机关或综合辅助机关。其职能，一是贯彻执行上级和学校的有关决定；二是指导、检查、综合协调；三是为基层和业务实体服务。

为提高行政效益，学校采取了理顺行政关系，明确行政职能的措施，建立了以校系为主轴、处室为侧翼的校系两级管理体制。只有校长才能召开系主任会议，汇报布置工作，这就加强了学校的宏观控制，转变了处的职能；可以充分发挥院系“独立作战”的作用；并逐步淡化教研组的作用，借以实现“院、系上去了，学校就上去了”的战略思想。

3. 理顺关系、明确职责、统一步调

全校有系、处单位近 50 个。为使这些机构组成一个有机整体，按其职能分成四大系统。

业务系统：它包括四个方面，即教学实体、科研实体、科技推广实体和科技开发实体。其主要职能是出人才、出理论、出科研成果以及将成果转化为社会生产力，实现技术转让和自办高科技开发实体。

技术支持系统：它包括图书馆、出版社、计算机中心、电化教育中心，国家农业生物技术实验室、教学实验场、站等。其主要职能是为业务实体提供条件。

管理系统：它包括四个方面，即教学管理、科研管理、行政管理和后勤管理。其主要职能是为业务实体的发展提供服务。

保卫监察系统：包括保卫处、审计处和监察室。其主要职能是全校的安全保卫和监察。

上述四个系统，各司其职，以校、系为主轴，相互配合，形成有效的运行机制。

（三）建立以行政为主的学生工作系统

学生思想政治教育是学校教育的重要组成部分，是行政的份内职责。在实行校长负责制后，我校把学生思想政治教育工作逐步转归行政管理，以体现校长对学生德智体全面发展负责。我校由一位副校长分管学生思想政治工作，各院系有分管学生工作的副院长（副系主任），并与党团总支一起组成学生工作组。我校在大专生和本科生班设班主任，研究生实行导师制，班主任和导师是学生工作队伍的主体。这样全校形成了从上到下的学生思想工作的强有力的工作队伍。

全校学生思想政治工作在校党委统一部署下，始终坚持全面提高精神素质，把坚定正确的政治方向放在首位，强调把学校办成培养“四有”人才的熔炉。从理解与尊重学生出发，建立了校系领导随时接待学生来访制度和聘请学生做学校有关部门的助理，以直接沟通学校与学生之间的信息渠道，从而使学生对学校的工作产生认同感，并内化为自己的行动。学校通过狠抓班主任建设和加强班干部的指导与培养，使学生思想政治工作重心下移，强化了学生工作基础，让思想政治工作扎根在班级里。

这个工作系统，改变了过去德育、智育分管，专业学习与思想政治教育分家的状况，把思想教育与行政管理紧密结合起来，把“教书育人”“管理育人”和“服务育人”有机地结合起来，借以实现学生思想政治工作的整体功能。因此，我校学生思想政治工作在一两年的时间里形成了步步向上的好势头。在 1989 年的政治风波中，这个工作系统起到了应有的作用。

（四）加强信息传输

石元春校长任职后，在全校干部会上讲了这一段话：“北京农业大学正处在由旧的传统的农业大学向新型的现代的农业大学转变的历史时期。这是对我们这一代人的严峻的挑战，同时又给予了一个难逢的良机。需要的是远见、决心和勇气，团结奋斗与和衷共济的精神。振兴农大，首先要振奋农大人的精神。”为能做到上下配合、左右协调、内外交流、瞻前顾后，增强农大人的凝聚力和责任感，他非常重视信息的作用，并在组织上加以落实和加强。校长把建立校信息中心作为校长负责制试点工作的一项重要内容来抓。在原有工作的基础上，将《北京农大报》编辑部、广播站和闭路电视台组建成校信息中心。其宗旨是，视信息为资源、财富和动力；以搜集、处理、传播、贮存信息为学校各项工作服务。对内起整合作用；对外交流信息、加强报道，扩大学校影响，提高知名度。《北京农大报》由三周一期改为半月一期；闭路电视覆盖职工宿舍区，每周播放“农大要闻”“校事发布”“专题论坛”和专访等两次；与校长办公室合编的《北京农大信息》每周一期，以“短、平、快”的特点，多侧面反映学校各项工作前进的脚步；与 CIAD 合编《农业发展思考》，为发展我国的农业集思广益，为领导机关献计献策。

我校实行校长负责制始终是在书记、校长精心组织实施下，在理顺党政关系的基础上，思想政治工作和业务工作也都有相应的改善与加强。由于步调统一，全校系统整体功能增强，工作基础扎实，从而逐步形成了一个稳定、团结、奋发、进取的局面。

（潘大志，引自 1990 年《年鉴》）

12 学校四年的发展与我的述职报告

（1987 年 5 月至 1991 年 5 月）

【导读】

石元春校长的第一届任期是 1987.5—1991.5。1991 年 5 月他提交了《学校四年的发展与我的述职报告》，于 1991 年 12 月 29 日召开的第二届二次教代会和十二届二次工代会上，他作了一届任期的“述职报告”。报告将 4 年工作概括列为 21 条，前 11 条谈转型改革，后 8 条谈进展，最后谈工作中的不足和对以后工作的建议。国务院 1991 年 9 月 21 日下达了石元春连任北京农业大学校长和任期到 1995 年 8 月的通知。

自 1987 年 5 月受命，我的校长任期已满。现将学校四年的主要进展与我的述职报告如下。学校四年的发展是全校师生员工和广大干部共同努力的结果，我只是起了一个校长的作用。

《北京农业大学校长负责制暂行条例》对校长职责有明确和详细的规定。我体会主要是四条，一是执行党的教育方针和政府有关政策，运用先进教育思想，审时度势，从宏观上掌握学校发展方向和进程；二是领导全校行政各部门各单位完成国家下达的各项任务，做好组织协调和管理服务工作；三是团结关心广大师生干部，鼓舞士气，增强凝聚力，把学校的各项工作做好；四是多方争取条件和支持，提高学校知名度和社会地位，为办学和发展创造一个良好的外部环境。总的目标是逐步将我校建设成为综合性和多科性的，一流的新型农业高等学府。

四年来，由于全校师生员工和广大干部的共同努力，较好地成完了各项任务，学校有了一定发展。我个人在工作上能全身心投入而不敢稍怠。但囿于能力和素养，不足之处尚多。以下简述四年中学校的主要进展，最后谈我个人在工作中的失误和不足。

一、对就任时学校形势的认识

我校是国内历史较久、实力较强和有着优良传统的重点农业大学。最可宝贵和值得骄傲的是我校有一支很好的教职工队伍。四十年风风雨雨的历史证明，这支队伍不仅政治和业务素质好，而且有拖不垮和在任何艰难困苦条件下不仅能生活，还能团结一心，实心实意地工作，力争做出出色成绩的那么一股子精神和劲头。这是农大能发展至今和争取达到更加宏伟目标的重要条件和优势。

由于十年“文革”，20 世纪 70 年代末，境遇凄惨，恢复工作极为繁重。在叶剑英、邓小平、聂荣臻等老一代领导的关怀下，在农业部领导的支持下，历任校领导带领全校师生，克服重重困难，做了大量和富有成效的工作，打下了良好基础。但是，到 1987 年，经“文革”后十年的努力，全国高校多已陆续完成恢复工作而步入全面发展时期，而我校恢复任务仍重。教学质量、秩序和条件亟待改善和提高，2 万米^{2}房屋尚未归还，校园混乱杂居，破旧临时建房比比皆是；各项管理工作有待走上正常运行轨道，特别是财政上连续三年，每年 100 多万元的大额赤字以及进一步调动教职工积极性和关心群众生活等均亟须处理。提高教学质量，收回房屋整理校园，加强管理和关心群众工作和生活是我就任时面临的四大挑战。

但是，更重要的和深层次上的问题使我们丧失了二十多年的时间。第二次世界大战后，经十多年的恢复，20 世纪 60 年代以来，进入世界经济和科教文大发展的时期。科技日新月异，新的理论思想观念以及大学教育在不断更新发展。值此关键时期，我校却身受十年“文革”和十年繁重恢复工作的重负，精疲力竭而无力他顾，思想观念和工作上均大大落后于时代发展。不认识我校发展中的这个历史断层是可悲的，不找回这段失去的时间和弥补这个差距是无望的。思想观念上的落后是最可怕的落后。

我的任期正值我校发展的历史转折时期。一手抓眼前的恢复整顿，一手抓跟上时代的发展。既要顾当前，又要重长远。

二、审时度势，确定目标，乃首要大事

1987 年 8 月召开的第一次工作会议上，认真分析了形势，提出了我校正经历着两个历史性的转化。一是由旧的传统式的农业大学向现代化的新型农业高等学府的转化；二是教师和干部队伍在严重人才断层情况下由一代人向新一代人的转化。在此历史转折时期，存在着院系和专业设置、培养人才的质量观、教育层

次和结构、学科发展的观念、人、财、物的流通以及管理工作等六个方面的不适应。在深入和综合分析的基础上，提出了将我校建设成为综合性和多科性的，一流的新型农业高等学府的总体目标和六项具体发展目标。

目标系统是个纲，纲举目张。四年实践证明，以上分析和制订的目标是正确的，它起着统一认识和行动，指导和贯穿于各项工作，鼓舞和团结群众的重要作用。

三、调整完善学校的职能和结构，搭好新型农业大学的总体框架

在当今新理论技术日新月异、知识更新和社会变革快速的时代，大学职能已由单纯的培养人才向着教育、科研和社会服务的多功能方向发展。大学已不是封闭的象牙之塔，而要面向经济建设，与社会密切联系，成为时代洪流的中坚。

在大学的职能上，在强化以培养人才为根本，办成教育和科研两个中心的同时，建立和发展了我校的社会参与和服务职能。一是在中德合作项目，参与黄淮海平原区域农业开发和扶贫工作的基础上，于 1988 年成立了全国农业院校第一个专门性的农业推广机构——“北京农业大学农业综合发展中心”和第一个农业推广专业；二是 1988 年成立了“北京农业大学高新技术开发总公司”。前者以推动实用性技术向生产转化和农村综合发展为主；后者以可以物化和商品化的高新技术产品的生产和经营为主。二者服务于社会，也促进教学科研的全面发展和缓解学校经济拮据状况，是学校自我完善和发展的需要。

在农业高等教育的结构上，长期以来，我校只有本科教育和招收少量研究生。1984 年成立研究生院以来，研究生教育有了很大发展，已经成为一个稳定和比较成熟的教育层次。但是在当今科技发展和知识更新迅速的时代，在终身教育思想的指导下，继续教育已成为现代大学教育中的一个重要支柱。我校在过去干部教育的基础上，1988 年成立了我国农业高校中的第一个继续教育学院，完善了我校的教育体系和结构。

适应时代进步和社会发展，运用现代教育理论和思想，调整和完善了我校的职能和结构，一个新型农业大学的总体框架已经形成。

四、把德育放在首位，将精神素质培养纳入培养目标和计划

1987 年召开的第一次工作会议上提出的质量观中，首要的是以正确的政治方向，献身和创新精神以及良好的文化素养为主要内容的精神素质培养和品德教

育，并纳入培养目标和计划。一位副校长专抓学生的品德教育和精神素质培养。学校行政与党委结合，成立了学生工作办公室，制订了学生思想工作的目标、内容、体制、队伍、运行机制、途径和方法。做到思想、组织、内容、措施，时间“五落实”和工作、感情、时间“三投入”。以务实的精神把虚的工作往实处做。使理论、形势和国情教育、人生观和献身精神教育、品德风貌和纪律教育做到经常化和系统化。

自 1987 年以来，坚持抓校风建设。第七次工作会议提出从整顿育人环境入手，狠抓校风学风和班风建设，制订了“关于加强优良学风建设的意见”，开展创建优良学风班活动。学生中的精神面貌和风气有了很大改善。

学生参加社会实践是年年抓，年年有新发展，对学生了解国情农情，全面提高其思想政治素质起了重要作用。每年有 1/3 以上的在校生（1 000 余名）以各种形式组成小分队走向全国 20 多省（市）的农村。我校被评为高校社会实践先进单位，多次多人获多种奖励。

四年来，党政结合，齐抓共管，开创了学生德育和精神素质培养的新局面。广大政工干部和教职工进行了大量深入细致和卓有成效的工作。

五、更新质量观，从宏观和微观两个方面进行改革，提高本科教学质量

提高本科教学质量是当务之急。工作是沿着两条主线展开的。第一条主线是在宏观上，根据现代教育思想，首先要改变现行的窄深和专家型的培养模式为具有广适应性的通才型培养模式；改变以传授知识为主为知识与能力并重和更着重于能力培养以及把重点放在打好基础、拓宽知识面和加强实践教学上。本着这个教育思想和质量观上的改变，1988 年开始了“按系招生，组合式教学”改革，全面修订了教学计划，调整了课程，编印了我校第一部《教学指导书》，招收了第一届学生。三年实践说明改革方向正确，从整体和学生智力结构上提高了培养质量。同时，为适应国民经济建设发展的需要，新设了药检、土地资源、农业推广、观赏园艺等专业或专业方向。

第二条主线是在整体和结构优化的基础上，1989 年及时转入以课程建设为中心的微观上的改革。课程建设以“建”和“创”为核心，处理好十个方面的关系，制订了《北京农业大学关于课程建设工作的意见》。本科生第一批重点建设的课程 42 门，经一年多的努力，评出一类课 7 门，达标课 33 门。围绕重点课程建设，专项拨款 30 余万元，教学条件有所改善。为加强基础课教学采取了装修新语音室等九项措施，共拨专款 50 余万元。此外，教材建设、教学管理也取得较好的进展。

四年共毕业本科生 1 772 人，专科生 101 人；招收本科生 2 321 人，专科生 232 人；函授和夜大毕业专科生 2 222 人，招收 1 044 人。

六、研究生教育得到巩固完善，成为我校教育结构中的一个重要层次

经历了 20 世纪 80 年代中期的大发展，我校研究生教育的工作重点是巩固完善和提高质量。主要表现在以下六个方面：第一，对 1981—1985 级 22 个专业已毕业的 497 名硕士生进行了硕士学位授予质量的全面复查，肯定了成绩，总结了经验，找到了不足，明确了努力方向。第二，全面修订培养计划、制订了开课计划和编写了 310 门课，近百万字的教学大纲，这是一项重要的基本建设。第三，11 个国家级重点学科和 27 门重点课的建设，拨款 150 余万元；同时广泛开展了课堂评议和评选出优秀教学成果 19 项。第四，通过考前补习班以提高考生中在职人员比例和质量；通过中期考核以全面督促检查前期学习质量和优奖劣汰，通过论文评议的分项评分和分挡的方法激励了导师和研究生做好研究工作的积极性，提高了研究生的培养质量。第五，在职人员申请学位是多渠道培养高层次人才的要重方式之一，四年来，授予博士学位的 1 人，硕士学位的 23 人。第六，我校是农科设置的唯一一个农学博士后站，四年中进站 25 名，出站 9 名。它是培养高层次人才和为我校补充优秀教师的一个重要渠道。

四年来我校研究生教育质量和管理水平有了明显提高，成为我校教育结构中的一个重要层次。四年累计毕业博士生 59 名，硕士生 696 名。

七、建立和发展继续教育体系

我校继续教育是对具有大专以上学历，有一定实际工作经验的在岗科技人员、教师和管理人员，以多种形式进行知识和技能上的更新、提高和补缺。我校已有十年管理干部教育和举办各种培训班的经验。但是缺乏继续教育理论的指导，工作面窄，规范化和制度化程度不高，一些关系未理顺，管理未跟上。

为了建立和发展我校的继续教育，经农业部批准，于 1988 年 4 月成立了继续教育学院，与农业部管理干部分院一套人马两块牌子。三年来，在继续完成北方六省县以上农业领导干部第二轮第 5 ～ 8 期培训和为期两年的“农业技术与管理”专业证书班以外，加强了大学后和高层次的继续教育。如以具有高级技术职称的技术人员为主的“北方吨粮田技术高级研修班”“农北区域开发高级研修

班”、德国专家举办的“教学法研修班”等。与各院系联合举办的专业性培训班百余次，参加者 6 000 余人。音像教材和《通讯》等文字材料扩大了教育范围和距离。面积约 5 000 米 ^{2} 的继续教育大楼、专用报告厅和餐厅为开展继续教育提供了良好的条件和设施。

继续教育开始打开局面，它将为“八五”的发展提供一个良好的工作基础。

八、改善结构，形成重点，提高科研工作整体水平

自 1986 年制订我校“重点学科发展规划蓝皮书”以来，一直在解决广泛争取项目与自我主动部署的矛盾。不广泛争取项目就得不到科研经费和参与国家建设及学术界活动的机会，但也带来项目散、小、杂、低，自发发展，管理失控的现象。很难形成大的成果和优势学科领域，整体科研水平难以提高。第三次工作会议（1988.8）集中讨论了这个问题，提出了处理好五个关系，抓好五方面工作。继而提出一手抓传统学科的发展更新，一手抓综合和新兴学科。在抓好重点学科、重大项目、重要苗头（“三重”）的基础上，逐步形成农业生物技术、农业资源环境、高新技术农业应用和重大基础研究“四个科研战略高地”。将有关学科综合组织，形成我校的优势学科群和研究特色。

目前已经形成 11 个国家级，20 个校级重点学科，15 个“七五”重点项目和一些重要苗头的课题。第一“战略高地”——农业生物技术涉及 8 个系的 10 余个学科。经过充分酝酿，以国家农业生物技术开放实验室和农业生物学院为基础，成立了我校农业生物技术委员会，制订了我校农业生物技术发展的《909 计划》，这个优势学科群正在形成。以黄淮海平原综合治理和农业开发为主体的农业资源与环境，以计算机、遥感信息系统（GIS）为主要内容的高新技术农业应用以及一批重要基础性研究等三个“科研战略高地”正在酝酿和形成。

作为一所高等院校，我校在基础研究、应用研究和开发研究的结构和比例上，在过去几年一直存在基础研究较弱的现象。经过近几年的调整，基础研究经费在学校总研究经费中由“六五”的 2% 稳步增长到 1990 年的 26%。这对改善我校科研结构，提高整体水平有着重要意义。

我校“七五”科研经费较“六五”增加 48%。截至 1990 年，已获国家级奖 11 项，部委级奖 60 项，数量和级别显著高于“六五”。黄淮海平原综合治理、亩产吨粮技术体系、高等植物体内的玉米赤霉烯酮、耐病毒诱导剂的人工免疫机制等一批科研成果和增产菌、种衣剂等的大面积推广等均产生重要影响和经济效益。

九、一个新的“支柱”——农业技术推广的建立

农业技术推广在高校中一直是某些应用研究的附带性工作。大学应不应该搞推广也是个有争议的问题。我对此是持肯定态度的。一是随着社会和经济的发展，现代大学必须走出象牙之塔，克服封闭状态，积极参与和服务于经济建设，而农业推广乃是重要形式和渠道。二是中国农业发展中的一项长期而重大的战略任务是促进科技成果转化为生产力，农业大学不能置身于外。三是有利于师生深入生产，联系农村，服务农民，发扬理论联系实际的学风，提高解决实践问题能力，这是学校自我充实和完善的需要。教学科研生产相结合和学产一体化也是世界高教发展的一种趋势。

1987 年，我校建立了我国第一个农业推广专业。1988 年结合中德合作项目建立了我国第一个农业推广的业务实体——“北京农业大学农业综合发展中心”。这个中心有一支以博士、硕士和学士等中青年为主体的 30 余人的精干队伍；有一座设施先进的楼房；有一个大型的国际合作项目和有一个黄淮海平原区域农业开发的广阔用武之地。

1988 年以来，每年有三四百名师生到河北邯郸、衡水和沧州三地区的基地进行实习。农业推广中，已对科研基点和实验站向外作技术示范，进行推广扩散，采用与地方技术力量和农户结合的协力推广以及建立农业推广试验区和技术咨询培训等多种形式，以我校 38 项成熟的实用技术为内容，从事了大规模和持续的农业推广实践。举办各类培训班百余次，接受技术培训人员近 2 万人次，集市大型现场咨询 620 场，30 余万人次；发放各种技术资料 40 余万册（份）。农业推广取得了重大增产和经济效益，深受农民和地方干部欢迎，同时也锻炼提高了我校师生，在实践中探索了农业大学参与科教兴农的宝贵经验。农业推广在我校找到了自己的位置，成为我校新的重要支柱。

十、一个新的领域——农业高新技术产业的开拓

1984 年我校开始组织以技术转让和部分可物化技术成果的生产销售为主要形式的科技开发工作以来，取得了一些成绩和经验，也走过了一段弯路。主要的问题和经验是要提高认识、改变观念，要将一般性的技术成果转化和创收提高，在当今技术革命和社会生产力高度发展的形势下，大学参与高新技术产业开发是时代赋予的新的使命来认识。这个带有世界性的趋势在我国当今形势下具有更加重要和现实的意义及特有的表现形式。

1988 年，成立了北京农业大学新技术产业开发总公司，负责开发我校可以物化和进入商品市场的高新技术科研成果。选任一名博士为总经理，有 60 个企业编制，学校提供所需物质条件并制订了管理办法。公司直接组织开发的有食品级赤霉素、玉米赤霉醇、莫能菌素等微生物发酵产品、新农药和微孢子虫制剂、NS-83 增抗剂等。重点开发的还有增产菌、种衣剂、缩节胺。由各系组织开发的有作物和蔬菜良种、饲料添加剂、兽药等。年产值在 1 000 万元左右，利润 20% 左右，出口创汇 50 余万美元。1989 年，国家计委和农业部批准在我校赤霉素厂的基础上，投资 600 万元，建立“农牧业用微生物发酵工程工业性试验基地”。这个基地的建成，将为我校生物技术中具有优势的发酵工程科研成果及时转化为产品提供良好的中试条件并大大提高产品的开发能力。

一个新兴的事业——农业高新技术产业开发开始在我校形成和打下良好的基础，它将对我校建成一个新型的农业高等学府，促进教学科研和推广的发展和改善经济状况发挥越来越重要的作用。

十一、国际交往有了新的发展

四年来，我校派出攻读学位、访问讲学、合作研究和参加学术会议的人员 567 次；请进外国专家 150 人次；接待来访 1 079 人次；接受外国留学生和实习生 59 人次；与日本东京农业大学和苏联季米里亚农学院建立了正式校际合作关系以及在成功地完成第一期中德农业综合发展合作项目（CIAD）后，于 1990 年开始实施第二期合作项目。

在此期间，我校国际学术交流在内涵上开始发生重要变化。由 20 世纪 70 年代末以来的“大进（大量请进外国专家讲学）大出（大量派出教师研究生学习）”阶段向着“重点进出，扩大领域，相互交流”方向发展。表现在派出人员的层次提高了，合作研究和讲学多了，举办国际会议和国际培训班多了，一般性的请进派出少了。另外，连续三年与日本东京农业大学交换大学实习生，11 位美国专家用英语为研究生和大学生讲授“实验动物系列讲座”以及聘请日本教练成立了我国大陆第一支英式橄榄球队等都说明我校国际交往日趋成熟和领域不断扩大。

国际交往对吸收国外先进的学术思想、科技和管理经验，提高我校教学科研管理水平和师资队伍素质有着重要意义。国际化也是现代大学的重要特征之一，我校于此又向前迈出了一步。

十二、技术支持系统有了明显加强

为了完成教学科研推广和高新技术产业开发任务，必须有一个强大和高效的技术支持系统。四年来这个系统有了明显加强。

一座现代化的、面积 1.2 万米 ^{2} 的新图书馆于 1988 年 6 月动工，1990 年 10 月建成投入使用。先进的建筑设计、设施和管理、国际联机检索和激光光盘检索等现代信息技术以及全国农科外国教材中心的建立等使我校的图书资料和情报信息条件提高到一个新的高度和跨全国先进行列。

涿州教学实验农场在完成所担负的教学科研任务的同时，农业生产持续稳定发展。工农业总产值和净利润分别较 1986 年增长 79% 和 102%，累计投资约 400 万元。

这几年，昌平实验站不仅承担了 300 多名本校学生和 24 名日本实习生的教学和 6 个院系的 40 多项科研课题以及推广了我校培育的玉米“农大 60”系列、高油玉米、小麦 142 和 146、褐壳蛋鸡外，还扭转了过去严重亏损的局面，总收入由 110 万元提高到 350 万元，三年累计盈利 120 万元。实验站的建设也有了发展。

电教中心拍制教材 160 部，7 267 分钟，播放 1 700 多场，收视 11 万人次。中心在人员素质、制作水平和管理上均有很大提高，拍制的教材和科技片中，有 7 部获奖，包括在国际农业电影节上获联合国粮农组织颁发的“丰收之神奖”、国内电视教材“金穗奖”、北京市电化教材“金烛奖”等。

出版社是大学教学和科研成果展示的一个窗口。我校出版社自 1985 年成立以来，经历了从无到有的艰难创业阶段，现已发展为拥有编辑和行政管理人员 21 人、印刷厂工人 29 人，固定资产 95 万元的规模。四年累计出书 200 种、60 万册、6 580 万字、总码洋 560 万元。现已达年出书 50 种、15 万册和 1 500 万字的出版能力。

十三、后勤保障工作成绩显著

食住行医、水电暖保等后勤工作十分繁重，是教学科研等各项工作顺利进行、师生员工具有良好工作和生活条件的重要保障。

我校学生食堂工作一直先进，获国家教委、农业部和北京市的表彰。车队四年安全行车 270 万公里，节油 7 万升，维修保养和出车正点率均获好评。我校供暖面积连年扩大，较 1986 年增加 3 万米 ^{2}，而用煤逐年减少，在节约水电上被评为部级节能先进单位。房屋修缮、医疗保健、电话电讯、校园管理、幼儿入托等均提供了良好服务。

我校保卫工作，在查处隐患、防火防盗和维护校园治安方面成绩显著。坚持24小时巡逻，重点保卫，多次排除火险，查破案件在50%左右，多次受到北京市和海淀区的表彰和授奖。

十四、办学条件和环境有了很大改善

1987年以来收回部队占房1.9万米^2，1989年秋方得校园一统，但大片年久失修老房亟待修缮。几年来先后对约4.7万米^{2}的楼房进行了不同程度的整修，维修改建教室实验室161个，改装课桌600余套，修建道路3 000余米^2。

四年来，在农业部支持下，干训楼和食堂，101教授楼，研究生10号楼和11号楼，农业综合发展中心楼，同位素楼，图书馆、体育场看台等相继建成，累计面积3.5万米^2。科学园区268亩地的购置，改善全校排水状况的小清河下水排污工程的完成，游泳池和体育场的翻建等均大大改善了我校办学条件。

为了整理校园，拆除木板房84栋，临建房100多间，改建了校门和门前区，植树4 555株，占总树数的40%；绿篱4 575米，占总绿篱数的75%；铺草坪2.32米^2，占总草坪面积的42%，校园面貌有了很大改观。

四年中，新购仪器设备2 927台件，金额1 234万元。以集资方式将电话由700门增至1 160门，各类外线由36对增至100对。

十五、扭转财政危机，进入正常运转

1984—1986年，由于管理混乱，年年赤字百余万元，三年累计赤字337万元，校财政陷于严重困境。经过大力整顿和强化管理，在事业经费基本未增，物价大幅度上涨情况下，以创收补缺，连续四年财政持平，管理进入正常运行轨道。

财务管理的指导思想是：保教学业务、节水电暖、压行政开支，在加强管理中节支挖潜。人头费占事业总经费逐步增加，由1986年的40.65%上升到1990年的51%。教学业务费和水电暖分别稳定在25%和13%左右。教学业务费的绝对数尽管稍有增加，但物价上涨，使原本严重不足的经费更加困难，达到难以维持的地步。

为了缓解学校经费不足和教职工收入低下，学校千方百计组织创收。1988—1990年的基金收入分别为221万元、230万元、310万元。基金中，60%～70%

用于奖励福利，其余用于学校发展。四年累计用于学校发展的金额为 135.6 万元。

十六、教师队伍结构发生了重要变化

在教职工队伍的管理和建设上，采取了严格控制规模、调整内部结构、加强人事管理的做法。四年中，离退休 253 人、调出 74 人、停薪留职 123 人，总减员 417 人；接收应届毕业生 292 人、调入 109 人，总增员 401 人。到 1990 年年末，全校教职工 2 059 人，较 1986 年减少 16 人，人员流动率 20%。

这四年，是我校教师队伍在人才断层情况下，由一代人向新一代人过渡的重要时期。要根据老、中、青三代人的各自特点、充分发挥其作用和慎重处理好过渡。此间，先后有 95 位教授和 103 位副教授离退休。教授中约 60% 以不同形式返聘，继续在教学科研岗位和培养年轻一代上发挥重要作用。中年人数虽少，但为各岗位上的主力和骨干，起着中坚作用。青年教师的补充和选留坚持质量原则，在接收的 292 名中，具有博士或硕士学位的占 62.7%。四年共进博士 45 名，其中国内培养的 31 名，国外取得学位的 14 人。

四年来，教师队伍的年龄结构中“断层”依然变化不大，但平均年龄明显下降。1986 年和 1990 年 50 岁以上教师占总教师人数分别为 41.9% 和 36.5%，35 岁以下分别为 33.5% 和 48%。全校教师人均年龄由 47.5 岁降为 41.1 岁；教授年龄由 68 岁降为 61 岁；副教授由 58 岁降为 53 岁，讲师由 51 岁降为 36 岁。

学历结构上，具有研究生学历的由 1986 年的 11.5% 上升到 1990 年的 44.2%。先后有 126 人晋升教授，428 人晋升副教授及相当职务，高职由 33% 上升到 37%，中职由 31% 上升到 37%，高中职由 64% 上升到 74%。高职中，在有一批学术造诣深、威望高的老教师的同时，上来了一批 50 岁上下的教授和三四十岁的副教授。尽管平均年龄仍偏高，但也看到可喜的变化趋势。青年教师中由于留人的学历和年龄层次提高，他们比较成熟和能较快地承担教学科研重任。

教师队伍在断层形势下的中老交替中，青黄不接、两头不稳和培养管理任务极重都要给予更大关注。

十七、努力争取条件，改善教职工生活

改善居住条件和为每年新进约百人提供住房是件大事。继 101 教授楼投入使用后，又收回和维修了住宅约 1 万米 ^{2}，为 689 户中老年教职工调增和分配了住房。在住房十分困难的情况下，腾出了 1 号楼、4 号楼，使 204 户已婚青年教职

工分配到过渡性住房，分房年龄降至 27 岁，在北京市高校中排在前列。全校分房调房户占总户数的 70%。天然气及燃具、烤箱和热水器普及每个家庭；60% 住户安装了电话，大大改善了职工生活条件。

四年来工资调整达 8 953 人次，年增资 95.2 万元，平均每人每月 40 元。职工人均奖金和津贴等由 300 多元（1986 年）增长到 640 元（1988 年）和 900 元（1990 年）左右。

十八、建立和完善管理系统，提高运行效率

在当今迅速发展变革的时代，一个用现代管理科学指导的科学决策和高效运行的管理系统对学校的存在和发展具有十分重要的意义。首先，根据“中共中央关于教育体制改革的决定”精神，部党组的指示和我校“校长负责制暂行条例”，加强以校长为首的最高行政决策机构——校务会和相应的参与监督系统。第二，将事实上存在的校、处、系、组四级管理体制改变为以校系为主轴的两级管理体制，确立系的中心地位。第三，将全校机构按照职能划分为四个系统——业务系统、技术支持系统、后勤保障系统和管理系统，以各司其职。第四，建立和严格实行以每周一次的校务会议、3 ～ 4 周一次的行政办公会议和每半年一次的工作会议为主体的会议制度，以推动各项工作的有效运行。第五，制订了三十余项规章制度以使各项工作运行在正常轨道上。管理工作的工作作风是“沉下去，做实事，服务好”。

信息是一种重要的资源、驱动力和软管理手段。1988 年成立信息中心，以《北京农大报》、闭路电视台、广播站和文字出版为主要传播媒介。四年中，出《北京农大报》70 余期，闭路电视台播放“农大要闻”和“校事发布”340 次。编印了三部年鉴（1988—1990 年）、我校校史和中共组织史、教授名录以及介绍我校的多种文字和图片材料。据不完全统计，多种报刊登载有关我校报道 300 余篇条、中央电视台和北京电视台播放 16 次。各类信息在校外覆盖着不同层次和范围，发挥着各种不同的影响和作用。

十九、努力创造一个良好的外部环境和社会形象

任何一个国家、单位或个人的存在和发展都需要创造一个良好的外部环境和社会形象。一个大学争取在社会上的较大影响，学术教育界的较高地位以及与社会各界良好的联系，不仅是综合校力和水平的体现和得到社会的承认，同时也将

产生获得社会多方支持的正面效应，有利于学校自身的发展。每一个农大人都在为此而做出自己的贡献。

几年来，在争取农业部和有关司局、国家计委、国家教委、国家科委、北京市、河北省等领导部门、兄弟院校和社会各界的了解和支持上取得了较好影响和效果。黄淮海平原综合治理、建立农科实践教学体系、按系招生组合式教学改革、增产菌、吨粮田、中德合作项目、中日互换实习生、建立我国大陆第一支橄榄球队、组织 85 周年校庆和全国农业高校运动会等教学科研成果和活动均带来了较大社会反响。积极组织教师参与区域农业开发扶贫、农业推广和高新技术产业开发等国家重大经济活动和参加江总书记李总理等国家领导人主持的高层次咨询等均大大提高了我校的社会影响和地位。近两三年在重要报刊发表我校各类报道 300 余件和中央电视台新闻联播等节目每年约十次地播放我校新闻也发挥了重要作用。

综合校力、社会形象和获取支持是互相作用的，是学校存在和发展的重要外部环境。

二十、我在工作中的主要失误和缺点

主要失误有三个。

第一，回顾我这四年工作，抓宏观性的工作多而微观性的少；抓大的方向多而深入细致的工作少，尤其表现在抓教学上。抓观念和方向、结构和重点的宏观调控，从整体和根本上提高教学质量无疑十分重要和具有战略意义。然而，教学质量是由众多要素构成，提高教学质量要综合治理，大量工作在第一线的课堂、实验室和实习现场，这正是教师和学生每日每时接触和所关心的。我在这方面工作不力的原因，在思想方法上是习惯于顺向思维而少逆向思维；在工作作风上缺乏深入和细致，有顾此失彼的现象。

第二，在师资队伍，特别是青年教师队伍建设上，我对意义认识充分，讲得也不少，但在选留、思想教育和培养、稳定性和严格管理等工作上进展不大。总觉得这个问题太大太难，待腾出手来好好抓。结果是摆脱不了日常事务而耽误了大事，这是缺乏领导能力的表现。

第三，在干部队伍的培养、管理和建设上抓得不力是又一失误。我深感“正确路线确定后，干部是决定的因素”，哪里用人得当，哪里工作就能较好地完成；哪里干部素质高，哪里就问题少，工作出色。而在实际工作中，只做了选任工作，没有抓培养提高，工作和生活上也很少关心，管理上也没有明确思路和办法。整个学校的运行，管理系统起着火车头的作用，马力大小和能否有效运转，在很大程度上取决于这支干部队伍，特别是百余名中层干部。只使用，不培养，少管理，如只顾砍柴，不思磨刀，必然事倍功半。

除以上三个失误外，工作中抓得不力的还有系主任负责制，涿州教学实验农场和昌平实验站以及教职工和离退休干部的生活等。工作方法上自上而下的多，自下而上的少；行政布置多，与群众沟通思想和情况，听取群众意见少。主观、固执己见、时而急躁等缺点也影响了工作。

二十一、对今后工作的几点建议

学校的恢复时期已经结束，进入了一个新的重要发展时期。90 年代的前五年起飞，后五年大发展，20 世纪末基本建成为综合性和多科性的，一流的新型农业高等学府。基于以上工作基础和认识，今后工作中应注意抓好以下几点：

（1）要有一个远见卓识，切合实际，可以操作的发展计划并付诸实现。

（2）要切实抓好学生的精神素质培养和业务素质培养，把教学质量抓上去。

（3）要切实抓好教师队伍建设，特别是青年教师队伍的建设。

（4）要切实抓好干部队伍建设，特别是中、青年干部的选拔、培养和管理。

13 勾画好“八五”发展蓝图

——在第九次工作会议上关于制订我校“八五”计划思路的讲话

（1991 年 8 月 30 日）

【导读】

历经三年的多方努力，学校基建计划终于被批准列入国家“八五”大中型建设项目（新建 16 万米^2，国家投入资金 1.06 亿元）；同时，农业部又将我校列为部“八五”重点建设计划，这是学校发展历史中具有重大意义的两件事。以此为契机，学校组织制订了《北京农业大学“八五”发展计划》。

1987 年第一次工作会议上提出的办学方向和发展目标，以及“三年转型改革”实践是制订“八五”计划的思想和工作基础。总结讲话中提出的现代农业大学 12 条特征及北京农业大学发展目标的表述正是在此基础上提出和发展的。“八五”计划对北京农大发展目标的表述是：建成为教学和科研两个中心，并具有农业推广和高新技术产业开发职能，以培养高层次农业专门人才为主，以高质量教学和高水平科研著称，较高国际化程度和具有国际先进水平的，综合性和多科性的，一流的新型农业高等学府。具有规模不大水平高，人员不多素质好的特色。以下是石元春校长在第九次工作会议上关于制订我校“八五”计划的思路。

“八五”计划和十年规划的工作目标和重点是：◆继续加强继续教育、农业推广和高新技术的产业开发三个新的和尚较薄弱的环节，以获整体优化和综合发展之效。◆发展方向是本科教育与研究生教育并重，并大力发展大学后继续教育。本科生与研究生在校人数之比由现在的 1∶0.25，“八五”计划末发展到 1∶0.4 左右，后五年达 1∶0.6。◆继续大力提高教学质量，具体内容有建立德育和精神素质培养的体系；强化基础教学和实践教学；以课程建设为中心，狠抓教学内容的更新提高和教学方法的改革；强化学生能力的培养，以及持之以恒地抓好教风和学风建设。◆在全面完成科研任务的基础上，以“三重”和“四个战略高地”建设，带动各学科发展；努力建设好一批国家和部（校）级研究所、中心、实验室和工业性实验基地；在全面提高学校整体科研实力和水平的基础上，形成一批国内具有明显优势和领先地位，国际上有较大影响的优势学科和领域。◆队伍建设是办学水平高低和事业成败的关键。做好新老交替工作，建设一支素质好、水平高、又红又专的，以一批博士生导师、学科带头人和业务骨干为主体的，学科分布和结构合理的师资队伍。◆高质量、高速度和精心组织和完成国家批准的“大中型基建项目”，组织好高新技术产业开发，继续加强技术支持和后勤保障系统，大面积大幅度地改善我校办学和生活条件，以及改善办学和教职工的经济状况。

分项计划制订的思路是：◆为学生创造一个尽可能好的成长环境，培养提高他们的精神素质，即“熔炉工程”，或精神素质培养的“环境工程”。◆研究生教育的目标主要是为教育科研系统和管理系统培养高层次农业专门人才，为21世纪培养一批能战斗在农业科学各学科前沿的优秀农业科学家。◆集中建设好国家级和校级的两级重点学科，做到有目标、有计划、有检查和能落实。在完成科研任务的基础上，以建设“三重”和“四个战略高地”为中心，传统学科与新兴学科并重，全面提高整体科研实力和水平，形成一批具有明显优势和领先地位的学科和领域，形成我校的科研格局和特色。◆教师队伍建设是学校工作质量水平以至成败兴衰的关键所在。现在正处在人才断层形式下的急剧换代时期，如经过一番阵痛，“青出于蓝而胜于蓝”的一代新人辈出将给农大带来新的生机和水平。如有闪失，新的平平一代将使农大步履艰辛，水平难上，丧失一二十年或更长时间。当前的主要问题是青黄不接，队伍两头不稳，素质不高和骨干缺乏。◆到“八五”末，我校的教师队伍的建设目标是以约百名由学部委员、博士生导师、优秀中青年科学家，约200名学科带头人和业务骨干以及广大教师队伍构成的，结构布局合理、又红又专、高素质、精干高效，充满朝气和进取精神的优秀教师集体。◆教师队伍建设工作的重点和关键是按学校发展规划，以学科为单位，通过定编设岗，宏观控制，达到结构和布局的合理，同时以竞争机制择优，保证个体质量，以政策导向，促进人才的合理流动，使结构和个体不断优化。

“八五”计划和十年规划是“八五”起动，90年代腾飞。这是国家和时代赋予我们的历史使命，是农大人的夙愿，也是石元春校长对自己母校的梦想。

同志们：

我们渡过了一个炎热的暑假，在新学年开学的前夕又聚集到一起来了，共商学校发展大计，讨论制订我校“八五”计划和十年规划的思路。盖一座大楼，首先要把要求和功能讨论清楚，拿出一个满意的设计，然后再做施工设计。搞个大计划也是这样，先要反复讨论清楚发展方向、目标要求，把思路理清，再作具体计划。看来似乎慢些，实际上是快了。有了个好思路，计划就完成了一半，质量也有了保证。

在讨论思路以前，先向大家报告一个好消息。经过坚持不懈的努力，在国家计委和农业部的关怀和支持下，我校的基建计划最近被批准列为国家“八五”大中型建设项目，这是我校发展中的一项具有重大意义的事件。

1984年，国务院批准我校为全国十所重点建设大学之一。由于种种原因，一直未被列入国家计划，1988年秋开始准备，请清华大学建筑系制订总体规划，1989年3月完成。为呼吁列为国家大中型建设项目，4月份即写信李鹏总理，姚依林、田纪云副总理等国家领导人，并得到了他们的批示。但在列项程序上，一要首都规划委员会批准总体规划，二是落实建设资金，这是两个非常复杂和困难的问题。前者基建处奔波数十次，终于1990年春获得首都规划委员会的批准，这是北京所有高校中极少能做到的。资金问题难度更大。两年来，曾多次向国家计委和农业部领导汇报争取。今年七月再次行文国家计委要求列项；俞大绂、娄成后等十四位著名教授联名上书邹家华副总理，慷慨陈词。在国家计委领导和农经司、投资司的关怀和支持下，终于8月批准列入国家“八五”大中型项目，明年开始执行。历时三年锲而不舍的努力，愿望终于实现。它必将大大加速我校建设，改善办学和生活条件，促进各项工作、教学质量与科研水平的提高以及对全校师生员工以极大的鼓舞。无疑，它为这次讨论“八五”计划和十年规划注入了新的和重要的因素和动力。

关于“八五”计划的思路已经给这次会议提出了一个讨论稿，我只是在一些要点上做些阐述。先谈总体思路，再谈部分的思路。

一、总体思路

（一）本着什么精神制订计划?

提了5条：一是要高瞻远瞩和高标准；二是以改革为先导和动力；三是要实事求是，能够实施和操作；四是发动群众参与和依靠群众实现；五是在总结过去工作的基础上制订。

（二）关于背景和面临的形势

大形势是，90年代我们面临着全球性的新技术革命和资本主义国家对我国和平演变两个严重的挑战。从国内形势看，有利的方面很多，如全党全民重视农业、重视科技，科技兴农之风方兴未艾；高级农业专门人才的需求将日益增加，研究生将出现需大于供之势；国家提出了高等教育“八五”发展的24字方针和高校分三个层次办学。从我校形势看，农业部已将我校列为“八五”重点建设计划；计委已批准基建列为国家“八五”大中型项目以及过去几年工作打下的基础均是实施“八五”计划的有利因素。

我们面临的不利条件主要是：教学经费仍将严重不足；教学质量仍是个严重

问题；教师和干部队伍在“断层”情况下，将由一代人向新一代人的急剧过渡以及各项工作虽有明显进展，但只是开始，问题困难甚多。

以上所列“八五”和90年代我校发展的内外部环境和条件可概括为：严峻、有利、任重和光明八个字。

（三）制订“八五”计划和十年规划要解决的核心问题是什么

我认为是要有一个明确和科学的发展目标。

规模如何定？本科生与研究生之比如何定？要不要搞推广和办公司？图书馆、一场三站、科学园等技术支持部门应本着什么精神发展？房子先盖什么，后盖什么，功能和大小怎么定？等各种具体问题都涉及我们要想把农大办成一个什么样的大学。目标的统一，方可能有认识和行动的统一，才可能提纲挈领，一通百通。这是一项思想上的基本建设。

那么，农大要办成个什么样子的大学？1987年的第一次工作会议上即明确提出了我校的发展目标是“综合性和多科性的新型的一流农业高等学府”。在形势分析的基础上，提出了“由旧的传统式农业大学向新型农业大学的历史性转化”以及存在“六个方面的不适应”的分析。四年实践证明，所提目标和分析是正确的。

所说的传统式的农业大学，并不是不对和不好，而是反映和代表着过去的时代特征和要求，是历史发展过程中某个时期的产物。20世纪中叶以来，时代变化得太快太大了。当今的时代新理论新技术日新月异、知识“爆炸”，社会变革快速。这些时代特征正极大地冲击着传统的教育理论和思想。大学的办学思想、职能、结构、教学方式、内容、方法和管理等都在经历着一场深刻的变化。我校也不可避免地经历着由旧的传统式的农业大学向新型农业大学的历史性转化，这是不依人们意志为转移的时代赋予的使命。自觉地认识和促进其转化，发挥认识的能动作用对我们是至为重要的。

那么，能反映当今时代特征的农业大学是怎样的呢？就此谈些个人认识，以作讨论参考。

（1）除教育职能外，尚有科学研究和社会服务职能。现代大学是多功能的。

（2）技术日新月异、知识更新和社会发展迅速的时代产生了终身教育理论。大学教育不是教育过程的终结，而是高级专门人才培养的一个阶段。现代高等教育的完整结构应当包含本科教育、研究生教育和大学后继续教育。

（3）本科教育着重于业务素质和精神素质的全面培养，兼有专业教育和通识教育两个方面。

（4）专业教育中传授知识与培养能力并重而更着重于能力的培养。能力包括系统思维能力、适应能力、收集和处理信息能力、必备的技术操作能力以及善于思考和如何解决科学技术和实际生产问题的能力。因此，在培养设计中要着重打好基础、较宽的专业知识面、必要的操作技能以及通过各种途径提高分析问题和解决问题的能力。

（5）科学技术越发达和社会变革越快速，人的社会性就越强，对人的通识教育和精神素质的要求越高。它对提高学生的整体质量和社会参与能力有着重要意义。除数理化等基础科学和社会科学外，要着重加强人文教育和优良精神素质的培养。

（6）教学内容上必须是年年更新，反映最新科学成就，多年不变和照本宣科的时代已经过去。教学方法上传授知识的成分在减少，提高学生获取知识和信息的能力和分析问题能力的启发式和讨论式教学法越来越占主导地位，简单的注入式的知识传授已经过时。

（7）科学研究作为大学职能之一始于19世纪初叶的德国。科学技术日新月异，高等教育要着重于能力培养以及研究生教育不断扩大的新形势下，科学研究已成为大学不可分割的重要组成部分。一批著名的研究所、中心和实验室，一批卓越的科学家和重大科研成果出现在大学。没有科研就不可能有能适应现代教学需要的高科学素质的教师队伍，不可能在学术界享有盛誉和地位。科研与教学的界线日趋模糊和更多融合。孤立的和对立的观点已经过时。

（8）“教学科研与生产结合”或“学产一体化”已成趋势，这是学校走出象牙之塔，克服封闭状态和积极参与和服务社会的主要形式。在农业院校则表现为参与农业推广。在我国科技兴农的形势下，农业推广是面向和直接参与经济建设的主要形式，也是联系农村、服务农民，促进理论联系实际，提高师生解决实际问题能力的重要途径。所以，参与农业推广既是社会需要，更是学校自我完善的需要。

（9）高新技术产业是新技术革命和社会生产力高度发展的产物。它以知识、技术、人才三密集，多学科综合和必须以研究为后盾，产品更新换代迅速为特点。因大学正具上述优势而普遍成为其技术依托。大学的高新技术研究成果也可依此迅速转化和互相促进。60年代以来，各种科学园、“孵化器”等在大学纷纷成立，成为科技和社会发展赋予大学的新的使命。当前，我国适度发展校办高新技术产业还有适应技术市场尚未形成和改善学校经济困境的特点。校办高新技术产业是发展趋势和大学职能之一而非权宜之计。

（10）国际化是现代大学的又一特征。现代化的信息传播和交通发展，使科技、教育、产品市场和学术交往等的国际化程度越来越高。因此，在教学科研等各个领域强化国际观念，及时掌握国际信息和发展动向以及密切国际交往、扩大学校的国际影响越来越受到重视。

（11）在教学科研和管理等活动中，计算机、信息、通信等现代技术得到广泛应用。

（12）有现代的管理思想和系统，特别要建立起对社会和科技发展能及时做出预测和主动适应的动态系统。

以上 12 条列述了现代农业大学的一些特征，可供考虑我校发展目标的参考。

（四）对我校现状作何估计

首先，第一次工作会议制订的目标和这几年发展的思路和部署是恰当的，符合由传统农业大学向现代农业大学转化的方向。

通过按系招生、组合式教学的改革，重点学科和重点课程建设以及抓“三风”和加强精神素质培养，使本科和研究生教育开始向现代教育思想和培养设计的方向上做了较大调整和提高。并在干部教育基础上成立了继续教育学院，使现代农业高等教育的结构得到完善。通过抓“三重”和“四个战略高地”，改善了我校科研结构，提高了整体水平。农业推广中心和京农新技术开发总公司的建立和三年来卓有成效的工作，使这两项职能得以实现。此外，国际交流迅速发展，工作生活条件显著改善和管理系统有效运转。我们对自己的总体估计是：指导思想和路子正确，框架已经形成，迈出了重要一步，打下了好的基础。而主要的差距和不足是：

（1）继续教育、农业推广和高新技术产业开发仅具雏形。

（2）目前的院系专业结构不能完全适应学校向综合性和多科性发展的要求以及研究生规模太小，不能适应学校发展的整体需要。

（3）无论在德育教育、专业和通识教育上存在问题甚多，质量亟待提高。

（4）在国内占绝对优势，在国际上有较大影响的学科领域、研究所、中心、实验室不多；重大成果不多。“三重”和“四个战略高地”的格局尚未形成。

（5）教师和管理干部队伍正处在严重“断层”情况下，一代人向新一代人过渡的高峰期，问题多，难度大。

（6）教学经费严重不足，一些教学设备过于陈旧和缺乏。教职工，特别是青年教职工待遇太低。

（7）计算机、信息系统、远距离教学等现代技术装备差，使用不普遍。

（8）学校领导和广大教师干部，为适应新形势下学校的发展，更新观念和加强学习的任务很重。

（五）关于学校发展的总体目标和“八五”工作目标及工作重点

重申我校的办学目标是：综合性和多科性的，一流的新型农业高等学府。进一步的表述是：建成为教学和科研两个中心，并具有农业推广和高新技术产业开发职能，以培养高层次农业专门人才为主，以高质量教学和高水平科研著称，较高国际化程度和具有国际先进水平的，综合性和多科性的，一流的新型农业高等学府。具有规模不大水平高，人员不多素质好的特色。

“八五”计划和十年规划的工作目标和重点如下：

——在学校的总体结构和功能上，要加强继续教育、农业推广和高新技术的产业开发三个新的和尚较薄弱的环节，以获整体优化和综合发展之效。

——我校发展方向是本科教育与研究生教育并重，并大力发展大学后继续教育。本科生与研究生在校人数之比由现在的 1 : 0.25，“八五”末发展到 1 : 0.4 左右，后五年达 1 : 0.6 左右。“八五”和后五年的在校本科生人数分别为 2 500 人和 3 000 人左右；硕士生（含多种形式）分别为 500 ～ 600 人和 1 000 ～ 1 200 人；博士生分别为 200 ～ 300 人和 400 ～ 500 人，继续教育中的进修教师和访问学者分别为 80 ～ 120 人和 150 ～ 200 人。

——核心问题是要下极大力量提高教学质量。其要点，一是建立德育和精神素质培养的体系；二是强化基础教学和实践教学；三是以课程建设为中心，狠抓教学内容的更新提高和教学方法的改革；四是强化学生能力的培养；五是持之以恒地抓教风与学风建设。

——在全面完成科研任务的基础上，以“三重”和“四个战略高地”的建设，带动各学科发展；努力建设好一批国家和部（校）级研究所、中心、实验室和工业性实验基地，在全面提高学校整体科研实力和水平的基础上，形成一批国内具有明显优势和领先地位，国际上有较大影响的优势学科和领域。

——队伍建设是水平高低和事业成败的关键。做好新老交替工作，建设一支素质好、水平高、又红又专的，以一批博士生导师、学科带头人和业务骨干为主体的，学科分布和结构合理的师资队伍。同时要加强干部队伍建设。

——高质量高速度和精心组织和完成“大中型项目”同时组织好高新技术产业开发，继续加强技术支持和后勤保障系统，大面积大幅度地改善我校办学和生活条件，改善办学和教职工的经济状况。

“八五”初步完成上述六项工作目标，20 世纪末基本完成和达到较高水平。即“八五”期末，将呈现综合性和多科性的，一流和新型的农业高等学府的雏形，20 世纪末基本建成。

二、制订分项计划的思路

在发给大家的材料中，分项计划的思路写得比较细，我这里只就几个方面加以说明。

（一）制订教育计划的思路

党的教育方针是培养德智体全面发展的社会主义的建设者和接班人以及面向

现代化、面向未来和面向世界是制订教育计划的总的指导思想。下面就德育、本科教育、研究生教育和继续教育分别叙述。

1. 关于德育教育

在印发给大家的“思路”中，对德育已有很好很全面的阐述。我这里只就个人体会做些补充。在我的经历中，得到一个基本的认识，就是一个人的思想行为、思维方式以及动作气质等都决定于他的成长环境。一个人的一思一言一行，无不打上环境烙印。近朱者赤，近墨者黑和孟母三迁等古语今言都说明了这个道理。

人的成长环境中，一种是理性的，一种是感性的。理性的是人类实践活动中总结出来的理论，例如马列主义、社会主义道路、唯物主义，还有自然科学的成果，等等。这些都需要系统的学习。而感性的东西主要由感知获得。感知因素有两方面，一是如何做人和如何处理好人与人的关系，如人生观、价值观、理想情操、文化教养、伦理道德、社会责任感等；二是精神气质，如创新开拓、顽强拼搏、坚韧不拔、豁达大度、乐观向上等。这种非智力的认识因素是一种对智力因素发挥有着重大影响的心理因素。衡量一个学生的整体质量，要包括智力因素和非智力因素两个方面。在第一次工作会议上我也曾谈到精神素质培养的重要意义。

精神素质的培养除必要的理论灌输，主要是环境影响。环境影响一种是活动性的，即有意识地组织一些活动，如社会实践、科技活动小组、音乐讲座、小说电影评论、演讲会、辩论会等；一种是非活动性的，如在教室、图书馆、宿舍、食堂、校园等各种场合的讲礼貌、守纪律、互助互爱、尊师爱生、崇尚科学、献身农业的良好风气以及校园楼内良好的物化环境，使学生随时随地都感受到科学和事业的熏陶以及肃静幽雅的气氛。这是一种无形的精神力量，在耳濡目染中塑造学生良好的精神素质。

对学生最主要的和接触最多的是教师和学习。教师的一言一行，如涓涓细流汇入学生心田。教师的教学活动是学生最大最重要的环境，为人师表是最重要的精神力量。这里要特别提到的是学生和教师也在受着党员和干部、书记和校长言行的感染。

以上所说，集中到一点，就是为学生创造一个尽可能好的成长环境，培养提高他们的精神素质，我把它叫“熔炉工程”，实际上是个环境工程。学生从入学到离校的四年里，将在这个感染力极强的熔炉中塑造成有正确政治方向，有理想，有道德，有教养，情趣高尚，奋发进取，又红又专的新一代大学生。“熔炉工程”是由各个要素有机构造成的一个整体性的育人环境，要一件一件，实实在在地抓上去。没有五年十年的艰苦努力，这个精神熔炉是建不起来的。

2. 关于本科教育

总体思路中已经谈到，在现代高等教育中，本科主要是通才教育，即培养素质好和适应性广的人才，在农业系统的教育、科研、推广、生产和业务行政管理等部门均能适应工作，也是研究生和高层次农业专门人才的后备队。毕业生的分配去向主要是县乡还是中央省地，过去一直是含糊和回避的。到基层和生产第一线是大方向和精神，但不等于中专以至不同层次的大学一律都到县乡。一刀切和上下一般粗既形而上学也不可能，中央和省地级教学科研等单位总是需要大学生的。再说，不同层次的要求不同，培养计划和方法也不同。因此，是否可以在我校培养目标中明确提出主要去向是中央和省地。当然，应当鼓励大学生分到县乡和生产第一线工作和受到锻炼，这是不矛盾的。至于能不能分得去，这是个工作问题；上级同不同意，是个请示汇报问题。提不提则是我们自己的问题。

要达到高素质和广适应性，则必须基础扎实，专业知识面宽和能力强。为此，要加强实践和改革教学方法。这些在第一次工作会议上都已谈到，并且进行了按系招生，组合式教学改革，重点课程建设和推广四段实践教学法等。这些方向和路子都是对的，也做了很多工作，打下了好的基础。但是，这种改革和调整刚刚起步，在宏观上还不完善；课程建设只是开始，一些课程内容陈旧，传统的注入式教学法仍占主导地位；实验教学和实践教学还相当薄弱；教学设备普遍陈旧不足和经费严重缺乏等问题仍然相当严重。这里有我们的工作问题，而更重要的是有个教育思想和方法的更新和转变问题。因此，任务很重，要有 5 ～ 10 年的持续努力。

本科教学的工作目标一方面是以现代教育思想，通过培养计划，在宏观上使结构得到调整完善；另外，任务最重和最重要的是在教学过程的各个环节上提高教学质量。工作重点，一是逐步调整完善培养计划；二是狠抓基础和通识课的教学质量，特别是数理化和外语、计算机；三是以提高教学内容和改革教学方法为中心，持续地抓好课程建设；四是把实践和实验教学体系建立健全起来，重视效果和质量；五是多渠道筹集资金，改善教学设备和经费状况；六是坚持不懈地抓教风学风建设。

3. 关于研究生教育

研究生教育的目标主要是为教育科研系统和管理系统培养高层次农业专门人才，似无争议。但在程度上，是否可以把我校的培养目标或水平瞄准或定在为 21 世纪培养一批战斗在农业科学各学科前沿的优秀农业科学家上。当然，研究生教育只是打下这个基础，把这个“毛坯”塑造好。

经过十多年努力，硕士生培养比较成熟，质量尚好。博士生教育起步晚，发展快，问题较多。研究生的培养上存在的主要问题是，有些课程质量不高，效果不好，特别是高质量高水平，能启迪研究生学术思想和提高其科学素质的一类课还太少。在研究工作上存在重使用轻培养，要求不严格的现象。再者，重课程学习和研究工作，对正确的政治方向、人生观、科学观、献身科学的精神、治学的态度和方法以及高尚的品德情操等精神素质的培养重视不够。

据此，提高培养质量上的工作目标和重点，一是在全面提高课程教学质量的基础上，要重点建设一批一类课，或“王牌”课；二是研究工作的要求和管理上要规范化和严要求；三是严把入学关、中期考核关和论文答辩、学位授予关，严格实行淘汰制；四是强调精神和科学素质培养和整体质量；五是严格导师遴选条件和对导师的要求。

在研究生教育的管理工作上，存在的主要问题是近几年招生人数削减太多、生源不足、培养渠道和方式比较单一以及在研究生招生的专业和导师上存在分散、培养条件得不到应有保证的现象。这些应在“八五”期间得到较大改进。另外，要有计划地建设好一批国家、部和校级重点学科、重点实验室和研究机构，作为培养高层次人才的基地。还要大力推进研究生兼教学助理（TA）、科研助理（RA）和管理助理（MA）制度，既可提高研究生实践能力，改善经济状况，又有利于学校工作。

因此，研究生教育的“八五”工作目标是以提高教学质量为中心，同时争取扩大招生数量和生源以及办学方式的多样化。

4. 关于继续教育

我校已有多年从事干部教育和举办各种形式培训班的工作基础和经验。但作为三个层次之一的大学后继续教育，还需进一步学习有关理论和国内外经验的明确的指导思想和要求更加有领导、有计划地发展。

我校继续教育的主要对象是具有大专以上学历（或同等学力），有一定实际工作经验的在岗科技和管理人员。目标是使他们在知识和技能上得到更新、提高和补缺。

面向社会需要是开展继续教育的基本原则，针对学员特点，办学形式多样化是关键。除计划内的管理干部教育外，可根据社会需要，为高校和专科学校的教师提供进修条件、接受教育科研系统的访问学者，进行合作研究（各开放实验室、重点学科或研究项目）、新兴学科和高新技术领域的培训以及为地方建立农业推广网和科技服务体系提供多种形式的继续教育。

继续教育学院是一个业务管理部门，与教务处、研究生院三分教育管理职能。在学校统一领导下，有计划地组织协调全校继续教育工作。继续教育正式纳入学校总体教学计划，各院系和全体教师要以继教为己任，作为聘任任务下达，计算工作量和参加考核。继教学院含干部教育，统一安排农业管理干部分院计划和工作。继教学院要加强与研究生院、教务处、农业推广中心和科研处等业务部门的联系和合作。

继续教育经费的来源是多途径的。农业部、教委的专项拨款、委托单位拨款和学员交款等。继教不应以赢利为目的，但因国家没有正式列入财政计划，故需采取收费制。

继续教育是个新的领域，理论和实践经验俱缺。“八五”期间的工作目标是加强组织领导和思想理论建设，打开局面，摸索总结经验。后五年规范成型，走上正常运行和发展轨道。

（二）制订科学研究、农业推广和高新技术产业开发计划的思路

1. 关于科学研究

大学的科学研究不仅有出成果的职能，而且在教师素质、学生质量（尤以研究生）、工作条件和学术空气等方面都与教学、农业推广和高新技术开发之间有着密切关系和很大的互促作用。因此，对大学科研的衡量和评价应当是多方面的，既看成果，又看整体效益。

我校有重视科研工作的传统；有一批具有较高科研水平的教师队伍、研究生，这支科研工作的生力军以及在项目、经费、条件、成果上的优势均是有利条件。几年来，规划重点学科；积极争取项目与主动（自我）部署相结合；纵向接项目与横向组织相结合；抓重点学科、重大项目、重要苗头“三重”和“四个战略高地”（生物技术、资源环境、基础研究、新技术农业应用）以及科研管理着眼于服务等指导思想和做法，使我校在科研结构和综合协调上有了提高，综合实力有了明显增强。

科研上的主要不足是：一般成果多，重大成果和获高层次奖少；抓了“三重”和“四个阵地战”，但还未形成“气候”和优势；多数传统学科的基础好，有实力，但在更新和发展上不平衡，有的还有萎缩趋势；学术论文和专著不少，但是在国内外有影响的学术杂志上发表和被收入检索统计系统的不多；Seminar 和学术报告虽时有举行，但学术气氛还很不活跃；为科研服务的机构虽有，但服务水平较差。

科研的“八五”工作目标是：在完成科研任务的基础上，以建设“三重”和“四个战略高地”为中心，传统学科与新兴学科并重，全面提高整体科研实力和水平，形成一批具有明显优势和领先地位的学科和领域，形成我校的科研格局和特色。

“八五”工作重点是：

——集中建设好国家级和校级重点学科，做到有目标，有计划，有检查和落到实处。抓好重大项目和重大苗头的研究课题和方向。

——继生物技术的“909”计划，组织制订好其他三个“战略高地”计划。并在项目经费、队伍建设、研究条件、学术风气等方面予以保证和逐步完善和提高。计划实施中要抓检查、总结和经验交流。

——以院系为主，认真抓好传统学科的更新和发展，做到有计划有检查。

——下大力气争取和建设一批重点研究所、中心、实验室、中试基地。

——提供一流的技术服务。

——活跃学术空气。

2. 关于农业推广

我校1984年成立推广处，1988年结合中德合作项目，成立农业推广中心，逐步强化了学校的农业推广职能。几年来，结合参与黄淮海开发和扶贫，做了大量工作。主要成果是：直接参与了国家农业经济建设，密切了与社会的联系，扩大了学校的影响，促进了科研成果的转化，弘扬了我校联系实际、服务农民的优良校风和积累了经验。

作为学校职能和支柱之一，农业推广工作还处于摸索经验，总结提出大学参与农业推广的工作思路和建立工作系统的初期阶段。工作中进一步总结明确以下几个关系：学校与地方和农民的关系；工作点与工作面的关系；直接推广（服务）与经过“二传手”间接推广（服务）的关系；有偿与无偿的关系；校内专门工作人员与各系参与推广的项目和教师的关系；推广实践与推广研究的关系；农业推广中心与农经学院推广专业、新技术开发总公司的关系等。

“八五”期间的农业推广工作可在以下三个层次上展开：

——巩固已有的直接推广工作基点（地区）和做必要的调整，逐步规范化和进入正常运行。

——在较大的工作面上，通过“二传手”的培训和信息联系，建立间接服务的，以大学为龙头的农业推广网络。“二传手”包括省地农业中专的教师，地、县农业推广系统的机构和人员。

——面对全国（以北方为主），建立农业推广的信息和咨询服务系统。服务对象自农民至中央有关机构以及政策决策咨询。

3. 关于高新技术产业开发

1984年以来，学校正式组织科技开发工作，促进了成果转化，增加了经济收入。但也走过一些弯路，积累了不少经验。主要经验有：开发对象应是可物化和进入商品市场的高新技术成果；根据开发项目特点，可自行开发或转让，或兼而有之；学校统一管理，校系两级开发；有专门队伍和能自主经营。目前学校的高新技术产业开发，以京农总公司为主体的体系初步形成，有了一个好的基础。当前存在的主要问题是：主体项目——发酵工程产品尚处投资建设阶段，经济效益尚未发挥；有的项目尚需加强管理；不少很有希望和潜力很大的项目未能进入开发阶段以及资金困难等。

“八五”的工作目标是：抓好两个系列和四组高新技术产品，带动面上开发项目；完善管理，建设一支高素质队伍和建成“京农”农业高新技术开发区的雏形。工作重点如下：

——第一是微生物工程产品系列。其中一组是微生物发酵工程工业性试验基地的玉米赤霉醇、食品级赤霉素和埃弗米酊及其后续性产品；一组是增产菌的系列产品。

——第二是农业精细化工产品系列。其中一组是种衣剂系列产品；一组是农药系列产品。准备争取在我校再建一个国家工业性试验基地。

——有计划地组织良种、食品加工、饲料、兽医、微孢子虫制剂等项目的开发。

——积极筹建“京农”高新技术开发区。

——疏通从研究到产品开发的上中下游通路，提高成果转化率和促产新成果新产品。较大幅度地增加产值、利润和对学校财政的支持。

（三）制订技术支持和后勤保障系统计划的思路

学校像个大机构，或是个大系统，是由几个有着密切内在联系的，但又各具不同功能和相对独立的子系统组成的。一是以各院系所、推广中心和京农公司为主体，直接完成教学科研推广开发任务的业务系统。二是为完成学校职能提供技术支持和后勤保障的系统。三是使整个系统或机器能够向着一定目标，协调有效运行的指挥管理系统。这三个有着内在联系的子系统各司其职，密切配合，共同实现学校这个大系统的整体功能。

在实现学校这个大系统的整体功能中，技术支持和后勤保障系统的服务功能发挥得如何，将起着重要作用。另外，本系统中的各单位必须把自己的工作整合到学校全局的大系统中去，找准位置、明确职责、进入角色，才能在实现自身职能的同时，取得更好的整体效益。孤立的和只考虑局部而忽视整体效益的思想和做法都是不利和不科学的。本系统要不断提高其装备水平、管理水平、服务水平和整体效益水平，以适应学校发展的整体需要。

1. 技术支持系统

本系统为完成学校四大职能提供技术条件和服务，职工人数二百余人。

图书馆不仅为师生提供图书资料和信息服务，而且在培养学生自学能力、收集和处理信息能力、拓宽知识面、陶冶情操上有着重要作用，是大学的三大支柱之一。新图书馆的建成使我校在这方面发生了质的突破，迈入了现代先进行列。“八五”发展的重点，一是使计算机、国际联机检索、激光光盘检索等现代化设施充分发挥效益，提供多样化的文献载体和查阅检索手段；二是强化情报职能，形成以图书资料服务为主体，农科外国教材中心和农科科技情报中心为两翼的格局；三是提高职工素质，改善管理，提高服务水平和综合效益。

一场三站和农业科技园是实践教学和科学研究的基地、科研成果展示的窗口和高新技术开发的园区，是重要的技术支持条件和部门。一场三站已有较好工作基础，科技园区正在建设中。根据他们的特点，工作基础和学校发展的整体要求，其宏观布局可做如下考虑：

涿州教学实验场的发展目标可否考虑为生产型的多功能综合基地，具有大型、综合和体现现代农业科技的特点。既是学生农事实习和生产实习的基地和为科研提供条件，同时利用其土地等资源优势和学校技术优势，以优惠条件吸引中外资金，开辟高新技术开发园区。昌平、曲周和吴桥三个实验站可作为科研型的多功能综合基地、各有侧重地为科研（含研究生）提供服务和作为大学生教学实习的场所。科技园区是袖珍型的多功能综合基地。兼有为学生提供有关课程实习、专项性科研、科研成果展示和高新技术开发的多种功能。

实验室管理服务中心兼有管理和服务双重职能。“八五”期间，在管理上要做好校产清查、挖掘物资潜力，做好实验室设备扩充和管理工作。服务职能必须强化。服务质量直接影响到学校各项职能的发挥，争取为教学科研推广和开发提供一流服务。

声像及远距离教学是利用现代科技手段，多形式多途径地提供教学和信息服务。“八五”期间，在继续做好音像教材制作演播的同时，为继教推广和高新技术产业开发制作远距离传播材料；建立覆盖全校的外语调频广播和扩大闭路电视播放区。电教中心的条件和设备将有较大改善并需为此做好准备工作。

出版工作是以文字形式对内对外提供各种教学、推广书刊材料和科学专著，是学校的一个窗口。“八五”期间，在完成教材出版计划的同时，密切配合继教、推广和开发做好出版工作。电脑编辑加工和激光照排将逐步代替传统印刷。

2. 基本建设和后勤保障系统

1988 年以来，除收回部队占房约 2 万米 ^{2} 外，有 3.5 万米 ^{2} 的 7 座新楼投入使用，累计投资约 5 000 万元。游泳池、体育场看台、科技园、校门和门前区修整、校园整理绿化、电话中继线增加和总机增容、689 户调整和得到住房以及天然气通气等均大大改善了我校办学和生活条件。

我校基建被列为国家“五”大中型项目，将使我校在办学和生活条件得到进一步和全面改善，将为我校办成一流农业大学提供重要物质保障，一定要精心组织实施。实施原则是：纳入学校整体发展计划，成为有机组成的一部分，在总体思路和规划指导下综合平衡，合理部署，服从和服务于学校整体发展目标和计划。另外，要处理好主体与配套、功能与造型、质量与速度的关系。为此，在学校“八五”计划中将制订此专项计划，周密安排、精心实施。同时，在校务会领导下加强基建委员会的工作。这是件非常复杂和难度很大的任务，一定要依靠广大教职工和干部，共同迎接“八五”建校高潮。

我校后勤保障的许多方面是很有成绩和工作出色的。学校越发展，后勤保障的任务越重。后勤保障可概括为七个字：食住行医水电暖。这里既有直接提供后勤服务的单位，如食堂、校医院、车队、托儿所、招待所、房屋修缮等，也有管理性的保障部门，如水电暖和房产校园管理等。“八五”期间，以上方面都将在不同程度上得到装备的改善。另外，如何提高服务保障质量和水平，创一流工作是“八五”计划的重点。为此，以改革为先导，提高管理水平和后勤保障队伍的素质具有重要意义。校园绿化、旧房修缮，学生宿舍按院系分住，职工住房制度改革，校医院新建以及完成后勤区建设和搬迁到位等均在“八五”期间完成。

（四）制订队伍建设计划的思路

队伍建设，特别是教师队伍的建设，是学校工作质量水平以至成败兴衰的关键所在。任何一项发展计划都要由人去实现，人员的结构和素质决定着计划实施的质量。以下仅就教师队伍的建设，先谈现状及预测，再谈“八五”思路。

目前教师队伍的年龄结构是：＜35岁、36～45岁和＞46岁的三层次人分别占总数的48%、9%和43%。职称结构是教授、副教授、讲师和助教分别占总数的11%、29%、38%和24%。年龄断层现象十分突出。

从动态分析看，换代过程进行得很快。1987—1990年的4年间，离退201人，进191人。1996年前达离退休年龄的195人（含现已过60岁延退的47人）。预计离退100人（平均每年25人），95人延退。如果外调和减员40人，扩编60人，则五年间可进200人，平均每年40人。进人将以青年为主，部分中年。预计1995年的年龄结构是：＞61岁（延退）、50～60岁，35～50岁和＜35岁四层人分别占总数的10%、13%、14%和63%。形成了2/3由青年教师组成的教师队伍。“八五”期间的离退休速度将低于“七五”。

现在正处在断层形式下的急剧换代时期，是问题、困难和挑战，也是机遇。如果经过一番阵痛，“青出于蓝而胜于蓝”的一代新人将给农大带来新的生机和水平。如有闪失，新的平平一代将使农大步履艰辛，水平难上，丧失一二十年或更长时间。当前的主要问题是青黄不接，队伍两头不稳，素质不高，骨干缺乏。

“八五”教师队伍建设的总思路是：妥善过渡，组建一流新阵容。具体有以下三方面：

1. 老中青各显其长，共度青黄不接关

“老教师离退快，中年教师人数少，青年教师接不上”的青黄不接现象在“八五”期间将更趋严重，成为一时的“人才危机”。

老教师离退不少，但博士生导师和因教学科研岗位需要，暂无人接替而延退的教授有约百人，返聘教师也近百人，他们还将在“八五”期间，以其学识和威望，担负重任，执掌学科带头人的大旗和将青年教师的培养作为第一位，历史赋予的任务。

中年教师人数虽少，但他们是挑大梁，负重担，承上启下和稳定的一代。他们中的许多人已成为学科带头人和业务骨干。要关心他们的成长，特别是在进修、职称和生活健康上。另外，在可能情况下，学校创造条件，调入一些中年骨干，稍缓不接之急。

加强对青年教师的培养和严格要求，放手使用压担子。对他们中的优秀分子，要敢于提拔重用，使他们脱颖而出，早挑重担。

老、中、青三代各有长短，应结为一个互补的整体，减少因青黄不接而给教学科研各项工作带来的不利影响，做到妥善过渡。

2. 关于组建和提高青年教师队伍的思路

目前已有35岁以下的青年教师461人。其中有博士学位的51人，有硕士学位的246人，占青教总数的65.5%。副教授6人，讲师212人，占青教总数的47%。他们知识新，外语和信息能力较强，思想活跃有创新精神，精力充沛有年龄优势。不足是政治思想上不够成熟，情绪上不够稳定，缺乏农业生产实践的锻炼和吃苦实干精神。从整体上看，由于过去进人的计划性差，随机性大和某些政策上的不合理，造成学科分布和结构上不尽合理以及素质上不平衡。另一个共同的问题是出国热和不稳定。

上述问题中，有的是培养问题，有的是改进进人工作问题，最难和可控程度最低的是不稳定的问题。下面谈一点自己的看法。

我认为在国内取得硕士或博士学位和有一定工作经历，到国外深造一段时间是正常和需要的。再说，青年教师待遇太低，通过出国，改善一下经济状况也可理解，没有坏处。在改革开放形势下，有计划地安排青年教师出国深造应当是学校的一项常规性的工作。问题是由于某些方面的原因，使一个原本正常的现象被扭曲到失控地步，这种不稳定影响到正常工作和队伍建设的实施。究其原因，一是某些政策或是对政策理解上的问题，造成心理上的失衡和不安。二是本人如何正确处理工作职责与个人提高，国家利益与个人利益的关系。三是教研组或导师在安排任务，制订培养提高、出国深造计划，关心思想生活方面的工作做得不够而使青年教师感到没奔头和缺乏吸引力。四是工资待遇太低，生活困难。四个方面的综合或某一方面的突出都会冲击和扭曲正常的出国深造，陷入稳不住、出不去、管不了、回不来的恶性循环。其实，在我们身边也不乏稳得住、出得去、管得了、回得来的正面事例。原因在于以上四方面主要处于正向发展的状态。问题的症结是两条：一是沟通理解，做好工作；二是有个好的政策和管理办法，以促进以上四方面的正向发展和走向出国深造的正常轨道。

关于青年教师队伍的组建和培养提高有如下一些考虑：

——每个青年教师都要在教研组和老教师和中年教师帮助下，制订自己的培养提高计划，对工作任务、发展方向、进修提高以及实践锻炼、出国深造等做出具体安排。教研组和中老年教师要把青年教师的培养作为重要内容，列入计划。做到严格要求，精心培养。

——提倡竞争选优，破除资历论和大锅饭。在青年教师中要形成一个有动力，有压力，求实绩，争先进的心理环境。

——在出国深造上，凡具有一定学历和工作实绩，成绩优秀者均可按工作情况纳入正常出国计划。学校在编制中安排一定比例的出国进修名额。少数的确不够条件的坚决不开绿灯。

——在政治思想、生活住房、工资福利、职称待遇上关心青年教师。

3. 关于教师队伍结构模式的考虑

教师队伍的职称结构是一项比较综合而又以反映业务水平构成为主的指标。有金字塔形结构、以教授副教授为主体的高原形结构和以副教授和（或）讲师为主体的枣核形结构。

在研究生教育不发达，以进大学本科生为主的过去，常为以少数教授为峰顶，以大量助教为基底的金字塔结构。这需要较大编制维持，教师队伍整体素质较低和办校效益较差。在当前研究生教育比较发达，能以进博士或硕士学位获得者为主，同时积极推行研究生兼助教制（主要是专业和专业基础课），则助教这个层次将大大萎缩，成为暂时过渡的不稳定层。从我校“八五”期间教师队伍发展状况看，存在一个年龄（25～40岁）和学历（硕士以上）的密集层（占教师总数的60%～80%），成为事实上的以讲师和副教授为主体的枣核结构。随着时间的推移，副教授的比例增加，有可能向高原形结构发展。教师队伍的高级职称比重逐步增加对我校加强研究生教育和科研工作，提高本科生教学质量无疑是有益的和必要的。

到“八五”末，我校的教师队伍的建设目标是以约百名由学部委员、博士生导师、优秀中青年科学家，约200名学科带头人和业务骨干以及广大教师队伍构成的，结构布局合理、又红又专、高素质、精干高效、充满朝气和进取精神的优秀教师集体。工作的重点和关键，一是按学校发展规划，以学科为单位，通过定编设岗，宏观控制，达到结构和布局的合理；二是以竞争机制择优，保证个体质量；三是以政策导向，促进人才的合理流动，使结构和个体不断优化。

（五）国际交流和管理等方面的几个问题

以下就其他方面的几个问题谈一些想法。

1. 国际交流方面

国际化是现代大学教育的特征之一。加强国际交往对促进我校由旧的传统式农业大学向新型大学转化有着重要作用。

20世纪80年代以来，我校经历了“大进（请外国专家讲学），大出（派教师进修考察和学位研究生）”阶段和“重点进出，相互交流”阶段。对我校学习先进科学技术，活跃学术思想和培养人才起了十分重要的作用。从整体上讲，在今后十年，仍将以学习引进先进科技和思想，缩小差距，提高自己为主，特别是在一些新兴的学科领域。同时，在一些基础和工作较好的方面，应当加强对外交流，走向世界。

国际交流的工作目标是主动配合学校“八五”发展的主体方向，以外促内，综合发展。工作重点是：围绕重点学科和重点课程建设，科研上的“三重”和“四个战略高地”以及人才培养计划请进派出；做好出国人员工作，争取更多优秀回国人员到校工作，有计划地组织国际会议和培训班，扩大交流和影响；主动争取国际资助以及改善我校国际交流中心条件，完善管理制度。

2. 管理工作方面

在已有工作基础上，继续搞好校长负责制试点，推动以校系为主轴的两级管理，完善系主任负责制和充分发挥教研组作用。加强院系管理的改革。

机构精干，提高管理人员素质、管理水平和行政效率是“八五”期间改进管理工作的重要内容。

在人事制度改革的基础上，进行校内结构工资改革试点，取得成功后推广。做好校产核查，清仓利库，有无调剂，开发物资资源潜力。

3. 信息工作方面

继续加强《北京农大报》、闭路电视台、广播站和信息出版物。校报由半月刊改旬刊，传统编印改电脑编排，激光印刷；电视台增加报道内容，提高播放次数，扩大收视范周；广播和信息出版物将进一步发展。

“八五”期间将建成具有信息管理，科学决策和办公自动化综合功能的管理信息系统。1993 年全校各院系和部门的工作站联网，含图书查询、教学科研人事等各项管理以及电子邮政的较完整的信息系统。1995 年完成综合信息决策系统。

4. 安全保卫、审计、监察方面

安全保卫、审计、监察系统保障和监督学校工作能正常和按照国家各项政策法令进行的重要部门。

安全保卫工作坚持预防为主的方针。一是打击刑事犯罪活动，维持校内治安；二是严防灾害事故的发生，保证学校有安全的工作学习和生活环境。“八五”期间的重点是健全机构，提高工作人员素质和改善技术装备。

审计工作“八五”重点是完善工作制度和程序，建立内审工作岗位责任制；搞好财务收支，经济效益和内部控制制度审计，以提高财务管理水平和资金使用效益。

监察工作重点是抓廉政建设，从执法监察入手，促进国家和学校的政令通畅。重教育防范，减少和防止违纪案件的发生。发挥制约监控、维护保障和惩处职能，促勤政廉洁，遏制和消除腐败现象。

制订我校“八五”计划和十年规划的思路就谈到这里。

同志们：北京农业大学经历了十年“文革”，又经历了十年还长一些的漫长恢复时期。在去年举行的85周年校庆上宣布了恢复时期的结束和进入一个新的发展时期。勾画发展蓝图，周密制订计划是至关重要的，第九次工作会议上我们共议了这件大事。这次工作会议以后，要传达到全体教职工，广泛发动群众参与议事，到群众中吸取营养，改善和丰富“思路”。然后，各院系各单位干群制订各自计划。11月学校综合平衡，提出“计划”草案，经党委、教代会和十次工作会审议修改后，学校正式批准实施。整个计划的制订过程是一个依靠群众发动群众的过程，也是鼓舞群众、动员群众和团结群众，增强凝聚力的过程。广大教职工是制订和实施计划的主人。

“八五”期间，我们面临的形势严峻、任务繁重。但是，内外部的环境条件对我们是有利的，前景是美好诱人的。只要不畏困难，团结一心，奋力拼搏，我们的目标一定能够达到。“八五”起动，90年代腾飞，这是农大父老几代人的夙愿，也是国家和时代赋予我们的历史使命。

【资料】我校第九次工作会议——讨论制订“八五”计划思路

8月29—31日，我校召开第九次工作会议，讨论了学校“八五”计划和十年规划的思路与设想。

石元春校长在“八五”计划思路的报告中指出：在当今的时代背景下，大学的办学思想、职能、结构，教学方式、内容、方法和管理都在进行着一场深刻的变革。我校正经历着由旧的传统的农业大学向新型的现代的农业高等学府的历史转变。北京农大要办成坚持社会主义方向、教学科研两个中心、并具农业推广和高新技术产业开发职能的、综合性和多科性的新型一流农业高等学府。石校长在回顾已有工作基础和主要差距的基础上，提出了我校今后发展的重点和目标，并就各个职能系统提出了分项计划的思路。

周鹏程书记在会上通报了苏联形势，并谈了自己学习江泽民“七一”讲话的体会；农业部教宣司毛达如司长出席大会并充分肯定了这次会议的重要性；农学系戴景瑞主任和土植系徐正主任分别就系的发展和人才问题做了大会发言；党委副书记、副校长李青山结合实际分析了思想政治工作的形势，提出了相应对策。

全校副处级以上干部140余人参加了会议。分组讨论时，大家对“思路”基本满意，认为这是一个“动员群众、鼓舞群众、统一行动”的好纲领，同时也提出了许多建设性意见。石校长在总结发言中对思路进行了补充和阐述，并就新学期工作做了部属。

下一步，学校将把“八五”计划思路整理后提交全校师生员工，广泛征求意见。

14 承前启后，迎接转折
——在第二届二次教代会和第十四届二次工代会上的学校工作报告

（1991 年 12 月 29 日）

【导读】

1991 年 8 月底召开第九次工作会议的主题是讨论制订《北京农业大学“八五”发展计划》，上文已有交代。1991 年年底，在北京农业大学第二届二次教代会和第十四届二次工代会上，石元春校长作了 1991 年的工作报告。在报告了学校业务工作系统、技术支撑系统、后勤保障系统及管理工作系统的工作进展后，概括地介绍了“八五”计划制订的思路与主要内容。并指出“思路”的核心是，把农大放在时代和国家发展的历史大潮中去，找到自己的位置、发展方向、目标，以及差距，弄清该怎么干。

以 85 周年校庆为标志，我校结束了恢复时期，进入了新的发展时期。1991 年是“八五”的第一年，也是发展时期的开端。全校范围的讨论和制订我校“八五”计划及我校基建被列为“八五”大中型建设项目成为发展时期的重大转折。在这一年里，全校师生员工，认真实施学校的《1991 年工作纲要》，圆满地完成了各项工作，为“八五”计划的完成开了一个好头。常言道：“良好的开端是成功的一半。”现将今年各系统工作情况和进展报告如下。

一、业务工作系统

（一）教学工作

本专科生教学共开出课程 823 门，其中必修课 742 门，选修课 81 门，任课教师 847 人次，其中高职 392 人次，占授课教师总数的 46.28%。自编和修订教材 39 种，耕作学、家畜繁殖学、植病流行学等 11 门优秀教材被推荐为部级和国家优秀教材的备用本。今年是历史上毕业本专科生最多的一年，在教学经费十分困难的情况下，739 人完成了毕业实习（实践）。全校 2 年级本科生 636 人通过多种形式，进行了为期 8 周的农事实习，对"三农"（农村、农业和农民）和国情的了解多了，认识提高了，社会责任感增加了。500 多名 3 年级同学参加义务劳动，受到劳动观念的教育。

1991 年毕业本专科生 739 人，其中本科生 693 人，专科生 46 人，参加国家统一分配的 603 人。在分配地区上，北京 164 人，全国各省区 439 人；在分配部门上，中央单位 27.4%，北京市属单位 14.1%，其他省区市 58.5%；在工作性质上，分配到企业单位 316 人，事业单位 524 人（高校 43 人，科研单位 113 人），一次到位的占 66.7%。分配工作基本上做到了学校、用人单位和毕业生三方面满意。今年招生 639 人，含自费本科 15 人和专科 30 人。

研究生教学方面，开课 218 门，其中学位课 118 门。对 143 名硕士生和 5 名博士生进行了中期考核，评出中期考核优秀生 30 名。今年毕业硕士生 168 人，博士生 25 人，共 193 人。33.2% 分配到高校，28.0% 到科研机构，其他部门 38.8%，45.6% 留京。1991 年硕士研究生招生生源较往年好，招硕士研究生 144 人，比 1990 年增加 12 人；招收博士研究生 46 名，同于去年，在校研究生 527 名，博士后 16 名，除农学站外，今年又增加了畜牧和兽医两个学科的博士后流动站。

在本科生和研究生的重点课程中，评出 5 门研究生一类课，提出 24 门（17 门学位课，7 门选修课）作为第二批重点建设课程。本科生方面，评出 7 门一类课程和 40 门达标课，第二批重点建设课程 42 门。学校组织召开了重点课程建设经验交流会，进行教具、教案展览和观摩教学。

在学校经费十分困难的情况下，为加强基础课教学，拨专款 50 万元，加强了 15 门基础课的教学设备的建设。本科英语将通过国家三级考试提高为四级。由 200 学时增加到 280 学时。并选用系统教材、改进教学法和建起了外语调频广播电台；每天用 3 个频道分别播放英、日语教学内容。在计算机教学方面增购 15 台微机，增加同学上机时间，提高独立操作能力。

继续教育方面，继续举办了两期县级农业局局长岗位培训班共 77 人，并举办了两期由联合国开发计划署（UNDP）援助的项目——《黄淮海平原农业区域综合开发》高级研讨班，学员 64 人（包括农、林、水三部和中国农业银行及冀、鲁、豫、苏、皖区的农、林、水、农行及开发办的 32 名厅局级干部和高级专业技术人员）。6 名外国专家和 13 名国内专家做了报告。并为国家农业综合领导小组撰写了《关于进一步做好黄淮海平原农业区域综合开发工作的若干建议》、与会者的论文报告汇编和出版了《黄淮海平原农业区域综合开发管理与政策的研究》一书。专业证书班得到农业部《专业证书》评估专家组的充分肯定。1991 年共举办农业经济、蔬菜和果树三个专业的 53 个教学班，拥有学员 3 103 人，已毕业 47 班，共 2 803 人。1991 年的继续教育密切为科教兴农服务，积极开展多种形式的实用技术短期培训班，土化、农学、植保、畜牧、兽医、社科部等单位，举办了各类培训班，共培训 2 015 人。这类培训班针对性和实用性强，见效快，受到广大农业科技人员的欢迎，取得了很好的经济效益和社会效益。此外，继续教育学院还利用现有的教学和生活条件，承担学术讨论、教材编写、自然科学基金评审等会议的服务，接待 3.4 万人次。

（二）科研工作

1991 年是总结“七五”争取“八五”的关键时期，“七五”期间承担的国家攻关专题、子专题以及农业部和北京市重点课题共 134 项，编印了我校“七五”期间鉴定和获奖成果汇编。1991 年鉴定成果 31 项，其中获国家自然科学奖 1 项，国家科技进步奖 2 项，部委级奖 18 项。今年申请专利 8 项，已授权 5 项，是获专利最多的一年。最近还评出了 1991 年度我校科技进步一等奖 3 项、二等奖 7 项。今年是争取“八五”项目的关键年，科研处采取的“抓住时机，主动适应，积极部署和参与竞争”的策略取得了很好效果。争取到国家攻关课题主持 4 项（“七五”仅 1 项），专题主持 21 项，比“七五”增长 60%；“七五”未曾获得的基金重点课题已获 2 项，正在申请 4 项。“八五”总经费比“七五”期间增长 20%，课题层次也明显提高。这些成绩的取得与科研处的出色工作，加强宣传和对外联系是密不可分的。今年参加和筹办展览 14 次，出版科技动态 4 期，承办大型会议 3 次，接待 1 000 多名专家学者，扩大了我校的影响，提高了知名度。

在科研管理方面积极完善和革新。研制了计算机科研管理软件，制订了 15 个科技管理办法和条例，建立了对校系教师的全程服务体系，整理了积累十年之久的科技资料，立卷归档 460 卷，使管理逐年走向自动化、制度化、规范化。

国家农业生物技术重点开放实验室去年通过了验收，评估小组认为：北农大农业生物技术实验室是很有特色和实力的科研集体。“七五”期间，转基因动物猪、牛生长激素基因工程菌的研制，玉米固氮螺菌的基因改造，植物有用基因的分离和克隆，植物基因转移方法的研究等主要项目都取得重要进展和成果。“八五”期间争取到 2 个“863”项目和 1 个国家攻关项目，取得研究资金 350 万元。

（三）推广工作

在组织和协调学校自身的农业开发推广队伍进而形成与地方结合的工作方面有了进展。除 CIAD 中心和有关院、系、所、站参与推广工作的同志外，还安排指导 40 名青年教师和百余名毕业生到农村参加农业推广和实践锻炼。在各项目区推广应用新技术、新品种和新物化产品的面积达 300 多万亩、增产粮食 1.5 亿斤、棉 45 万担、油料 16 万担、禽蛋和肉类 0.5 万吨，增加经济效益 1.5 亿元。

承担河北省的沙荒地、盐碱地综合治理与开发利用项目，获地区科技进步一、二等奖。派驻邱县、吴桥、东光县的科技副县长工作出色，受到好评。CIAD 区域开发部集中开展了衡水地区饶阳店试验区的综合农业与农村发展工作，建起了近千亩协力示范农场以及乡级蛋种鸡场、瘦肉型种猪场和三个村参加的肉牛育肥基地。受国家科委委托举办了 2 期北方地区以上星火项目管理干部培训班，并编出成套教材。编印了《农村实用科技信息》12 期 1.2 万份，受国家科委办的《科技兴农简报》发行 47 期 4.7 万份，起到了很好的信息传播作用。

扶贫工作，在湖南省花垣、保靖两县共同实施农业部“丰收计划”30 万亩（玉米、水稻各 15 万亩），增产粮食 29 689 万公斤，新增产值 4 700 万元。培训技术骨干 2 580 余人次，培训村组及示范户 8.04 万余人次；建起县级千亩、乡级百亩、村级十亩三级丰产示范户一百多个。

（四）高新技术产业开发

高新技术产业开发又获硕果。食品级赤霉素创汇 21 万美元。玉米赤霉醇样品在 19 省 6 000 头牛上试验普遍可增重 15 ～ 20 公斤，投入产出比为 1∶12 左右，为明年投产打下了良好基础。百虫灵等三个农药老产品和 83 增抗剂等三个新产品创产值 200 万元、利润 55 万元。微孢子虫今年治蝗 35 万亩草原，感染率 70% ～ 80%，死亡率 50% ～ 60%。

增产菌今年生产 275 吨，使用面积 1 亿亩、增产 10% 左右，产值在 2 000 万元，收入在 200 余万元左右。我校转让的种衣剂，今年生产 2 000 吨，产值约 5 000 万元，主要是社会效益。

国家项目——农牧业微生物发酵工程工业性试验基地经过今年的紧张施工，土建及设备安装已经全部完成，明年 1 月调试，投资 600 万元。此基地的投入使用，将使我校的高新技术开发上一个新台阶。

二、技术支持系统

计算机中心，1991 年开课 6 门，学生选课人数 684 人，授课总时数 451 学时；M-340 中型机上机实习人数 263 人，机时总数 4 200 小时；微型计算机上机实习人数 530 人，机时数 5 708 小时，PDP-11 小型机上机人数 47 人，机时 940 小时，合计上机人数 840 人，机时 10 848 小时（比去年少 18 000 小时）；扩充微机 15 台（世界银行 15 万美元贷款）。主持和参加了 3 个部重点、3 个自然科学基金和 1 个国家攻关项目的科学研究工作，通过验收 5 项。

1991 年是我校新图书馆正式投入使用的第一年，各项功能发挥和运转正常，设计和建筑都是成功的。新图书馆使我校图书情报服务进入了一个全新的层次，深得广大师生和国内外好评。今年接待全国各地参观团体 2 936 人次。借出图书 86 534 册，较旧馆增加 15%左右，更大效益表现在开架阅览十分方便地供读者查阅图书 103.7 万册。今年订购图书 3 166 种，还提供了声像资料服务。外国教材中心订购图书 159 册，接受赠书 250 册，接待查阅读者 2 500 余人次。光盘检索已进入我国公众交换数据网（CPEC），可直接与国外联机，完成了 453 个课题的光盘检索。图书馆还组织和承办了部属院校图书馆长会议及农业图书馆协会学术会议。在校内开展了向图书馆赠书活动，接受了 107 人赠书 386 册，相当于今年赠书的 77%。

涿州教学实验农场接待校本部实习生 220 名，日本实习生 19 人，完成试验项目 10 项。今年生产粮食 737 万斤，比 1990 年增产 2%，创历史最高产。销售各种农作物良种 93.2 万斤，种蛋 57 万枚，农牧及工副业产品销售总额 1 200 万元，三业分别占总销售额的 37%、17%和 46%。创利税 273 万元，为改善生产、生活和教学条件投资 200 万元。

昌平实验站：承担科研课题 42 项，接待本校实习生 107 人，日本实习生 19 人。今年推广农大玉米新品种 50 万斤、小麦良种 20 万斤、“农大褐”蛋鸡种蛋 200多万枚和农大小型猪250头。接待参观人数达2 500多人。全站总收入420万元，比去年增加 22 万元，纯收入 65 万元，比去年增长 1 倍。

1991 年是科学园区大规模基础建设的一年，完成了总体和分区规划；搬运土方 10 000 米^3，运进填土 20 000 米^3，拆建温室 1 000 米^2，清理旧房地基石渣 3 000 米^3，完成了平地任务。修建路面 4 335 米^2，按规划完成了分区。打通了路、电、暖和电话“四线”并安装了 30 千瓦控制 110 亩的喷灌系统。播种冬麦 35 亩和利用喷灌系统进行了冬灌。两栋温室年底动工。

实验室管理服务中心，健全了管理制度和各业务科室。采购物资 291.3 万元，制作图片 8 万元，出售农大标志产品 0.6 万元，为一批实验室采购了价值 113 万元的仪器设备。

电教中心，制作各类教学片 2 153 分钟，教学播放 236 次，学生收视 32 891 人次，平均每周 843 人次，此外，为图书馆提供录像节目 15 720 分钟，和协助建立声像阅览服务部。录像片《吨粮田》获中国科协和科教影视协会的“科蕾奖”特等奖和“优秀科技录像片”一等奖。

出版社出书 65 种 29 万册，1 988 万字；其中各类教材 38 种，学术专著 6 种，农业科技图书 21 种，全年总码洋 141 万元；出书品种较去年增加 32.65%，数量增加 16%，产值 50 余万元。利润增长 10%。

三、后勤保障系统

学生食堂是后勤保障工作的重点：1991年，学一、学三食堂合并试行全员标准化服务改革，划分12个专业组，实行专业化生产。试行半年来，花样品种增加，卫生、成本核算和服务态度明显改善。对8号楼前区、新图书馆周围、教授小楼西片及5号楼——科学园路进行了绿化，平整土地3 119米^2，栽种树木911株、绿篱2 300米、草坪2 815米^2，校园绿化面积又有较大幅度增加。今年电话增容360门，使电话总机容量由1 160门增加到1 520门，增长了31%。中继线由100条增加到120条，家庭用电话由353户增加到630户，增长了80%，占家属总户数的70%。在供暖上，虽供暖面积增加，仍节约燃煤12万多元，修旧利废节约9万多元。全年汽车运行74.3万公里，节油1.9万升，折合人民币3.2万元。

为加强学生宿舍管理，对全校本科生宿舍大调整，宿舍调变率达69.7%，由原来的混住改为按系集中，便于各院系管理，宿舍的“脏、乱、差”状况明显改善。此外，对学生6号楼和3号楼进行了大面积维修和加强了管理，改善了学生生活环境。

校医院全年门诊6万余人次，体检近5 000人次，理疗、化验、胸透等近3万次项。在保障我校师生员工健康上发挥了重要作用。

今年是我校基建任务十分繁重和竣工开工项目最多的一年。竣工（实验动物楼、青年教工楼、锅炉房、外国专家楼）面积10 049米^2。天然气的通气和炊具热水器的安装及瓷砖贴面等使近千户职工住房和生活条件得到很大改善。今年新开工程12 026米^2，有家属北区食堂、102教工楼、兽医院、校医院和科学园区温室。修缮面积23万米^2，包括五个食堂的操作间及饭厅、四栋教授小楼、全校各楼的防渗维修、学生3号楼、6号楼等。

我校治安保卫工作一直是比较好的，对我校正常工作和生活发挥了重要作用。今年“4.26”实验室着火是件坏事，但以此为契机，狠抓了防火安全工作，清除隐患400余起（其中重大火险除患30余起），成立了安全委员会，建立防火安全管理制度7项，配备安全员60余人并进行了培训，做到常抓不懈。在治安上，坚持24小时巡逻和重点地点的保卫，打架斗殴、流氓滋扰和盗窃事件显著低于去年。

四、管理系统

在人事管理上，今年是校和系处两级干部有较大调整的一年，包括 3 位副校长和 90 位处级干部。调整后，校级干部平均年龄由 57.7 岁下降为 50.3 岁；系处级由 49.4 岁下降为 46.5 岁。经调整后的班子进入岗位后，很快熟悉和开展工作，精神面貌和工作形势都很好。今年接收应届毕业生 71 人，离退休 54 人，聘干 24 人，招工 30 人。57 位高级专家获首批政府特殊津贴，230 人调整了工资，459 位离退休同志增发了生活津贴。

今年是我校财政的第五个持平年，1 292 万元事业费中，人头费、水电暖、业务费分别占 53.8%、15.4% 和 22%。基金收入大体与去年（310 万元）相近。福利基金支出 195.7 万元，发展基金支出 47.5 万元。

外事工作方面，派出人员 133 人，比去年增加 33 人。其中考察访问的 65 人次、参加国际会议的 25 人次，长期出国的 28 人。请进外国专家 39 人，接待日本东京农大实习生 19 人，外国进修人员 4 人，还接待临时来访的国际友人，包括 22 个国家地区和组织的 283 人。

行政管理工作是根据“1991 年工作纲要”所制订的内容进行的。作为学校最高决策机构——校务会，全年召开会议 46 次，研究了 101 个问题。校长办公会 11 次，其中到院系处现场办公 7 次。行政办公会 12 次。档案工作进一步健全和完善。

信息管理上，出版校报 22 期、闭路电视上采编“农大要闻”160 条、制作专题 42 个。校办发出的各种文件“行政公报”“情况交流”等百余件（期）从不同渠道覆盖到各个方面，有效地推动了学校各项工作的进展、交流了经验。此外，外投稿件 21 篇，全国各大报刊对我校的报道 150 余篇；中央电视台和北京电视台播放我校报道 14 条，扩大了对外交流和影响。

管理工作中进一步加强了制度化和计算机管理的建设。科研处制定了 15 个科技管理办法和条例，编制了全校 5 ～ 10 年科技发展纲要，研制了计算机科研管理软件，实行了目标管理。涿州农场建立了“成绩考评，奖优罚差，以奖代补”的管理制度；图书馆制订了“图书遗失损毁赔偿办法”“馆际互借有关规定”；电教中心建立了“岗位责任制”和每周半天业务学习制度；财务处抓会计达标工作，制订了 6 个规定、5 个制度、2 个办法；校医院制定了岗位责任制和标准化管理细则；学生处、保卫处、监察室等均加强了制度管理。研究生院等单位在加强制度管理的同时，计算机管理的范围和内容逐渐扩大。

审计工作本着“一审二帮三促进”的原则，对校内 20 个单位进行了审计。监察工作从民主党派和各院系聘兼职监察员并进行培训，形成覆盖全校的监察网，接待来访 16 人次。

五、讨论和制订我校“八五”发展计划和十年规划

20 世纪最后十年，在我国社会主义现代化建设的历史进程中，是非常关键的时期，在我校也是在恢复时期结束后进入了新的历史发展时期，制订一个高瞻远瞩、远见卓识的发展计划，这是事关全局的战略性大事。今年七八两个月，一批同志集中讨论和准备，第九次工作会议上提出了我校“八五”计划的思路。《思路》的核心是把农大放在时代和国家发展的历史大潮中去，找到我们的位置、发展方向和目标、差距和弄清该怎么干。《思路》中分析了当今时代和国家发展的大背景和迎接“两个挑战”，重申了在第一次工作会议上提出的我校发展的总目标是建设成为综合性和多科性的一流新型农业高等学府。《思路》中的一个重要发展是根据国际国内现代高等教育发展的思想、观念和发展趋势，提出了现代大学的 12 项特征。有了这个模式，我们的目标和工作就比较具体化和便于实施了，也可据此衡量我校现状的强点弱势和差距所在。一个传统农业大学实现现代化的方向和做法也就明确和具体了。根据以上思想和认识，我校“八五”计划要点可归纳为以下 17 条：

1. 面向现代化、面向世界、面向未来，为我国社会主义建设培养“四有”人才。对世界农业科技和教育的发展做出应有的贡献。

2. 克服封闭状态、体现大学职能的多功能性——教育、科学研究和社会服务。《思路》中的一个重要发展是把我校的职能具体表述为“具有以培养人才为根本，教学科研两个中心，并具有农业推广和高新技术产业开发等多种职能”。

3. 高等教育的完整结构是本科教育、研究生教育和大学后继续教育。我校的具体表述是：本科教育与研究生教育并重，并大力发展大学后继续教育。

4. 对我校发展的要求和特色是：以培养高层次农业专门人才为主，以高质量教学和高水平著称，功能结构完善合理，具有较高国际化程度和国际先进水平的、综合性和多学科性、一流的新型农业高等学府。具有规模不大水平高、人员不多素质好的特色。

5. 把德育放在首位，业务素质和精神素质的培养应作为一个整体，纳入教学目标和计划。要特别重视精神素质的培养，认真制订和实施“熔炉工程”。

6. 专业教育中传授知识与培养能力并重，而更着重于能力培养；教学安排上要削枝强干，突出重点；教学内容上要注重更新，跟上科技发展；教学方法上要改注入式为启发式。这是教学领域的一场深刻、长期和艰难的变革，是对长期形成的传统教学观念和方法的宣战。要下大力气提高教学质量。

7. 为了从整体上和基础上提高我校教育质量和水平，要改变理科和社会人文科学薄弱的现状，对不适应现代科技发展和社会需要的体系和专业的设置做必要调整。

8. 科学研究要形成特色和优势领域，提高整体水平就必须处理好广泛争取项目和自我主动部署之间的矛盾。我校的做法是在抓面上科研的同时，突出“三重”和“四个战略高地”。

9. 积极寻求适合我国国情的、农业高等院校参与农业和农村科教兴农的推广理论和工作体系。我校的“农业综合发展中心”和农业推广专业担负着这个艰难任务。

10. 高新技术产业是新技术革命和生产力高度发展的产物，是时代赋予大学的新的使命。北京农业大学高新技术产业开发总公司将在创业中求发展，定将有着可喜的前景和对学校工作发挥重要作用。

11. 加强国际交流，提高国际化程度。

12. 把握住在人才断层情况下由一代人向新一代人过渡的机遇，做好细致工作，逐步建设起一支素质好、水平高、结构合理的新一代的教师和干部队伍。

13. 要有一个强大、先进、能提供优质高效服务的图书馆、场站园、实验室管理和服务、电教和出版社等技术支持系统。

14. 要有一个素质好，设备完善，能热心、优质、高效服务的后勤保障系统。

15. 要有一个利用报刊、电视、文字材料和出版物、计算机网络等多种形式和渠道，具有不同功能和覆盖面的现代化的信息系统。

16. 要有一个用现代管理理论、方法和技术武装起来的，能科学决策、高效运行、及时反馈、积极进取和全心服务的管理系统。

17. 竭尽全力，出色完成国务院批准、列入国家“八五”大中型项目的我校基建计划，精心准备，精心设计，精心施工，为把我校办成一流的新型农业大学提供良好的物质基础和条件。

第九次工作会议以后，将《思路》传达到了广大师生员工。从两鬓斑白的老教授到青年教师和学生，在会议上，或投书或作文，展开了热烈的群众性的讨论。以极大的热情关注着农大的发展蓝图和美好未来，校办收到的建议达 200 余条。46 个院系处所中心结合《思路》，讨论和制订了本单位的“八五”计划并提出了初稿。11 月中旬转入学校制订“八五”计划阶段。《计划》由三部分组成，一为综合报告，二为重点建设计划，三为 46 个部门和单位计划。综合报告已出初稿，重要建设计划正在拟订中。待此一二部分完成，再对部门和单位计划作适当调整后定稿。全部完成后，经校务会讨论通过，第十次工作会议正式公布和组织实施。

重点建设计划是将整个计划中的一些重大和关键性的内容凸显出来，具有明确和具体的目标和要求，要有具体的措施、进度和检查，确定组织实施的负责人和班子，力保全面完成。在有整体计划和部门单位计划得到实施的同时，又有确保的重点建设计划，则整个“八五”计划的完成就更有保证和能落到实处。

以下是12项重点建设项目（或工程）：①“熔炉”工程；②本科教育三体系（课堂、实验、实践）建设工程；③高层次人才培养基地建设工程（重点学科、重点课程和重点实验室）；④科研工作的“三重”和“四个战略高地”建设工程；⑤继续教育工程；⑥农业推广工程；⑦农业高新技术产业发展工程；⑧场站园建设工程；⑨后勤保障工程；⑩基建和校园建设工程；⑪信息工程；⑫人才工程。

今年是我校进入“八五”和新的发展时期的第一年，我校基建被列为国家大中型建设项目，全校性讨论制订我校“八五”计划，天然气通气和万余平方米新房竣工，校和系处两级干部的调整等许多重要进展都说明我们已经有了一个好的开始，这是全校师生员工共同努力的结果。尽管我们在工作中还有许多不足和困难，但是，只要农大人团结一心，奋发进取，我们的困难和缺点是可以克服的。今年只是准备和起步，在我校“八五”计划开始实施的明年及以后的几年中，我们将面临更加繁重的任务，也将取得更加喜人的进展。今年只剩下两天了，我们全体农大人满怀喜悦和骄傲的心情辞别旧岁，以崭新的面貌和加倍的努力去迎接新的一年。

15 北京农业大学“八五”发展计划（综合计划部分）
——第十次工作会议讨论后修改稿

（1992 年 3 月 12 日）

【导读】

1991 年 8 月第九次工作会议，石元春校长报告了制订我校“八五”计划的思路和经大会讨论后，有关部门和院系积极投入，编制了一部长达 6 万余字的《北京农业大学“八五”计划》。分综合计划、重点建设计划和各院系及分部门发展计划三个部分。石校长主持了整个计划的制订，并亲自撰写了“综合计划”部分。以下是“综合计划”部分的全文，其他两部分略。

一、指导思想

坚持社会主义办学方向，全面贯彻党的教育方针。

面向现代化、面向世界和面向未来，培养德、智、体全面发展的、高质量的社会主义建设者和接班人；出高水平科研成果；积极参与农业发展；为我国农业现代化和国民经济建设服务。

在充满挑战和竞争，而又是大好历史机遇的 20 世纪最后十年里，充分利用已有条件和工作基础，将我校建设成为具有国际先进水平的、新型的和一流的农业高等学府和进一步建成为以农科为主的综合性大学。

本计划要高瞻远瞩和高要求；要以改革为先导和动力；要实事求是和能付诸实施；要依靠和组织广大师生员工去实现。

二、时代背景

20 世纪 90 年代，我们面临全球性的新技术革命的挑战。新理论新技术日新月异，知识更新和社会变革加快，传统的教育思想和农业科技受到严重冲击。当今不仅是逆水行舟，不进则退，而且是激流冲浪，只有荣枯沉浮的选择。具有这种强烈的时代危机感和紧迫感对一个国家、一所大学和每一个人都是至关重要和极为宝贵的。

我校发展所面临的国内大形势是极好的，以经济建设为中心，加快改革开放步伐；科学技术是第一生产力，把经济建设真正转移到依靠科技进步和提高劳动者素质的轨道上来；全党全民重视农业，支持农业和发展农业；科技兴农、成果转化、高新技术产业开发等备受重视以及农业专门人才，特别是高级专门人才需求日增等均将十分有利于我校的发展。

我校因“文革”而经历的艰难和漫长的恢复时期已经结束，进入了一个新的历史发展时期；近几年的工作进展，创造的较好内外部环境以及我校基建被列入国家“八五”大中型建设项目等均为我校今后发展打下了良好的基础。

与此有利形势和良好基础相应的是：随着形势的发展，对我校的要求越来越高；各高校和科研单位的竞争日趋激烈以及面临教学质量、教学经费和教师干部队伍建设等方面的严重问题和困难。

北京农业大学进入了一个十分有利而又充满挑战和竞争的时代，一个重大的历史转折时期。这个弯子转好了，我们就上去了；转不好，或是发展的步子慢了，许多年都缓不过来。在这个一日千里的时代，停不得，慢不得，更退不得。农大人一定要认清时代，大局为重、团结一心，把握这个千载难逢的时机，在“八五”期间，将农大推向起飞的跑道。

三、总体目标

我们的总体目标是，建设一个综合性和多科性的，一流的新型农业高等学府，并进而发展成为以农科为主的综合性大学。进一步的表述是：建成为教学和科研两个中心，本科教育与研究生教育并重并具有农业推广和高新技术产业开发职能，以培养高层次农业专门人才为主，以高质量教学和高水平科研著称，具有较高国际化程度和国际先进水平的、综合性和多科性的、一流的、以农科为主的综合性大学。具有规模不大水平高，人员不多思想新的特色。“八五”末形成雏形，20 世纪末基本建成。

我校正经历着由旧的和传统的农业大学向现代的和新型以农科为主的综合性大学转化。从这种转化和现代大学特征来考虑，我校发展总体目标的具体内涵如下：

1. 现代大学具有教育、科学研究和社会服务等多种职能。

2. 技术日新月异、知识更新和社会发展迅速的时代产生了终身教育理论。大学教育不是教育过程的终结，而是高级专门人才培养过程中的一个阶段。现代高等教育的完整结构应当包含本科教育、研究生教育和大学后继续教育。

3. 本科教育着重于业务素质和精神素质的全面培养，兼有专业教育和通识教育两个方面。科学技术越发达和社会变革越快速，人的社会性越强，对人的通识教育和精神素质的要求越高。它对提高学生的整体质量和社会参与能力有着重要意义。

4. 专业教育中传授知识与培养能力并重而更着重于能力的培养。能力包括系统思维能力、适应能力、收集和处理信息能力、必要的技术操作能力以及善于思考和如何解决科学技术和实际生产和管理问题的能力。因此，在培养设计中要着重于打好基础、较宽的专业知识面、必要的操作技能以及通过各种途径提高分析问题和解决问题的能力。

5. 教学内容上须年年更新，反映最新科技成就，多年不变和照本宣科的时代已经过去。教学方法上传授知识的成分在减少，提高学生获取知识和信息能力以及分析问题能力的启发式和讨论式教学法越来越占主导地位，简单的注入式的知识传授已经过时。

6. 在科学技术日新月异，高等教育要着重于能力培养以及研究生教育不断扩大的新形势下，科学研究已成为大学不可分割的组成部分，是大学的一项重要职能。一批著名的研究所、中心和实验室，一批卓越的科学家和重大科研成果出现在大学。没有科研就不可能有能适应现代教学需要的高科学素质的教师队伍，不可能在学术界享有盛誉和地位。在大学，科研与教学的界线日趋模糊和更多融合。

7. “教学科研与生产结合”或“学产一体化”已成趋势，这是学校走出象牙之塔，克服封闭状态，积极参与和服务社会的主要形式。在农业院校则表现为参与农业推广。在我国科技兴农的形势下，农业推广是面向和直接参与经济建设的主要形式，也是联系农村、服务农民，促进理论联系实际，提高师生解决实际问题能力的重要途径。所以，参与农业推广既是社会需要，更是学校自我完善的需要。

8. 高新技术产业是新技术革命和社会生产力高度发展的产物，是推动经济和社会进步的重大动力。它以知识技术人才三密集、多学科综合、以研究为后盾和产品更新换代迅速为特点。正因大学具有这些优势而逐渐成为技术依托，又有利于大学自身高科技成果的转化。在我国还有改善学校经济困境的作用，科技和社会的发展赋予了大学新的使命，发展高新技术产业成为大学职能之一。

9. 国际化是现代大学的又一特征。现代化的信息传播和交通发展，使科技、教育、产品市场和学术交往等的国际化程度越来越高。因此，在教学科研等各个领域强化国际观念，及时掌握国际信息和发展动向以及密切国际交往，扩大学校的国际影响越来越受到重视。

10. 要有良好的教学科研条件和学风，充足的经费，幽静的校园，丰富的文化生活以及科学的管理。在教学、科研和管理等活动中，计算机、信息、通信等现代技术得到广泛应用。并具有对社会和科技发展能及时做出预测和主动适应的动态管理系统。

四、已有基础

由传统的农业大学向新型农业高等学府的转化是在1987年的第一次工作会议上提出来的。这个现代化进程始于1987年，至今已打下较好基础，主要有：

1. 通过建立农业推广中心和京农高新技术开发总公司完善了现代大学职能；通过建立继续教育学院完善了农业高等教育结构。一个新型农业大学的总体框架已经搭好。

2. 通过思想政治工作，抓社会实践和学风建设，学生的德育和精神素质培养得到明显改善。

3. 通过“按系招生，组合式教学”改革和重点课程建设，学生的基础、知识面和适应能力得到改善。

4. 通过抓“三重”和“四个战略阵地”，科研上的散、小、低以及不利于综合、新兴、交叉学科发展的状况得到改善，整体水平有了明显的提高。

5. 农业推广和高新技术产业开发已取得良好成绩和多方影响，为进一步发展奠定了良好基础。

6. 新图书馆投入使用，场、站、园、电教、出版和实验室管理服务等技术支持系统和后勤保障系统在正常运转中又得到明显发展。四年中建房、回收房面积5.4万米^2，办学条件、校园环境和职工生活有了显著改善。

7. 通过实行校长负责制和建立以校系两级为主轴的领导体制，并辅以有关规章制度、会议制度、建立信息中心等，建立和健全了管理系统和有效地运转。

8. 以出色的工作为本，加强了与上级机关、社会各界和国际上的交往和对外报道工作，学校发展的外部环境、社会形象和地位得到显著改善和提高。

以上诸项是我校在现代化进程中的初期进展，也是“八五”发展的重要基础和新的起点。

五、差距和问题

为实现上述总目标，目前存在的主要差距和问题如下：

1. 在学校职能和总体结构上，农业推广和高新技术产业开发仅具雏形，尚待进一步完善和发挥其应有的作用；继续教育仍然是个很弱和有待发展的方面；研究生招生人数大减，严重影响着学校的发展和整体水平的提高。

2. 单（农）科独进而缺理少文；重自然科学而少社会科学；重农业生产过程而少产前产后的现状，既不符合教育规律，也跟不上形势发展的需要，从根本上制约了教学质量的提高和学校的发展。应积极和稳妥地对现在的院系和专业结构做必要的调整，逐步向着以农科为主的综合性大学方向发展。

3. 在专业教育上，需要总结和完善按系招生、组合式教学；传统的以课堂宣讲和传授知识为主的注入式教学法仍占主导地位；一些课程内容陈旧，水平不高，效果不好；不少实验教学和实践教学仍处于低水平维持状态；教学经费严重缺乏，教学设备普遍陈旧和不足。

4. 德育和精神素质的培养尚处于一般性维持状态。待向主动性的、有计划的、系统化和规范化的方向发展。要求、内容、概念、方向尚需要进一步明确，在工作机构和队伍建设上理顺关系。

5. 在科研上出重大成果，获高层次奖不多；在国内占绝对优势，在国际上有较大的学术影响的学科领域不多；“三重”和“四个拳头”的格局尚未形成以及学术空气不浓。

6. 教师和管理干部队伍正处在一代人向另一代人转移的高峰时期。中间断层、两头不稳严重影响事业发展，队伍建设是个难度极大和将决定我校未来发展水平和兴衰浮沉的大问题。

7. 教职工特别是青年教职工待遇太低以及用房和设备条件太差均极大地制约着学校的发展。

8. 最大的具有根本意义的差距和问题是存在的许多旧的和过时的观念和安于现状的思想。在广大干部和教师中，加强对新的教育理论和思想的学习。

六、“八五”目标和工作重点

根据我校发展总目标的要求，已有工作基础和存在的差距，确定如下 10 项“八五”工作目标和重点：

1. 根据前三年稳定，后两年略有增长的精神，“八五”末在校本科生 2 500 人、硕士生 500 ～ 600 人、博士生 200 ～ 240 人。本科生和研究生之比由 1∶0.25 提高到 1∶0.35。继续教育中的进修教师和访问学者 80 ～ 100 人。

2. 在已初步建立起的新型农业大学的框架上，加强薄弱环节的发展，“八五”末形成比较成熟的格局。薄弱环节和重点加强的有大力提高研究生教育质量和扩大招生规模（多类型）、本科生的能力培养、继续教育开创新局面、农业推广和高新技术产业开发等。

3. 加强理文，部分院系和专业结构调整到位。20 世纪末完成结构性转化，基本建成以农科为主的综合性大学。

4. 要下极大力气，切实地提高教学质量。其要点，一是建立德育和精神素质培养的体系；二是强化基础教学和实践教学；三是以课程建设为中心，狠抓教学内容的更新提高和教学方法的改革；四是强化学生能力的培养；五是持之以恒地抓教风学风建设。

5. 在完成“八五”科研任务的基础上，抓住“三重”和“四个战略阵地”，形成一批优势学科（群），把科研的整体水平提到一个新的高度。

6. 努力建设一个一流的图书馆、具有多功能和时代特征的场站园、高质量的电教、出版和实验室管理服务。充分发挥高水平技术支持系统的作用。

7. 高水平、高质量、高速度地完成我校基本建设任务。

8. 把握在严重“断层”情况下由一代人向新一代人急剧转折的时机，做好工作，为建设一支高水平高质量的一流的教师队伍打下好的基础。

9. 管理系统和文字声像信息系统进一步完善提高。并建成校园计算机信息网。

10. 群众福利和生活上一个新台阶。

七、“八五”计划的主要内容

总体框架方面

1. 抓好本科教育的同时，重点加强和完善研究生教育和继续教育，按学校发展的总体目标，使三者协调地、各有侧重和特色地发展，形成完整农业高教体系。

2. 加强农业推广中心和京农高新技术开发总公司，逐步成型、规范和稳定地发展，使我校的社会服务职能得到进一步加强。

业务工作系统方面

3. 进一步落实将德育放在首位，将精神素质培养纳入计划和贯穿学习全过程，使德育工作逐步走上科学化、制度化和规范化的轨道，在精神素质培养上及其效果上有一个大的进展。为此制订了学生德育的“熔炉工程”，将建立德育系统和优化育人环境相结合，使学生自入校到离校，时时、处处、事事受到熏陶而塑造良好的精神素质。

4. 根据基础扎实、知识面宽、动手能力强的广适应性的业务培养目标，本科教育在继续巩固和完善“按系招生，组合式教学”改革的基础上，除做一些必要的宏观性的调整外，“八五”的重点是抓理论教学、实验教学和实践教学三个体系的建设。要一门课一门课、一个实验一个实验、一项实践一项实践地抓、实实在在地落到实处。做到教师、内容、方法、条件、效果考核“五到位”。继续围绕重点课程建设，由点到面，分期分批发展。

5. 研究生教育无论在数量和质量上都要有较大发展。“八五”工作重点一是采取有力措施，进一步提高研究生课程学习和研究工作的质量，特别是博士生教育；二是与“四三”工程密切结合，以很大的力量抓好以重点学科、博士点、重点课程、重点实验室和导师队伍建设为中心的“高层次人才培养基地建设工程”（见后）；三是大力推进以在职人员申请学位为主要形式的多渠道培养高层次人才试点和改革；四是围绕实现上述目标，加强管理和制度建设。“八五”期间将走出校门，争取在扩大生源以及全面实行研究生“3A”制度方面取得突破。

6. 继续教育的主要对象是具有大专以上学历（或同等学历），有一定实际工作经验的在岗科技和管理人员。目标是使他们在知识和技能上得到更新、提高和补缺。

面向社会需要是开展继续教育的基本原则；针对学员特点，办学形式多样化是关键。除计划内的管理干部教育外，可根据社会需要，为高校和专科学校的教师提供进修条件、接受教育科研系统的访问学者，进行合作研究（各开放实验室、重点学科或研究项目）、新兴学科和高新技术领域的培训以及为地方建立农业推广网和科技服务体系提供多种形式的继续教育。

7. 针对教学内容陈旧和注入式教学方法，开展强大的和群众性的革新运动。口号是“更新教学观念，改进教学方法”。这是对长期形成的传统式教学概念和方法的宣战，其意义深远，难度极大，要下大决心去推动。

8. 科研工作的“八五”形势很好，除抓紧实施、加强管理外，战略重点转移到利用已争得和待争取的项目和条件，把“三重”和“四大战略阵地”建设起来，形成一批在国内居绝对或明显优势，在国际有较大学术影响的学科和学科群。它既是出高水平成果的基地又是培养高层次人才的基地，也是显示学校实力和水平的主体。科研处、研究生院、人事处、国际交流中心等各有关处和院系，都要围绕这个战略中心协同配合，在“八五”期间形成气候，崭露头角。还要努力争取完成重点学科和重点实验室的增加和升级计划。

9. 农业推广在已有的工作基础上，理顺思路和关系，逐步形成具有中国特色的、大学直接参与的农业推广体系和模式。工作重点一是紧密围绕 90 年代中我国农村社会服务体系建设和“燎原计划”，建立校—地合作的推广、培训与信息咨询服务体系，包括责任区域（邯郸、沧州等 4 ～ 6 个）和面向全国两个部分。另外，加强国际联系和与第三世界国家的合作。此项工作以“农业综合发展中心”为主要执行部门，继续教育学院、科研处、京农公司积极参与和密切结合，各有关院系主动配合和支持，学校统一协调。

10. 高新技术产业开发的重点是微生物工程产品、增产菌、种衣剂和农药化工等四组产品，其他有微生物农药、种子、兽药、饲料等。“八五”期间建设好两个工业性试验基地（微生物发酵基地已建成，争取建成农药化工基地）和两个高新技术开发区（马连洼和涿州），形成高新技术产业开发的总体格局。有条件地吸引国外投资和兴办合资企业。

国际交流方面

11. 国际交流中的请进派出重点紧密配合“四三工程”及高层次人才基地建设计划，请进约 60 人，派出约 150 人。派出人员中主要是骨干教师，以访问学者形式为主。每年组织 1 ～ 3 个国际会议。积极争取如第三期中德合作项目、美国洛克菲勒基金项目、泰国正大集团等国际性资助。“八五”期间将广开途径招收研究生以上的外国留学生和访问学者。出版英文印刷品以加强与国外交流。

技术支持系统方面

12. 图书馆要在巩固中进一步提高装备水平、管理水平、服务水平和效益水平。特别要加强各类数据库的建立和与校园信息网连接，提供高质量服务。要加强情报职能，形成以图书资料服务为主体，农科外国教材中心和农科科技情报中心为两翼的格局；要加强与有关院系资料室的联系和协调，发挥现有文献资料潜力；要加强图书资料人员的培养和提高。

13. 场、站、园是实现学校四大职能的重要基地和条件。涿州教学试验场的发展目标为生产型的多功能综合基地，具有大型、综合和体现现代农业科技的特点。既是学生农事实习和生产实习的基地又为科研提供条件，同时利用其土地等资源优势和学校技术优势，以优惠条件吸引中外资金，开辟高新技术开发园区。昌平、曲周和吴桥三个实验站为科研型的多功能综合基地，各有侧重地为科研（含研究生）提供服务和作为大学生教学实习的场所。科技园区是袖珍型的多功能综合基地。兼有为学生提供有关课程实习、专项性科研、科研成果展示和高新技术开发的多种功能。

14. 实验室管理服务中心兼有管理和服务双重职能，“八五”期间，在管理上要做好校产清查、挖掘物资潜力，做好实验室设备扩充和管理工作。服务职能必须强化。服务质量直接影响到学校各项职能的发挥，要为教学科研推广和开发提供一流服务。

声像及远距离教学是利用现代科技手段，多形式多途径地提供教学和信息服务。“八五”期间，在继续做好音像教材制作演播的同时，为继续教育、推广和高新技术产业开发制作远距离传播材料；建立覆盖全校的外语调频广播和扩大闭路电视播放区。电教中心的条件和设备将有较大改善并需为此做好准备工作。

出版工作以文字形式对内对外提供各种教学、推广书刊材料和科学专著，是学校的一个窗口。“八五”期间，在完成教材出版计划的同时，密切配合继教、推广和开发做好出版工作。电脑编辑加工和激光照排将逐步代替传统印刷术。

基本建设、后勤保障和群众生活方面

15. 我校基建被批准为国家“八五”大中型建设项目是我校发展中的重大事件，

是实现发展的总体目标的重要物质保证。一定要按规划（规划面积 36 万米 ^{2}，待建 14.3 万米 ^{2}），高标准、高质量、高速度、精心设计、精心施工、出色地完成这项历史重任。我校校园将以崭新的面貌进入 21 世纪，为此要求做到：

必须为实现学校教学科研推广和高新技术开发的总体目标服务；按 20 世纪末院系所中心发展的要求进行总体布局；技术支持和后勤保障系统、师生员工生活等要有相应安排。

在整体布局和个体建筑物上，要做到功能、质量、造型、色调、工期五保证和五协调以及建筑物建设和校园建设相结合。

按轻重缓急和施工条件排序，分期分批施工。要周密计划，做好拆迁搬迁工作。

在校务会领导下成立和加强校基建委员会，由其负责统一领导和协调，加强基建处和基建队伍的建设。

16. 后勤保障工作九个字：水电暖、食住行、医托保。水电暖除需较大幅度电力增容，保证正常运转和供应外，“八五”的工作重点是加强管理，节约能源。食住行是经常性保障工作，如何提供多档次、多花色、质高价廉、服务热情的膳食仍是一大艰巨任务，必须努力改善现状。住房条件和汽车也将有较大改善，重要的是加强管理，提高服务质量。危旧房维修任务很重，可与基建任务结合进行。新校医院的建成，将使我校医疗保健条件上一个新的台阶；幼儿园的扩建将解决职工的 1 ～ 1.5 岁幼儿入托；校园实行封闭式管理，防火安全，治安保卫要有明显改善。

17. 群众干劲越大，越要关心群众生活。在政策允许和力所能及的情况下，要为群众多办好事实事，造福于民。“八五”中要做的事主要有：整理美化家属区；建职工文化活动中心、不同层次的餐厅、老年公寓（待议定）和保健室；增加生活服务内容（进城班车、保姆介绍与管理、住宅装修等丰富文化体育生活）；非工资性收入逐年增长（1991 年 970 元，1992 年 1 200 元，1995 年达 1 600 元左右），实物性福利人年均 100 元。

队伍建设方面

18. 队伍建设是“八五”建设项目的重中之重，没有一流的队伍，就没有一流的大学。队伍建设从三个方面入手：一是根据定编和学校发展需要，调整优化结构，以作宏观控制；二是狠抓队伍素质和水平的提高，特别是学术骨干、中青年教师和干部队伍；三是以考绩 – 聘任制为中心，抓好培养、流动、职称评定、奖励等的激励机制，抓好管理系统的建设和进行劳动人事分配制度上的改革。

19. 教师队伍的结构逐渐发展为：以博士生导师、教授、学科带头人领衔下的，以副教授为主（正副高职占 60%左右）的“高原型”结构。与此结构相应的是研究生“3A”制，加强实验技术队伍建设和技术支持系统的良好服务。专业结构上优先保证“八五”计划中的重点学科、重点课程、重点项目、重点实验室（中心）和“四个战略阵地”以及加强文理及社会科学。年龄、学历和职称结构上要有很大改善。教师队伍建设的重点是学术骨干队伍和青年教师队伍。把吸引和选用人才、创造良好的工作和生活条件、鼓励竞争、加强培养提拔结合起来，形成一套良好的运行机制和体系。

20. 管理干部队伍实行专职干部与兼职干部相结合的体制（或双轨制）。专职管理干部因离退休和少量扩编而需年均补充 20 ～ 25 人，并以此为契机，改善结构。工作重点是加强岗位培训，提高素质和加强管理。各院系和业务部门及业务处的主要领导干部由教师兼任，并配以少数得力的专职管理干部。兼职干部采取任期制，任期内减免相应教学工作量，并在有关条件（科研项目、助手、研究生等）方面给以适当照顾。

21. 实验技术队伍是整个队伍建设中的重要组成部分，具有独立的和不可替代的作用。要求做到配备和结构合理、稳定高质。要有专门建设计划、培养和管理制度。工人队伍的中青年占 80% 以上，要做好工种结构调整，加强技术培训、考核管理。要关心实验技术人员和工人的工作和生活。

管理－信息系统方面

22. 继续搞好和完善校长负责制试点，推动以校系为主轴的两级管理，完善系主任负责制和充分发挥教研组的作用，在院系管理体制上进行职能调整的改革，使系主任尽量摆脱繁重的行政事务，集中力量抓好教学科研和学科队伍建设。在行政管理部门进行定编定岗定责和任期年度目标管理制的改革，不断提高管理水平、行政效率和服务质量。要继续加强审计、监察和档案工作。继续加强“沉下去，办实事，服务好”和密切与群众联系的“管风”建设，并逐渐走上制度化和规范化。

23. 学校的信息是指在教育活动和管理过程中输入和输出的各种文件、情报、图书、资料等的统称，它反映学校活动的发展过程和基本特征。信息系统是全校的神经中枢，有控制全局的作用。它贯穿于管理活动的计划、决策、组织、指挥和监督的全过程。

“八五”建设一方面是在已有工作基础上，使文字（校报、学报、出版物、资料、印刷品等）和音像（广播、电视等）传播形式加大信息量、提高质量、扩大覆盖面、更新设备以及科学管理上有明显提高。另一方面是建立以计算机为主要传递工具的校园信息网，实现远程终端访问、文件传递、电子邮件，为行政管理、科学决策和办公自动化服务；为方便使用图书情报资料和信息服务；为发展计算机辅助教学系统服务。

八、主要措施

“八五”计划的目标宏大，任务艰巨、工作繁重。为完成此任，必须抓好以下六项。

一抓改革。主要如院系结构和职能的调整改革，学校内部管理体制改革、住房及公费医疗制度改革、研究生“3A”改革、教学方法改革、干部管理制度改革等。

二抓思想。在广大教师和干部中，抓观念更新，如现代教育观、质量观和师生观，教书育人、教学思想和方法的更新，正确认识和处理好教学和科研的关系，推广与高新技术开发的关系。

三抓钱。除了抓国拨事业费、基建费和科研费外，要多渠道地积极争取国内外资金，特别是下大力气组织以高新技术产业开发为中心的创收，使学校经济状况明显改善。

四抓落实。特别是十三个重点建设工程，分别成立领导小组和办公室（挂靠有关业务处），每半年检查一次，每年大检查一次，1995 年总检查。

五抓发动群众。自始至终要发动广大师生员工去实施“八五”计划。他们是计划的主人和执行者。

六抓干部。全校各行政单位工作都要围绕“八五”计划进行，干部要起表率、带头和组织的作用。完成计划的情况是检查干部实绩的主要尺度。

附件：

第二部分　重点建设计划（略）

01“熔炉”工程——学生德育工作计划（略）

02 本科“三体系”建设工程（略）

03 高层次人才培养基地建设工程（略）

04“四·三”工程——“四大战略阵地”和“三重”建设计划（略）

05 继续教育工程（略）

06 农业推广工程（略）

07 高新技术产业开发工程（略）

08“场、站、园”建设工程（略）

09 保障和服务工程（略）

10 校园建设工程（略）

11 人才工程——队伍建设计划（略）

12 信息工程（略）

13“小康”工程（略）

第三部分　院（系）部门计划（略）

【资料】我校召开第十次工作会议——“八五”计划正式出台

3月12—14日，我校在CIAD报告厅召开第十次工作会议。农业部教宣司的三位正、副司长，六位处长及水产司教育处处长，学校党政领导和系（院）、处级干部及教师、学生代表计150余人出席了会议。经过一年反复酝酿、讨论、修改的“八五”计划在会议上正式出台。24名校、系（院）、处负责人、教师及学生代表分别在会上发言，交流了实施“八五”计划的设想。毛达如司长，周鹏程书记讲话。会议气氛热烈，鼓舞人心。

我校“八五”计划的总目标，是把北京农业大学建成一个综合性和多科性的、一流的、新型农业高等学府，并进而发展成为以农科为主的综合性大学。具体地说，是建设成为教学和科研两个中心、本科生教育与研究生教育并重，具有农业推广和高新技术产业开发职能，以培养高层次农业专门人才为主，以高质量教学和高水平的科研著称，较高国际化程度和具有国际先进水平的，综合性和多科性的，一流的新型农业高等学府。

“八五”计划的具体内容包括综合计划、重点建设计划和部门计划三个部分，其中重点建设计划由“熔炉”工程、本科“三体系”建设工程、高层次人才培养基地建设工程等13个工程组成。

石元春校长在14日下午的总结会上指出：90年代，我们正面临着全球性的新技术革命和和平演变两个挑战，新理论、新技术日新月异，知识更新和社会变革加快，传统的教育思想和农业科技受到严重冲击，我们必须具有强烈的时代危机感和紧迫感。我校的“八五”计划目标宏大，任务艰巨，工作繁重。为此，我们必须抓好以下四项工作：

一、抓改革。主要是院系结构和职能以及学科的调整改革，学校内部管理体制改革，住房及公费医疗制度改革，研究生“3A”改革，教学方法改革，干部管理制度改革等。

二、抓思想。在广大教师和干部中，抓观念更新，如教育观、质量观和师生观，教学内容、教学思想和方法的更新，正确认识和处理好教学与科研的关系，推广与高新技术开发的关系。

三、抓资金。除了用好国家拨款的事业费、基建费和科研费外，还要多渠道地争取国内外资金，特别是要组织好高新技术产业开发，使学校经济状况明显改善。

四、抓落实。特别是13个重点建设工程要有专人负责，组织落实，定期检查。

石校长最后号召全校师生员工精诚团结，众志成城，形成合力，以坚强的意志，锲而不舍的精神投入“八五”计划的实施工作中，为农大的腾飞贡献自己的力量。

（引自 1992 年《年鉴》）

【资料】《“八五”规划》的“重点建设计划”中的“小康”工程计划

1. 思路

关心群众生活是我们的好传统。我们依靠群众制订了“八五”计划和十年规划，更要依靠群众去实现“八五”计划和十年规划。群众情绪越高，干劲越大，就越要关心群众的疾苦。当前，教职工的任务重，困难多，负担大，工资收入相对较低。适当改善教职工的物质生活和精神生活条件，激发工作热情，调动群众的积极性，是全面贯彻落实“八五”计划和十年规划的必要条件。

本计划是在政策允许的前提下，在力所能及的范围内，多为群众办实事，办好事。原则是取之于“民”，用之于“民”，大家的事大家办。职工个人和单位都为兴办福利事业贡献财力、物力和人力，提供信息和出谋划策。校办场站和有物化产品的单位要增加“小康”职能，以一定的比例划为职工福利。

2. 内容与目标

2.1　非工资性年人均收入（指奖金、书报、防暑、郊补、洗理费、课补、岗位津贴等），由 1991 年的 970 元提高到 1992 年的 1 200 元。以后每年以 10% 的幅度递增，1995 年达 1 600 元左右。发放形式将随改革做必要调整。

2.2　实物性福利平均 100 元 /（年·人），也以 10% 幅度递增。以场站物化产品丰富菜篮子、果筐子、米袋子、冰箱。食品科学系提供高质量的（鲜，无防腐剂等）贮藏加工食品，夏天供应冰激凌。

2.3　增设生活服务，包括为个人用车提供低价优质服务、开定期进城班车方便购物等、提供住宅装修和搬家服务、保姆的介绍与管理服务、通过学生勤工俭学、提供洗衣、理发、打扫卫生服务等。

2.4　丰富文化、体育生活。包括组织旅游观光；组织武术、气功、按摩、舞蹈等健身活动；开展书法、绘画、装裱、集邮、摄影、京剧演唱等活动；组织花道、茶道、棋道、衣饰剪裁、服装模特表演；闭路电视台提供春夏秋冬四季保健知识和烹调技术等生活性项目服务等。

2.5　增加服务设施和绿化美化环境，包括组建“家属综合服务中心”供应小百货和自产果蔬、加工家具、维修家电、收购废旧物品，设服装加工部和理发室（1993 年）；1995 年前建成教职工活动中心；待征求意见获同意后拟修建老年公寓，对行动不便以至卧床的老人提供饮食、洗浴、护理服务等；家属区北餐厅

（1992 年）、南餐厅（1996 年）服务到桌，送餐到家，临时就餐和预订均可；办好幼儿园，增设全托，降低收费标准（1992 年）；在家属区设置简易门诊，提供注射、量血压、灌氧气等项服务（1992 年）；加速家属区的绿化，修建铁栏杆，先北区（1992 年）后南区（1993 年）再西区（1994 年）。

3. 措施

在校长领导下成立学校“小康工程”领导小组，成员由校领导和校办、人事处、老干部处、总务处、财务处、校基金办、审计处、二场二站、工会、闭路电视台、家属委员会的负责人组成。任务是制订计划、筹集资金、开辟货源、调配人力，论证福利事项可行性。

领导小组下设“小康工程”办公室，任务是具体执行和操作，配备兼职人员，吸收热心于此事的离退休老同志参加。办公室和日常管理工作挂靠在工会。

16 着力培养青年教师

【导读】

《大学德育》杂志向本文集作者约稿，谈青年教师培养问题。以下是发表在该杂志 1992 年第 2 期上的文章

北京农业大学有 3 000 多名在校生和 1 000 多位教师，是个中小规模的大学。但是科研任务很重，研究生比例较大（与本科生的比为 1∶4），还有参与农业推广和开发的很重的任务。下面就青年教师工作做一简单汇报。

一、教师队伍建设上的挑战和机遇

由于“文化大革命”造成的人才“断层”，80 年代中期以来，我校教师队伍一直是“哑铃形”的年龄结构。老（＞ 50 岁）、中（50 ～ 35 岁）、青年（＜ 35 岁）三层次人才在 1986 年各占 50%、17% 和 33%；1990 年则发展为 36%、16% 和 48%。预测到 1995 年，青年教师将占 65% 左右。也就是说，我校教师队伍正处在人才断层形势下由一代人向新一代人急剧过渡的时期。在这个急剧转折时期里，各层人才的心理状况很复杂，工作十分困难。这个弯子转不好，当前工作和未来的教师队伍建设将会受到严重损失，各层人才都不满意。这个弯子转好了，不仅不会影响当前工作，还将培养出一支结构好、素质优、水平高的朝气蓬勃的新队伍。在一批著名教授的领衔下，以中青年教师为主体的这支队伍，将决定着世纪之交时我校的质量和水平；是实现我校发展目标和计划的决定性因素和条件。在激烈竞争的时代，它也决定着学校未来的兴衰沉浮。

这个时代的新生儿，决不能是畸形的，也不能是弱智的，而应当是健康强壮、充满生机的新一代。转折时期的大量问题和困难是“阵痛”和挑战，也是历史的机遇。问题是我们能否利用机遇，自觉地把握住这个历史进程。学校领导把这件事看得很重，感到压力很大，有许多问题要解决，许多事要做。这里只谈青年一代教师队伍的组建和培养，这也是问题的主体和核心。

二、我们做的第一件事是调整队伍结构和把好进人关，把基础打扎实

“哑铃”结构无疑是暂时的，那么今后教师队伍结构是什么样的呢？恢复到20世纪50年代的“金字塔”结构？还是什么其他的结构？从我校的教学科研两个中心，以培养高层次人才为主要任务的特点，考虑到在“断层”情况需要相对集中地补充教师和国内外一些大学的经验，我校教师队伍将是在强化研究生兼助教制度和实验技术队伍建设的配合下，逐渐发展成为以博士导师、教授和学科带头人领衔下的，以副教授为主体的“高原型”结构。从这个认识出发，这些年（1987—1991年）补充的主要是具有博士或硕士学位的青年教师，48人中55.6%具有硕士学位，18.1%是博士。中国内培养和国外学成回国的博士比约为2∶1。在定编定岗定留人指标的前提下，进人一定要优中选优。

三、我们做的第二件事是提高青年教师的政治思想素质

这一代人，有着业务基础好、知识新、善思考、外语不错等许多优点，但是，比较普遍和重要的弱点是在人生观和思想上不够稳定和成熟，有的人对社会主义制度缺乏坚定信念，对国家和社会缺乏炽热感情和责任感。究其根本原因是缺乏对国情、历史、社会和人民的了解和必要的生活经历，思想感情尚未植根于社会和人民大众之中。这将影响着这一代人的健康成长，我们也必须在这个深度的层次上，从根本上抓年轻一代的培养，提高他们的基础素质。

学校党委很重视他们的政治理论的学习和提高，结合农业院校的特点，我们的主要做法是以“三农”为主要内容的实践锻炼。即青年教师进校后，三五人一组，分别下到我校在黄淮海平原科技攻关和农业开发基点以及湘西、京郊的扶贫基点，和农民一起，参与科教兴农，进行为期一年的实践锻炼，以了解农业、农村和农民。1987年开始抓，开始非常困难。系组和主讲教师认为，好不容易要一个人却用不上，纷纷来说情请假，要求换时间换方式。青年教师本人也怕耽误学业和对这种做法的必要性有看法。学校也存在谁来管？怎么抓？经费从哪来等一系列问题。特别是开始时没经验，组织得不好，有的点上自流了，认为收获不大，浪费时间，搞形式，管理单位也认为是一种额外任务和负担，但是，学校党政领导始终认为这是青年教师队伍建设的基本功，认准了就一定要坚持，一定要把思想动员和组织工作做好。通过不断总结经验，逐步形成了一套管理办法。每期实践锻炼，要做到“五定”，即定实践岗位、定时间、定内容、定指导人、定

考核指标和办法。在思想动员上，秋季进校报到后，组织学习一周，将上期实践锻炼情况认真介绍。冬天集中一段时间作阶段小结交流，结束时大总结，交流评比表彰，颁发实践锻炼合格证书。在政策上，严格执行未取得合格证书者不能按时定职晋级，不能安排出国等。思想、组织和政策上的三落实，使这项工作逐渐走上轨道和得到青年教师和广大干部、中老年教师的共识和支持。

重要的不是这件事情本身，而是它对青年教师思想产生的深刻影响，我愿从他们在交流会上的发言和思想小结中摘用几段。“这次下去，确实有点受不了，北方偏僻农村的生活和艰苦劳动，过去我想都没想过，几次我都想回北京。但是，当我和这里的农民和干部朝夕相处，交上朋友以后，他们的朴实、勤劳，党的农村政策给他们带来的巨变以及他们对更加美好未来的憧憬深深地感染了我。我和他们相处越久，我和他们想的共同东西越多。他们是真正地渴望科学技术知识，他们并不墨守成规，而我又能给他们什么呢？我增加了责任心和使命感，这将对我今后的工作和生活有着深远的影响。”

参加实践锻炼的青年教师对国情和农情有了感性的了解，思想感情上发生了变化，对社会和人民的责任感和使命感增强了，开始植根于人民大众，政治思想上比较成熟了。当然，仅仅一年的实践锻炼，只能是有了个好的开始罢了。除了实践锻炼，党委还举办了中青年干部和教师马列主义读书班，以提高其理论认识水平。工会在暑假中组织青年教师赴延安考察，进行传统教育。

四、我们做的第三件事是加强培养和委以重任，提高他们的业务素质

业务上也要求从基础做起，首先要把带实验实习和辅导工作做好。上课有试讲制、导师制、老教师跟班听课制以及组织各种形式的观摩和评比活动。89 年动乱中，园艺系连续三天的青年教师讲课考评会仍热烈进行，无一人缺席。这几年开了 300 多门本专科课中，30% 由青年教师担任主讲或主要讲课人，年度考评出的优秀教师中 1/4 是青年教师。多院系还有计划地将他们组织到科研课题中去，全校 300 余课题中，13% 直接由青年教师主持，学校专门设置了青年科学基金。“七五”获奖科研项目的主持人和主要参加人中，青年教师占 23%。

要提到的是，老教师的培养青年，提携后进，甘为人梯的精神是令人感动的。除了教学科研上的精心指导外，在条件不够时，主动让办公室、实验室以至研究生招生名额。在专著、论文和报奖的名次排列上，一些老教师主动把青年教师往前排，有利于他们早日进入学术界。一位老教师在争得了一项重要的“八五”国家攻关课题后，向上级主管部门力荐一位刚获博士学位的青年教师担任主持

人，自己做参加人“保驾”。

为了充实加强管理干部队伍，学校选拔了一批青年教师“双肩挑”。12个院系中的9个院系都配备了三十几岁的副院长或副系主任。几个主要业务处都有三十几岁的处长或副处长，几个新设的单位，农业推广中心、高新技术开发总公司等主要交给青年博士和硕士去干。还有两个三十几岁和一个四十几岁的校级干部。这批年轻同志在管理岗位上干得都很不错，有的相当出色。这批新生力量使干部队伍增加活力和新意。

《红灯记》里有句话：“穷人家的孩子早当家”，农大校园也有句话：“‘断层’时期的青年早挑担。”加强对青年教师的培养和严格要求的同时，委以重任很重要。这不仅是工作和师资队伍建设的需要，而且对这支队伍的稳定有着重要作用。青年教师队伍的稳定性问题一直困扰着我们，尽管是个带有普遍性的问题，但是各院系和教研组的表现程度却有很大差异。有的很不稳，有的却相当稳定。在工作需要和出国提高之间，总把工作需要放在前面，因一时离不开而推迟出国时间或放弃出国机会的事不少。出得去回得来，身在国外心还惦记着学校的事，寄材料、通信息、出主意、联系国际合作不断。为什么有这么大差异，我们总结了四条：工作要饱满，事业有奔头，思想多关心，人际关系需和谐。在许多生动的事例中，我们悟出了一点道理，就稳定抓稳定不行，还得改善环境，综合治理。

五、我们做的第四件事是关心青年教师生活

我们有个简单的概括，叫“五子登科”，即房子、妻子、票子、名子和位子，这可是青年教师的切身大事。“位子”上面已经说了，下面先说房子的事。我校住房严重不足，这几年又继续进了一大批青年教师，住房问题更尖锐了。学校想尽办法，腾出了两座学生宿舍楼，使204户已婚青年教师有了住房。分房年龄由原来的33岁下降到27岁，80%以上有了住房，大局暂时稳定了下来，现正逐步解决正式住房。另一个难题是如何解决国外回国及国内培养的青年博士和副教授的住房问题。如按“分房条例”排队，五年十年也难解决。

1987年正好有一座楼竣工，校委会决定，干脆拿出15套由校长用于吸引人才。这可引起了一场轩然大波。经过解释和工作，总算坚持下了，结果非常好，吸引了9个回国博士和6个国内培养的博士，办完报到手续就给钥匙。后来，这种做法为大家接受了。前年又有一座楼要分配，分房委员会主动问我要留多少套吸引人才用房。现在所有青年副教授和博士都有了漂亮新居，我手上还掌握了一些吸引人才用房。在职称上也是这样。我们这样一个老学校里，青年教师去跟着

排队，很难有出头之日。每次评职称都拿出 10% ～ 15% 的高职指标给青年教师单评，最年轻的副教授 25 岁。选拔晋升一批年轻的副教授在青年教师中产生了很好影响和激励作用。

最后谈一点，就是各级领导和老教师要做青年教师的知心朋友。

我感到年轻一代虽有些弱点，由于历史社会教育各方面的原因，这也是情理中的事。而主流是很好的，是完全可以信赖和大有希望的一代。他们多么需要老一代人、党政各级领导和社会的理解、信任、支持、指点和关怀。这也是我们责无旁贷和要热情以赴的事。

下篇

转型改革二期

1991.9—1995.9

石元春校长在第一届任期内推行了“三年转型改革”和制订了《北京农业大学“八五”发展计划》。第二届任期内实施“八五”发展计划，重点是推进“两年综合改革”，即对前“三年转型改革”的完善与深化，或8年“转型改革”的二期。1993年末，国家教委启动了我国高等教育的“211工程”，即到21世纪的前20年，重点建设100所高等院校的重大计划。争取进入国家“211工程”是当时北京农业大学的一件大事。于是在已有近7年转型改革基础上，编制了《北京农业大学“211工程”建设计划（1994—2005年）》并通过了部门预审，将8年“转型改革”推向高潮并画上了圆满句号。本下篇收入了石校长的16篇报告讲话文稿，以及主持编写和执笔的重要改革文件，另有2篇引自《年鉴》的改革文档。

下篇目录

17 北京农业大学综合改革方案

——北京农业大学第二届第三次教代会讨论通过

（1992 年 8 月）

【导读】

在 1992 年 3 月的第十次工作会议上讨论形成《北京农业大学"八五"发展计划》后，随即组织编写了实施性的《两年综合改革方案》。在 1992 年 7 月 3—4 日召开的北京农业大学第二届第三次教代会上进行了热烈讨论并获得通过，会议还发表了《倡议书》。此文件是根据教代会讨论意见修改后的正式文件，于 1992 年 8 月发布。《方案》含 8 个部分和 23 条。

一、改革的必然性和紧迫性

1. 当前的改革大潮，特别是市场经济成分的迅速增长，将越来越大地冲击着在单一过分集中的计划经济体制下形成的高教体系和办学模式。现行的招生分配、专业设置、培养计划、质量标准、师资队伍的稳定和建设以至整个教育思想和观念都将受到严重挑战和检验。高校迎来的是严峻形势和大好机遇，这是我校改革的时代背景、外在动力和必然性。北京农业大学正处在一个重大的历史转折时期。

2. 社会在急剧变革，我校要迅速做出适应性反应。可是现行的陈旧的教育教学体制、落后的管理体制以及经费严重不足（含个人收入极低）这三个沉重的包袱压得我们步履蹒跚，喘不过气来。不甩掉这三个包袱，农大就不能腾飞和实现我们的宏大目标。

陈旧的教学体制是几十年来过分集中的计划体制下形成的。从校、院、系、专业和课程的设置，教材、学时以及招生分配等均统一于固定计划之中；教学上的表现是重理论轻实践、重知识轻能力、重数量轻质量、重灌输轻启发以及重智力轻精神素质培养，这种教育体制可以游离于社会发展和日新月异的科技发展之外，一切按过时的"计划"行事。还有一个特点是 20 世纪 50 年代初院系调整后，我校仅存农业生产过程中的一些传统学科专业，少理缺经、轻工无文以及很少新兴综合交叉学科的现象相当严重。

在过分集中的计划体制下长期形成的落后的管理体制，一方面表现在组织管理上，几乎是无孔不入的各式各样的制度规定，一级一级管得死死的、部门之间相互牵制，内耗扯皮越来越频繁，机构越来越庞大，人员越来越臃肿，办事越来越困难，越忙越不出活，红灯多绿灯少哪来效率？互相牵制，谁也成不了胜利者和得益者。另一方面，人的管理和分配上是低工资低效率和大锅饭。一人的活三人干，一人的饭三人分着吃；想要的进不来，不想要的出不去，想留的留不住，想流的流不动。

第三个大包袱是穷，即教学经费极缺、个人收入太低，在市场经济日益发展的冲击下，正常的教学过程和教职工队伍的稳定越来越难维持了。

甩掉这三个包袱，轻装前进求发展是我校改革的内在动力和必然性。

随着国家改革的不断深入，计划体制对大学的保护伞作用越来越小，不改革没有出路，更谈不上发展。

二、综合改革的目标和内容

3. 总的目标是全面推动我校“八五”计划的实施，将我校办成为面向现代化，面向世界，面向未来的，一流和新型的，以农科为主的综合性大学。

改革的具体目标是抓住培养高质量人才为中心不放，强化学校四大职能，实现“三转轨三提高”。即一是将陈旧的教学体制转移到能主动适应社会变革、科技发展和实现学校目标的轨道上来，将教学质量、学术水平提到一个新的高度；二是将落后的管理体制转移到按激励和竞争机制运行，充满活力和创新精神，优质高效的现代化管理轨道上来，将质量效率、效益和服务提到一个新的水平；三是将资金单渠道来源转移到多渠道来源的轨道上来，较大幅度地增加办学经费和提高个人收入。通过综合改革，除旧建新，打好基础，逐步形成一套能主动适应国家经济建设、学科发展和改革开放形势的运行机制，提高教育质量和办学效益。

4. 我校改革已在多方面开展和进行了多年，如按系招生组合式教学改革、发展继续教育、建立新的专业、农业推广中心和高新技术开发总公司以及实行聘任考绩制等。但都是在旧的体制下进行的某些单项性和局部性质的改革。而这次改革是在国家由过度集中的计划体制向社会主义市场经济体制转化的大背景下，为甩掉“三个包袱”而进行的，从旧体制转换为新体制的一场十分深刻的综合性和结构性的改革。

5. 综合改革的内容包括教学改革（含教学、科研、推广三结合）、管理改革（含人、财、物和行政管理）和发展校办高新技术产业三个部分。抓法是以教学改革为主体，以管理和人事分配制度改革为突破口，大力抓好校办高新技术产业。

三、教学改革

6. 教学改革是综合改革的核心，以陈旧的教学体制的改革为对象。主导思想是：稳定提高一头，拓宽搞活一头，推动全面教学改革，以提高教学质量和科研水平。

稳定提高一头是指以学科建设为基础，稳定和提高基础性的、传统的和我校具有优势的学科和长线专业。并适当扩大和加强社会科学及文理工科，大力扶持新兴综合和交叉学科。这是长远和根本的需要，不能受到冲击和削弱。

拓宽搞活一头是指对密切适应社会发展需要，以人才市场为导向的热门专业，采取快速反应，机动灵活，形式多样地办学和培养人才。如农村社会化服务体系建设、乡镇企业、产后增值、农业高新技术产业等。拓宽搞活一头要充分发挥继续教育和大专层次的作用。

全面推动教学改革是指根据教育规律和人才市场的需要，加强基础、提高思考和动手能力、拓宽知识面、重视精神素质培养以及克服上述“五轻五重”和坚持削枝强干少而精的原则，对现有教学计划、课程设置、教学内容和方法等进行调整和改革。

7. 积极准备招生就业制度的改革，在热门专业中增加自费生和定向生。培养过程中严格实行分层和淘汰制。如入学外语分级考试不合格者进自费补习班，中期（第三学期末）考核不合格者转大专、本科学习，结束严格依成绩按结业、毕业、获学士学位分层，优分优配以及研究生中期考核淘汰制和严格掌握学位授予质量等。

8. 教学改革要与科研体制改革、实施我校“八五”计划中的“四三工程”“建设高层人才培养基地工程”和“农业推广工程”相结合。围绕四个战略重点和重点学科，加快建设一支精干和高素质的研究型专门队伍，构成广大教科推广型队伍与专职研究队伍相结合的格局。在研究机构上，按照农村经济发展和加强基础研究的需求，除加强现有研究所、室和中心外，做如下调整：新建设施农业和农业工程研究所；计划在农业部的支持下，向国家计委、科委、自然基金会等有关部门申报新建国家植物生理生化开放实验室、部级动物科学技术开放实验室、农业应用化学和食品两个国家工业化试验基地，以及建立植物微生态剂、种衣剂、亚胺造纸、中长绒棉等几个推广开发培训中心。形成院所（室）合一为主，学校直接领导少数跨专业的研究所、两个国家级开放实验室、一个部级开放实验室、三个国家工业化试验基地、若干个研究推广开发中心的格局。

9. 为了适应社会需要、学科发展和我校办学目标，对现有院系做必要调整。调整后将形成校院系三级。院由一组相对稳定的学科群组成，是一级行政管理层，职能是对院内各系和学科的教学科研和学科建设与发展起综合协调和指导作用。系是教学科研的组织执行的主体，主要职责是组织教学科研工作和抓好学科及教师队伍建设和发展。拟设置农业生物和基础科学学院、植物科技和产业学院、植物医学院、动物科技和产业学院、动物医学院、农业资源和环境学院、农业经济和管理学院和人文社会科学学院 8 个学院（其中农业生物学院、农业经济和管理学院、动物医学院和农业资源和环境学院已经成立）。院下的系按社会需求和学科发展设置，可以较灵活地在教学计划和名称上做适应性调整。本科按系招生。院下设 30 ～ 35 个系。

四、管理和人事分配制度改革

10. 人事管理和分配制度改革以目前的落后管理制度为对象，以下放权力，放宽政策，优化搞活为中心。原则和做法是“宏观控制、调整职能、责酬包干、自主管理”，并按业务系统、支持系统、校产系统和管理系统的不同特点分别实施。具体操作是：以优化为前提，以“五定”（任务、岗位、职责、编制、工资总额包干）为基础，聘任是关键，评议是根据，分配是驱动力，即优、定、聘、评、配“五字诀”。

11. 院系和公共课教研组等业务系统是完成教学科研等任务和管理的工作实体。以革除陈旧教学体制为对象，结合当前任务和“八五”计划，在整体结构、教学结构和人员结构上进行结构性的优化。在确定任务、岗位及其职责的基础上，减编 5 % 和将 10% 固定编制转为流动编制以及在院系内调整转移 10% ～ 15% 的人员从事推广、知识和技术产业开发。聘任要坚持满工作量和择优上岗原则，鼓励跨组跨系聘任以及利用流动编制返聘，外聘和聘用研究生兼助教助研助管。聘任中要坚持择优上岗，也要注意培养、严格要求和大胆使用青年教师。评议和分配由院系根据确定的原则自定形式、方法和标准。实行工资总额包干，分年核定内部津贴自创自用。学校支持院系分流 10% ～ 15% 人员组织高新技术产业开发实体和大力开展培训和有偿技术服务，以保证 80% 以上人员集中精力抓教学科研，不搞“全民创收”。院系创收总额中上交学校 5%，余作院系基金，自管自用，两年内不收调节金。年人均收入超过 1 450 元，超出部分则需有 60% 以上转为发展基金后，余下部分方可作提高个人津贴及福利用。暂时不能自给的院系可向学校基金借款。公共课和基础课的津贴由校基金发放。

在宏观控制和管理下，学校下放教学科研指挥、人、财、物和行政管理“五权”，全面推行院长系主任负责制。院系的职能将发生根本性变化，由现在的执行转为自主管理。成为学校统一领导下的，完成四项职能，责酬包干，自主管理的实体和重要层次。

12. 技术和生活支持系统改革的方向是建立事业型企业化管理的校办服务性经营实体。转变职能后，拟成立的有教学科研器材服务部、出版社、电教中心、涿州教学实验场、昌平实验站、曲周实验站、文通运输服务部、生活服务部、房屋修缮服务部等。学校提供基本条件，下达任务和提出明确要求，由各实体领办、各实体根据学校要求单独核算，自负盈亏，自主管理，为学校提供优质服务，收费明显低于市场（一般在 20% 以上）。在保证为学校服务的前提下，有条件的可对社会开放。实体扣除成本后的服务收入，个人、实体和学校按比例分配，评议和分配办法自定。根据“责酬包干，自主管理”的原则，学校和各经营实体签订任务书和进行检查监督。

13. 管理系统改革的方向是建立精干优质高效和实行目标责任制管理的管理体系。首先是转变观念和职能，由微观指挥转为宏观管理和强化服务，与业务和支持系统的“责酬包干，自主管理”相呼应和协调，同时做好各职能部门自身的业务管理工作。据此，理顺关系，重新明确各部门的任务、岗位和职责，精简机构压缩人员编制。为了放宽搞活，要主动下放一些权力。但要根据院系和支持系统的自主管理和承受能力有计划和分期下放，以免造成脱节，影响工作。管理系统要接受监督，有严格的评议制度，干部实行聘任制。管理系统不搞创收，已有的可以脱钩转入支持系统或脱钩后代管。管理系统是推动学校运行的神经中枢，管理人员担子重责任大工作辛苦而又很少其他收入。为了关心和稳定提高这支队伍，在放开搞活业务系统和支持系统的同时，要提高管理系统人员的津贴，使之稍高于全校平均水平。津贴和“四费”由校基金发放。

14. 除国发工资和工龄价格补贴外，校内发放的有“四费”（洗理费、书报费、防暑费和郊区补助费，年人均 325 元）及职务业绩津贴和奖酬金。1991 年以奖酬金形式发放的标准是年人均 625 元，改革后的第一年将增加到 1 125 元，连同“四费”共 1 450 元。这是个政策性数字，各单位可以根据自身收入情况调整浮动。

15. 学校实行在校长领导下的校院系三级管理体制。在管理制度上，实行一校两制，一是业务系统和管理系统按事业化管理，二是校系的产业开发系统和技术——生活支持系统按企业化管理。不同运行机制驱动下的这两个“轮子”密切配合，一起转动。实现宏观控制下的人员结构优化和两个轮子一起转动的关键是建立人员流动机制。除制订政策导向外，定编（如减编 5%、10% 的固定编制转为流动编制以及 10%～15%转移到产业开发）和学校建立人才交流中心将发挥重要作用。

五、财务、物资和住房管理制度改革

16. 在用好管好计划内资金的同时，计划外收入在加强宏观控制和监督指导的基础上，微观上放权搞活，强化服务职能。如在校内开银行业务发放工资、设置基金管理服务所等，以提高效率和服务水平，精减人员。

17. 为克服物资设备积压，利用率低和不合理购置，管理改革的方向是在清查国有资产的基础上打破个人和小组所有制，以院系为单位扩大物资设备的开放和公用化程度。长期积压的物资校内组织交流和收归学校处理。学校物资管理部门加强物资的宏观性管理，协调交流和开展信息服务。

18. 住房制度改革根据国务院批准的北京市住房制度改革实施方案和农业部有关文件精神进行，主要改革内容是提租、超标加租、建立住房基金和加强住房维修服务，改变目前住房中分配和使用不合理的状况以及提高住房使用率。

六、发展校办高新技术产业

19. 校办高新技术产业是新时期赋予高校的新使命和新职能。有利于发挥高校人才和技术优势，促进整个社会高新技术产业的发展；有利于高校科技成果转化；有利于教学科研推广工作与社会的联系；有利于增加收入，缓解办学经费不足和职工收入太低的困境。但是，与教学科研推广不同，校产具有自身的特点和运行规律。取得一项可供开发的技术研究成果后，还必须经过技术开发、产品开发和市场开发。有技术问题，更多的是市场、经济和经营管理的问题，这正是高校的弱势。我校发展校办产业和推广已有 8 年，走过一些弯路，也取得不少经验。在当前改革大潮中，我校校产应以新的姿态，进入一个新的发展时期。特点是形式多样，抓好技术、产品和市场三级开发、扩大开放、放宽政策、组织队伍、吸引资金，重点是高新技术，也要注意发展校办第三产业。

20. 校办产业在三条战线上展开。一是校办支柱性产业，即基础好、规模大、要求条件高以及经济和社会效益较大的开发项目由学校直接组织，如京农总公司、增产菌厂、种衣剂厂及正在筹办与北京市信息产业开发区相呼应的，以房地产经营为主要形式的马连洼农业高新技术产业一条街等。二是以我校涿州农场为基地建立的农业高新技术开发区，可发挥我校人才优势，提供可开发技术成果，以多种形式承接校内外和国内外开发项目，广泛吸引建设资金。三是提供支持、放宽政策、由各院系在保证教学科研主体任务的前提下，组织专门队伍从事知识和技术产业开发，有条件的可建立经济实体。此外，积极开展对社会的农业推广和开发服务以及参与兄弟院校的联合开发。

21. 从事技术产业开发的队伍一是企业编制，由现有的 90 名增至 150 名；一是各院系由事业编制分流的按企业化管理的由 30 名增至 100 名左右。如加上支持系统中的企业化管理编制，占全校教职工总编制的 25%左右。

七、预期目标和实施步骤

22. 围绕“三转轨三提高”进行的综合改革完成后，将在以下几个方面发生较大变化。

- 经院系的设置和职能、教学计划和课程以及招生和就业三个方面的调整和改革，将建立能较好适应社会和学科发展需要的教学体系和调节机制。教师的教学和学生的学习积极性将有明显提高；“五重五轻”现象将有较大改善。
- 推进“四三工程”和“高层次人才培养基地建设工程”的实施，形成一批实力较强的重点学科、科研中心、所和实验室以及一支水平较高的科研队伍。推进以农业综合发展中心和农业推广专业为中心的农业推广体系的形成。
- 将建立起以校办支柱性高新技术产业、涿州农业高新技术开发区、马连洼农业高新技术一条街和院系开发实体为骨干的农业高新技术开发体系。
- 保证教师队伍中的 80%集中精力于教学科研工作，分出 20% 从事高新技术产业开发和社会急需人才的培训。全校教职员工中，30%转化为按企业化管理，从事高新技术产业开发和第三产业。整个结构趋于合理。
- 业务、支持和管理三大系统的职能和结构将有重要调整。人事管理制度趋科学化、制度化和规范化，并建立起人员流动和不断优化的运行机制。
- 设备开放和公用化程度提高。资金来源渠道拓宽，融通加强和管理服务水平得到明显提高，住房和医疗渐趋合理。
- 校内津贴和“四费”由 1991 年的年人均 950 元提高到 1 450 元。争取 1995 年达 3 000 元。

23. 本期改革为时两年，大体分三个阶段进行。

1992 年 6—12 月为第一阶段，以人事管理和分配制度改革（含房改）为中心，教学改革和校产开发相呼应。

1993 年 1—6 月为第二阶段，以教学改革为中心，人事改革和校产开发相配合。

1993 年 7 月至 1994 年 7 月为调整巩固阶段。

八、希望部领导给予的支持

1. 审查批准院系设置的调整方案和允许学校根据社会和学科发展需要对系的名称、培养方向和教学计划可自行做必要调整。

2. 为迎接 21 世纪农业科技革命的挑战，建议农业部将为我国农业院校和农科院所，培养较高层次和素质的年轻一代教师和研究队伍作为我校 90 年代的一项重要任务。以计划内为主，扩大定向生和自费生，较大幅度地扩大研究生招收名额。在现有招生数量的基础上，每年增招 150～200 名硕士生和 80～100 名博士生。

3. 农业作为一项艰苦性行业，农科仍应以计划内招生为主，定向生和自费生作补充。确保国家财政拨款主渠道的基础上，力争事业费有较大幅度的增长，以缓和目前教学经费的严重不足的局面。

4. 为尽快改善我校办学条件，希望加快大中型基建项目的实施具有十分重要的意义。希望 1993—1995 年间年投资在 2 500 万元左右和简化审批手续，以加快工程进度。

5. 希望我校涿州农业高新技术开发区能成为农业部建立农业企业和开发项目的优先考虑地区，加强基础设施建设和改善投资环境。学校将提供优惠的条件和有关技术和人才的支持。

【资料】北京农业大学第二届第三次教代会纪要与“倡议书”

积极参与，群策群力，教代会讨论学校综合改革方案并通过倡议书

我校第二届第三次教代会于 7 月 3—4 日召开。与会代表认真讨论了校务会提交的《北京农业大学综合改革方案》《北京农业大学住房制度改革方案》《北京农业大学人事管理和分配制度改革方案》（均为讨论稿），通过了《倡议书》。

会上，代表们思想活跃，畅所欲言，就三个方案发表了很好的意见和建议。植保系、畜牧系、环境与资源学院、生物学院、外语教研组、车队六个单位的代表作了大会发言。他们表示赞成和支持学校的总体改革思路；认为三个方案适应了当前的改革形势，大方向是正确的。他们还谈到了讨论中大家的意见和建议，概括如下。

——三个方案还应再实些，应把具体细则交给大家讨论，充分发挥教代会的作用。

——目前谈到改革，人们讨论的热点不是教学而是开发，使人担心教学会继续滑坡。以教学为中心，每次开会都讲，但抓起来有些软。对基础课和公共课的倾斜政策未能很好落实，对广大青年教师的工作和生活关心不够。希望学校为教

学和教师多做些实事。

——房改应考虑到教职工的承受能力，还应解决好外单位占房问题。

——在分配方面，应考虑到我校教职工工资基数低于北京市平均数，也低于中小学。如果不提高工资基数便拉开档次，有些人的收入会难以维系。

——招生和淘汰制以外语为主要标准不合适。

——总务处一部分实行企业管理应以有利于为教学科研服务、提高服务质量为主旨。希望学校集中力量搞好校办产业开发，避免形成“全民搞创收”。

——理顺关系，精简机构。

——改革中不要忘了节支，不要忘了保障老弱病残和妇女儿童的权益。

——干部的岗位津贴不能完全一样，应以工作量和业绩为依据拉开档次。

——改革是长久之计，不能从个人利益出发，要有整体观念。

石元春校长听了代表们的发言之后说，非常感谢代表们对学校综合改革的关心和支持。大家的意见和建议非常好。学校综合改革是一项复杂的工程，涉及方方面面，这仅仅是个开端，等制订出具体方案后，还要进一步听取大家的意见。

他还谈到，下半年学校以人事和住房制度改革为突破口，边改边解决工作中的问题。聘、优、评都是为了搞好教学。创收很容易形成热点，特别是在目前大家收入偏低的情况下。学校从整体分工上要分流一部分人搞好校办产业开发，以保证80%教师安心教学。

最后，代表们以热烈的掌声通过了动员广大教职工积极关心、参与学校改革的倡议书。

倡议书

当前在全国改革大潮中，各地各条战线的工作迅速发展的喜讯不断传来。小平同志南方谈话发表，又极大地鼓舞和坚定了全国人民进一步深化改革开放的信心和决心。形势的发展也极大地冲击着教育战线，深化我校改革，以教学改革为中心，把教学、科研、推广、开发搞上去，是广大教职工十分关注的问题。学校提出的综合改革的思路和设想，我们认为是可行的，会议建议学校责成有关部门组织力量进一步拟定出各项改革的具体方案和执行细则交全校教职工讨论。会议号召全校教职工积极投入到学校的改革中来，以主人翁高度负责任的精神献计献策，为学校的深入改革出一份力。为把我校办成一所一流的、多学科的、综合性的农业大学而奋斗。

北京农业大学教职工代表大会
全体代表
1992年7月2日

18 “两年综合改革”的部分改革方案与条例选编

（1992 年）

【导读】

改革是靠战略与宏观导航引领，靠政策与条例具体实施的。“两年综合改革”方案的具体目标是抓住培养高质量人才为中心不放，强化学校四大职能和实现“三转轨三提高”任务。此次改革是全面、综合和多方面的。为了实现这些战略目标，学校制定和实施了一系列的政策和条例。本文是从 1992 年《年鉴》中选编了 10 件专项的改革方案与条例，我们可从中了解一些“两年综合改革”的梗概与细节。

一、北京农业大学业务系统内部管理改革暂行条例

业务系统包括各院、系、研究所和中心，是完成学校教学、科研、推广职能的主体和改革的重点。内部管理体制改革的内容和条例如下。

1. 本条例是学校综合改革中内部管理和人事分配制度改革中的一部分。目标是通过对管理体制的改革，优化整体结构、提高工作效率、调动人的积极性、改善职工待遇，全面完成学校和各业务单位制订的“八五”计划。改革的原则是：宏观控制，调整职能，责酬包干，自主管理。具体操作内容是：以优化为前提，以“五定”（任务、岗位、职责、编制、工资总额包干）为基础，聘任是关键，评议是根据，分配是驱动，即“优、定、聘、评、配”五字诀。

2. 优化是指在现有基础上，革除弊端，在整体和结构上得到改善和趋于优化。具体有：以教学和科研为主体的四大职能的协调发展、教学计划和课程设置、教学内容和方法及重点学科和课程的部署、教职工的结构和岗位设置、师资队伍的建设等方面。在优化的基础上做好定任务、定岗位和定职责。

3. 以 1991 年 6 月的定编为基础，减编 5%；将 10% 的固定编制调改为流动编制（“三助”研究生、返聘、外聘等）和在各业务单位内转移 10%～15% 的人员从事技术开发和发展各种形式的短线专业、继续教育。

4. 在确定任务、调整编制和岗位设置的基础上，做好本单位教职员工的聘任工作。聘任以本单位人员为主，也可跨组跨系，或返聘、外聘、聘用“三助”研究生等，要坚持择优聘任的原则。本单位受聘人承担的任务应达到额定工作量的70%以上（教师应满 252 个工作日）方能应聘并享受相应的待遇。对因各种原因不能达到上述工作量的，可根据各自情况，采取降低校内津贴等级或缓聘、不聘。经学校批准的延退教师，可不受上述工作量限制。在本单位缓聘或不聘的人员可以申请在校内其他单位受聘，也可按规定申请辞职、调离学校或申请到学校人才交流中心，在校内流动。经学校安排离职进修或公派出国一年以上的在职人员，在规定进修、留学期间内，岗位保留在原单位，按缓聘人员对待。单位内的工人逐步过渡到实行全员合同制。鼓励校内单位交叉聘任，受聘人员所在单位承认其工作量和双方议定其报酬。到校外兼职的教师，在聘任时院系可根据不同情况，确定本单位的管理办法。

5. 考核和评议是聘任和发放津贴的依据，要坚持年终考核和评议制度，按照教职工本人的表现和完成任务的数量、质量情况全面考核，当年的考评结果是核发本年度津贴和下一年度聘任的依据，教职工的年终总结和考核结果，按不同职务填写业务档案。考核的组织、考评的方式、等级确定及与津贴挂钩等由各院（系）自主决定。各单位年终考评结构及总结在学期结束前上报学校人事处。

6. 除国发工资和各种补贴外，实行校内津贴制，代替目前的奖金制。校内津贴主要含职务津贴和业绩津贴。职务津贴根据本人的职称、职务和工龄而定；业绩津贴根据当年完成工作的数量、质量和业绩表现而定。津贴的等级、计算方法、发放水平等由各院系自行决定。分配中要注意破除大锅饭和平均主义，拉开档次，充分体现多劳多得，按绩计酬和奖优罚差的精神。校内津贴由各业务单位的创收基金中支付。发放水平可参考学校确定的 1992—1993 年度的平均标准线 1 450 元（其中含 7.5 个月平均工资及“四费”）。创收情况好的单位，在保证一定比例的发展基金外，发放标准可高于此平均线。

7. 开发创收工作以与本单位业务相结合的项目为主，内容形式和途径多种多样。人力安排上，可组织 10%～15%的人力，专门从事开发创收，保证 80%的教师能集中精力于教学、科研工作。创收所得除经费总额的 5%上交学校外，均自行支配。创收较好的单位初期也可在年初与校基金办协定一固定上交额。困难单位可申请减免。

8. 健全首长负责制。院长、系主任、所长（不含院系管所）是各业务单位的负责人，负责主持全面工作。为了贯彻和强化自主管理，在学校领导和宏观管理下，各业务系统行政负责人在各院系所规定的职责范围内行使其教学科研指挥权和对人财物的管理权。详见 9 ～ 12 条。

9. 在认真贯彻学校的总体部署、培养和教学计划的前提下，各院系可以对本院系的课程、实验实习的安排、教学内容和方法的选择上自行做必要的调整。但对外系课的变动必须与教务处或研究生院协商，主管校长决定。在贯彻学校“四三工程”的部署前提下，各业务单位可以对本单位的重点科研项目、重点学科、重点课程和队伍建设等做出自己的安排。

10. 学校核编定岗后，单位负责人有聘任（聘任、续聘、缓聘、解聘、返聘、外聘等）、调配、校内进人出人、派遣国内外学习进修和访问人员、决定离退休人员以及奖罚的人事管理权。校外进人需与人事处商议，经分管副校长同意后，报主管校长批准。延期离退人员（不含人事部批准的缓退专家）占本单位的编制和职称数。流动编制使用工资总额包干中的额度、待遇自定，“三助”费不得转作他用。可在干部职数规定内提名副职，经人事组织部门考核，主管校长批准即可聘任。可根据有关规定自行组建系务会、学术委员会、学位委员会、职称评议学科组等。单位内的组织形式及负责人由各单位自定，报人事处备案，不列入学校正式机构和干部职数。在学校当年下达的职数限额内，按有关规定，有权评聘有关系列的副高职及以上技术职务。

11. 学校按年度任务下拨教学费、行政办公费、提留后的科研费及工资总额包干等，各单位按规定自行管理。科研经费的审批权属课题主持人和科研处。本单位开发创收完成上交任务后全部自行支配。但在年人均津贴达 1 450 元后的经费使用须首先保证 60％用作发展基金。科研津贴及技术转让按有关规定办理，个人收入不列入津贴。为减轻各业务单位的财务管理工作量、校财务处可代管科研费和工资的服务；“基金服务部”提供代管创收基金的服务。各单位要遵守国家和学校的财务规定，接受财务、监察审计部门的监督检查，不得将资金转移到校外。

12. 各业务单位有权使用和自行管理本单位的仪器设备等国有固定资产。可以自行决定采购教学科研设备。“教科仪器设备服务部”可提供资料查询、咨询和购置服务。为避免重复和不合理购置，凡单价在 5 000 元以上者需经学校仪器设备管理服务部门审批。为减少物资设备的积压，学校定期组织校内积存物资交流会。各业务单位要积极参与学校关于提高物资设备利用效率的改革。

13. 各单位在自主管理中要建立自我改革机制，认真执行国家和学校有关政策和规定。学校将制订评估系统，定期对各单位进行考核评估。

14. 本条例自公布日起试行，解释权归校人事处。与本条例配套的参考性办法有：“教职工考评办法”“聘任制实施办法”“核定人员编制和工资总额包干实施办法”等。

1992 年 9 月 29 日

二、北京农业大学校办服务性经营实体（支持系统）管理暂行条例

（一）总则

1. 支持系统的任务是为实现学校的四个职能提供技术和生活方面的保障和服务。改革的思路是将目前的行政管理单位转改为在学校领导下的事业型企业化管理的服务性经营实体，为学校提供优质、高效和低廉的服务，是学校综合改革的重要组成部分。为此，根据我校综合改革方案和参照“中共中央国务院关于加快发展第三产业的决定”的精神和农业部的有关文件通知，特制订本管理暂行条例。

2. 事业型企业化管理的服务性经营实体是指根据学校总体要求和部署，利用学校设施条件和以本校职工为主体承办组建的，自主经营，按企业化管理的经营实体。其所有权和隶属关系不变，只作管理体制上的转换。以运用和充分发挥市场和竞争机制的作用，调动学校、经营实体和职工个人三方面的积极性。

3. 支持系统各类经营实体的目标和最终检验改革成败的标准，要看能否全心全意为教学、科研事业和广大师生员工服务的效果，把我校办成多学科、综合性的一流高等农业学府做出贡献；要看能否提高服务质量、工作效率和经济效益。

4. 经营实体的组建要紧密结合支持系统各单位的实际情况和条件成熟程度，积极稳妥，先后有序地进行。

（二）经营实体的组成和形式

5. 第一种形式是在现有行政单位基础上整建制地转轨，或做必要的调整。如出版社、昌平实验站、教科器材服务部（即现实验室管理服务中心）、交通运输服务中心（现车队）等。这些经营实体或保留原名称，或重新定名，但均作为一个按企业化管理的经营实体而存在和运行。

6. 第二种形式是根据需要，由现有的某些行政单位（科室）改组、合并或重新组建，形成新的，按企业化管理的，独立的经营实体。拟组建的有修缮服务中心、生活服务中心、仪器修理服务部等。

7. 第三种形式是以社会力量（含本校教职工的待业子女、离退休职工等）为主。商得学校同意并签订国有资产有偿使用协议书，利用学校条件以租赁或合办等形式自行组建的集体所有制的经营实体。现职教职工也可停薪留职参加。此类经营实体自己筹建、自领营业执照，具有独立法人地位，自负一切债权债务。

（三）管理办法

8. 性质和领导关系。一、二种类型均属学校领导下的事业型企业化管理的独立经营实体，属全民所有制性质。以承办制实现学校对各实体的领导和各实体对学校负责。即通过“四定”——定服务项目、定服务标准、定学校提供的条件（人、财、物、政策等）、定责权利和奖罚，以聘任制选聘厂长经理，并签订承办任务书。经理厂长选聘本经营实体的工作人员，工人实行合同制。总务处等行政处对各经营实体代行学校管理职能。学校可通过对承办任务书的修订来调整经营实体的服务内容和要求，也可以重新组建或撤销各经营实体。

9. 人事方面。各经营实体的校内正式职工仍属学校事业编制，在工资、住房、职称、离退休等方面享受同样待遇。实体正式职工的编制可采用柔性制，即学校确定基本编制数额后，可以在人才交流中心从校内调剂增减，但不得冲击学校其他部门的基本任务的完成。实体可自行决定聘用或解聘校内离退休教职工、待业子弟和必用的校外临时工作人员。学校一般不提供校外临时工作人员的住房条件。经营实体及其工作人员与行政级脱钩。

10. 财务方面。按承办任务书，学校提供基本物资设备，进行核实估价。开办后的发展扩充部分主要来自经营实体的发展基金。经营实体可享受校办产业免交所得税的优惠和全体正式职工享受学校职工的各种待遇。各经营实体的校内服务收费一般低于市场价格的20%以上，明码标价和公布质量要求。经营实体职工的工资和“四费”自定自支，计入成本。职工奖金和福利自定自支，列入实体的奖励福利基金。各经营实体扣除成本（计算办法另详）后的所得利润的大体分配比例为：上交学校40%；发展基金35%～40%；奖励福利基金20%～25%。

11. 经营实体的内部管理。各经营实体内部管理按承办任务书的有关规定和精神进行。企业化管理的独立经营实体在管理上具有以下特点和权利：①单独核算、自负盈亏、自主经营，有经营权、财务支配权、用人权、奖罚权，学校和各有关行政部门不得干预其具体经营活动；②充分应用市场机制和导向，调整服务内容、价格；遵循顾客至上、质量第一和效益（经济效益和社会效益）原则、竞争原则；③充分利用激励机制，实体内部的分配和福利与经营利润直接挂钩（根据经营内容可以实行计件工资、计时工资等），个人收入（含工资）与工作实绩和贡献挂钩，做到奖罚分明；④以对校内服务为主，在有余力和条件的情况下可以逐步开展对校外服务，增加营业额和收入；⑤严格遵守国家和学校有关规定，自觉接受学校财务、审计和监察部门的监督检查，正确处理学校、实体和个人的关系。

（四）其他

12. 本条例自公布之日起实行，解释权归人事处。

1992 年 10 月 13 日

三、北京农业大学校办农业高新技术产业管理暂行条例

（一）总则

1. 校办农业高新技术产业是新时期高校的一项新的、具有重要意义的职能，要作为学校的一项重要任务，下大力气抓上去。为此，根据国务院、国家教委、国家科委及农业部 1992 年 8 月 11 日颁布的《农业科技开发工作管理办法》等文件精神，结合我校具体情况制订本管理暂行条例。

2. 校办产业以开发我校科技成果为主；以可物化和进入市场的技术产品为主。校办产业要以市场为导向，选准项目，系统组织研制、生产、销售和贸易，做到技工贸一体化，开拓国内外技术市场。

3. 一项待开发的科技成果必须经过技术开发（中试）、产品开发（形成商品）和市场开发（销售到用户手中）才可取得效益。必须转变以为有了科技成果就能赚钱的观念，认真选拔培养各类开发人才，创造条件，按市场规律组织好三级开发。

4. 根据国家专利法、国务院及农业部有关规定精神，凡我校教职工执行上级研究任务和获取科研经费，利用工作时间和学校条件所取得的研究成果，均属职务发明性质，其知识产权归属学校。开发转让必须通过学校和按学校有关规定管理，不得以院系组和个人名义对外转移科技成果和占有所得费用。

（二）校办产业的构成和性质

5. 我校农业高新技术产业有技工贸一体化的北京农业大学新技术开发总公司（以下简称京农）及校办厂、合资公司（厂）、院系办厂；有以管理为主的北京农业大学涿州农业高新技术开发区和马连洼一条街以及对外技术转让和合作中试等五个部分，组成农业大学农业高新技术产业集团校办产业体系。

6. 校办厂包括校直属厂、合办厂、院系办厂三个层次，主要从事技术和产品开发，进行技术产品的生产，也可自行销售。校直属厂（属京农总公司或直属学校）是指需要由学校组织多方力量进行开发的、规模大、综合性强以及要求条件高的项目所组建的厂或中心。已有和建设中的有微生物发酵工程工厂、增产

菌厂、种衣剂厂等。合办厂是指规模较大、要求条件较高，但专业比较单一的项目。可以由院系或场站承办、校系两极联合开发和经营。已有新农药实验工厂（与应化系）、亚胺造纸厂（与农业资源和环境学院）、肉鸡开发中心（与涿州教学实验场）等。院系办厂是指经营内容单一，院系能单独承担开发的项目，由院系组建厂（场）。已有畜牧系的实验畜牧场、饲料厂、兽医学院的兽药厂等。

7. 京农总公司是在学校领导下的，具有法人地位的，经北京市海淀区高新技术开发区正式批准的高新技术产业。京农总公司的主要职能是为我校办产业的技术产品组织市场开发和经营管理。办理对外经营和法律有关事宜。为了开拓市场，京农总公司有权在京外如新疆、黑龙江、深圳、上海浦东等地设立以贸为主的分公司、代销点或寻求代理商。

8. 经农业部批准的涿州农业高新技术产业开发区旨在利用我校人才、科技成果和土地的三大资源优势，以优惠条件对校内和国内外开放，广泛吸引投资，组建各种经营实体（公司、厂、场等）。开发区设管理委员会负责建设和管理工作。

9. 马连洼农业高新技术一条街是与北京上地信息产业开发区相呼应，利用校本部门外两侧长约 400 米的临街条件，学校建房和对校内和社会出租，设立以农业高新技术产品为主的各类科技门市部。（第一批建房 3 000 米^2，1993 年投入使用）。

10. 拟建“北京农业大学农业咨询和信息服务公司”。它是发挥我校人才、技术和信息优势创办的智力和信息产业。在我国农业迅速向市场经济转轨和向现代化农业发展的历史时期，农业咨询和信息服务具有重要意义，要尽快把这项新兴的信息产业抓上去。

11. 具备条件和经学校批准可以与校外或国外单位合办公司或厂。如与国家教委“中国高科集团公司”合办的，以增产菌系列产品为主的“高微公司”等。

（三）校办产业的管理

12. 校办产业实行以各经营实体为基础，统筹协调，相对独立，分层管理的方式。各经营实体实行经理（厂长）负责制，按企业化管理，独立核算，自主经营，自负盈亏，自我约束，自我发展。经理、厂长实行聘任制和目标责任制管理。任期一般三年，可以续聘、解聘。聘用方和受聘方要签署目标任务书。京农总公司下属厂由总公司为聘用方、校系合办厂由校（校产办代表）和院系为聘用方、院系办厂的聘用方是院系。其他校办厂由校产办代表学校为聘用方。

13. 北京农业大学涿州农业高新技术开发区由其管理委员会管理；马连洼一条街由校产办管理；技术转让和合作中试由科研处管理。与校外单位合办的公司和厂按协议书制订相应管理办法。

14. 北京农业大学农业高新技术产业开发集团及其董事会代表学校领导组织和管理全校校办产业，使之综合协调，发挥整体优势，增强竞争能力。董事会下设校办产业办公室，负责处理日常事务。

15. 各经营实体应按照国家颁发的有关会计制度和经济核算的规定进行成本核算和严格财务管理，接受学校财务处和审计处的监督。年营业额稳定在 50 万元以上的产业经学校批准可自立账号。其他经营实体则由校基金服务部提供服务。

16. 利益分配上要处理好校、系（院）、组和个人的关系，以调动各层次各方面的积极性。院系管理的产业，自规定公布后两年内，只向学校上交销售总额的 5%，其余由院系自行安排（详见“业务系统管理条例”）。校办直属厂的年纯利润分配的大体比例是上交学校 50%、发展基金 35%～40%、福利奖励金 10%～15%（约 5∶4∶1）；京农总公司的大体比例是 7∶2∶1，可据年度情况适当调整。涿州农业高新技术开发区另订。马连洼一条街的租金由校产办经办，扣除必要开销后转校基金办公室。

公司和厂的工作人员的工资列入成本。工资、津贴和奖励福利金发放办法自定，报校产业办备案。

17. 人事管理上，院系主要分流并使用各自编制的 10%～15%的人力进行开发。校直属厂和公司根据计划任务书中提出的任务要求，正式工作人员由人事处核编，可根据任务的调整而增减。临时雇佣人员也要提出计划并向人事处备案。各公司和工厂要实行企业化的人员管理办法，干部聘用制和一般工作人员合同制。

18. 各经营实体要严格实行奖罚制。在正常经营活动中，根据不同情况可以小承包，计件、计量、计酬等以鼓励个人积极性；管理人员可分级发放津贴。在年终奖金发放中，可实行全员风险抵押、对全年创收中奖励基金福利基金总数按绩分等发放。一般工作人员（含工人）、管理干部、副经理（副厂长）和经理（厂长）的分配比例原则上定为 1∶2∶3∶4。对有特殊贡献者发特别奖。未完成年度创利计划者，按比例扣发奖金直至风险抵押。凡由于个人或小组造成经济和工作损失者，由上一级领导根据情况给予经济处罚乃至行政处罚。

19. 凡我校教职工在校办产业中做出优异成绩者，校系两级将根据情况给予精神和物质奖励。对个人或小组为获取私利，未经学校私自转让、转移职务性研究成果（含本人参加）、种苗、配方、菌种等技术成果和核心资料，损害学校利益，侵犯学校知识产权者，学校将追回所得，通报批评，三年内取消职称和调房申请权，直至给行政处分和法律起诉。

20. 本暂行条例的解释权归校办产业办公室。

1992 年 9 月 29 日

四、北京农业大学人事管理和分配制度改革方案

北京农业大学正经历着由旧的传统的农业大学向现代化的新型的以农科为主的综合性大学转变。全国改革形势为我校的发展提供了一个难逢的大好机遇，要抓住这个有利时机，加快改革的步伐，解放思想，实事求是，放开手脚，大胆试验，逐步建立和完善主动适应国民经济和社会发展需要的有效机制，提高办学效益。集中精力把我校早日建成具有教学、科研、推广和高新技术开发职能的一流的新型农业大学，人事管理和分配制度的改革就是为实现上述目标而进行的综合改革的一个重要内容，是综合改革的突破口。

（一）指导思想和主要目标

以人事管理和分配制度为主要内容的校内管理改革是为了增强学校内部活力，调动广大教职工的社会主义积极性，促进学校队伍的整体优化和人员结构合理，提高工作效率。并在全面提高管理水平和办学效益的前提下，逐步提高教职工的待遇。人事分配制度的改革总的要求是“宏观控制，调整职能，责酬包干，自主管理”。它的主要目标如下。

1. 在校长负责制下，理顺校、院（系）的行政管理体制，实行系主任负责制，在学校管理工作上扩大院（系）的自主权。

2. 调整院（系）内部的整体结构、教学结构和人员结构。适当压缩现有编制以加强学校重点学科，重点课程建设，大力支持校办产业和生产第一线；分流一部分教职工从事院（系）内的技术开发工作，增强院（系）的经济实力；增加院（系）内的流动编制以促进人员结构的调整。

3. 完善教职工的考核聘任制和合同制。严格核定所有工作人员的工作量，实行满工作量原则。通过择优聘任，逐步打破铁交椅、铁工资、铁饭碗。

4. 学校行政管理部门要转变职能，精简机构，由以微观管理为主转变以宏观管理和为院（系）服务为主。

5. 提高分配水平，增加教职工收入，实行国家工资和校内津贴相结合的分配制度。校内津贴要与本人承担的职责、工作实际挂钩，并以校内工资形式发放，按劳分配，多劳多得。

（二）主要内容

根据我校现行的管理体制，划分为以院（系）为主的业务系统；技术及生活支持系统；行政管理系统，区别不同情况，实行校内管理改革。

1. 业务系统的内部管理改革

我校各院（系）及公共课，综合农业发展中心等单位是完成学校四大职能的主体，应从“优化、定编、聘任、考评、分配”五个方面做好内部管理改革。

（1）调整优化师资队伍，以改革的精神对目前的整体结构、教学结构和人员结构做进一步的调整。按照“八五”规划的要求，调整岗位和各类人员的设置比例，通过政策导向和创造条件使优秀的中青年骨干尽快成长，同时积极吸引国内优秀人才，充实和加强骨干教师队伍。在保证优化教学、科研的前提下，一般减编5%的人员，用以加强学校重点学科、重点课程、重点科研项目、校办产业及生产第一线。在各系的编制范围内，调整10%的固定编制改为流动编制，扩大聘用助教研究生、访问学者、外聘教师及用好返聘人员。在院（系）内转移10%～15%的人员从事技术开发和发展各种形式的短线专业。

（2）在确定任务、调整编制和岗位设置的基础上，做好本院（系）教职员的聘任工作。要坚持择优聘任，也可以跨组跨系聘任，以保证队伍的优化。受聘人承担的任务应达到额定工作量的70%以上（教师应满252个工作日）方能应聘并享受相应的待遇，对因各种原因不能达到上述工作量的，可根据各自情况，采取降低校内津贴等级或缓聘、不聘。经学校批准的延退教师，可不受上述工作量限制。在本单位缓聘或不聘的人员可以申请在校内转其他单位受聘，也可按规定申请辞职或调出校外流动，并可申请到学校人才交流中心，接受交流中心的管理和流动。经学校安排离职进修或公派出国一年以上的在职人员，在规定进修、留学期间内，岗位保留在原单位，按缓聘人员对待。院（系）内的工人逐步过渡到实行全员合同制。对于去校外兼职的教师，在聘任时系可根据不同情况，确定本单位的管理办法。

（3）考核和评议是聘任和发放津贴的依据，要坚持年终考核和评议的制度，按照教职工本人的表现和完成任务的数量、质量情况全面考核，当年的考评结果是下一年度的聘任和津贴的依据，教职工的年终总结和考核结果，按不同职务填写业务档案交学校。考核的组织、考评的方式、等级确定及与津贴挂钩由各院（系）自主决定。

（4）分配制度的改革是指实行以校内工资形式发放的校内津贴，一般可分为职务津贴和业绩津贴两部分。校内津贴要拉开档次，分成若干等级，充分体现多劳多得和按劳绩计酬的原则。校内津贴的等级，发放水平，计算方法以上下浮动的调整等由各院（系）自行决定。各院（系）的校内津贴原则上由各系创收的基金中支付，学校根据有关政策和学校财力情况确定校内津贴的平均标准线，创收情况好的单位在保证一定比例的发展基金外，可以高于学校平均标准线发放。

（5）为保证上述各项改革的顺利进行，必须健全系主任负责制，扩大院（系）在管理工作中的自主权力。院（系）有教学科研的指挥权，即在宏观性教学计划制订后，主要由各院（系）执行，并有权做必要调整。在财务管理上，各院（系）的工资总额、教学费、科研费和行政办公费包到各系，在保证完成教学任务和在符合国家财务政策的规定的情况下，自行掌握使用，通过技术开发等创收的资金，除按规定上交学校的部分外，全部由院（系）自行处理。创收可用于校内津贴，并有一定比例的发展基金用于补充教学和院（系）建设。下放人事管理权，在核定的编制和干部职数范围内，教职工聘任、调配、选留、退离休、培养、奖罚及组建系务会、学委会等系主任有自主决定的权力。各院（系）的副职由系主任（院长）提名，组织人事部门考核征求分管副校长意见，由校长和人事处审定后任免。

院（系）及教师有自主采购教学科研设备的权力，有关部门给予积极的指导与协助。

（6）为实现上述各项放权，真正做到“管而不死，活而不乱”，有关部门将为各院（系）制订实施办法，做好宏观管理与提供服务。

2. 技术支持和生活服务系统的内部管理改革

教学实验农场、实验站、科学园、出版社、电教中心、实验室管理服务中心、图书馆及总务处内直接为师生服务的机构，以及其他具有创收能力的生产实体，是学校的重要组成部分，是在学校领导下的按企业管理的校内服务体系，和院（系）一样，实行“宏观控制、调整职能、责酬包干、自主管理”。

（1）各单位应根据宏观需要，提出服务项目和要求，主动适应学校建设和社会发展的需要，为学校四大职能提供优质服务。

（2）除图书馆、总务处（管理部分）外，实行独立核算，自负盈亏，可采取在本单位成立“技术服务部”“生活服务部”等形式逐步形成在校内的社会化服务体系，分开管理。

（3）精简行政管理人员 5%～10%，扩大服务部门业务或分流到校办产业去。

（4）本系统内各单位除了做好为学校服务外，还应积极组织对外对内的技术开发，努力提高产值。学校将根据收入情况及服务质量，控制津贴的比例。

（5）和校内其他单位一样，实行考核，评议干部实行聘任制，工人实行合同制。评议方法、津贴等级及发放办法由各单位自主决定。

3. 行政管理部门的内部改革

行政管理各处，是学校层的职能机构，按学校的总体部署分别对各自业务范围进行管理，它的任务是代表学校了解院（系）工作情况，督促检查，提供服务，为学校决策收集信息，当好参谋，制订宏观控制计划，并做好自身的业务管理。

（1）管理机构要精干高效，调整重叠的机构和各处的职责范围，依现有编制精简 10%左右的人员用以充实院（系）及校办产业。

（2）各职能处内实行目标责任制，任务职责落实到每个人，要制订相应的检查制度和考绩办法。

（3）行政管理部门实行年度考核和干部的任期考核，在年终个人述职总结和群众评议基础上，由行政负责人组成小组确定每个人的业绩等级（四等级），业绩等级和下一年度的校内津贴挂钩。

（4）行政职能处的校内津贴分职务津贴和业绩津贴两部分，业绩津贴应拉开档次，充分体现多劳多得，鼓励先进。

（5）各行政处的管理人员均实行聘任制，每两年一次。各处（包括支持系统）的正职由校长提名校务会议批准任免，副职由正职提名，组织人事部门负责考察，由人事处和主管校长审定后任免。处以下干部由处长聘任。

（6）各行政处不直接搞服务创收（不包括必要管理费），管理人员的校内津贴由学校基金支付。

（三）校内津贴的标准和发放办法

我校原工资外发放的奖金、职务津贴和岗位津贴以及由学校基金发放的“四费”（洗理费、书报费、防暑费和郊区补贴），自 1992 年 7 月起一律纳入津贴的范围发放。

1. 学校根据有关政策规定和我校基金情况，1992 年的校内津贴定为“四费”加七个半月的平均工资等合计约 1 450 元，即在去年实际发放奖酬金的年平均数再增加 500 元，作为全校平均标准线。

2. 创收好的单位（包括业务系统和技术－生活支持系统）根据责酬包干、自主管理的精神在创收总额中除去上缴学校及按规定留作院（系）的发展基金外（一般定 30% 为发展基金），可高于平均标准线发放校内津贴。对公共课、基础课教师在校内津贴上要给予适当倾斜。

3. 独立核算单位、各院（系）及技术－生活支持系统，原则上全部负担本单位的校内津贴，少数目前确有困难，达不到平均标准线的，可向学校借支。

4. 行政各处不直接从事服务创收，而其他收入很少，为稳定和提高这支队伍，在校内津贴上要做必要倾斜，分配标准可略高于平均标准线。

（四）本方案的批准和实施

本方案经校务会议通过报农业部批准后实施。各院（系）、各单位根据本办法，提出本单位年度执行计划报学校批准后实施。

为便于各单位自主管理和操作，学校将制订《教师、干部考核评议办法》《工资总额包干实施办法》《核定人员编制实施办法》《聘任制实施办法》《人才交流中心工作条例》《系主任负责制工作条例》《试行助教研究生暂行规定》《校内津贴记分制参考办法》等作为本方案的附件，供各院（系）各单位参照执行。

五、北京农业大学工资包干实施办法

为了加快我校人事管理制度和分配制度改革的步伐，促进学校教学、科研、推广和开发工作的开展，在校内部分单位实施工资包干，特制订本实施办法。

1. 工资包干的依据。工资包干是在定编的基础上进行的，包干额度将随着编制的变化做相应的调整。超编和缺编的确定，以各单位上年每月实发档案工资人数为准，算出年平均人数，同该单位固定编制人数比较，超过固定编制人数即为超编，等于固定编制人数为满编，低于固定编制人数为缺编。

2. 工资包干的单位。主要是指业务系统、管理系统和部分技术（生活）支持系统的单位。

3. 工资包干的内容。工资包干单位编制内人员的档案工资，即基础、职务工资（含 6 元粮贴）、工龄津贴、幼儿园教养员的教龄津贴和校医院的护士护龄津贴。不包括随档案工资发放的各种补贴。

4. 工资包干数额的确定。①固定编制人员工资，以各单位上年实发档案工资总数为基数，算出该单位的人均档案工资乘以本单位的面定编制人数。②超编工资，按超编单位超编人数乘以该单位人均档案工资核定。③缺编工资按缺编单位（固定编制人数—年平均人数）乘以该单位人均档案工资核定。④流动编制工资，超编单位如超过核定的总编制数，就没有这部分工资；如未超过核定的总编制数按（流动编制人数 – 超编人数）× 该单位人均档案工资的 150% 核定。缺编和满缩单位按核定的流动编制人数乘以该单位人均档案工资的 150% 核定。⑤其他人员工资，指长期病休（一年以上）人员和经人事部批准暂缓离退休的杰出高级专家的实发档案工资。

以上五部分工资数的总和即为该单位的工资包干总数。工资包干总数每年核定一次，结余部分可转下年使用。

5. 工资包干后的发放办法和手续。学校编内人员的档案工资仍由学校按月发放。随档案工资发放的各种补贴原发放办法不变。缺编和流动编制的工资，由人事处核定一固定数，可按月领取，年末结算。此两项费用由单位填写“领款凭证”，单位负责人签字后到校财务处领取，并报人事处备案。超编工资，暂按超编单位实发档案工资发放，年末结算时每超编一人收 2 000 元超编费，从该单位下一年工资包干数内扣除。

6. 工资包干的结算。结算时间在每年年末进行（以当年的 1 月 1 日至 12 月 31 日算）。编制结算，以年内每月实发档案工资人数为准，算出年平均人数，同固定编制数比较，缺编发缺编费，超编收超编费。工资总数的结算，编制内增人不增资，减人不减资。因年内各类人员翘尾增加工资、新增人员增加的工资，自然增长的工龄、护龄和教龄津贴，因提升专业技术职务、党政职务增加的工资以及按国家政策调资增加的工资等及时予以追加，在年末结算。年末工资总额和编制的结算，由单位填写“工资包干结算表”报人事处审定。

7. 本办法从 1993 年 1 月 1 日起执行。

8. 本办法由人事处负责解释。

1992 年 11 月 13 日

六、北京农业大学人才交流中心工作条例（讨论稿）

第一条　为了更好地适应我校内部管理体制的改革，促进学校教学、科研、推广、开发工作，以多种形式对人才进行交流、开发、培养和储备的工作，促进人才的合理流动，特制订本条例。

第二条　人才交流中心是对招聘人才的（院）系、处和各类求职人员进行服务并对待聘人员进行人事服务和管理的机构，其宗旨是创造人才流动的良好环境，调动各方面的积极性，实现各单位人员的合理结构，达到用其所长、用其所学、人尽其才的目的。

第三条　交流中心对招聘人才单位和求职个人实行随时登记、随时退出，免费服务。根据本人条件和用人单位要求双向推荐介绍。登记时交 20 元押金，领登记证，凭证可随时免费查询有关人才需求信息，介绍成功或自愿退出收回登记证，押金如数退还。

第四条　人才交流中心服务内容

（一）管理待聘人员：①办理待聘人员的接收、调动手续；②负责待聘人员的日常管理；③组织待聘人员的业务、技术培训；④组织待聘人员从事多种劳务和服务；⑤办理待聘人员的借调、停薪留职手续；⑥办理待聘人员的离、退休及辞职、退辞手续。

（二）提供人才余缺信息，推荐、介绍各类人才。①办理用人部门招聘人才的登记手续；②发布招聘人才和求职的信息；开辟“招贤榜”“荐才窗”园地；③办理推荐、介绍人才的手续。

（三）负责各类专业人员向国外或境外劳务输出的人事管理工作。

（四）为了安排学校富余人员，适当开办或合办科技开发生产或服务实体。

（五）负责人才交流过程中发生的纠纷的调解和仲裁工作。

（六）完成学校交办的其他有关人才交流的工作。

第五条　接收待聘人员的手续

（一）凡属学校各部门未予聘任，上交交流中心的待聘人员，包括本人拒聘，部门领导批准上交的，各部门要填写待聘人员登记表，由部门领导签字后报人事处审核，同意后通知人才交流中心办理接收手续。

（二）凡教职工本人拒聘，要求到交流中心待聘，部门不同意的，拒聘本人可向校仲裁机构提出仲裁申请，仲裁同意的，交流中心凭仲裁通知书办理接收手续，关于仲裁方面的规定和程序，由仲裁机构另定。

（三）待聘人员接到待聘通知书或仲裁通知书后，必须按期到人才交流中心报到，办理登记手续。凡超过通知书规定报到期限 15 天的，按自动离职处理。

第六条　交流中心对待聘人员的管理内容：包括人事、行政、党团和工会等关系。

第七条　待聘人员的工资、福利待遇按《北京农业大学聘任制实施办法》中有关规定执行。

第八条　交流中心将同有关部门一道对待聘人员采用以下几种方法进行安置。

（一）培训。根据聘用部门或本人自谋职业的需要批准待聘人员重新上岗前有目标的业务、技术培训。①培训人员的条件，在人才交流中心待聘，未从事其他工作的人员；年龄一般在 35 周岁以下；具备所学业务、技术的文化程度和身体条件。确定了学习后重新工作的岗位目标。②培训费的开支。凡确定培训后在校内聘任的，培训费先由学校开支，学习后必须在校内工作满 5 年，工作不满 5 年调出、辞职或停薪留职的，扣回本人服务期限的培训费，校内用人部门已确定其学习后在本部门任职，在待聘人员学习期间，不得变更已订协议，否则由该用人部门支付全部学习费用。待聘人员本人不履行协议，全部学习费用由本人支付。凡确定培训后在校外自谋工作，即调出、辞职或停薪留职等，培训费均由本人负担。培训费包括讲课费、实习费、报名费、资料费，不包括差旅费。③待聘人员接受培训前都要与用人部门或交流中心签订协议书。

（二）停薪留职。①凡在本部门或人才交流中心待聘的人员中，自愿停薪留职，保证在社会上遵守国家法律，从事国家允许的正当职业，按期交纳规定的费用，经批准，可以办理停薪留职。②凡要求停薪留职的教职工，由本人提出书面申请，经所在部门签署意见后报人事处审批，审批同意后，由人才交流中心对其进行管理。批准停薪留职人员要交回工作证和医疗证，并办理其他离校手续。③部门待聘停薪留职的人员，占本部门编制。④停薪留职期限一般不超过两年，如需延长期限必须在期满前的一个月内办理延长手续。期满后应在两周内办理复职手续，如未办复职手续，也未办延长手续，做自动离职处理。⑤停薪留职的教职工，从批准之日起，除一次缴纳每月 20 元的档案管理费外，每月还要向学校缴付本人月档案工资 200% 的劳保储备金，半年缴一次，逾期不缴的，按自动离职处理。

（三）借调。①待聘人员，经批准可以借调到校内外单位工作。②借调可以由本人联系，也可以由交流中心委派，双方签订借调协议。③借调期一般在一个月以上至两年以内，超过的可办延长手续。④借调期间，经协商可将借调本人的行政、党团关系转入借调单位，并由借调单位负责其日常管理。⑤借调人员待遇。借调到校内编制未满的单位，其工资、劳保、福利待遇由学校支付；满编或超编的单位，由学校支付其待聘人员工资、劳保和福利待遇，其他待遇如校内津贴和工资补差等由借调单位开支。

借调到校外单位的，借调人员借调期间的工资、劳保和福利待遇由借调单位支付，除此之外借调单位每月还应向我校交纳本人工资总额（档案工资、奖金、工资性补贴等）15%的养老储备金和每人每月 20 元的档案管理费。借调人员如要求在学校发工资，享受分房、公费医疗等待遇的，由双方协商并签订书面协议。

（四）逐步开展对外劳务输出。

1. 在促进学校教学、科研水平提高，双方互利的原则下，学校支持各单位及个人利用多种渠道与国外或中国港、澳地区进行劳务输出活动。其人事管理及监督、实施国外工资收入及劳务费分配工作，统一由人才交流中心负责。

2. 进行劳务输出活动，应出示与国外（或境外）用人单位签订的全部协议及国内主管部门对该项劳务输出的全部批件、主管校长批示，与人才交流中心签订管理协议书，明确双方责任及管理内容，由人才交流中心负责招聘和推荐派出人员的工作。招聘人员提出书面申请，单位领导签字报主管校长批准，由交流中心向用人单位推荐，用人单位同意后，交流中心协同校国际交流中心、人事处和保卫处等部门办理出国（出境）手续。经考核推荐的派出人员，应与交流中心和原单位签订派出合同书，内容主要包括派出工作时间、国内工资、福利、劳保待遇、国外收入、劳务费分配办法及违约处理办法等内容。劳务输出人员，从出国（出境）的下月起停发校内工资及一切待遇，在国外（境外）工作期间工龄连续计算。个人停薪留职人员每月还应交纳 20 元的档案保管费，出国前一次付清。

3. 派出人员工资收入、劳务输出管理费分配办法因工作国家、地区、人员层次不同，收入差距等，通过协商以协议书形式明确分配办法。

劳务输出人员不按协议交纳费用或不按时回国，归国后要补交，否则不办复职手续和自动离职后的档案转移手续。

（五）交流中心内部聘任。为了挖掘人才潜力，安置待业人员，交流中心逐步联合兴办科研开发、生产服务实体，减轻学校负担，择优聘任待业人员。

（六）待聘人员的调动。待聘人员待聘期间要求调动的，由交流中心直接办理调动手续，并通知校内有关部门。

（七）离退休。对男 55 周岁以上，女 50 周岁（工人年龄可稍宽一点）以上的待聘人员，由交流中心办理离、退休手续。

（八）办理待聘人员的辞职、退职及自动离职手续并出具有关证明。

第九条　本条例自学校批准后实施。未尽事宜，按学校其他现行规定执行。

第十条　本条例由人事处负责解释。

1992 年 4 月 22 日

七、北京农业大学关于试行研究生“三助”（教学、科研和推广、行政管理）制度的试行办法

为了使我校教师结构趋向合理，逐步建成人才市场，探讨人事制度的改革；为了充分利用研究生这一人才资源，使研究生更快适应人才市场，探索研究生培养制度的改革；为了加强研究生实际工作能力的训练，并为从毕业研究生中选留教师提供考察条件。我校从 1992 学年起试行研究生“三助”（教学助理、科研和推广助理、行政管理助理）制度。

1. 研究生“三助”范围：教学、科研和推广、行政管理。

2. 聘用单位（教研室、研究室、部、处、系、院以及导师或教师个人）根据教学、科研和推广、行政管理的需要，可从学有余力的研究生中聘用“三助”。由聘用单位公布招聘办法，明确任务和要求，包括工作性质和内容、岗位数量、聘用要求、工作条件、工作量以及待遇和聘用期限等。聘用条件为：能坚持四项基本原则，政治思想和道德品质良好，业务基础扎实，工作责任心强，身体健康。

3. 博士生入学后，硕士生进入第二学年后，在完成培养方案规定的教学实践同时，根据双向选择、自愿互利的原则，可在本室和本系（院）或跨室和跨系（院）向聘用单位或个人报名（本校在职研究生不得应聘），经聘用单位或个人同意后，由受聘研究生与聘用单位或个人签订合同。按工作性质，可单项，也可综合计算，可按时（学时、日、周、月、学期、学年）或按件计算，付给酬金。

4. 酬金经费来源可由各系（院）、处（部）从学校规定的 10%流动编制工资额中支付。为促进此项改革，聘用“三助”研究生所占用流动编制的人数和工资不应少于其中的 50%。此项经费由系（院）主任、处（部）长掌握，不得挪作他用。导师或教师个人（系、院、部处等也可）可从科研经费或自筹经费中支付酬金。

5. 受聘研究生应按照聘用单位或个人的要求，认真完成规定的任务。“三助”研究生的学籍管理、培养要求、学位授予等，均按研究生院有关规定执行，研究生不得因受聘“三助”研究生而延长学习年限和降低学位论文要求。

1992 年 9 月

八、北京农业大学住房制度改革方案

根据七届人大四次会议通过的国民经济和社会发展十年规划和“八五”计划纲要、国务院关于住房制度改革的精神和《北京市房改扩大试点实施方案》，结合我校实际情况，制订本方案。

（一）房改的目标

党的十一届三中全会以来，特别是在“七五”期间我校建设了一批住房，教职工居住条件得到了改善。但是由于各种原因造成的住房紧张状况仍相当严重，特别是中青年教职工住房困难更大。目前，相当一部分中青年教职工未住成套住房，婚后无房或等房结婚的青年教职工数量很大。此外，学校还有一批筒子楼和平房，居住条件较差，需要逐步改善。住房问题已经成为学校发展的制约因素。

为克服现行住房制度的弊端，尽快缓解教职工住房紧张状况，必须进行住房制度改革，发挥国家、集体、个人三方面积极性，逐步改变住房的不合理状况，以缓解教职工特别是中青年教职工的住房困难。

（二）房改的指导思想

①改革现行的低租金、无偿分配和福利性的住房制度，逐步向以商品性为主、福利性为辅的住房制度转变；②发挥国家、集体和个人的积极性，多渠道筹集住房建设、维修和管理资金，加快住房建设速度；③克服目前住房中不合理现象，挖掘学校现有住房潜力，逐步完善分配和管理办法，使住宅得到充分合理的使用。

（三）房改的形式

根据我校具体情况，采取调整房租、超标加租、建立住宅建设基金三种房改形式。

1. 调整房租。为改变住宅租金过低的不合理状况，根据北京市规定，将成套楼房的租金调整到 1987 年测算的维修费、管理费标准，每平方米使用面积月租，自 1933 年 1 月提至 0.27 元，分步达到 0.55 元。成套平房、不成套楼房和不成套平方的租金比照成套楼房租金适当下调（详见北京农业大学住宅房租调整实施办法）。社会救济户、享受国家定期抚恤的孤老优抚户按原租金标准交纳租金。如住房超标准，应按规定交纳超标租金，不予补助。

2. 超标加租。教职工住房超过规定标准，需由房管部门另行安排住房，未调前应交纳超标房租。对超标部分实行加租，超标部分租金为每平方米使用面积月租 3.00 元，自 1993 年 1 月开始实施。

3. 建立住宅建设基金。为发挥个人积极性筹集建房基金，加快住宅建设速度，同时为加强住房管理，学校逐步实行有偿分配住宅的办法。凡租用我校住房的住户（含租用我校集体宿舍床位的教职工），均须按住房的建筑面积交纳住宅建设基金（以下简称基金）。

对本校离退休职工根据具体情况适当减收基金。

基金原则上应一次付清，确有困难者也可分两到三次付清。本金归承租人所有，解除租赁关系并将住宅交还学校后，退还本金并按年利率 3%（不计复利）付给利息。住宅建设基金的实施时间待 1、2 两项实施后另行确定。

（四）附则

1. 住宅建设基金必须用于住宅建设，专款（含利息）专用，由校分房委员会监督实施，并负责向职代会报告基金使用情况。

2. 本方案三种房改形式分别制订实施办法。实施办法中规定的租金和保证金标准，是参照目前国家和北京市的有关规定确定的。当上级规定变化时，有关标准将做相应调整。

3. 本方案由校房改领导小组责成房改工作办公室负责解释。

4. 本方案经校务会研究，职代会讨论通过，报农业部批准，送北京市人民政府住房制度改革办公室备案后，逐步实施。

19 人事分配制度改革提前启动

——在第十一次工作会议上的讲话

（1992年6月15日）

【导读】

1992年7月初举行的教代会审议通过“两年综合改革方案”后报农业部审批。为了抓紧时间，我校提前两个多月召开了第十一次工作会议（秋季工作会议一般是在秋季始学前的8月底召开），启动人事分配制度改革。综合改革的突破口是人事分配制度改革，人事分配制度不改革，学校这台大机器就不能在新的体制下运作，就不能有效地适应和推进“两年综合改革”。

人事分配制度改革的关键在于一个“活”字，把学校从你管我，我管你，互相牵制互相扯皮的“掣肘”中解脱出来。要活起来，就要政策放开和权力下放。其中，院系等业务系统是完成学校四大职能的主体，要以改革的精神和勇气，运用好“优、定、聘、评、配”五字诀。即在“优”与“定”的基础上，以“聘”“评”“配”为杠杆，对目前的人事管理结构做大胆而又实事求是的调整和改善，去除现存的诸多弊端。为此，必须在学校宏观控制下，给院系下放人权、财权、物权和管理权，将以校系两级为主轴的新型管理体制推进到位。这些在一期转型改革中已经提出和开始试行。

在教学科研指挥权上，学校通过教务处、研究生院与院系共同商定的宏观性控制的教学计划制订后，主要由各院系执行，有权做必要调整。课程安排、教学内容和方法、实验和实践教学的安排等以院系管理为主。教学管理部门（教务处、研究生院和继续教育学院）的职责是根据学校的宏观计划，按年度学期下达任务和提出明确要求，进行检查督促和提供一流服务。

会议也讨论了人事处提交会议的有关技术支撑系统、后勤服务系统和管理系统的人事分配制度改革方案。经过会议讨论，将此次人事分配制度改革概括为16个字，即“宏观控制、调整职能、责酬包干、自主管理”。

我校综合改革的思路在6月2日的干部会上已经讲了。简而言之，是以教学改革（含“教、科、推”三结合）为主体，以人事分配制度改革为突破口，大力抓好校办产业。安排上大体是各有侧重地分三阶段进行。用一年时间完成转轨，再用一年时间在运行中调整巩固。第十一次工作会议的重点是讨论如何在人事分配制度改革的这个突破口上打响第一炮。

人事处和有关单位为此做了准备，为会议提出了 4 个材料。经过大家充满改革激情的热烈讨论，把这个方案大大推进了一步。思想更解放了，胆子和步子都长了一大截。此次的“抛砖引玉”太好了，这才是民主决策，有那么股改革开放的豪气和劲头，这比计划本身还重要。会上、会下，提出了许许多多的真知灼见和提供了大量信息。但是时间太紧，来不及整理和消化，我先做个小结发言，不完善和不当处以后还可以讨论修改补充。

任何一项具体或单项改革都必须服从于综合改革的总体精神，即要始终抓住提高教学质量、强化学校四大职能这个中心不放和实现两个转变（由半封闭的自我完善转移到更加适应社会变革、科技发展和实现学校发展目标轨道上来；由过度集中的计划体制下形成的落后管理体制转移到以激励和竞争为主导的充满活力、高效率高效益的现代化管理的轨道上来）。改革也是解放生产力，就是要革掉那些束缚学校发展的那些落后的运行机制和管理办法。不改革，学校的“八五”计划和远大目标就难实现，不改革农大就没有出路。

人事分配制度改革的症结在哪里？我看就在一个“活”字，把农大从你管我，我管你，互相牵制互相扯皮的“误区”中解脱出来。把学校搞上去，把大家的生活搞上去，有什么不好？要活起来，就要政策放开，权力下放。经过大家讨论，我把人事分配制度改革概括为 16 个字，即“宏观控制、调整职能、责酬包干、自主管理”。以下按三个系统分别说明。主要谈些原则意见，细节另议。

院系等业务系统是完成学校四大职能的主体，仍要按优、定、聘、评、配“五字诀”做，优化是前提，农学系和畜牧系已经介绍了他们的做法。请各院系全面考虑当前任务和“八五”计划，以改革精神对目前的整体结构、教学结构和人员结构上做大胆而又实事求是的调整和改善，去除弊端。

先说“定”。在“五定”上，学校只做宏观控制，即在定任务的基础上抓定编。在保证优化教学科研的前提下，一般减编 5% 和将 10% 的固定编制改为活动编制，并在院系内转移 10%～15% 的人员从事开发和发展各种形式的短线专业。这将是一股推动力，有利于教师队伍精干并向合理方向流动。一般以院系内调整流动为主，同时，通过校人才交流中心在校内流动，形成人才能力流动的运行机制和在流动中优化学校和院系的人员结构。

“定”是为了“流”，这件事很难。全校教职工一定要从大局出发，破除“从一而终”观念，建立“流动正常”的观念，在（不止一次的）流动中去找到最适合自己发挥特长和心情舒畅的位置，为发展农大做更大贡献。实现“定”与流的关键是“聘”，即根据上述的“优”和“定”，全面考虑部署聘任工作。以满工作量原则（70%以上），双方议定具体任务和要求。聘和应聘可以根据任务分解，跨组跨系进行。特别重要的一条是，为了尽力保证教学第一线的需要必须择优上岗，争取聘效率最高的教师，可以跨系，也可用流动编制返聘或到校外聘请，不能迁就凑合和照顾。

关于“评”与“配”大家提了很多意见。昨晚开校务会研究了，决定“评”“配”权完全下到院系，自主管理。学校的宏观控制主要是掌握两点，一是每年必须有评议、分级和建档，二是分配上要打破大锅饭，按劳绩计酬。分级和发放水平方式各院系自定，人事处发的有关材料只作参考。这里要说明的是，1992—1993年工资创收入全校年人均1 450元的产生，一是较1991年（950元/人年）增加500元；二是“四费”（325元）由4个半月奖金提高到7个半月（480～1 125元）。这是符合当前政策规定的。这是政策性数字，不是封顶数字。

下面谈下放权力。一定要认真实行系主任（院长）负责制问题。几年前就要下放教学科研指挥和人财物管理“五权”，实行系主任负责制。结果是改革时机不成熟，行不通，我只好知难而退，偃旗息鼓了。现在时机来了，纳入综合改革中去，成功在望。先谈下放财权，一是采取“死”一头和“活”一头的办法。“死”一头就是创收总额上交5%后（自交水电费及税金），全部由院系自行处理，学校不干预，两年内不交调节金。需要控制的是分配水平要与创收水平挂钩，也要与办学水平挂钩。如教学科研工作达不到要求，学校将黄牌警告，限期改正，否则限制奖酬金发放。二是如果人均收入低于1 450元，创收可全部用于奖酬金，高于此数必须保证一定比例的发展基金用于补充教学和院系建设。三是账目必须公开，不得有外存及暗账，要定期向系群众和学校公布。自有创收基金管理上，除同于现在的系院自管外，学校准备成立“会计服务部”，如储蓄所一样提供服务，无干预权。如开发已定型且稳定、经营额大，并有专人管理，学校可协助申请专用账户。对暂时创收有困难的院系，学校共同研究选择项目，提供支持，逐步自给。在暂时年人均发放额不足1 450元的院系，学校借款发到此数额，但借款必须归还。

下放人事管理权上，系主任有进人权（指校内）、出人权、奖罚权、系务会、学委会等的组建权（有特殊规定由人事处下达），学校主要聘行政正职，副职可按限额由正职听取群众意见基础上提出，主管校长和人事处审批后即可。行政干部试行聘任制。在定编定岗和已有正式队伍建设计划的系，进人人选主要由系自定。

院系及教师有购物权。实验室服务中心只提供服务，不限制使用支票在校外购物，但中型以上仪器设备要通过管理部门审批，为的是避免不必要的重复购买，造成浪费。

在教学科研指挥权上，学校通过教务处、研究生院与院系共同商定的宏观性控制的教学计划制订后，主要由各院系执行，有权做必要调整。课程安排、教学内容和方法、实验和实践教学的安排等以院系管理为主。教学管理部门根据学校的宏观计划，按年度学期下达任务和提出明确要求，进行检查督促和提供一流服务。

关于基础课和公共课，一定要十分重视加强和有较大的倾斜。缺编的尽快补齐或以流动编制返聘外聘。设备和经费上要尽快得到改善。在此基础上，一方面要明确质量要求，任务责任包干；另一方面工资总额包干，再加工资外收入按1991年年底实发数全年人均增加500元，一并拨下。评议和分配可以自行确定方法，要求与院系同。

以上是总体上的意见，具体实施还要定些办法。力求简单，做到宏观控制、调整职能、责酬包干，自主管理。

下面谈技术和生活支持系统。改革的方法是在学校领导下形成按企业管理的校内社会化服务体系。学校根据宏观需要，提出服务项目和要求。要求做到：一流服务，收费低廉（明码）。扣除成本后的服务收入，个人、单位、学校按比例分配。达不到要求或服务不佳，学校出示“黄牌”直到扣发奖酬金。评与配也是宏观控制，调整职能，责酬包干，自主管理。办法自定，要求与院系同。

管理部门改革的方法是转变职能，精简机构人员，提高效率和管理水平。各处是学校层的职能部门，按学校的总体部署分别对各自业务范围进行管理。一是代表学校了解院系工作情况，督促检查，提供服务；二是为学校决策收集信息，当好参谋，制订宏观控制（管理）计划；三是自身业务管理。

管理机构要精干高效，实行目标责任制。不直接搞支持系统性质的服务创收。凡可转为企业化管理的支持性服务的可以脱钩改变系统。从整体上看，应从校管理层调整流动部分人员支援院系及支持系统及校产等第一线。管理系统要制订一套相应的评议和分配办法，管理系统人员担子重责任大，其他收入很少，要关心和稳定提高这支队伍，分配上要做必要倾斜。

关于人事分配制度改革上就谈这些意见。具体实施还有许多事要做，要讨论。会议以后，要把几个主要文件改出来。同时要尽快传达到广大教职工，讨论和听取意见，再做修改后，争取下月初交教代会讨论。同时还有房改方案也将于最近提出，经全校教职工讨论后交教代会。7月中旬，连同我校的“八五”计划一并向农业部汇报，批准后正式实施。

由于时间匆促，一些问题考虑不细。凡带政策性的，以讨论修改后的正式文件为准。

同志们！这个会开得很成功，在突破口上的第一炮打得很响。请大家把这次会议的精神带回到你们分管的部门中去，发动群众，听取意见，继续修改。这次大家共同确定的16字方针中，责酬包干，自主管理，你们的担子就更重了。相信你们一定能充分发挥主动性和创造性，导演出一台有声有色的改革大剧。在全国改革大潮汹涌澎湃，各兄弟院校争先恐后的形势下，农大人决不甘居落后，在这百舸争流中，要有一马当先的雄心。在龙舟大赛中要冲在前列，就必须万众一心，同心同德同行动。我相信在此大潮中我们一定能做到，一定能走在改革前列，胜利地实现我校的“八五”计划，早日实现我校既定的宏大目标。

【资料】我校第十一次工作会议——确立人事分配制度改革方案

我校综合改革已拉开第一幕，在人事分配制度改革这个突破口上打响了第一炮。6 月 13—15 日在涿州实验场召开的第十一次工作会议上，我校确定了“宏观控制，调整职能，责酬包干，自主管理”的 16 字改革方针，并将进一步下放权力，开放搞活。

石元春校长在会上首先介绍了我校综合改革的思路；人事处处长戴述骅对已形成的关于人事分配制度改革的几个文件讨论稿《校内管理改革的方案》《聘任制实施办法》《校内工资津贴实施方案》和《人才交流中心工作条例》做了补充说明；农学系主任戴景瑞、畜牧系副主任孙拓分别介绍了本系改革的具体做法；教务处长林家栋就人事管理分配制度如何优化教学做了发言；继教学院副院长李士钦谈了拓宽搞活、为农业经济服务的问题；科研处处长白玉良谈了科研处改革的具体方案。

为期三天的工作会上，与会者进行了分组讨论，大家充满改革激情，畅所欲言，同心同德，集思广益，为学校的改革献计献策，真正体现了改革开放中的民主决策和主人翁精神。会议期间，代表们还听取了程序副校长关于校内外高新技术产业开发的介绍，并参观了涿州实验场高新技术产业开发区。

石元春校长在会上做了总结发言。他说：任何一项具体或单项改革都必须服从于综合改革的总体精神，即要始终抓住提高教学质量、强化学校四大职能这个中心不放和实现两个转变，一是由半封闭的自我完善转移到更加适应社会改革、科技发展和学校发展目标的轨道上来，二是把过度集中的计划体制下形成的落后管理体制转移到以激励和竞争为主导的充满活力、高效率高效益现代化的管理轨道上来。改革也是解放生产力，就是要革掉那些束缚学校发展的落后的运行机制和管理办法。

石元春校长把人事分配制度改革概括为 16 个字，即“宏观控制、调整职能、责酬包干、自主管理”，并按三个系统谈了原则意见。他说：人事分配制度改革症结在一个“活”字，要活起来就要改革开放，权力下放。院系等业务系统是完成学校四大职能的主体，仍按“优、定、聘、评、配”做，学校还将下放教学科研指挥和人、财、物管理“五权”，真正实行系主任负责制。在谈到技术和生活支持系统改革时，石校长说：改革方向是在学校领导下形成按企业管理的校内社会化服务体系。另外，管理部门改革的方向是转变职能，精减人员，提高效率和管理水平。

农业部教宣司有关同志出席了会议。毛达如司长在会上讲了话。

（引自 1992 年《年鉴》27 页）

20 就当前我校改革形势石元春校长给全校师生员工的一封信

（1992 年 10 月 20 日）

【导读】

1991 年 8 月提出制订我校“八五”发展计划的思路和 1992 年 3 月形成《北京农业大学“八五”计划》；1992 年 6 月提前启动人事分配制度改革；7 月的二届三次教代会讨论通过了《北京农业大学综合改革方案》；10 月又开始了综合改革中的关键战役——教育教学改革。为了进一步动员全校师生员工投入改革大潮，石元春校长在给全校师生员工发表的公开信中阐明了大形势和我校实行改革的紧迫性和重要性，以及改革的目标与内容。信的最后提出：“希望全校师生员工以饱满的热情和主人翁的精神积极投入这综合改革的关键一役，为我校在此历史性的转折中崛起腾飞做出你们的贡献。”

全校师生员工们、同志们：

具有重大意义的“十四大”胜利闭幕了。全国人民正沿着小平同志指示的建设有中国特色的社会主义道路，意气风发地将改革开放推向一个又一个高潮。

我校在制订“八五”发展计划后，及时转入全面的综合改革，即以教育和教学为主体，以内部管理和人事分配制度改革为突破口，大力抓好校办产业。今年 6 月的涿州会议制定了我校内部管理和人事分配制度改革方案，那热烈讨论的情景尚历历在目。4 个月来，业务系统、支持系统和校办产业系统改革的暂行条例等近十个文件已正式公布，管理改革已步入逐项实施、步步推进的阶段。尽管刚刚起步，也已开始显示出新的活力。但改革是个过程，真正看到效益则需要较长的时间。

根据形势分析和我校进展，校务会研究决定，在继续逐步实施管理改革的同时，教育和教学改革应该出台了。这是综合改革的第二个战役，是改革的主体，是将在高度集中的计划经济下的陈旧的教学体制转移到能主动适应市场机制和科技发展的轨道上来，建立新的教育和教学体制的关键的一仗。随着社会主义市场经济及其他运行机制在全国的建立，大学越来越失去计划经济体制的保护伞作用而被推向社会和市场，并接受其无情的检验。要么大胆改革，迅速转轨，主动适应，开创一个新的局面；要么等待观望，失去良机，在竞争中衰落，荣枯兴败在此一搏。因此，我们必须有这种忧患意识、转轨意识和抓住机遇崛起腾飞的意识。时代降此重任于我们这一代农大人，我们要把握机遇不负此望地在改革大潮中搏击，实现将我校办成为新型和一流的、以农科为主的综合性大学的宏伟目标。

教育和教学改革的核心是建立能主动适应经济建设和市场需要的运行机制。我们将在院系和专业结构调整、培养模式和课程设置以及教学内容和方法的微观改革三个层次上进行，并搞好教学过程的管理改革。从宏观和大的方向上进行专业结构调整和相应的招生分配制度改革是根本，是搭好教改框架的基础工作。10月下旬就开始启动了，希望全校师生员工以饱满的热情和主人翁的精神积极投入这综合改革的关键一役，为我校在此历史性的转折中崛起腾飞做出你们的贡献。

21 北京农业大学关于调整优化专业结构的初步思路（讨论稿）

（1992 年 11 月 21 日）

【导读】

“两年综合改革”的中心是教育教学改革。教育教学改革是在专业结构、培养模式与计划以及课程设置三个层次上进行调整和优化的。6 月启动人事分配制度改革后，于 11 月 21 日召开了第十二次工作会议，会议主题就是“调整优化专业结构，主动适应市场经济需要”。石元春校长就此为会议起草了此讨论稿。供会上讨论。

一、改革的背景

我国实行改革、开放以来，农业生产有了显著的增长，但由于我国人口众多，农业资源相对贫乏，人们对各种农产品的需求不断增长和提高，进一步发展农业生产的任务仍十分艰巨。鉴于我国国情，今后发展农业主要是依靠“科技、教育兴农”、走“高产、优质、高效”的道路。因此，培养在数量和质量上都能适应社会需要的各科类、各层次的农业专门人才，是一项战略性任务。

党的“十四大”做出的在我国建立社会主义市场经济的决策，将给我国的社会生活以巨大的推动。无疑，长期在产品经济基础上建立起来的高等教育不可避免地被推向市场，接受挑战。高等教育必然要在激烈的竞争中进行改革和调整，以适应社会的巨大变革。

在高度集中的计划经济体制下，我校的系和专业设置、教学计划、课程设置以及招生、分配等都长期统一于固定的模式之中，不同程度地脱离社会发展和日新月异的科技进步；管理机构臃肿，人浮于事，人的积极性和创造性受到很大压抑，管理效率甚低。在当前改革大潮的冲击下，必须做出抉择：要么大胆改革，迅速转轨，主动适应；要么等待观望，在改革大潮中衰落。

教学改革是一项复杂的系统工程，是一个不断探索，逐步完善的过程。改革的战略目标是将我校建设成为以农科为主的综合性、一流的新型大学，我们的发展方针是本科教育和研究生教育并重，大力发展高层次继续教育，体现高层次、高水平、多功能。

教学改革的首要环节是调整、优化专业设置。因为学校的专业设置规定了学校的发展目标。改革方向，并为其他教学改革定下基调。我们设想，近期我校教改分三步走：第一步是调整、优化专业设置，使我校的专业结构能主动适应社会政治、经济体制，尤其是农村经济体制的变化和科学技术进步。同时积极探索招生、分配制度改革；第二步是在第一步的基础上，修订教学计划和调整课程设置；第三步是改革教学内容和教学方法、手段。整个改革预计两年内基本到位。

二、调整、优化本、专科专业结构的初步思路

（一）我校本、专科教育面对的人才市场

教育的目的是培养层次、门类、数量和质量都符合社会需求的农业专业人才。而本、专科的农业专门人才需求主要是充实乡及乡以下的农业管理和服务队伍；补充、更新县级以上农业管理和农业技术推广机构的人员；补充各级农业研究机构的专业人员和各级各类农业学校的教师队伍；满足非农业部门对农业专门人才的需求；为研究生教育培养后备力量等。

由于我校是一所重点高等农业学校，过去本科毕业生的就业岗位多数集中在农业科研机构，高等学校和升入研究生。近几年来，由于高校和科研机构以补充研究生为主，所以，在生产岗位上就业的本科毕业生逐年增加，并成为主要流向，但教学，科研岗位仍占相当比例。如 1991 年分配到生产管理岗位的占 54.5%，高校教师占 6.2%，科研机构占 16.5，录取研究生占 8.3%，其他事业机构占 14.4%。

据预测，今后生产管理类岗位对本、专科生的社会需求量 2/3 以上在乡级或乡以下的农业管理及社会服务机构。对培养规格要求较高的科研机构，估计需求量为 1.5 万人左右。需求量最大的是农业职业高中，需 5 万余人。我校培养本科生的规格，应瞄准要求较高的科研机构和研究生后备力量，但这类就业和录取机会，每年仅有 2 500 ～ 3 000 人，而每年全国应届毕业生有 1.8 万～ 2.0 万人，竞争很激烈。

（二）按照“稳住一头，开拓一头”的精神，调整本科专业结构

鉴于我校发展的战略目标，本科的专业设置应体现综合性。其内涵是既以农科专业为主，又包括相关的理科、工科、文科和管理类专业。

农业技术类、管理类专业是我校专业设置的主体。对于传统专业，大多应继续保留，但要根据农业生产和科技发展情况，更新和扩展内涵，针对社会需要，调整专业服务方向，推出富有时代感和新意的专业方向，以增强其活力和竞争性。

以生物科学为主干的理科类专业，是我校的学科优势和办学特色。从全国农业教育的宏观角度考虑，培养数量不多但水平较高的农业应用理科人才，对于改善农业科技队伍，发展高新技术，推动农业生产和科技发展是十分必要的，这类专业不仅要保留，而且应强化其“应用型”的培养。

20世纪50年代院系调整以来，我校一直没有工科类专业。近些年来，农村产业结构发生巨大变化，实践表明，没有工科专业，不能适应这一变化的社会需要。我国乡镇企业已有长足的发展，职工人数突破亿人，但科技人员仅占1.5%，大专毕业生更少，仅占0.26%，极大地影响生产效率、产品质量和经济效益的提高。他们迫切需要大批企业管理人才和工科技术人才，我校应克服困难，积极创造条件，创办适应我国乡镇发展和乡镇企业以及发展第三产业所需要的有关专业。

值得重视的是，我校地处首都，具有便于国际交流的优势，要有占领国际市场的意识，发展国际化的高等农业教育，为此，我们应该大胆创办一些“面向世界”，面外“外向型”经济的崭新专业，甚至与国外高校或企业联合办学。

对于某些专业面窄，近期内人才社会需求量确实很小的“夕阳”专业，应该坚决“关、停、并、转”，有的可以转为培养研究生专业。

由于社会越来越向综合化发展，大学生的就业岗位也必将复杂多变。越面向基层，越需要“一专多能”的“多面手”，为此，社会需要高校培养多类型、多规格的“复合型”人才。我校本科教育中应普遍设置辅修专业，实行主辅修制，必要时，有些专业可实行主副修制，规定必修的副修专业，以造就一批深受社会欢迎的复合型人才。因此，设置辅修（或副修）专业应是我们调整、优化专业结构不可缺少的方面。

（三）重视和适度发展专科教育

专科教育是高等教育的重要组成部分。由于专科的专业设置比本科灵活，易于对准市场，调头快；专科培养“实用型”人才，基层、生产第一线岗位对其需求量更大；专科学制短，投入较少，效益较高等特点，在当前我国经济尚不发达，劳动力素质不高，技术力量薄弱的情况下，需要大力发展专科教育。

我校从根本上要立足于高层次办学，但还应适当发展专科教育。一方面，为满足社会急需，作为短线专业的补充。有的若因一时条件不足，办不成本科专业，可先办专科专业，用以闯牌子，打底子；另一方面，作为多渠道集资办学的途径之一，增强学校办学的规模效益。因为专科教育易于为农业基层单位和回乡知识青年接受，便于招收委托代培生和自费生。我们设置专科专业一定要瞄准社会“热点”，大胆创新，办出特色；一定要主动地寻找委培依托单位，建立联合办学的基础。

由于我校办学的总体规模和目前办学条件所限，专科教育的比例不宜过大，和本科规模相比，大体以 2∶8 为宜。当然，如果有校外办学基地作依托，可以进一步发挥我校的师资潜力，做好教学安排，把专科规模进一步扩大。

（四）调整院系设置，建立新的教学管理体制

针对当前我校管理体制存在的弊端，为提高管理工作效率，拟建立校、院、系三级教学管理体制。学院将由若干相近的科系组成，作为学校下设的一级行政管理机构；系的设置大体以二级学科为界，系级的职能主要是负责组织教学和科研工作。系以下不设专业，只设专业方向（对本科而言），专业方向则根据实际需要灵活设置。

全校设若干学院，将现有的院系进行适当调整，条件成熟一个即成立一个，系的设置及名称有的可保留不变，有的则需做适当的变更。院系设置的具体方案另列，待充分论证后再定。

三、研究生专业结构调整的一些设想

为适应经济建设与科技发展的需要，研究生教育在积极探索多渠道、多类型培养专门人才的同时，应通过深化教育改革，努力提高培养质量。目前是加强基础、拓宽知识、培养能力、增强学生的适应性。

（一）今后一个较长时期（至少 20 世纪 90 年代），毕业研究生的就业去向主要是教学和科研单位

据有关资料，农科高教系统现有专业教师 2.5 万多人，到 2000 年，将有 8 500 多人退休；农业科研系统具有大专以上学历的科技人员 3.7 万多人，20 世纪 90 年代退休人数与高校大体相仿。如按高校与科研系统科技人员应具有研究生学历的分别为 60% 和 20% 计，到 2000 年共需研究生 2 万人左右（包括非农业系统所需研究生人数）。

据“八五”初期，对农科研究生在 1990—2000 年期间需求情况调查预测，共需研究生 1.9 万多人（包括有 30% 左右的研究生分到非农业系统）。需求量最大的是教学和科研。

近年来（如 1990 年、1991 年、1992 年），我校以及农科研究生的就业去向，到教学、科研系统工作的我校为 77.5%，全农科为 72.0%。

20 世纪 90 年代可能的招生规模，根据国家教委的初步规划，1995 年招生人数达到 3.7 万人，如以农科招生人数占全国招生总数的 5% 计（现有 3.3%）年招生人数为 1 850 人，2000 年前共可招生 1.5 万人。

（二）新的形势、新的挑战

加快改革开放的新形势，大大提高了对高级专门人才的需求，各地对研究生层次的需求，呼声很高，对博士生的需求量更是上升趋势。例如，解放军农牧大学近期急需博士生 15 人，吉林省农科院“八五”期间需硕士研究生 50 人，博士生 20 人，山西省农科院新建的几个研究室，都希望有博士研究生去做学术带头人，就连中等专科学校近来也要求有一定比例的研究生充实教师队伍，主讲专业方面的主要课程等。社会对高级专门人才的需求，对研究生教育将是个很大的推动。

但是，随着高度集中的计划经济体制向市场经济体制的转换，研究生教育面临激烈竞争的新局面。学校以及专业的存在与发展，都将由以往靠计划的领导与调节转变为靠自身的优劣、靠社会的选择决定其兴衰去留。

例如，学校之间在研究生的生源、就业去向等都将由计划经济体制下的各种限制（如不同学校毕业研究生分配的地区范围、城市户口的额数等）代之以市场经济体制下的供、需自由选择，“优者存在发展，劣者萎缩消亡”。

学校内部专业之间的情况也是这样，在今后，学生对学校、对专业、对导师选择的自主性更强。早已存在的专业之间，导师之间，生源之间的差距，将进一步扩大。过去那种由国家、由学校运用计划的调节作用将大大减弱，特别是随着委培生、自费生人数的增加，计划的制约作用将会消失，结果只能是：生源多的多招、生源少的少招，没有生源的停招。

还有，由于目前我校以及整个农科招生人数较少，在供需关系上，主要是供方市场，就业与培养方向的矛盾尚不突出。随着改革的深化、社会需求的变化和招生人数的增多（如果按国家教委规定的 1995 年招 3.7 万人，2000 年招 6.5 万人，农科的招生人数同期也分别达到 1 850 人和 3 250 人的话），各学校之间、专业之间研究生在就业方面的竞争将更为激烈。

面对这种形势和趋势，我校作为全国重点院校在研究生教育方面，如何维持重点院校的地位，发挥重点院校的作用，这是需要深切思考的重要课题。

（三）对专业结构调整的几点设想

1. 当前专业设置的主要问题是专业分得太细，专业面太窄，对社会经济发展和人才市场很不适应。因此，对专业面太窄的专业，如中兽医专业、兽医外科、草原科学、生物物理、农业气象等专业，要调整专业方向，即柔性方向，以拓宽专业基础，增加适应性。

2. 压缩长线专业、积极发展短线专业。对生源和就业方面困难较大的专业，要减少招生、隔年招生或暂停招生；对生源和就业较好的要增加计划内招生名额，以满足社会发展和市场对人才的需求。

3. 根据社会和市场经济发展的需要，在进行专业论证的基础上，可适当增加一些新的专业，如农村金融专业、土地管理计划专业、农业推广专业、农产品加工专业。

4. 为适应加快改革对专门人才的急需，积极探索培养应用型硕士研究生和扩大在职人员申请学位工作的同时，可恢复硕士研究生班制度。学制 1 ～ 2 年，主要是学习课程，扩大信息，开阔视野。有条件的到工作岗位后，可结合工作需要，撰写论文，申请学位。

5. 加强基础，增加后劲。专业结构调整，既要考虑市场经济的需要，也要考虑到学科发展的需要，决不能忽视基础学科的发展和专门人才的培养，既要看到当前的需要，也要看到长远的需要。因此，除研究生的基础专业和学科要相对稳定外，还要根据当前学科交叉和渗透的趋势，积极筹建一批能体现农理文管相结合的有关专业。理科应以基础性生物学科为主，兼有应用数学、应用化学等学科，文科应以经济学科为主，兼有外语、管理等学科，以保持和发展农大的地位和优势。

6. 专业调整要和农大总体发展方面结合起来，学校提出，要把农大建设成为一个以农科为主的多科性的综合性的农业大学。因此，在专业结构调整时，必须以农为主向文科、理科和管理学科等领域延伸，建立一个农理文相结合的专业学科群，这个学科群有利于学科间相互渗透，有利于产生新的学科生长点，这样，使构成学科的每一个专业将富有活力，长盛不衰，以培养高质量的适应性强的高级专门人才。

当然，建立这样一个专业学科群需要一个较长的过程。

四、继续教育学院教学改革的几点想法

十四大确立的建立社会主义市场经济体制这一改革目标，为学校教育改革明确了方向和任务。建立能够及时、主动适应不断变化的经济、社会需求，适应农村不同经济成分需求，适应各类社会成员提高自身学历文化层次需求的新的办学机制，这是摆在继续教育面前亟待解决的新课题。我校的改革已进入了一个新阶段——教育与教学改革阶段，现就继续教育改革谈几点意见。

1. 改变观念，提高认识。要从单一的经济体制下形成的成人教育体系和办学

模式中解脱出来，主动适应市场经济发展的需求，强化市场竞争意识，充分利用我校办学优势，调动各院、系、处的积极性，争取有关部委的支持和合作，在保证完成各部委和学校下达的主要任务的前提下，积极灵活地开展计划外的各类培训，为市场经济发展服务。改变过去那种只有计划内办班是“正规”“主业”，计划外办班是“不务正业”“搞创收”的旧观念。几年的实践证明，按老办法，以行政干预的指令性计划招生，生源日趋减少，办班难以保证。现在我们已被包容在“市场”之中，从主体上讲，我们的人才产品要适应市场、从客体的角度谈，我们也面临着市场的选择，不能积极主动的适应人才市场的需求，就要被市场遗弃。

2. 适应人才市场的需求，以高层次的继续教育和岗位培调作为重点，大力发展多形式、多层次、多类型、多规格的职后教育，为提高社会主义建设当班人的整体素质服务。

据统计，在现有的各类农业技术推广、科研、教师和行政管理人员中，具有专科以上学历的有 20 万人左右，具有研究生学历的仅占 1.2%左右。随着农业科技的发展，社会要求的提高，需要不断接受大学后的继续教育，以更新、增新、补充、提高理论知识和技能。另外，还有 60 余万中专和没有受过系统农业专业教育的农业专门人员需要接受职后教育。从这一国情和农情出发，我们认为，从目前的继续教育和职后教育并举，逐步向高层次的继续教育方向倾斜，最后随着农业专门人员队伍素质的普遍提高，转移到高层次的继续教育为主的思想是现实的。

3. 从学校全局着眼，调整结构，理顺关系，充分发挥各职能部门的作用，为实现学校的四个发展战略目标服务。

目前，我校的本科教育、研究生教育和大学后继续教育这一完整的农业高教体系已经形成。从学校适应社会需要上讲，研究生教育应当针对性的适应，它主要体现高、精、尖，因而适应面窄；本科生教育则是一般性适应，它的特征主要是普遍社会化作用，面大而宽，继续教育则是普遍性的适应，它主要是对在职人员的提高性教育，因此它具有适时性。前二者要求一定的系统性，相对而言，继续教育则不一定，所以继续教育还具有相当的灵活性。三个层次各有特点，也正是其不同的特点构成了学校教育的完整体系。

我校三个层次的教学调整必须以学校为整体，综合考虑。这里主要考虑的，一是市场经济发展需求，二是学科建设的发展。如乡镇企业方向和国际农业贸易方向，这是我国农业发展的趋向。着眼于“市场”的发展趋势和我校的教学优势，如果这些专业教育要办，划在本科教育的范畴，还是划在继续教育（成人教育）的范畴？又如我校气象系，从近几年的招生和分配情况看，一方面生源不足，一方面难以分配，如果这种市场的选择性是持续性的，那么是否可以设想取消气象专业的本科层次，而保留研究生层次。

教务处、研究生院和继教学院是三个层次教育的管理职能部门，分别统筹本科生教育、研究生教育和成人（继续）教育。这样层次清楚，分工明确，既利于学校的宏观管理和控制，又能充分发挥各部门的职能作用。但目前，我校成人（继续）教育，在本科和继教之间仍存在着职能作用的重叠，管理机制运行不顺等问题，给部门管理带来困难。这样必然造成一方面精力无法集中，另一方面职能作用不能充分发挥。成人（继续）教育归口，这是目前学校调整教学机构，亟待解决的问题之一。

4. 适应经济、社会发展的需求，以生产、工作的需要作为培养、培训的基本要求，把提高社会主义建设当班人整体素质和在职、从业人员恭维适应能力作为重点，大力发展岗位培训、职业资格培训和继续教育，以灵活多样的办学形式开展干部培训、技术人员培训和师资培训。为农村经济发展培养更多的管理干部和技术人员，为科研和教学单位培养学科带头人和业务骨干。

（1）管理干部的培训：

①各级农业领导干部的岗位培训，根据农业部干部岗位规范要求进行。

②农业政策和管理型干部增新、扩充知识的培训。培训内容较为综合，既有管理知识，又有科技知识。培训对象为县级以上的业务行政领导干部和县级以下的业务主管干部，分别以普通培训班、高级研讨班和农业领导干部专题研讨班形式进行。

（2）技术人员培训，分两种类型：

①生产经营和推广型：以新技术、实用技术为主要内容，在生产上能很快见效的短期培训班。主要对象是生产第一线的初、中级技术人员和技术推广人员。

②高校技术和专题研究型：以研讨新技术和解决生产重大问题为主要内容。培训主要对象以具有高级职称的技术人员、研究人员、教学人员和部分具有中级职称的业务骨干为主。

（3）教学人员进修、提高培训，分两种类型：

①业务进修型：为高校、中专教师和部分科学技术人员增新补充知识服务。以继教学院为主，教务处、研究生院配合。

②合作研究型：接受国内外访问学者，进行合作研究。

5. 适应农村各类社会成员提高自身学历文化层次的需求，以多种形式尽可能使更多的具有高中、中专文化程度的在职、从业人员，能够根据岗位、工作的需要及个人志向接受大学本科、专科教育，为现代化建设培养多层次、规格的应用型高等专门人才。

（1）向农业部有关业务主管部门、争取继续举办各种形式（即二段式、三段式和多阶段集中学习）的大专《专业证书》班。计划今年开始采取三段式教学形势为顺义县举办一期农场场长大专“专业证书”班。

（2）积极争取举办大专函授教育。明年先开设农业经济管理和果树两个专业函授班。

（3)积极创造条件，举办干部专修科和争取用人单位委托，举办成人脱产班。

（4）争取试办专科起点的本科教育和在职人员攻读硕士、博士学位。

6. 适应地方区域性经济综合发展在人才市场上的不同需求，和地方教育、推广部门结合，有针对地为地方经济发展服务，逐步建立校外社会化科教服务体系。学校在过去校外办学的基础上，选一些有办学条件、有代表性和地区特点的县、市、地区设立校外教学点或培训部，如开发较晚的高产穷区——山西运城地区；山区资源开发较快的遵化；乡镇企业发展较好、为大城市服务的第三产业发展较快的廊坊市和外向型边贸经济发展的开放区黑河市等都设了教学点或培训班。教学点或培训部设立在各地中专、农广校或技术推广中心，在培训、推广工作上与它们密切合作，并通过它们与地方农中建立联系，随着工作的开展逐步向周围地区扩展，逐渐形成以我校牵头，与农专、农中和推广中心相结合的校外社会化科教服务体系。这样既提高了我校知名度，扩大了培训、科技推广的覆盖面，扩展辐射学校的社会功能，也与地方建立起一种经济性质的互通信息的渠道，为我校的产学结合和高新产品开发提供了条件。

7. 疏通人才市场需求的信息渠道、强化教学质量控制机制，提高接受市场导向的能力。在部教育司的支持协助下，争取各省、市人事组织部门和农委、农牧厅（局）业务主管部门参与、协助承担学院的教学管理工作，包括教学计划的制订、参与评估学校的办学水平和协助开展学院教学改革的试点工作等。学员的学习成绩和在校的学习态度、表现，学院要通过一定方式反映给用人单位，以便使用参考。

建立校友联系网络，定期组织校友会议、总结交流学用结合的经验，检验教学成果，组织信息交流。根据地方市场的需求、为校友所在地区、县实行跟踪服务，灵活多样地组织各类培训和技术交流合作。

继续教育学院是学校面向社会的一个窗口，是沟通学校和农村社会的一座桥梁。我们将与学校高新产业办公室、科研处和京农公司等单位密切合作，通过这一窗口和各条渠道，最大限度地将学校的科研成果、教学成果推向“市场”。

8. 质量是教育的生命线，教师和教材是提高继续教育质量的关键。根据继续教育形式的多样性和内容多变性的特点，教师的选聘要坚持以兼职为主的原则，从校内、校外、在职和离退休的教师以及硕士生、博士生中选聘具有丰富的专业实践经验和成人教育经验的人员担任继续教育工作，特别要重视从生产和管理部门选聘有丰富实践经验的专业人员和管理人员到校兼职。对一些长期任课的教师颁发聘书，对校内长期兼职的教师，同有关院、系商定，把他们的教学任务列入所在院系的教学计划，计入工作量。对相对稳定的专业培训，从一些长期聘用的教师中聘请少数骨干教师，组成教学顾问小组，协助学院安排教学计划，推荐兼课教师，组织教学活动，进行教学评估，帮助学院把好质量关。

在教材建设方面，对相对稳定的培训，如岗位培训、“专业证书”教育及函授大专班等，要组织力量编写成套教材，并不断加以完善；对经常变化的课程和专题，要制成录音带、录像带或编写讲授提纲，把整理的讲课稿存入计算机，以便随时使用。

9. 适应改革开放和外向型经济发展的需要，我院与外贸有关单位合作，组织学员进行国际技术交流、合作和贸易洽谈活动（现已组织了赴俄罗斯考察班三期，赴美考察班组团现已完毕）建立国际联系，加强国际交流合作，为我校继续教育走向世界开路。

22 就专业结构调整在十二次工作会议上的总结讲话

（1992年11月23日）

【导读】

在1992年年末召开的第十二次工作会议之前，石元春校长为会议准备了专业结构调整与优化思路的讨论稿。经三天会议上的热烈讨论后，石校长又就此做总结讲话。谈到了讨论中取得的四点共识；谈到了毕业生就业市场的基本形势；谈到了专业结构调整和院系设置方案，以及学生培养模式和管理问题等。讲话最后说："我们这次会议是在一个关键的时期，围绕一个关键的问题，开了一个关键的会。把这次会的精神带回去，经过大家再一轮讨论后拿出我们学校的院系和专业结构的调整方案来。它将是一个重要的转折时期的重要结果，对推动我校综合改革起着重要作用。"本文后附有8个学院、29个系、73个专业方向的专业设置的初步方案。

同志们：

这次会开得很好，具有涿州会议的会风。每一个人都是一个主动的参与者，都是主角。会上有23位同志发了言，讨论热烈，态度积极主动，思想活跃，很敞开，有进取开拓精神。会上进行了大量看法和信息交流，很有深度，很有见地。要有高水平决策，必须有高水平的认识。如果不是发动广大群众，提高认识，绝不会有高水平的决策。下面谈几点意见。

（一）当前高校综合改革形势和我校综合改革前一段工作的简单回顾

高校改革从1989年开始，主要是人事分配制度和结构工资改革，教委去年3月开始在东南大学、南京大学试点，11月总结交流两校经验，今年初推广到清华大学等7所大学。

为了给综合改革有个好的基础，我校下大力气地先抓"八五"计划的制订。去年暑假，第九次工作会议制订思路。以后动全校教职工讨论和制订了"八五"计划。今年年初召开第十次工作会议，号召全校教职工执行"八五"计划。实施计划的第一条措施就是推进改革，6月份召开了第十一次工作会议，着重谈了综合改革。我们对综合改革的认识起点比较高，把它看作是一场新旧体制的深刻革命，而不是小革小改。当时提出了"三座大山"或"三个包袱"：一是叫陈旧的教学体制，二是叫落后的管理体制，三是穷。这“三座大山”压得学校喘不过气来。综合改革的实质是摆脱长期以来高度集中的计划经济体制的影响，把教学体制转移到主动适应社会和科技发展的需要，按市场经济运行的轨道上来。因此改革的目标是抓住一个中心不放，就是抓住培养高质量人才，强化我校四大职能不放，实现“三个转轨”。整个改革内容概括为三句话：以教育教学改革为主体，以内部管理体制改革为突破口，大力发展校办企业。你不抓突破口，效率问题上不去，我们的教育改革就上不去。因此，把突破口放在第一阶段。通过涿州会议以后，我们明确了很多问题。在管理体制改革上，我们提出：宏观控制、转换机制，责酬包干，自主管理。给系放了五个权，同时提出五个字：第一个是优，优化是前提，“五定”是基础、聘任是关键，评是根据，配是激励的机制。我们在十一次工作会议以后，分别在业务、支持、校产、管理四个系统进行改革，业务系统——各院系通过几次反复提出了自己的改革方案，在落实编制和工资总额包干的基础上，最后由校办批复给各院系，还颁布了学校业务系统内部管理体制改革暂行条例。支持系统也发布了改革的暂行条例。交通服务中心已经成立，正式签署了承办任务书。其他服务性经营实体也将陆续成立。校办产业系统有一个大的调整，现在调整得差不多了。形势不错。我们把管理系统放在最后，就是在其他系统动的基础上再来动管理系统，这就更有针对性。现在已开始酝酿，一定要按十四大精神来执行，小政府，大服务。尽管我们不是政府，但管理系统必须精干高效。

在内部管理体制改革进入正常运转后，综合改革的主体——教育和教学改革于10月中旬开始启动了。大体分三步走，首先搭好大架子，找准方向，就是专业结构的调整。在此基础上，再制订我们的教学计划，课程设置，进而进行课程内容和教学方法上的微观性质的改革。经过近一个月的准备，才召开这次以专业结构调整为主题的第十二次工作会议。

从以上的回顾中我们有这样一点体会：早动手，早主动；早改革，早受益。

（二）我谈的重点，关于专业结构调整问题

根据大家讨论的情况，打算这样做：在院系广泛讨论和这次大会发言的基础上，我提出关于专业结构调整的一些意见，然后请大家带回去，在一个星期内，把你们的方案做一下修改，星期六交上来，下星期学校讨论，进行宏观调整，争取12月10日前拿出初步方案，成熟的方案纳入明年招生目录。我谈五点意见如下：

1\. 调整专业结构，我们应有共同的尺度或共识，否则不同的认识会得出不同的结果。

我把大家的发言归纳起来，有以下几点：第一，我们专业结构要适应两个需要，一是适应国家经济建设的需要，特别是在当前形势下，要适应社会主义市场经济发展的需要；同时，也要适应学科发展的需要。当代科学技术日新月异，各个学科发展很快，我们跟不上学科发展和学科前沿，就谈不上学术水平和教学质量。我们提适应两个需要才能保证方向上不致片面和偏移，避免整体性的失误。第二，不要忽视社会和经济发展的规律与教育发展规律并不是一回事。教育的第一职能是培养人，从小学到大学，这是循序渐进相对稳定的过程，百年树人嘛！在技术教育中，对社会发展而言，总有一个滞后过程，滞后要得到弥补，就需要前瞻，要预测，这对考虑专业调整很有关系。学校的教育过程应该是比较稳定的动态过程，永远都要适应社会和学科发展的需要，而我校这次讨论则是在重大转折中的适应。第三，这次专业结构调整要与我们学校发展的目标相一致，并且要为实现我校发展目标服务。从大家讨论中看出，我校的发展目标“八五”规划制订是合适的，是有重要指导意义的。在这里有一点需要说明。1987 年提出的我校发展目标是建设一个综合性、多科性、新型的、一流的农业高等学府。随着形势的发展和深入考虑，经校务会讨论，在今年年初制订的“八五”计划中的提法是：我们的总体目标是建设一个综合性、多科性、新型性和一流的农业高等学府，并进而发展成以农科为主的综合性大学。“八五”形成雏形，20 世纪末建成。在第九和第十次工作会上我都对此做过详细论述。这次调整专业结构一定要把握住这个总目标和高起点，我校为农业部直属院校也好，进入“211 工程”也好，我们一定要找准自己的位置。第四，是这次各院系考虑专业调整时主要是根据上述三点，敞开思想，提出方案。当然也要考虑到国家教委提出的专业目录。

2. 毕业生就业市场的基本形势。

这次十四大有两条是最重要最鼓舞人心的，一是坚持小平同志提出的建设有中国特色的社会主义；一是发展社会主义市场经济。这是把我们的国家基本的大政方针定下来了。还有就是小平同志提到的科技是第一生产力已经越来越深入人心。在今后的农业发展上，十四大进一步肯定了十三届八中全会提出的，深化农村经济体制和经营体制的改革，要把家庭联产承包为主的责任制，统分结合的双层经营体制，作为一项基本制度长期稳定下来；今年广州会议又定下来发展高产、优质、高效农业的方针。生产关系和生产力两个方面都大局已定，形势明朗。

从国家农业发展的大形势看，农业院校毕业生今后的去向，特别是本科生的去向将会有很大变化。过去本科毕业生的去向中 60% 左右是去地方和生产单位，主要是成为地县农业系统的技术员。今后农业行政系统要萎缩，主要和大量发展的是农村社会化服务体系，即农业技术企业和非农业的技术企业以及乡镇企业。总之，企业是最主要的去向，是第一人才市场。第二个市场是科研和教育的市场，许多材料表明，到 2000 年，以需求研究生层次为主，需要硕士生以上人才 2 万人以上。第三个市场是继续教育市场，对大专以上学历工作人员进行岗位培训。市场需求量极大。

3. 关于专业结构调整和院系设置。

各院系提出的专业、专业方向是切合实际和有根据的。在此次会上交流启发和参考我在此次发言中的意见，请大家回去调整定位，拿出自己院系的方案。对现有专业大约可分为六种类型。

（1）专业名称和专业方向不变，只做内涵调整。

（2）专业名称和专业方向基本不变，确定已有和新设的专业方向。

（3）对原有专业扩充和延伸、修改专业名称，调整专业方向。

（4）新设专业和专业方向，需要进行论证，一定要慎重。

（5）待设专业及专业方向。

（6）现有专业进行转向，平转或上下转。即向相近的专业转，或只招研究生或专科生。

在考虑专业调整计划时，要看到，现在正面临严峻的挑战，也是一个很好的机遇，要充分利用这个机遇，迎接这个挑战，使自己的专业得到更新，注入新的活力，在社会主义市场经济中兴旺发达。

在考虑专业的调整中，要注意加强以下一些重点领域、作为重点延伸方向。

①向学科前沿、新兴交叉学科的方向延伸：例如生物技术、资源与环境，计算机应用科学、信息管理、化学控制、生物环境控制工程以及工程学科等方面。

②向当前及今后农业生产中的技术需求方向延伸，主要指产前、产后，可大体归纳为十大农业技术产业——种子、肥料、水土、饲料、植保、兽医兽药、农机、信息和推广等。

③向经、贸、管方向延伸，特别是农村乡镇企业。

④向国际化方向延伸。

⑤向我校优势专业延伸。

⑥向当前和中近期的热点方向延伸，例如财会、金融、草坪、花卉、果树等。

关于院系专业设置问题，既要有利于专业发展和管理，也要建立起能主动适应人才市场和学科发展变化需要的运行机制。在院系专业的设置中，最主要的是确定本科生招生的口径。教委叫专业，我校是按系招生，专业和系是一体化的，其下设几个专业方向。招生不按专业方向招生，考进来不是考哪个方向，而是考这个系，出去也是按这个系出去，不过在最后时间学几门专业课程。系是主持教学、科研和推动学科发展的实体。系的名称和所设专业方向可以根据需要比较灵活地调整。院是由一组相近的学科组成，是比较稳定的，负责行政管理的实体。但在教学科研及业务发展上只起协调作用。关于研究所的设置，可以参考畜牧系的意见。凡不招本科生而有研究生专业的可以设实体性的所，负责培养研究生从事研究工作，也可以给本科生开课。

关于院系调整和专业结构调整的条件问题，也不应回避。人的问题，学校在人事制度分配制度改革中就已经考虑到这个问题了，可以有少量编制向新的方向投入。人的问题上，希望各院系领导必须解放思想，要把兼职流动的编制充分利用起来。请兼职教师和利用流动编制的效益最高，希望大家一定要转变一下观念。从现在学校的计划外财力来看，要学校拿出钱来支持你们办新系新专业，不要抱太大希望。要像兽医学院等单位，向外找项目找钱。基建上我们的形势不错，一年一两千万元，但用房状况的改善不可能很快。

4. 学生培养模式和管理问题。

本科生还是要坚持通才型，进、培养和出都要宽口径。只有这样，才能使学生有更宽的适应面和能力，按我们这些年的改革经验，可以前五学期按系的口径打好基础和较宽的知识面，后三学期是专业方向阶段的学习，可叫“5+3 制”“基础”+“模块”，或叫“双层结构制”。有同志说，前一段学习是以不变应万变，后一段学习是“以变应变”，这很形象。

近年来，许多老师都深知在学生培养中的一些基本方面我们重视得不够和在教学中必须得到加强。我归纳了一下，主要是以下几个方面：一是一定要打好数理化基础；二是要掌握几项基本技能；三是要有宽的知识面；四是外语；五是计算机一定过关过硬；六是加强经济、管理和公关的知识能力的培养。在下一阶段的课程设计中要作为重点的考虑。

后一阶段的专业方向学习可以由学生自选，如果这个学生学的基础课完成得好，模块可以选两块，也可跨院系，选辅修专业方向，成绩通过，即可取得一个辅修证。

为了适应上述培养要求，一定要有相应的教学管理上的改革。首先是改革目前形式上的学分制，真正实行学分制。

完成一定的学分就是完成了一定学业，完成后可以再选别的，也可提前毕业。从奖励角度来讲，增加辅修可以不收或少收学费，这样学生的积极性就起来了。这是一个需要逐步完善的过程。现在学生是学校和老师抱着走，老抱着怎么学会走路。我们什么都给他考虑好了，一直到毕业，学生的成长和培养完全是被动的。今后的市场经济就不允许这样干了。学生学习积极性的调动，从一入学就让他自己考虑，主动学习，主动培养。

此外，还要严格实行淘汰制和在教学管理上进行改革。

5. 研究生和继续教育问题。

今后我校研究生教育的发展将占有主要位置。研究生专业结构调整没有本科生那么复杂。因为研究生的专业是按学科设置的，研究生的工作去向也主要是教学科研单位。另外，各专业的研究方向的自主余地很大，跨学科跨院系在很大程度上取决于导师。是不是在一些新的交叉领域中成立一些新的专业，可以根据具体情况而定，今后研究生培养领域要加强高层次应用型人才的培养。另外，要在多渠道、多途径、多类型以及扩大定向生、联合培养等方面下大力气，通过改革，有所突破。

继教问题各院系考虑得不够，特别是在大专以上层次的继续教育。它的社会影响大，综合效益很高。继教主要是对现在在岗的这些技术人员和管理人员的知识更新，提高补缺，而方式可以各式各样。希望考虑专业调整时也要考虑这一块。继教四年了，而在我校还没形成一稳定的层次，能引起重视才好。这次会上大家对大专学历教育很感兴趣。但是从学校的实际情况考虑，继续教育的适应性更强，作用意义更大，希望引起大家的重视。

（三）本学期的工作和几点认识

专业结构调整后，估计在下个学期，进入课程调整。这项工作主要是院、系自己做，教务处会提供信息和原则意见。

这学期只剩一个多月了。12 月上半个月房改正式出台，分房调房的任务量很大。12 月的下半个月是综合改革后的第一次全校性的评配，一定要做好。这两件事都是很敏感的问题。要注意做好思想工作。此外，内部管理体制改革的其他几个系统继续进行。

最后谈点认识。我觉得改革最重要的问题就是依靠群众和尊重群众的首创精神。积极发动大家开动脑筋，贯彻党的十四大精神，迎接我们国家改革开放的高潮。

干部要树立服务观念，在座的都是领导某一方面的干部，要尊重群众的首创精神，群众中蕴藏着极大的积极性。为什么我们农大人在农大是一条虫，出去就是一条龙呢？就是因为农大给这些人创造的条件太少，管得太多。不要管得太多，太死嘛！往往有些大的事情的发展并不是在你的计划、你的安排、你的希望下完成的，而是群众自觉干出来的。希望业务处的同志做好支持服务工作，要转变观念，不要以权谋“管”，要开明，要给下面松绑的、能调动下级积极性的领导才是高明的领导。另外，在院系和专业结构调整中，教师也要加强学习，解放思想，转变观念。心中要有大局，关心和支持学校的各项改革。

我们这次会议是在一个关键的时期，围绕一个关键的问题，开了一个关键的会。把这次会的精神带回去，经过大家再一轮讨论后拿出我们学校的院系和专业结构的调整方案来。它将是一个重要的转折时期的重要结果，对推动我校综合改革起着重要推动作用。

北京农业大学院、系、所及本科专业设置初步方案（1993.1.11）

学院名称	系（所）名称	按专业招生的专业	专业方向名称	备注
农学院	农学与植物遗传育种系		农学 植物遗传育种 种子生产与经营管理	

续表

学院名称	系（所）名称	按专业招生的专业	专业方向名称	备注
农学院	园艺系	果树	果树栽培与经营管理 遗传育种	待条件成熟时，再考虑建院问题
		蔬菜	蔬菜育种与良种繁育 蔬菜生产与经营管理	
		观赏园艺	观赏植物栽培与经营管理 观赏植物遗传育种 园林设计与造景装饰 草坪科学与管理	
暂缓建院	食品科学系		农产品贮运技术 农产品加工 畜产品加工	待条件成熟时，再考虑建院问题
	食品科学技术研究所			
	农业设施工程民农村机电系		待定	待论证
	植物保护系		植物保护 植物病理 昆虫 进出境植物检疫 植物种子及食品保健 杂草与鼠害防治	植物医学院 待论证
	综合防治研究所			
	植物生态工程研究所			
	植物产前产后工程研究所			
	植物医院			
动物科学和技术学院	动物科学和技术系		动物科技与生产管理 畜产品加工及对外贸易 草地科学 家禽科学 动物环境与设施工程	一、二年级按院统一教学计划，三、四年级执行大方向一致，各具方向特色的培养计划
	动物营养与饲料科学系		动物营养与饲料科学	
	动物遗传育种系		动物遗传育种	
	草地科学研究所			
	动物科技咨询开发部			
动物医学院	基础医学系	动物药学	比较医学	实行四、三、二、九年连续学制。 学制　学位 四年　Bvso 七年　DVH 九年　DVMIPhD
	预防医学系		实验动物医学 动物医学 中国传统动物医学	
	临床医学系			
	动物医院			
	农业生物和实验动物研究中心			
	国家兽医诊断中心			
经济管理学院	农村经济管理系		财务与会计 农业经济管理	
	乡镇企业经济管理系		乡镇企业经济管理 中外合资企业经济管理	

续表

学院名称	系（所）名称	按专业招生的专业	专业方向名称	备注
经济管理学院	农村金融系		农村金融 农村财政税收 农村保险	
	农业推广系		农业推广 农业计划与统计	
	农产品贸易系 农业经济研究所		农产品运销 农产品国际贸易	
资源和环境学院	土壤与水管理系		土壤学与土壤改良 农田水管理	待筹备
	土地资源与管理系	土地利用与规划	土地利用与规划	
		土地管理	土地管理 不动产经营	
	农业气象系 农业气候资源与农业减灾研究中心		农业气候资源开发利用与保护 生物气象环境监测与调控 台站农业气象业务管理与农业气象服务技术	
	农业生态和环境学系		生态工程 环境科学和保护	
	植物营养系		植物营养 肥料（加工、施用、贸易） 植物肥料土壤测试技术	
	信息管理技术与应用系 农业水管理研究所 全国农业遥感应用和培训中心 曲周实验站		农业资源信息系统 土地信息系统 经济信息系统 现代化办公系统	
生物学院	生物系	生物技术	生物技术	
		植物生理生化	植物生理生化	
		动物生理生化	动物生理生化	
	微生物学系 国家农业生物技术开放实验室 植物生理生化开放实验室		微生物发酵工程 食用菌和药用真菌 环境与资源微生物 分子微生物	

续表

学院名称	系（所）名称	按专业招生的专业	专业方向名称	备注
基础科学与技术学院	应用物理学系		电子技术 测试仪器和分析技术 核技术应用	
	应用化学系		农用药剂 植物化学及农副产品综合利用	
	农业应用化学研究所			
	计算机和应用数学系		计算机和应用数学	
人文社会科学学院	人文社会科学系		经济法	
	外语教学部			
	体育教学部			
国际农村发展中心				再现CIAD中心基础上筹建
小计	49（其中30个系部、19个研究所、中心）	9	73	

【资料】我校召开第十二次工作会议——调整优化专业结构主动适应社会主义市场经济需要

11月21—23日召开的第十二次工作会议，乘党的十四大和全国高教工作会议的东风，集干部教师的集体智慧，调整和优化专业结构，主动适应我国社会主义市场经济的需要，迈出了我校教育、教学改革的首要一步。

石元春校长主持会议。农业部教育司司长毛达如到会并讲了话。

李青山副校长传达了全国高教工作会议精神。

党委书记周鹏程讲了话。他指出，调整专业结构以及其他各项改革，都需要我们进一步解放思想，从旧的观念中、不科学的结构中、不符合中国实际的政策中、“左”的束缚中、原有计划经济的体制中、既得利益的小圈圈中和个人狭隘经验中解放出来，尽职尽责、尽心尽力地搞好学校教育教学改革。

黄铁城副校长做了关于调整、优化专业结构的报告。他说，要更新观念，转变机制，把我校教育、教学改革纳入市场经济中来。专业结构调整和优化是我校教育、教学改革的首要环节，经过调整，使它处于最佳状态。紧接着第二步、第三步便是课程设置、培养计划以及教学内容方法和管理制度的改革。他指出，专业调整、优化的原则是适应社会需要和学科发展，要处理好社会需要与科技进步需要的关系，处理好专业调整与学校发展整体目标的关系，不能脱离整体优势盲目适应。他还谈到要适应人才市场需求，实行主、辅修制，培养复合型人才等问题。

10个院系的院长、主任向大会汇报了单位专业调整的依据、设想和措施。王树安、罗国光等同志做了大会发言。与会同志敞开思想、畅所欲言，进行了热烈的讨论。

石元春校长做了总结报告。他结合全国高校综合改革形势回顾了我校综合改革的情况。同时，对人才培养的需求市场和我校的发展规模、层次、结构进行了分析和预测，并指出了我们所面临的机遇和挑战，提出“早动手早得益，早改革早发展”。

石校长指出，我校专业调整要有一个共同的尺度，这就是要适应国家经济建设和学科发展的需要，要遵循教育自身发展规律和与学校发展目的相一致的原则。他认为此次会议上各院系提出的专业和专业方向，大多数是切合实际的。专业的调整大致可分为六种类型：①专业名称、方向不变，只做内涵调整；②专业名称、方向基本不变，明确提出几个专业方向；③原专业加以延伸、扩充；④新设专业与相应方向；⑤待设专业与相应方向；⑥现有专业转向。希望各院系回去后再进一步调整定位，慎重地拿出调整方案，在专业设置中有的领域要重点加强和延伸，如向本学科前沿，向新兴、交叉学科发展延伸（注意高新技术和传统学科结合）；向当前及今后农业生产发展中的技术要求延伸；向经、贸、管延伸；向国际化方向延伸；向我们的优势专业倾斜和延伸；向当前和近期的一些热点方向延伸。

他还谈到了院系设置、学生培养模式、教学管理、研究生培养和继续教育等方面的改革，提出培养学生要“基础好，知识面宽，技能好”，要加强外语和计算机教学，考虑增设经济概论课。要真正实行学分制，奖励和淘汰制应增加强度，以及培养研究生以培养研究生以研究型为主，适当增强应用型培养等。

他希望大家尊重群众的首创精神，以邓小平南方谈话和十四大为指针，进一步解放思想，做好专业结构调整、优化乃至整个教育、教学改革工作，使我们学校在各个大潮中不断发展、完善，校、院系、处负责同志和特邀代表共109人出席了这次工作会议。

（引自1992年《年鉴》64页）

23 1992年工作报告

（1993年3月23日）

【导读】

1992年的综合改革紧锣密鼓，3月召开第十次工作会议，《北京农业大学“八五”发展计划》出台；6月召开第十一次工作会议，讨论人事分配制度改革；11月召开第十二次工作会议讨论专业结构调整与优化。改革的紧张进行，以至于连这一年的工作报告都被推迟到1993年3月的行政办公会上进行。主要是报告这一年里业务工作系统、技术支持系统、后勤保障系统和管理系统的工作进展。1992年是改革紧张进行的一年，本文后附有从1992年北京农业大学《年鉴》的大事记中摘录出的19件重要改革活动。

在过去的一年里，小平同志南方谈话后，全国掀起了新的改革开放热潮。我校师生员工积极投身于改革，在实施“八五”计划的同时，进行了教育教学和人事分配制度等一系列改革。1992年，是我校大抓改革的一年，已另写有我校综合改革的专门报告，以下仅对各系统的工作情况和进展报告如下。

一、业务系统

1. 教学工作

本专科生教学共开设课程542门，其中必修课488门，选修课54门，新开课11门。任课教师899人次，其中高职383人次，占授课总数的42.6%，编写教材65种，其中自编43种。全校二年级本专科生604人通过多种形式，进行了为期4周的农事实习，对“三农”（农业、农村和农民）和农村改革有了进一步的认识。1992年毕业本专科生676人，其中本科生634人，专科生42人，参加国家统一分配的627人。在分配地区上北京168人，全国其他各省自治区、直辖市459人；在分配部门上，中央单位23.3%，北京市属单位15.9%，其他省自治区、直辖市60.8%；在工作性质上，分配到企业单位307人，事业单位280人（其中高校28人，科研单位149人）。一次分配到位的占74.2%。该届毕业生的分配情况是近几年最好的，做到了用人单位、学校、毕业生三满意。1992 年招收本科生 661 名，专科生 30 名，还招收了有实践经验学生进行试点。

科学技术的日新月异和迅猛发展，对计算机技术提出了更高的要求，经论证将本科生的“微机系统应用基础”选修课改为必修课。计算机中心的任课教师开出了“微机系统应用基础”“C 语言程序设计”等 5 门课程，主讲教师每人全年担任 180 余人的教学任务。为迎接北京市高教局计算机水平统一考试，计算机中心还为 200 多报名考生举办了考前辅导班。全年使用微机 819 人，17 580 机时；使用 M-340 中型机 529 人，10 575 机时。

研究生教学方面，开课 232 门，其中学位课 110 门。对 135 名硕士生和 32 名博士生进行了中期考核，评出中期考核优秀生 36 名，其中，硕士生 29 名，博士生 7 名。1992 年毕业硕士生 146 人，博士生 26 人。48％分配到高校，22% 分配到科研机构，其他部门 30%，约 60% 留京。1992 年招硕士生 144 名，与去年持平；招收博士生 54 名，在校硕士博士生 535 名，博士后人员 15 名。

在继续抓好重点课程建设的同时，开展了教学优秀成果奖的评比工作，评出校级优秀教学成果奖 29 个，其中北京市优秀教学成果二等奖 4 个，一等奖 2 个（其中一个推荐申报国家级二等奖）。

在经费十分困难的情况下，学校尽力筹资 31 万元，补充了 25 台微机和一些常规仪器；对教学楼的楼道、教室进行了维修；增设了二套流动放像设备和补充了幻灯、投影仪等。

继续教育方面，受中组部和农业部委托，为晋、冀、鲁、豫、京、津 6 省市，举办了有 47 位主管农业的副县长参加的两期专题研究班，和有 25 人参加的农业学习班。还举办了创汇农业研讨班 4 期，培训 198 人；高产优质高效农业研讨班 1 期，64 人参加；股份制讲习班 1 期，15 人参加。此外，采取自筹、联合、受托等形式举办了农业经济管理、农业实用技术以及计算机在农业上的应用等 17 个培训班，培训学员 1 015 人次，占全年培训任务的 69%。为期两年的军地两用人才“专业证书”班全部结束，入学人数 3 250 人，实际毕业 2 906 人。我校率先在农口院校中接受国内访问学者，为兄弟院校培养师资、技术带头人和学术骨干，全年接受 29 人，并建立了一套管理办法。1992 年，利用继教楼接待有关部委、院校各类学术会议 85 次，接待各界人士 551 746 人次，用餐 59 624 人次。与 1991 年相比，多接待 13 258 人次，在发展视听远距离教学方面，拍摄完成了《果园建立》《果园土肥水管理》《生长调节剂在果树上的应用》三部录像片，并与农影发行公司合作，发行农业科技录像片，创经济效益 3 万元。

2. 科研工作

1992 年是“八五”的第二年，科研形势呈现出喜人势头。去年获部级以上奖 20 项（二等以上 11 项），其中农业部 8 项，获准率 88％，名列部属高校之首；

获教委奖6项（甲类一等奖3项），获准率75%；北京市奖3项，获准率100%；获国家级奖3项，获准率75%，这一年的获奖数比“七五”的总和还多两倍。在抓好管理的同时，采取加强和弥补的措施，最大限度挖掘潜力，主动争取课题和经费。到1992年底，新增课题68项，增加经费834.2万元。其中，国家自然科学基金课题34项，经费191.2万元，获准率41%以上，位次连续7年保持在全国13位以前和农口第一，与清华、北大等高校齐列。国家自然科学基金重点课题4项，经费200万元，重大课题1项（两个课题），经费100万元，是全国唯一在一年中获准4个重点和1个重大课题的单位。国家攀登计划1项（3个课题），经费220万元，占全国的1/4。博士点基金13项，经费42万元。霍英东、青年教师等基金11项，经费39万元。北京市科委4项，经费12万元。国家科委重点推广1项，经费30万元。“八五”的前两年，科研经费总数已达3 670万元，比“七五”全期增长47%以上。

课题管理方面，以“四三”工程为目标，以重点学科和博士点为核心，推进科研工作与教学和学科的发展相结合。科研处参照国家的有关规定，结合学校实际进行了制度建设，本年度先后出台了《科研管理条例》《成果管理办法》《科学基金申请办法》《科学基金获准课题管理办法》《博士点基金课题管理办法》等19个管理办法和条例，使我校的业务（课题）管理步入制度化、规范化的轨道。在科研处的内部管理方面，制订了转变职能的《科研管理改革实施方案》，于6月12日与校领导签订了合同，在校内进行管理改革试点。

3. *农业推广和农村发展工作*

1992年是我校推广工作全面发展的一年。以综合农业发展中心为主体的参与农村发展工作已由起步进入了发展阶段。在学校“八五”规划的指导下，推广工作的内部机制——以项目合同形式为纽带的校内外工作网络已经初步建立。参与形式已经由单纯的培训、项目参与转变为全面任务合同制的咨询。1992年中心成功地组织了第一届农民科技日。中心获河北省衡水故城县“科技之县”特别奖。由我校综合农业发展中心启动发展的该县饶阳店乡，工农业产值三年翻一番。中心参与的唐山、石家庄的发展设计与启动已全面展开。一年共举办各种培训班6次，培训乡县人员300多人。

在参与国内农村发展的基础上，综合农业发展中心确立了“立足国内，走向国际”的战略，一年共举办各种国际性培训班5期，学员来自许多国家。在国内和国际性活动的促进下，中心实行全面的内部改革。目前中心下设5大项目：①区域发展规划；②农村培训推广；③持续农业发展；④妇女与农村发展；⑤农村发展、推广的操作与监督评估。每一个项目都包括国内国际两大任务。培训和咨询已成为实现这些项目的基本手段。中心已先后在德、荷、英、意等国的近20多个国际机构建立了联系和合作关系。一个以参与国内农村发展和农业推广为基础的走向国际农业发展舞台的格局正在形成。

4. 校办产业

在我校综合改革的推动下，1992 年是我校校办产业在结构和运行机制上有较大调整，事业有较大发展的一年。

无论是全国高校校办产业发展的形势或是当前我校综合改革的需要，校办产业的发展具有重要的意义，为广大教职工所关注。第十一次工作会议提出了发展校办产业的思路，一是坚持有组织有领导，以专业队伍为主，不搞“全民创收”；二是发挥校和院系两个积极性，校有支柱产业，同时扶持院系，两级办产；三是各厂和公司按企业化自主管理，校系不干预其具体经营业务；四是采取富系政策，院系收入，主要由院系支配。

在结构和职能上，技工贸集于京农公司一身，虽曾发挥重要作用，但随着形势发展已不能适应，需要做必要的调整。科研成果是基础，科研处在完成其科研管理任务的同时，承担技术成果的转让和参与校内开发。产品生产是主体，按校办、校系办和系办分层次设厂。经农业部批准和在北京海淀新技术产业试验区注册，具有法人地位的北京农业大学高新技术开发总公司以贸为主，经销我校产品，并管理部分校办工厂。为了给发展高新技术产业创造良好的投入环境和对外开放，经农业部批准，在校农场的 4 000 亩（1 亩约为 667 米^2，全书同）土地上成立了“涿州农业高新技术产业开发实验区”和在校部的“马连洼农业高新技术产业一条街”。此外成立了校办产业办公室，以协调和管理校办产业。

1992 年，我校微生物发酵工程试验基地已基本建成，等待验收；部领导支持的北京农大种衣剂试验工厂已于夏季正式动工兴建；我校参股国家教委联合全国 80 余所高校在上海浦东开发区兴办的“中国高科集团公司”，并合资兴办了“高微公司”，是高校第一个进入浦东区的大型高新技术产业，于 11 月正式签字生效；我校与泰国正大集团兴办的北京农业大学正大肉鸡发展中心也于秋季动工兴建。

经过结构和职能调整以后，一个校办产业体系已趋形成。校系两个层次的高新技术产业开发都有了较大发展。1992 年产值 3 702 万元，利润 934.7 万元。

二、技术支持系统

图书馆全年接待专业书刊读者 42.4 万人次，接待外单位查阅资料 428 人次，参观 1 845 人次。在继续搬迁方面，全年共入库书刊 1 593 箱，上架 30 列。1976 年前的西文图书已开始借阅。全年购入 2 543 种 5 643 册中文图书。校图书馆还主持召开了研讨农业图书馆未来与发展的国际学术讨论会议。

涿州教学实验农场，近几年调整产业，长短项结合取得明显经济效益，全年粮食总产量454.2万斤。畜牧业曾是农场最落后的行业，经过四年投入200多万元，建成了具有配合饲料厂（年产2 500吨）、孵化（微机控制）、育雏、育成鸡（4.5万只）、种猪等多种畜禽的畜牧场，也是保定北部地区最大的畜禽良种场。1992年畜牧业产值404万元，利润53万元，分别占全场的27%和20%，人均产值10万元以上，利润1.1万元，是农场近年来发展最快的产业。为适应市场经济的需要，建立了粮油加工业为主的农业公司，以畜禽饲养、育种、加工为主的畜牧公司和以果品加工储藏为龙头的果林公司。正在组建综合服务公司和农场总公司。在经营上，建立了全员风险抵押承包经营制度，层层承包，责任到人，奖优罚劣，取得明显效果。在人事管理制度上，实行了聘任制。1992年完成销售收入1 509万元，利税280万元，销售利润268.5万元，净利润183.2万元；人均创产值2万余元，利税3 723元，净利2 436元，职工人均年收入提高到3 140元。

昌平实验站1992年承担了45项科研课题，接待实习生136人。推广玉米良种54.1万斤。小麦良种20万斤，大豆良种0.6万斤，小麦亩产达850斤。生产鸡蛋55.9万斤，销售种蛋171万个；生产小型猪643头，售出567头，占88.2%。全站总收入319万元，比1991年减少110万元，收支基本平衡。去年新建教学、科研用鸡舍500米^2，专门为畜牧系教师和研究生开展蛋鸡育种科研工作。还自筹资金63万元，在300亩试验田全部安装了半固定式喷灌设备，新建种子库370米^2、食堂600米^2，改善了通信设备。

科学园区，1992年修改充实了规划方案和进行基础设施建设。标本区、果树区、养殖区新填土1万米^{3}和平整出土地32亩；绿化主干道和南墙，种植花木1 532棵，成活率88.4%；建设东西两座井，安装了供水系统和自动喷灌系统；购进18马力和25马力的2台拖拉机等耕种设备；竣工高温型试验温室750米^2，安装了温、光、湿和CO_2的自动监测系统；安排92.5亩的教学、科研试验田，试验项目27项。

出版社在抓社风建设的同时，完善各类人员的岗位责任制和规章制度，抓经营管理，改革运行机制，实行了企业化管理。出版各类农科图书101种，3 042万字，381 640册。其中教材47种，1 531万字，150 300册；专著14种，660万字，4 105册；其他农业科技图书40种，852万字，19万册。出书品种比1991年增加40%，盈利30余万元，比1991年增长1倍多。

电教中心，制作教学、科研、技术推广与开发音像教材15部，计23小时，完成“家畜生理学”“作物育种学”2个部级课题，为中央电视台、教育电视台、农业部、国家教委等制作教学、科研录像片17时。共有5部教学录像片在全国性评审中获奖，2篇论文在农业高校中获奖。

三、后勤保障系统

总务处在深化改革，加强企业化管理方面，率先迈出一步，成立了交通运输服务中心，进一步扩大了原车队在人、财、物管理和使用方面的自主权，调动了积极性，收到了明显效益。在修缮方面，三次全面检修学生宿舍的门窗玻璃、粉刷宿舍 184 间、油漆粉刷教室和食堂 1.5 万米 ^{2}、教学区 250 间房公用天线的安装以及家属北区暖气外线的翻修等 40 多项修缮工程，改善了教学、科研和生活条件。校园绿化方面，新植乔木 156 株，花灌木 6 400 株，栽绿篱 700 米，铺草坪 3 000 米 ^{2}。

托儿所扩招幼儿班一个，解决了 23 位 1.5 岁以上子女的入托难问题。此外，增容电话 360 门，分配和调整家属住房 143 户，安置大龄青年和特殊困难住房 7 户。

基建方面，1992 年完成基本建设投资 1 497 万元，其中国家拨款 1 490 万元，自筹经费 7 万元；竣工和基本竣工的项目有：兽医临床楼、家属北区食堂、102 教授楼、涿州实验农场宿舍、校医院、科学园区温室和昌平实验站食堂、生物防治实验室和合计面积为 22 749 米 ^{2}。与房建工程相配套，修建道路 214 米 ^{2}，上水管线 345 米 ^{2}，下水管线 1 309 米 ^{2}，暖气管道 587.5 米 ^{2}，铺设电缆电线 625 米，电力增容 600 千瓦，安装 102 住宅、幼儿园、北家属区餐厅天然气管道和设备。在基建资金极为紧张的情况下，安排设备投资 107 万元，其中，用于基础教学设备费 30 万元，实验动物楼设备费 30 万元，购置轿车 2 辆 47 万元。这些房屋的建设和设备的投入，对于改善教学科研条件和教职工的生活条件，推动学校各项事业向前发展起到了重要作用。

1992 年我校安全保卫工作取得了较好的成绩，消灭了火灾，加强了巡逻，全年查出各种隐患 400 余起，较大隐患 30 余起。破获盗窃案 2 起，流氓滋扰案 2 起，破获率分别为 50% 和 66.7%。破获治安案件 4 起，破获率 100%。

四、管理系统

在人事管理上，以人事劳动分配制度的改革为突破口，深化教育改革，加强各院系的自主管理，调整优化教师、实验技术、工人、行政管理四支队伍。在调研基础上，拟订了“人事管理和分配制度改革方案”“核定人员编制的方案”“教师干部考核办法”“实行聘任制的实施办法”“工资包干的实施办法”等有关规定，成立了人才交流中心，发挥“人才库”和“中转站”的作用。1992 年评审晋升正高级专业技术职务 42 人，副高职 83 人，中级 58 人，审定初级专业技术职称 38 人，中级专业技术职务 54 人，接受外单位委托评审材料 119 份。考察任免处级干部 48 人，科级干部 60 人，处级调研员 11 人，干部队伍进一步年轻化。1992 年接收应届毕业生 65 人，博士后出站留校 5 人，从外单位调入 45 人。全年离退休 59 人，调出 29 人，自费出国 16 人，校内调动 51 人次，进出大体平衡。今年是人事管理制度改革的第一年，参加年终考评的 1 349 人，占应考评人数的 87.7%。1992 年中，我校教职工工资收入有了较大增长，231 名高级技术职称者，获得了政府特殊津贴；调整退离休人员 520 余人工资，各类工资进档 147 人，累计年增加工资额 19.11 万元。此外，还为 104 位教授办理了“102”高干医疗证。

财务工作：1992 年农业部下达我校教育事业费 1 534.3 万元，支出 1 774.3 万元，支出超过部拨经费 240 万元，全部用抵支收入冲销，使我校连续第六年预算收支持平。主要做法是：一是领导重视，指导具体，从学校全局出发，推出经费预算的分配原则，即确保人员经费，保水电暖费，优先教学费，压缩行政办公费，为预算持平奠定了基础；二是深入调查，认真了解情况，在经费严重不足的情况下，集中财力解决一些重点问题，使经费用到最需要的地方。1992 年比 1991 年教学经费增长了 7.4%，业务费增长了 8.1%，本科生每生经费从 360 元调为 380 元，硕士生每生经费由 1 100 元调为 1 200 元；三是量入为出，精打细算，努力开源，补充不足，严格控制不合理开支。同时广开财源，从各种渠道筹集资金共 264 万元，补充教育事业费的不足。

1992 年，我校共收到科研经费 1 374.5 万元，支出 1 161.5 万元，年终前发放科研津贴一次达 60 多万元。1992 年学校创收总收入达 3 702.3 万元，其中学校基金收入 1 039.8 万元，支出 941 万元，事业发展基金 179.9 万元，用于教职工奖励福利 313.3 万元，人均达 1 600 余元。

在学校综合改革中，为了加强服务工作，财务处开办储蓄代办所，开展了代发工资业务，到年底储蓄余额 400 多万元，既方便了群众，又增加了学校收入。

在国际交流方面，1992 年是历史上派出人员最多的一年，共派出 188 人次，其中出国进修和攻读学位的 18 人，参加国际会议 48 人次，考察访问及合作研究 105 人次，赴日本农事实习队 17 人，总计比 1991 年多 54 人次。请进美、德、日、俄、加等 11 个国家的 60 位专家短期来校讲学和合作研究。接收外国进修生 6 位；国际中兽医针灸班有 18 位外国学员参加学习，17 位东京农大师生来校参加农事实习。此外，还接待了 22 个国家、地区和组织的 254 位的专家、朋友的来访。1992 年我校与泰国卡色萨大学、宋卡拉大学、荷兰瓦格宁根大学、墨西哥研究生院和朝鲜的金日成农业大学等 5 所大学建立了正式校际关系。泰国正大集团捐赠 500 万元人民币建立“肉鸡开发中心”，洛克菲勒基金会的中国留美学生学者短期回国合作研究项目三年 35 万美元。

在信息管理上，出版校报 19 期，增刊 2 期，改革快讯 4 期，组织对外报道

50余篇，自投稿19篇。校闭路电视台采编播放新闻236条，专题88个，专题片一部。送中央电视台等19条。广播站播音160时，编辑稿件1 728篇，计108万字。此外，编纂了《1991年北京农业大学年鉴》和印发了《农业发展思考》四期。一年来，围绕改革主轴，宣传、沟通农大发生的一桩桩、一件件事情，为推动改革和扩大学校影响发挥了很好的作用。

学生工作办与各院系党政干部在做好经常性的思想工作的同时，密切配合，以出早操为契机，抓体育达标，强化纪律和集体观念，改变了学生中普遍存在的涣散状态，形成了按时作息的良好生活学习秩序。还开展了大学生宿舍达标活动，扭转了学生宿舍脏乱差现象，培养了大学生严谨、整洁、勤劳、有序的精神风貌。在2～4年级中进行了学生操行评定工作，互评互比，找差距，奖先进，学生中引起了较大反响。

审计处围绕学校各项改革措施的出台保驾护航，对昌平实验站、实验室管理服务中心、兽医学院、国际交流中心、京农公司等单位的财务进行了审计。监察室充分发挥监督职能，对反映较多的任课教师报酬问题、教学经费分配不合理和分房晋职中存在的问题进行了调查，向学校提出处理参考意见。此外，处理群众来信11封，群众来访23人次。

1992年，是全国，也是我校改革开放大发展的一年。在党的各项方针政策的指引和全校广大干部和教职员工的共同努力下，我们较好地完成了1992年的各项任务，学校又有了新的发展，为完成我校“八五”计划向前推进了一大步。

24 打好综合改革的关键一仗

——在第十三次工作会议上的总结讲话

（1993 年 5 月 24 日）

【导读】

1993 年是“八五”发展计划实施的第三年，“两年综合改革”的关键年。“两年综合改革”的核心是教育教学改革，1992 年 11 月召开的第十二次工作会议启动了院系和专业的结构性调整，使其在总体框架上得到优化；1993 年 5 月在提前召开的第十三次工作会议上启动了培养计划和教学管理方面的微观性改革，使此次教改能够落地生根。石元春校长总结讲话中，在宏观论述时代背景和教改的任务和部署后，介绍了将院系专业结构调整和优化为“8 个学院，29 个系和 74 个专业方向”，并已获农业部批准。然后就培养模式和方案改革谈了 8 点意见；就学管理制度改革的“软件”部分谈了包括全面实行学分制、主辅修和有条件转系（院）制、专业证书制、奖学金和单项奖励制、预淘汰和试读制、导师制等 6 个要点，以及加强人力、物力和财力三方面的物质支撑条件。

谈到机遇时他说：国家的这种重大和历史性的变革，对高校提出了新的挑战，也提供了改造自己和求得发展的大好时机。没有这场伟大的社会变革，我们怎能冲破计划经济体制下的僵化办学模式，建立新的教育教学体系？怎能因社会需求的多样化而大力改造传统学科和发展新兴和交叉学科？怎能由一个缺理工少文科、专业范围狭窄的农业大学向着以农科为主的综合性大学方向发展？怎能有如此多的机会与世界各国交往，汲取先进理论技术，开阔眼界，发展学科，提高教师学术水平？我们是时代变革和改革开放政策的受益者，应当充分利用和珍惜这个时机，加快学校的改造和发展步伐，实现我们的宏伟目标。

讲话最后指出：目前我们进行的综合改革是一次深刻的革命，一项十分复杂而艰巨的工程。这里有思想观念上的碰撞，习惯势力的影响，个人利益的冲突，社会大气候的冲击以及缺经验少经费的制约。现在最需要什么？最需要发扬农大人精神！最需要坚定信念和信心！最需要互相支持鼓舞和团结协同！这次工作会议的中心议题是教改中的培养计划和教学管理制度方面的改革。这项改革很复杂，涉及方面很多，震动面很大。它是教改，也是整个综合改革的核心，我们一定要打好这关键的一仗。

这是北京农业大学改革历程中的一次重要会议，这是一次重要的讲话。

第十三次工作会议即将结束了。这次会议的主题是培养计划和教学管理方面的改革，是教育和教学改革的核心。今年 3 月曾组织全校教师对此进行了学习讨论，4 月各院系和学校分别制订培养计划和教学管理制度的改革方案，所以这次工作会议是有广泛群众基础和做了充分准备的。根据“主体”（教改）升帐，“三军”护航的部署，会上还用了半天时间，通报了校产系统、支持系统和管理系统改革进行情况。三天的会议中，二十几位同志在大会上做了发言。许多发言很有见地和深度，既有观点又有内容，既有原则又实际。特别是通过交流和讨论，更激发了对我校改革的热情和信心，受到鼓舞和振奋。大家认为，我们在改革的关键时刻，就教改中的关键问题，成功地开了一个高质量的、务实的、振奋精神和团结的会议。

下面就会议讨论的问题谈几点意见。

一、背景、目标、系统和阶段

此次教改的时代背景，一是我国由长期以来实行的高度集中的计划经济体制转换为社会主义市场经济体制，这个重大的历史性的变化，必将对高等教育等社会各个方面产生极为深刻的影响；二是全球性新技术革命浪潮对学科、生产和经济的发展以及人类生活的重大冲击。任何一个单位和个人都无法避开这个时代的挑战，只有满怀激情，自觉主动地迎接这个挑战，把握机遇，发展自己。

此次教改的目标有二：一是适应，二是发展。即对长期以来在高度集中的计划经济体制下形成的教育和教学体制（理论、观念、培养模式和计划、管理等）进行一番改造，使之适应新的，社会主义市场经济体制。同时，抓住这个有利时机，克服我校缺理工少文经，专业学科狭窄的先天不足，发展成为一个以农科为主的，新型和一流的综合性大学。

此次教改是教育和教学体制上的转换，是一次历史性的全面变革，而不是小修小改，是一项长期而艰巨的任务。

此次教改，涉及的方面和影响的因素很多，是一个复杂而庞大的系统工程。归纳起来，可分为四个层次或子系统，即院系和专业的结构性调整，使之在总体框架上得到优化；建立一套新的培养模式和培养计划；改革课程的教学内容和方法，以及建立一套实施性的软件（管理）系统和必要地硬件保障系统。

整个教改分调整院系专业结构、调整培养计划以及改革教学内容方法三个阶段进行。

二、院系专业结构的调整和优化

面对新的挑战和寻求对策时，一要研究和制订好战略，二要从整体和结构上考虑，做到纲举目张。所以教改一出台，去年 11 月召开的第十二次工作会议上先谈了战略和院系专业结构调整两个问题。形成了 8 个学院，29 个系，74 个专业方向的意见，并于 1993 年 2 月报部。农业部 4 月正式批复同意此方案。

按这个计划实施，我校的总体框架和院系专业学科结构将得到明显改善，一是通过基础科技学院和人文社会科学学院的成立和发展，理工和人文社会学科加强了；二是随着农业设施工程、计算机和信息管理、土地资源和管理等系的成立，一批新兴和交叉学科发展了；三是兽医、畜牧、农经、资源和环境以及社会科学等传统学科得到更新改造，焕发出新的活力和生机。这一系列的调整和充实，必将使我校向着以农科为主的综合性大学的总体发展目标大大迈进一步和增强学校对社会需求的总体适应能力。同时，也利于一些长期难以解决的问题，如基础课与专业课、教学与科研衔接等问题得以缓解。

这个院系专业框架是不是很理想呢？不然，我自己也觉得有些地方不满意。如学院这一层次散了些，多了些，还有不尽合理的地方。这是因为一些历史的和人际关系的原因造成的，改衣服就是比用新布做衣服难办难满意。这些不足只好留给以后再做改进了。对这次院系专业结构调整，一些教师担心搞得太庞大，增加了层次，人际关系更复杂，这些担心是有一定道理的，我们在工作中要引起注意，忌铺摊子搞形式，多做实事讲实效。

这项计划要抓紧实施，多做过细的工作，成熟一个成立一个，争取今年教师节前多数到位。

依辩证唯物主义的观点，内容与形式、内因与外因的关系中，内容和内因起着根本的作用。在一定条件下，形式和外因也可以产生重要和关键性的影响。希望各院系各业务单位，要十分重视利用这次院系专业结构调整的机遇，在学科和工作上改善和发展自己，开创一个新的局面。

三、培养计划的调整和优化

培养计划的调整，是这次会议的中心议题。会上，教务处和研究生院拿出了在学校层次上的宏观性的培养计划方案；各院系拿出了各自的培养计划。由于准备充分和已有沟通和协调，与会同志均较满意。我认为此次会议后，酌加修改，即可成立试行，在试行中修改完善。对此，提出以下意见供大家在修订中参考。

1. 本科生的培养模式问题引起了与会同志的关注和热烈讨论，有同志建议将适应性广的通才模式改为适应性广的专才模式。我觉得这里存在一个对“通才模式”的理解问题。教育学上将大学本科培养模式归纳为通才型和专才型，德、法、苏联等一些欧洲国家重专才教育，美、加、日、澳等强调通才型。我认为这和国家幅员大小、历史背景、发达和稳定程度有关。但是20世纪80年代以来，随着科学技术和经济发展，知识更新、社会变革日益加速，包括德、法等欧洲国家，也大大加强了基础和通识类课程，重视博才取胜策略。我国幅员辽阔，社会和经济处于大发展和转折时期。今后相当长的期间里，学生就业转行会多样多变。有鉴于此，还是要强调加强基础和通识的通才型教育。在良好的基础和通识教育的基础上，学好一定专业知识，以利触类旁通和以后的深造，提高其总体适应能力。所以还是提适应性广的通才模式为好。

2. 怎样体现“广适应性的通才模式”和衡量大家制订和提出的培养方案呢？应当有一个共同和统一的标准。根据大家的讨论和我的认识，提出“四把尺子”，即全面培养、打好基础、拓宽专业和培养能力。全面培养是指不仅重智力教育，也要加强精神素质和非智力因素的培养。打好基础不仅包括数理化，还要十分重视外语、计算机、经管法等基础性和通识性教育。此外，专业知识面要宽和加强能力及有关专业技能的培养。请大家以这“四把尺子”为标准，衡量我们制订的培养计划，是否符合“适应性广的通才模式”的要求。

3. 总学时数和必修选修问题。以每周50学时计，四年累计不过六七千学时，教务处提出的课堂教学和实验教学的总学时数在3 000学时左右似乎多了。这样安排，自学和实习实践和课外活动可能受到削弱，辅修、双学位只可能在少数尖子学生中实现。所以建议将总学时降到2 800学时左右。关于必修和选修问题，我的认识是，必修是保证学生达到培养目标的最主要和最基本的要求，一定要精选、高质和严要求，是刚性计划，要保质保量。选修是为了打破刻板统一的教学模式，适应学生的个性发展，因材施教和就业多样性的要求，要多彩灵活。必修和选修是整个培养计划中相辅相成的两个方面，在总学时中二者的恰当比例很重要。必修课比例过大，不利于学生个性发展和需求多样化，比例小了不能保证基本培养要求和失控。教务处提出多数系选修课占20%～25%，我认为少了，以30%左右为宜。有些课没有必要定为必修，改选修更能调动学生的学习主动性和积极性。

4. 课程结构的调整。课程是构成培养计划的“细胞”。实现广适应性通才模式的培养计划，首先要在课程结构上得到体现，才能形成一个健康的机体。

从教学方式上考虑，课程有讲授课、实验课和实习课；从内容上考虑，有基础和通识类、相关农业和专业基础类和专业类。专才模式的培养计划是适应培养专才的需要，不仅专业课比例大，而且以此为主线，安排专业基础和基础课。广适应性的通才模式的培养计划则强调各专业的共同或相近的基础和通识课程，较宽的相关农业和专业基础课程，而且可以跨院系选课和修辅修专业，专业课则重在于精。

这次教务处提出的方案中，上述三类课的大体比例是 6 : 2 : 2，较现在的结构比例有较大调整和改善，我认为是合适的。基础和通识课增加了 15% 左右，数理化学时稍有增加，重在提高质量；外语和计算机学时有大幅度增加；原来的五门政治课改为三门必修，144 学时，同时大力加强社经法和人文课程。此外，要十分重视专业技能课程的数量和质量。课程结构设计的思想和宏观上的控制是共同的，但是，生产性和理、工、经、法、医类的各个院系专业在结构比例和学时数上可以有所不同。

由于课程的类型多，职能不同，选修比例大和通用化程度提高，课程的规范化就显得十分重要，包括课程的类型、要求、学时、学分和学期等都要有统一规格和要求，否则必会造成管理上的混乱。

5. 精神素质教育。精神素质教育有其特殊性，现在制订的培养计划中不能完全反映，所以要专门谈谈。首先是精神素质教育的内容和要求是什么？我提以下几点供参考：一是基本素质教育，包括正确的政治方向和人生观、道德观以及科学精神和求实态度；二是心理素质教育，包括开拓创新和坚韧不拔的精神、应变能力和竞争意识；三是文学、艺术、写作等文化素质教育和获取知识能力的培养；四是社会素质教育，包括公关、法纪、社交、组织和领导能力等；五是国际化教育，要有国际和全球意识。

越是在当今时代和社会，学生的精神素质和非智力要素越加重要，它对学生智力教育成果的发挥和事业上的成功常常具有关键作用，是体现整体教学质量的重要构成。精神素质教育不同于一般智力教育，不仅靠社会人文等基础和通识类课程的学习，还有赖于一套相应的管理制度、思想政治工作、社会实践、教师的熏陶和校园文化等，也就是我校“八五”计划中的熔炉工程。这些内容在我们制订的培养计划中只能得到部分体现，计划外的第二课堂应当受到重视和得到落实。

6. 能力和专业技能教育。能力和专业技能的培养是当前教改和提高学生适应能力的重要内容，也是我校相对薄弱的环节，应当在此次教改中予以足够的关注和强化。能力是多方面的，包括上面谈到的获取知识、处理信息能力、应变能力、写作表达、组织领导等诸方面能力。这里只谈一下专业技能的培养问题。

在目前开设的一些课程中，对一些以操作和技能为主的课程，不同程度地存在重理论讲授，技能训练的位置和学时比例摆得不尽恰当，技能操作的要求不明确，不具体，不严格的问题。至于理论讲授和实验并重的课，实验课强调了印证理论而忽视了学习技能操作的功能。由于概念不清，安排不当，要求不严，削弱了学生的专业技能培养，希望这次教改中对此有所改善。建议根据各院系和专业特点，组织开出一些很像样子的专业技能课，让学生学几手看家本领，这很必要，是提高学生整体素质和竞争力的重要部分。以后25周的实习和实践教学主要靠各院系自订自管，教务处作综合协调平衡和服务。这一部分是此次教改中的“重头戏”之一，望引起大家的重视。

7. 课程内容和教学方法改革。培养计划和课程结构改革为实现的新培养目标提供了良好基础和框架，而在学生身上的最终效果和质量还依赖于良好的课程内容和教学方法。一些课程内容重复陈旧，教学方法死板灌输仍是个长期存在和亟待解决的问题。这将是下学期进行的第二阶段教改计划的重点。

8. 实施与操作。培养计划和课程设置是一项非常复杂的工作，根据近两三个月的准备和这次会议的讨论，原则、思路、课程结构和比例等都已明确和达成共识。据此，学校以文件形式，下达宏观性控制意见，各院系做最后修订，经院系学术讨论审定后报学校备案，93级新生正式实行。在此后的实施中，学校主要负责制订宏观性控制意见和计划，进行组织协调和检查评估，做到少干预、多支持、勤服务。在学校的宏观控制下，具体培养计划和课程设置主要由院系负责，有充分自主权。

四、教学管理制度改革（软件系统）

一个好的目标和计划在付诸实施中，都需有相应的政策和规章制度作保证，使工作得以正常有效运行和调动执行者——教与学两个方面的积极性，它是为实现教学目标和计划的一种手段和软件系统。高度集中的计划经济体制下的教育教学模式需要有它的一套管理制度，社会主义市场经济体制下的教育教学模式也要有其相应的管理系统，这是我们考虑教学管理制度改革的出发点。以下就学与教两个方面的管理制度改革谈些意见。

在会上发的材料中，对本科生的教学管理制度改革提了6个要点，包括全面实行学分制、主辅修和有条件转系（院）制、专业证书制、奖学金和单项奖励制、预淘汰和试读制以及导师制。显然，这是管理制度上的一次综合和全面的改革，力度和深度都不小。我认为，带有根本和实质性的主要是两方面，一是全面实行学分制；二是新的奖罚制。

学分制是相对学年制而言的。学年制是将全学程分为4个学年，8个学期。每个学期学多少课、学什么课、多少学时都按计划行事，学生按班统一上课实习，以及课外活动。其优点是规格要求和管理可以完全整齐划一，而严重的弱点是完全忽视了学生在智力、勤奋、个性和需求上的差异性和多样性，不利于激发学生的学习主动性和积极性。学分制则是以学分为统一单位来计算课程及学生的学习量。学生修完所规定的总学分即可毕业或因故完不成总学分而延长学习时间。有了学分制，再配合以必修选修制、主辅修制、收费重修制以至转系（院）制等，即可具较大的灵活性和可操作性，有利于学生个性的发挥和就业需求的多样性，使上述教改思路和新的培养计划摆脱学年制的框制而得以实施。当然，学分制在管理不当时也会引起学生片面追求学分而忽视学习质量和选修失控等弊端，故常辅以导师制，以弥补其不足。此外，排课和管理上也会遇到一些新的问题和困难。

教学管理制度上的第二项重大改革是强化奖罚。改助学金为奖学金和贷学金，拉开档次，滚动评定，预淘汰和交费试读等办法都很好。

这次在学的方面的管理制度改革必将有利于推动新教学计划的实施，有利于激发学生学习的主动性和积极性，改善当前的厌学情绪；有利于培养学生的独立思考和竞争意识。但是，对教学管理上的这种历史性的转轨和大幅度调整将会产生的问题和困难，特别在学生和管理工作上的承受能力方面要做好充分估计和准备。

在整个教改中，教是主导方面，搞好这方面的改革具有决定性意义。下面谈一下教的方面的管理制度改革。

去年第十一次工作会议上提出了管理系统改革的 16 字原则和“优、定、聘、评、配”五字诀。年终进行了全校性的评议分配，效果是好的。随着教育和教学改革的出台，要求人事管理改革更好地适应新的教学体制和进一步调动教师的积极性。这是人事管理制度改革的深化。对此，我提出以下几点意见。

1. 严格聘任和择优上岗制。这次会议以后，一个新的教学计划就要诞生了。教学计划的“细胞”是各类课程，课程的质量首先决定于教师。因此，一定要严格执行聘任和择优上岗制。受聘对象以在职教师为主，也可聘请退休教师，外院外校教师，坚持择优上岗原则。择优聘请教师授课，这是系主任首要职责和保证教学质量的重要措施。方法可以是约聘，也可以出榜招聘。要重视培养青年教师上岗，但要坚持岗前岗上的准备和培训，要保证授课质量。

2. 高课时津贴和优质加奖制。去年实行的结构工资制较前进了一大步，但与教学的质和量直接挂钩不够。结合此次教改和新教学计划出台，可以实行高课时（含讲授课、实验课、实习课、指导研究生等）津贴和优质加奖制，以替代职务工资。平均 1 课时 10 元，优秀课另加 5 元。10 元由学校出，优秀课加奖的 5 元由各院系出，下学期开始，你们觉得这个想法如何？初步估计，学校一年要拿 100 万元左右，我认为值得。大盘子可以定下来，实施细则请人事处、业务处和院系一起商定。牺牲教学质量，不讲竞争，只求照顾迁就，不坚持择优上岗原则的现象应当在这次教改中基本得到克服。

3. 满工作量制。教师的一切教学工作均折算为课时（1 课时相当 1 个工作日）

一般年课时不得低于 140，平均 4 个周学时。科研按人年均科研经费折算工作量，按科研费提取一定比例（去年为 6%）作为科研津贴，今年进一步加大比例。凡兼任管理职务的，按职折算工作量和获取管理津贴。教师的教学、科研和管理三职责均可得到相应津贴，各人侧重不同，但要满工作量，全年不少于 252 个工作日。去年档案工资外的人均收入是不低于 1 450 元，今年大抵达 2 400 元，月均 200 元。此外，人事处将于今年年底按各院系的实际工作量核编。

在高课时津贴、科研、管理津贴，优质加奖和满工作量制的情况下，高量优质工作将会得到相当高的收入，教学科研任务少的收入就低，差距将会进一步拉大。

4. 累计工作量制。评定职称中有一条规定，现职工作五年才能申请高一级职称，工作多少优差不计，这不合理。在实行高课时津贴和优质加奖以及满工作量制的同时，可按累计工作量（不含非校院系正式下达和认可的工作）决定申请资格。工作量多而优者，也许三年即取得申请资格，少而差者，也许十年仍然无望。这既合理，又可激励教师多工作，做好工作。累计工作量是衡量和评价教师实绩和工作经验的一个重要指标，也可作为提工资、授奖、分房中考虑的重要因素。

5. 挂牌上课和考教分离制。在新教学计划中，大量的是规范化了的，有多系学生选读的课程。这些大课可以出几个教师分别挂牌上课，学生可以任选，考试统一命题。

6. 奖励制。除年度评议的，随津贴颁发的优质加奖外，有各种优秀教学奖、各种科研和推广奖、郭兆明奖以及学校颁发的最高综合奖——农大人奖。此外在达到一定的累计工作量后给三个月或半年学术休假的制度也要建立。

教师是教改的主体，充分发挥教师的主导作用和积极性是教改成功的重要因素。教师工作很辛苦，应当受到尊重和关心。同时也要引进竞争机制，加大激励强度。以上六条是在去年人事分配制度改革基础上，在教改出台后的进一步深化和完善。会后人事处等有关业务处提出条例细则，征求教师意见修改后实施。

五、教改的物质支撑条件（硬件系统）

以上谈的是培养和完成教学计划的软件系统。同时，也需要有硬件系统——人财物的保障。我这里只是简单提一下。

人力。从总体上看，我认为人力是够的。主要是通过深化人事管理改革，调动人的积极性，这方面的潜力很大。在外延上要大力开发第二人才库——已达 600 人的离退休大军、第三人才库——研究生的“三助”和本科生的勤工助学、第四人才库——聘用校外人才，这里有很多文章可作，用人制度一定要搞活。关于教师队伍，特别是青年教师队伍不稳的问题大家很关心，甚至忧虑。我的看法是过去在计划体制下，“一考”“一（分）配”定终身，一辈子不“挪窝”的格局是越来越维持不住了，这是好事儿。无论单位和个人在发展中都有个相互选择，不断流动和优化，这是正常的，符合进化论原理。我们的观念要跟得上时代的发展。一些同志流动、有进有出是正常现象，而问题的核心是，作为一个单位，你有没有吸引力和一套在流动中吐故纳新，不断优化队伍的能力。有了梧桐树，就能招来金凤凰。吸引力无外乎是良好的工作条件、生活环境和人际关系三大件，使教师有奔头和心情舒畅最要紧。校院系组各级都有这个吸引力问题，有的留得住人，有的单位就是留不住人，单位领导人很重要，这也是考察干部实绩和能力的一个试金石。有了人，事就好办了。在队伍问题上，只要工作做上去了，我是持乐观态度的。支持这场教改和实行新的教学计划没有问题。

财力。学校的年事业费和基建费各 1 500 多万元，科研经费和创收各近千万元，还有些临时性收入，一年总计约 5 000 万元。基建和科研经费的情况是比较好的，创收平平，最困难的是事业费。今年的事业费的绝对数比去年只多了 13 万元，而人头费由去年的 727 万元（占总经费的 53%）增加到 986 万元（占总经费的 63%）；可支配经费较去年减少了 88 万元。水电暖三项今年因涨价因素就要多支出 85 万元。与去年相比，今年经费缺口 200 万元以上，财务预算很难做，尽管如此校务会做出了优先保证教学经费较去年增加 30%，别的方面再想办法的硬性决定。

对于经费严重短缺，我们的对策有四种：一是要，发动校院系组个人，通过各种关系和渠道到外面去找钱，学校制订奖励办法；二是赚，大力抓好校产，在收入上要明显高于去年；三是积，加强管理，该收到校财政的要收上来；四是省，制订严格和有效的节支措施。

物力。这些年来，每年基建费在 1 000 万元以上，并列入了国家“八五”大中型建设项目。加上收回的房屋，教学科研和办公用房面积增加了 3 万多米^2；增加了 3 000 多万元的仪器设备，物质条件有了很大改善。但是，要支撑我校的庞大教学科研等各项任务，条件还是很不够的。在这次讨论教改中，最感不足的是实习基地，实验室条件和教室。

今秋动工的 1.7 万米^2 的教学实验大楼的建成将大大改善我校的条件。但是，当前最重要的是挖掘现有物质资源的潜力。是房屋、仪器设备还是土地等，不少是利用不充分、效益低以至被闲置的，实在可惜。昨天立强介绍的关于实验室服务和管理中心的改革，大大改善了资源配置和提高利用效益的例子就很有说服力。这学期做准备，下学期出台的设备物资管理制度改革，定将挖掘一些物质潜力，支持教改和科研工作，也可对当前的财力不足有所弥补。

六、关于“三军”护航

此次综合改革的部署是以教育教学改革为主体，以人事分配制度改革为突破口，大力抓好校办产业，计划进行两年（1992.7—1994.7）。综合改革自去年6月的第十一次工作会议启动后，抓人事分配制度改革近半年，11月的第十二次工作会议出台教改。各项改革分阶段，有重点进行的。所以尽管中心抓教改，但是去年启动的管理制度改革仍在不断推动，“主体升帐，三军护航”就是这个意思。

今天下午，立强等几位同志就校产、支持和管理三个系统通报了这一段改革进行情况，谈得很好，很具体，很鼓舞人心。有的同志听后说：“原来各单位做了这么多工作，改革搞得好，成绩很突出，‘三军’真是起了护航作用。平时我们了解太少了，以后要加强交流，互相鼓舞”。

校办产业是由三位同志分别就科工贸三个方面介绍的，它反映了校产系统体制的一个重大变化。过去将科工贸集中于京农公司一身，由于难以在学校层次上进行协调，工作不好推动，矛盾又太集中，其责任主要在我。对此的调整经历了一个非常困难的过程。但调整后工作顺多了，效率和效益高了，校办高新技术产业开始有了转机，走出徘徊，前景光明，这是全校教职工所热切盼望的。现在困难还不少，最需的是全校教职工的支持和参与，需要出现一批科技企业家。

支持系统改革的决心大，步子大，成果大，难度也大。交通服务中心率先上阵，一马当先；实验室服务中心大胆彻底，效益明显；伙食科引进外力，走向社会；修缮服务中心也抓紧成立，积极策划；支持系统的改革思路清楚，形势喜人，希望继续推进，在下次工作会议上再报佳音。支持系统在改革中要继续坚持向着“在学校领导下的事业型按企业化管理的经营实体”的方向发展和“三有利（有利于学校，有利于用户，有利于各经营实体和个人）原则”。

戴述骅同志对人事管理方面的改革做了一个很好的回顾和总结，对结合此次教改，深化人事管理制度改革的意见也很好。关于管理系统自身的改革也即将在此第二阶段教改基本落实后开始进行。

改革不仅艰难和复杂，而且需要实践和时间，需要不断修正和完善，这是个过程，不可能一蹴而就。所以，对待改革不仅要有决心和信心，还要有耐性和韧劲。

七、机遇、困难和信心

邓小平同志讲，对于中国来说，大发展的机遇并不多。国家抓住当前有利时机，大力发展经济，加大改革开放力度，将计划经济体制转换为社会主义市场经济体制。国家的这种重大和历史性的变革，对高校提出了新的挑战，也提供了改造自己和求得发展的大好时机。没有这种社会变革，我们怎能冲破计划经济体制下的僵化办学模式，建立新的教育教学体系；怎能因社会需求的多样化而大力改造传统学科和发展新兴和交叉学科，怎能由一个缺理工少文理，专业范围狭窄的农业大学向着以农科为主的综合性大学方向发展；怎能有如此多的机会与世界各国交往，汲取先进理论技术，开阔眼界，发展学科，提高教师学术水平。我们是时代变革和改革开放政策的受益者，应当充分利用和珍惜这个时机，加快学校的改造和发展步伐，实现我们的宏伟目标。

在新的形势下，我们也遇到了许多新的问题和困难。面对迅速的社会变革，难测的市场，我们的准备和经验深感不足。社会上的全民经商，分配不公，腐败和道德标准下降，价值观的严重扭曲等都极大地冲击着这块脆弱的学术殿堂。办学经费严重亏缺和教职工待遇太低，几乎达到难以为继的程度。学校像一艘正经受惊涛骇浪冲撞的航船，一定要精心驾驭，绕礁破浪，才能驶向光明的彼岸。

但是，越是在困难的时刻越要冷静地看到我们的有利条件和优势，坚定改革的信心。我们有哪些有利条件呢？

一是通过大家的共同努力，为我校赢得了较好的外部环境和社会影响，取得了农业部及各司局、国家教委、科委、计委、自然科学基金委等上级领导部门和国内外同行的信任和良好印象，给予多方面支持与合作。北京农业大学的社会形象、学术地位和声誉日臻，这是一所大学存在和发展的重要基础和无尽资源。可喜的是，这个势头还在发展。

二是我们已经具有了相当好的物质条件。作为一个中小规模的学校，我们已经有 22 万米 ^{2} 的用房，2 万多亩土地的农场实验站和 2 亿多元的资产。28 岁以上的已婚青年教师可以分到住房，住宅区全部使用天然气和烤箱热水器，家用电话普及率达 70%，我校的人均科研经费在全国各类大学中名列前茅。可喜的是，这个势头还在发展。我校基建被列为国家“八五”大中型建设项目，每年都有一批基建项目竣工开工。

三是我们有一支业务水平高，有实干精神，能艰苦创业、敢打硬仗的教职工队伍。“文化大革命”的经历、搬迁陕北、偏安涿县、流落廊坊、迁回北京和校园的木板房年代，我们都闯过来了，而且发展得越来越强大。农大是一支扑不灭的火种。目前，虽然我们碰到了许多困难，但大家都在自己岗位上极力以赴。有的同志身染重疾，仍念念不忘教学和研究工作。这次会上发言中，李长荣同志谈到有机化学组在极困难条件下，“咬紧牙关，不砍实验，以保教学质量”；阎泰来同志说：“干有困难，不干更困难，唯一的办法就是杀开一条血路”；武晓君同志谈到体育教学的困难时动情地说：“有的建房挤占了操场，我心痛啊！这堵墙像压在了我的心上。”这是什么精神？这是傲视困难，拼搏创业的农大人精神。

过去是这样，现在还是这样。有了这种精神，就没有闯不过去的火焰山。令人可喜的是农大的一代新人正在成长。40 岁以下的教师人数现已超过总数的一半。他们素质好，经过几年的培养锻炼，开始成才，在农大的舞台上扮演着越来越重要的角色。最近评聘了 5 位年轻教授，为农大长期奋斗、贡献累累的中老年教师无不为后继有人而欣慰。人是办好大学的决定性因素。

权衡机遇、困难和有利条件，我们认为在此历史性转折和深刻的变革中，农大人有理由充满信心地去夺取改革的成功和实现办成以农科为主的新型和一流的综合大学的宏大目标。

目前，我们进行的综合改革是一次深刻的革命，一项十分复杂而艰巨的工程。这里有思想观念上的碰撞，习惯势力的影响，个人利益的冲突，社会大气候的冲击以及缺经验少经费的制约。现在最需要什么？最需要发扬农大人精神！最需要坚定信念和信心！最需要互相支持鼓舞和团结协同！

这次工作会议的中心议题是教改中的培养计划和教学管理制度方面的改革。这项改革很复杂，涉及方面很多，震动面很大。它是教改，也是整个综合改革的核心，我们一定要打好这关键的一仗。我想用建筑行业的一句术语结束我的发言：对待改革，要“精心设计，精心施工”！

25 1993 年部分改革方案与条例选编

【导读】

1993 年是“两年综合改革”的关键年，先后出台了多项改革措施，以下是选自《1993 年年鉴》的几篇改革方案、意见，以及向农业部的请示与批复。有关于组建 8 个学院的请示与批复；有关于成立基础科学学院和人文社会科学学院的决定；有关于改革本科培养模式和教学管理制度的意见；有关于本科培养计划和课程设置方面的改革意见等。这些文件既有向上级请示和等待批复的，也有学校正式通过和向下级发布的。正如前面所说，改革是一场有明确针对性的，在战略与宏观目标引领下，通过政策条例实施的集体行为。因此，不能只有改革理念与目标，还必须有相应的政策条例和实施才是能达到改革目标的完整的改革行为。

一、改革本科生培养模式和教学管理制度的若干意见

农业部并教育司：

为了适应我国经济体制改革的需要，更好地贯彻党的第十四次全国代表大会及全国高教工作会议的精神，把我校办成一所以农科为主的综合性大学，我校继人事分配制度改革后，于 1992 年 10 月开始转入教育教学改革的第一阶段——调整专业结构。11 月下旬，学校在广泛发动群众的基础上，召开了以调整专业结构为中心议题的第十二次工作会议。经校院系所处干部和广大教师的深入讨论，提出了我校院系所调整及本科专业方向设置的初步方案。现简要报告如下。

1. 形成校、院、系（所）三级管理体制。院是由相邻学科组成，是一级行政管理层。有利于学科之间的渗透、交叉以及在教学和科研上的协调。系按本科招生口径设置，是负责教学、科研和学科、师资队伍建设的业务单位。本科生培养目标、课程设置以及系的名称可随招生需要进行及时调整修改。少数大系可据系的需要按所设专业招收本科生。系也承担培养研究生和科研推广任务。

2. 系（含招生专业）可根据人才市场需要，在有明确和相对稳定的服务领域设置若干专业方向，以有利于学生就业。学生约用 5 个学期修完本系或专业的基

础、专业基础和公共专业课后，可在第 6 ～ 8 学期自选专业方向。院系可以根据需要和可能，调整或增减专业方向。

3. 研究所、中心、站和国家、部、校正式批准成立的实验室等为院下与系平行，不招收本科生的科研教学机构，主要承担科研和培养研究生任务，也为本科生开设有关课程。所、中心等的设置也可根据发展和需要及时调整。

4. 院是一级、比较稳定、具有行政管理职能的机构；系、所和专业方向是专攻教学科研，又可根据需要、比较灵活进行调整的业务实体，这种结构有利于建立能主动适应人才市场及学科发展需要的运行机制，有利于在校院宏观控制下充分发挥系、所、中心等在教学科研上的积极性和主动性。

5. 经讨论提出的初步方案中，拟建 8 个学院、29 个系（含 10 个招生专业），74 个专业方向。研究所和中心等 18 个。

6. 此方案在我校现有的学科基础上，在基础科学、人文社会科学、工学以及经济建设和学科发展急需的学科上有了加强和较大幅度的扩展，向以农科为主的综合性大学方向迈进了一步。从改善学科结构的角度上提高了我校整体的学术水平，教学质量和综合实力。

7. 院系所和专业方向的设置是学校的一项带根本性质的基础工作，是一个复杂的系统。由于时间紧迫，少数院系所尚待筹备和论证，还会有所增减调整，逐渐完善。

8. 已有的招生系和专业我们认为比较成熟的新设或调整的专业将列入 1993 年招生计划，已请示报批。

院、系、所和专业方向调整是件大事，兹汇报如上，望得到部司领导的指导和支持。

当否，请批复。

北京农业大学

1993 年 1 月 16 日

二、关于调整组建八个学院的请示

农业部人事司：

根据《北京农业大学“八五”计划》中关于“根据国家经济建设和学科发展的需要，有计划有步骤地对院系专业做必要和适当调整”的精神，为了适应我国经济体制改革的需要，更好地贯彻党的第十四次全国代表大会及全国高教工作会议精神，把我校办成一所以农科为主的综合性大学，继我校人事分配制度改革之后，于 1992 年 10 月转入教育教学改革第一阶段——调整院系及专业结构。在广泛发动群众的基础上，召开了以调整专业结构为中心议题的第十二次工作会议，制订了我校院、系、所调整及本科专业设置的初步方案，经校务会议讨论通过，以《关于我校、系、所及本科专业方向调整方案的请示》于1993年1月16日报部教育司。因这一改革涉及机构设置，再向你司报告如下。

1. 学校形成校、院、系（所）三级管理制。院是由相近学科组成，是一级比较稳定具有行政管理职能的机构，它组织领导所属系（所）的全面工作，在教学、科研上的协调，促进学科之间的渗透交叉。系是按本科招生口径设置，是负责教学、科研和学科师资队伍建设的业务单位，系的名称可随招生需要随时修改，系也承担培养研究生和科研推广任务。这种机构有利于建立能主动适应人才市场及学科发展需要的运行机制，有利于在校、院宏观控制下，充分发挥系、所（中心）在教学、科研上的积极性和主动性。

2. 这一管理体制的建立是在我校现有的学科基础上，在基础科学、人文社会科学、工学以及经济建设和学科发展急需的学科上有了加强和较大幅度的扩展，向以农科为主的综合性大学方面迈进了一步。从改善学科结构的角度上提高我校整体的学术水平，教学质量和综合实力。

3. 经过讨论拟将现有10个院系建立8个学院，即除原有的4个学院更改名称外，再调整组建4个学院。

原有4个学院：①“兽医学院”改名为“动物医学院”；②“农业生物学院”改名为“生物学院”；③“农业经济学院”改名为“经济学院”；④“农业资源和环境学院”改名为“资源和环境学院”。调整组建4个学院为：①动物科学和技术学院；②基础科学与技术学院；③农学院（拟缓建）；④人文社会科学院（待建）。每个院下设若干系、所（中心）。调整后的干部职数控制在部里已批标的总干部职数内。

4. 院、系、所和专业方向的设置是学校的一项带根本性质的基础工作，是一个很复杂的系统。由于时间紧迫，少数院系所尚待筹备和论证，还会有所增减调整，逐步完善。

院、系、所和专业方向调整是件大事，兹汇报如上，望得到部司领导的指导和支持。

当否，请批复。

北京农业大学

1993年2月22日

三、关于北京农业大学调整组建动物医学院等学院的批复

北京农业大学：

你校（1993）农（校）字第6号文收悉。经研究，批复如下。

1. 同意你校将兽医学院更名为动物医学院；农业生物学院更名为生物学院；农业经济学院更名为经济学院；农业资源和环境学院更名为资源和环境学院。

2. 同意以畜牧系为基础，组建动物科学和技术学院；以农业应用化学系及有关学科为基础，组建基础科学与技术学院；以社会科学部为基础，组建人文社会科学学院。

3. 以上更名和组建的7个学院均为处级单位。所需人员编制及领导干部职数均由你校内部调剂解决。

请妥善处理因机构调整所涉及的有关事宜。

1993年4月12日

主题词：院校、机构、批复

抄送：教育宣传司、综合计划司、财务司

四、关于改革本科生培养模式和教学管理制度的若干意见

目前，我校教育、教学改革已进入第二阶段。这一阶段的重点是全面修订教学计划，调整课程结构，也就是改革本科生的培养模式。它是上一阶段——调整专业结构的继续和深入，也必然要涉及教学内容的改革。同时，要对教学管理制度进行相应的改革。

现在，我们就这一阶段改革的重点提出一些看法和意见，作为改革的思路和框架，供全校讨论参考。

（一）修正培养目标，培养适应性广的应用型人才

随着我国市场经济体制的建立，必须破除长期在集中计划经济体制下形成的培养和使用本科生的旧观念、旧模式和旧制度。当前的教育、教学改革面临着人才由卖方市场向买方市场转变的紧迫形势，过去本科生按照统一计划招生、统一模式培养、统一计划分配，包当国家干部，“皇帝的女儿不愁嫁”的局面必将不复存在，从目前毕业生就业实行“双向选择”，到完全自由择业已经为时不久了。

在旧的计划体制下，我校本科教育长期以来习惯培养规格单一、知识深窄、适于从事教学、科研工作的专家型人才。随着我国农村产业结构的重大变化和社

会发展的综合化，以及进一步改革开放带来的外向型经济迅速发展，我校本科毕业生越来越面临着就业渠道多元化和职业岗位多变，竞争激烈的形势挑战，我们必须培养适应性广、精神和业务素质精良的应用型人才，才能在剧烈竞争的人才市场上立于不败之地。所谓“适应性广”，就是我们培养的大学毕业生既能适应面向基层第一线的实际工作需要，又具有能胜任较高层次工作的基础和能力；既能适应从事生产、经营、管理工作的需要，又具有能胜任教学、科研等工作的基础和能力；既能适应对口工作的需要，又具有适应转换职业岗位的基础和能力。因此，我们必须着眼于学生全面素质的培养，尤其是注重精神素质的培养。必须改革本科生的培养模式，以利于因材施教，培养多规格，有特色的，适应社会多样化需求的专门人才，这是这次改革培养模式和教学管理制度的出发点和归宿。

（二）拓宽基础、淡化专业、优化整体结构、制订柔性的教学计划

由于市场经济的发展，社会对人才的需求是不断变化的，教育又具有滞后性和人才自身的成才规律，因此，按照“拓宽基础，淡化专业”的原则，制订柔性的教学计划是培养宽口径的专门人才，以“不变”应“万变”的一条有效途径。

拓宽基础就是要打破过去只为培养狭窄专业打基础，而且主要是打自然科学知识基础的旧框框，必须按照社会对人才的全面素质要求来打基础，要培养学生具有适应社会生产与科学技术迅速发展和市场竞争的应变能力。

在教学计划安排上，拓宽基础有两个含义；一是共同基础段的教学量应占绝对大的比例；二是在共同基础段中的课程（知识）结构要做较大的调整，具体有以下几方面的考虑。

——外语和计算机是对外开放和现代社会人们必备的二大基本工具，对本科生必须有较高的要求。

——在市场经济发展的社会，必须强化大学生的经济和管理意识，因此，必须加强这方面的知识教育和能力培养。

——人文科学被称为智慧科学，是开发人们的智能，培养非智力因素所不容忽视的，因此，本科生必须学习一定的人文、社会科学课程，这是通识教育的重要组成部分。

——在加强自然科学基础知识中，还要注意开设相关学科的概论课，使本科生拓宽知识面。

淡化专业就是要破除长期存在的深窄的或陈旧的专业课体系，每一个专业方向仅由 1 ～ 2 个宽口径的专业课程组来体现。专业课一定要少而精，它仅对大学生进行专业的入门教育，并帮助他们了解学科发展的新动态。

要增强学生的社会适应性，本科生除了要掌握较宽厚的基础理论知识，还必须具备较强的动手能力，组织协调能力和社会活动能力，这是优化智能结构的重

要方面。因此，要针对学科（专业）和职业岗位的特点，拟定基本技能培养大纲，系统地进行技能和能力的训练。并通过严格的考核，使每一个学生都具备一手或几手“看家本领”。

制订新的柔性教学计划，我们做如下设想。

1. 继续坚持“按系招生、组合教学”的原则，全学程按照两个阶段（共同基础段、专业方向段）、三个体系（理论、实验、实践教学体系）编制教学计划。

2. 四年制总学时控制在 2 800 ～ 2 900 学时，五年制为 3 300 ～ 3 400 学时（取消计划外学时）。较大幅度地压缩必修课，增加选修课（取消限选课）。选修课学时一般应占总学时的 25% ～ 30%，个别由于学科的特殊性（如兽医），选修课也不得少于 10%。

3. 在必修学时内，共同基础段的课程学时约占 85%，专业方向段学时约占 15%。

共同基础段中，计算机课必修 8 学分，第一外语必修 8 学分，经济类课程必修 3 学分，管理及法学类课程必修 3 学分，马列主义理论课及思想品德、形势教育课必修6学分，总计大约800学时，体育课不排上课学时，达标者为修完4学分。

4. 为了达到以上控制指标，必须较大幅度地减少必修课程门数和每门课程的学时数，尤其是专业课。四年制的必修课门数一般设 30 门左右。每门课程学时，基础课一般不超过 80 学时，专业课一般不超过 60 学时。实验部分单独设课后，基础课和专业课每门课学时一般分别不超过 60 学时和 40 学时。个别特殊情况另行研究确定。

5. 为了保证培养质量，从全校范围内和各系都要筛选出一批影响培养质量较关键的核心课程。每个系除公共基础课外，有 5 ～ 8 门。对这些课程应切实加强建设，严格进行质量管理。

6. 为了解决课程间的内容重复，并优化学生的智能结构，学校和各系应协同有计划地对计算机、外语、化学、统计、生物学和专业技术（或农艺、工艺）等 6 个系列课程进行深入调研、系统设计、分别统筹调整、重新设置，纳入教学计划，逐步实施到位。

实验课（含随课实验）要根据本学科培养技能大纲要求，进行系统设计，优化组合。必修实验学时数一般应占必修理论教学学时数的 20% 以上。有些实验课或部分实验内容要允许学生选修，选修的幅度以修读学分加以控制，由各系自定。

7. 要根据技能大纲要求，完善实践教学体系，该体系应按照基础实践、专业实践和综合实践三个层次安排，使学生得到由浅入深，由简单到综合的训练。具体的教学环节设置及时间安排由各系自定。实践教学总周数一般不得少于 25 周，生产性专业应高一些，经济、文科、工科类专业可少一些。全学程公益劳动累计不得少于 1 周，社会实践（包括在假期有组织的非专业或结合专业的实践），不得少于 3 周。毕业实践（包括毕业实习、毕业论文、毕业设计）不得少于 8 周。

在实践教学中要突出专业“看家本领”的训练和综合能力的培养。

实践教学也是学校加强与社会联系的一条重要途径。在实践教学中要积极探索一条社会参与教育，共同培养人才的途径和模式（如有的学校试行“3+1+1”或“2+1+1”或“3+0.5+0.5”夹心式的产学合作教育模式），使学生提前进入社会角色，缩短学生的适应期。这也是改革本科生培养模式的一项措施。

培养复合型人才是现代社会和科学综合化发展的迫切需要，必须改革过去单一的培养模式，增强学生就业的竞争优势，满足社会的需要。我们要继续推行现在已经实行的主辅修制和攻读第二学位的制度，要扩大辅修专业和第二学位专业的设置。此外，还可以创造条件，增设“双专业”“双学位”，尽早、尽多地培养一批技经管复合型或农理、农工、农牧型的专门人才。

（三）改革教学管理制度和有关的政策性措施

1. 进一步完善学分制，实行弹性学制，严格淘汰，搞活学籍管理。

——发挥学分制在教学管理上的灵活性，允许学生在完成全学程规定的学分数后，提前毕业。对因学业成绩差未能按时毕业，或因中途辍学参加工作后复学，而延长学习年限者，实行自费修读，但只允许延长一年。

——在教学条件不受限制的情况下，允许学生自由选学专业方向，并可跨系、跨专业选课；在同一学院内，经过接收系审核批准，允许学生转系学习；对确有专长或特殊原因，经接收系同意，学校批准，可以跨学院转系学习。

——实行严格的淘汰制。除沿用现行学籍管理的有关规定外，加一条——凡是一门核心课程不及格，补考二次仍不及格者，属一年级学生，取消学籍，发给学历证明，属二年级学生，可自费修读一年专业课，成绩合格者，发给专科毕业证书；属三年级学生，允许自费重修一年，毕业年限顺延；对四年级结业生，允许自费重修一年，成绩合格者，发给毕业证书。

2. 实行考教分离和补考收费制度。

凡是核心课程和覆盖面大的基础课，分期分批建立试题库，逐步实行考教分离。由教务处或学院指定专人，按教学大纲统一命题，并由教研组组织流水作业判卷。补考同样严格管理，并实行补考收费制，主要支付教师酬金和办公费用。

3. 因材施教，实行导师制和优秀生培养制度。

——由系主任每年聘任一批责任心强，有业务经验的教师作为学生的指导教师。每一个导师一般负责指导 5 ～ 10 个学生（低年级 10 人左右，高年级 5 人左右）。指导教师对学生的德智体全面发展负责，取消班主任，可按年级设政治辅导员。

——学校制定优秀生培养办法，实行高奖学金制度。各系按照一定条件选拔有培养前途的优秀生。选上的优秀生，一旦成绩下降，或思想作风表现不好，即取消其优秀生培养资格。优秀生在导师的指导下，可单独制订培养计划，从低年级就允许选修高起点的基础课，高年级可不受限制，根据自己的特长优势，有计划地选课，提前修读课程和实习，提前毕业。在少数系试行“本科—硕士—博士”连续学制，允许优秀生直接攻读硕士、博士。如果条件成熟，可试办优秀生班，单独制订计划，单独培养。

4. 继续实行教师聘任制，引入竞争机制，奖优罚劣、劳酬兑现。

——在全面考核的基础上，实行教师聘任制。在核心课程和覆盖面大的课程中，试行挂牌上课，对工作量大的优秀教师实行高报酬，高奖励（课时津贴高于一般教师 50%，年终奖金高于一般教师 100%）。

——由于我校教室条件所限，全校实行全天候排课。排在晚上上课的任课教师，其课时津贴增加 30%。

5. 建立科学的教学评估制度，对全校教学质量进行跟踪监测，有效地进行质量监督。

教学评估包括对课程教学质量和各系教学状况的评估。

为了使评估科学化、客观化，提高其可信程度，要加强对教学实际情况的调查研究，现场考查测试和通过系统地跟踪监测，累积有关的资料、定期公布教学状态数据；要制订简明、可操作的评估指标体系和建立具有权威性的评估组织，进行实事求是的教学评议工作。

教务处

1993 年 3 月 7 日

五、关于成立基础科学技术学院的决定

各院（系）、各单位：

根据（1992）校字第 23 号文《北京农业大学综合改革方案》及农业部（1993）农（人）字第 32 号文的批复，经校务会议研究决定，成立我校基础科学与技术学院。

1. 成立基础科学技术学院是为了加强我校基础学科建设，提高基础课教学质量和学术水平；是为实现将我校建成以农科为主的综合性大学为目标的重要措施。

2. 基础科学技术学院由原应用化学系、原属生物学院的应用物理专业、数学教研室、物理教研室、原属资源环境学院的无机化学教研室、有机化学教研室、物理化学教研室以及中心实验室、同位素应用实验室等单位组成。组建后的学院下设应用化学系、应用物理系、计算机及应用数学系以及农业应用化学研究所和有关中心等机构。学院的主要职责是：组织协调全校有关基础课教学及院内的教

学、科研和推广工作；负责全院行政管理和服务以及配合院党组织做好学生及教职工的政治思想工作。院下属系、所、中心、室，主要职责是集中精力搞好教学、科研和师资队伍建设。

3. 学院设院务委员会和学术委员会。设院长一人，主持全面工作，副院长 2～3 人，分别负责教学、科研、推广、开发、学生、行政管理等工作。各系、所、中心、室设主任（所长）一人，学院组建后，原来所在单位的人员和房屋、仪器、设备等国有资产相应地转归学院管理。

4. 基础科学技术学院是在我校加快综合改革、深化教育教学改革的形势下成立的，希望全院师生员工共同努力，认真贯彻党的教育方针和学校综合改革的有关精神和各项规定，在改革开放中开拓进取，努力提高教学质量、科研和管理水平，把基础科学技术学院办好。

北京农业大学
1993 年 9 月 16 日

六、关于成立人文社会科学学院的决定

各院（系）、各单位：

根据（1992）校（校）字 23 号文《北京农业大学综合改革方案》及农业部（1993）农（人）字第 32 号文的批复，经校务会议研究决定成立我校人文社会科学学院。

1. 成立人文社会科学学院是为了适应国家经济建设，科技进步和社会发展对人才的需求；是为了加强对学生进行人文及社会科学教育，提高学生的精神素质；是我校向以农科为主，多科性、综合性大学发展的重要措施。

2. 人文社会科学学院由原社科部、外语教研组、农业高等教育研究室等单位组成。学院设人文社会科学系、社科部、外语教学部等，从事人文社会科学的教学和科学研究。学院的主要任务是承担全校的马克思主义理论课、人文社会科学的教学和面向学生开展德育教育。根据社会需要，学科发展和实际可能，逐步成立有关专业，招收本科生、大专生和研究生。

3. 学院设院长一人主持学院全面工作，副院长 2～3 人。下设院办公室，在院长领导下负责日常的教学、科研、学生、财物管理和服务等工作。系、部、室设主任一人。

4. 学院组建后，原有的机构建制撤销，免去相应人员的行政职务。原来所在单位的人员以及房屋设备国有资产等均相应转归学院管理。

5. 人文社会科学学院是在我校加快综合改革，深化教育、教学改革的形势下

成立的，希望全院师生员工共同努力，认真贯彻党的教育方针和学校综合改革中的各项规定，在改革开放中开拓进取，努力提高教学质量、科研和管理水平，把人文社会科学学院办好。

北京农业大学
1993年9月14日

七、改革本科生培养模式和教学管理制度的若干意见

目前，我校教育、教学改革已进入第二阶段。这一阶段的重点是全面修订教学计划，调整课程结构，它是上一阶段——调整专业结构的继续和深入，是本科教育教学改革的关键步骤。现在，我们提出这一改革的基本思路和具体意见，供讨论。

（一）修订本科教学计划的指导思想和基本原则

随着我国市场经济体制的建立，必须破除长期在集中计划经济体制下形成的培养和使用本科生的旧观念、旧模式和旧制度。当前的教育、教学改革面临着人才由卖方市场向买方市场转变的紧迫形势，过去本科生按照统一计划招生、统一模式培养、统一计划分配，包当国家干部，“皇帝的女儿不愁嫁”的局面必将不复存在，从目前毕业生就业实行“双向选择”，到自主择业已经为时不长了。

在旧的计划体制下，我校本科教育长期以来习惯培养规格单一、知识深窄、适于从事教学、科研工作的专家型人才。随着我国农村产业结构的重大变化和社会发展的综合化，以及进一步改革开放带来的外向型经济迅速发展，我校本科毕业生越来越面临着就业渠道多元化和职业岗位多变，竞争激烈的形势挑战，我们必须培养适应性广、德、智、体全面发展，精神和业务素质精良的应用型人才，才能在剧烈竞争的人才市场上立于不败之地。所谓“适应性广”，就是我们培养的大学毕业生既能适应面向基层第一线的实际工作需要，又具有能胜任较高层次工作的基础和能力；既能适应从事生产、经营、管理工作的需要，又具有能胜任教学、科研等工作的基础和能力；既能适应对口工作的需要，又具有适应转换职业岗位的基础和能力。因此，我们必须着眼于学生全面素质的培养，尤其是注重精神素质的培养。必须改革本科生的培养模式，以利于因材施教，培养多规格，有特色的，适应社会多样化需求的专门人才，这是这次修订教学计划的出发点和归宿。

为此，这次修订教学计划的基本原则是“一宽（拓宽基础）、三化（淡化专业、优化结构、柔化计划）、二重点（重点调整课程结构；明确技能训练目标，着重加强动手能力培养）”。

拓宽基础就是要打破过去只为培养狭窄专业打基础，而且主要是打自然科学

知识基础的旧框框，必须按照社会对人才的全面素质要求来打基础，要培养学生具有适应社会生产与科学技术迅速发展和市场竞争的应变能力。

在教学计划安排上，拓宽基础有两个含义：一是共同基础段的教学应占绝对大的比例；二是共同基础段中的课程（知识）结构要做适当调整，加强过去较薄弱的部分。

——外语和计算机是对外开放和现代社会人们必备的两大基本工具，对本科生必须有较高的要求。

——在市场经济发展的现代社会，必须强化大学生的经济、管理意识和法制观念，因此，必须加强这方面的知识教育和能力培养。

——人文科学被称为智慧科学，是开发人们的智能，培养非智力因素所不容忽视的，因此，本科生必须学习一定的人文、社会科学课程，这是通识教育的重要组成部分。

——在加强自然科学基础知识中，还要注意开设相关学科的概论课，使本科生拓宽知识而淡化专业就是要破除长期存在的深窄的或陈旧的专业课程体系。每一个专业方向仅由 1 ～ 2 个宽口径的专业课程组来体现。专业课一定要少而精，要按本科层次的培养要求设课，使其与研究生课程明显拉开档次。同时，要注意同一系内的不同专业方向在设课上的共性和相互交叉、渗透。

优化结构、柔化计划就是要根据各专业科类的特点和学生全面成长的要求，在有限的总学时内，恰当地安排必修与选修、专业和基础、课堂教学与实验、实习教学，以及各课类、各教学环节之间的比例，使之整体优化，不可一时偏废。要制订具有柔性的教学计划，使学生有较大的学习余地，在教师的指导下，根据社会需求和本人的特长、志趣，塑造自己成才。

要增强学生的社会适应性，本科生除了要掌握较宽厚的基础理论知识，还必须具备较强的动手能力、组织协调能力和社会活动能力，这是优化智能结构的重要方面。因此，在修订教学计划时，不仅要保证足够的实验、实习时（周）数，还要针对学科（专业）和职业岗位的特点，拟定基本技能培养大纲，系统地进行技能和能力的训练，并通过严格的等级考核，使每一个学生切实掌握一手或几手“看家本领”。这是这次修订教学计划的重点之一。

（二）调整教学计划中“四大结构”比例的指标要求

这次修订教学计划，调整计划中的“四大结构”比例（即必修与选修、专业与基础、基础中的各课类结构和课堂教学与实验、实习教学之学时比），对于不同专业科类的要求是有所不同的。我们将全校现设的本科系（专业）大体分为以下五类。

生产类含动物科技学院各系、农学、园艺、植保、植物营养、土壤和水管理等系。

理学类含生物学院各系、应用物理、应用化学、农业气象等系。

工学类含食品科学、农业生态与环境科学、信息管理技术与应用、农业设施与农村机电等系及动物药学专业。

经济、法学类含经济学院各系、土地资源系、经济法专业等。

医学类含动物医学院各系。

1. 四年制总学时控制在 2 800 ～ 3 000 学时（取消计划外学时）。较大幅度地压缩必修课，增加选修课（取消限选课）。选修课学时一般应占总学时的 20%～ 30%，个别由于学科的特殊性（如医学类），总学时可适当增加，选修学时减少（表 1）。

2. 在必修学时内，共同基础段课程学时占 80% ～ 85%，专业方向段课程（即专业课类）学时占 15% ～ 20%（表 2）。

3. 共同基础段课程分二类，即通用课类和相关农业及专业基础课类。通用课类包括数理化生（动、植物、普生）、外语及计算机和人文社科（含经管法）等三部分。各专业科类的各课类学时有所不同（表 3）。

4. 为了切实加强技能训练，对实验、实习教学安排有以下要求（表 4）。

必修课中，实验（含习题课、课堂讨论和设计等）与理论讲授学时比一般应达到 20% 以上，医学类应高于 30%，经济、法学类不低于 10%。

实践教学总周数（含公益劳动和社会实践），理学、工学和经济、法学类均应达到 20 周以上，生产、医学类应达到 30 周左右。

各专业应根据各科类提出的实验室操作技能和生产性（或野外作业）技能的基本要求，制订具体的技能培养大纲，并落实到有关实验课和实践教学环节中。

各专业类外语应达到二年过四级，并能阅读专业文献。全学程计算机上机时数，多数达到 90 ～ 110 学时，工学类应高于 110 学时，医学、法学类达到 70 学时。

教务处

1993 年 5 月 20 日

表 1　各专业类总学时及必修与选修学时比

项目	生产类	理学类	工学类	经济、法学类	医学类	改革前全校平均数
总学时数	2 800 ～ 2 900	2 900 ～ 3 000	2 900 ～ 3 000	3 000 ～ 3 100	3 100 左右	＞ 3 000 ～ 3 100
必修学时占总学时百分比	75 ～ 80	80 左右	80 左右	70 左右	93 左右	0 左右
选修学时占总学时百分比	20 ～ 25	20 左右	20 左右	30 左右	7 左右	10 左右

表 2　各专业类必修学时及基础与专业学时比

项目	生产类	理学类	工学类	经济、法学类	医学类	改革前全校平均数
必修学时数	2 100 ～ 2 320	2 320 ～ 2 400	2 320 ～ 2 400	2 100 ～ 2 170	2 890 左右	2 700 ～ 2 790
基础段学时占必修学时百分比	80 ～ 85	80 左右	80 左右	85 左右	80 左右	78 左右
专业段学时占必修学时百分比	15 ～ 20	20 左右	20 左右	15 左右	20 左右	22 左右

表 3　各专业类三类必修课程学时及其比例

项目	生产类	理学类	工学类	经济、法学类	医学类	改革前全校平均数
必修学时数	2 100 ～ 2 320	2 320 ～ 2 400	2 320 ～ 2 400	2 100 ～ 2 170	2 890 左右	2 700 ～ 2 790
数理化生（动植物普生）	600 ～ 650 28% 左右	620 ～ 900 27% ～ 38%	460 ～ 900 20% ～ 38%	90 ～ 450 4% ～ 20%	400 ～ 450 15% 左右	680 左右 25% 左右
外语计算机	360 ～ 432 17% ～ 19%	生物 360 其他 432 15% ～ 18%	药学 360 其他 432 15% ～ 18%	法学 360 经济 432 17% ～ 20%	360 12% 左右	260 9.5%
人文、社科（含经管法）	250 左右 10% ～ 12%	250 左右 10% ～ 12%	250 左右 10% ～ 12%	200 左右 （不含经管法） 10% 左右	250 左右 9% 左右	270 10%
相关农业及专业基础课类	525 ～ 575 15%～ 22%	340 ～ 785 14% ～ 34%	340 ～ 785 14%～ 34%	760 ～ 1 135 35%～ 54%	1 250～1 300 43% ～ 45%	805 左右 29% 左右
专业课类	315 ～ 465 15% ～ 20%	465 ～ 480 20% 左右	465 ～ 480 20% 左右	315 ～ 330 15% 左右	50 左右 25% 左右	620 左右 22% 左右

26 关于我校综合改革的汇报

（1993 年 11 月 13 日）

【导读】

到 1993 年年末，“两年综合改革”（1992.7—1994.7）的进程已过 2/3，这是学校写给农业部的一份汇报。汇报中谈了 8 点进展和效果；问题与打算部分写了 3 条。最后写道：“当前我校形势很好，我们对前景充满信心，这是狠抓改革的结果。改革在我们面前展示了‘柳暗花明又一村’的局面，只有改革才能缓解当前困境；只有改革才能发展；只有改革才有光明前途，对此我们有着深刻的切身体会。”

洪副部长、教育宣传司并转

部党组：

我校两年综合改革计划（1992.7—1994.7）的进程已过 2/3，现将情况汇报如下。

一、一般情况

在 1992 年 3 月召开的第十次工作会议（自 1987 年以来我校每半年召开一次工作会议），上通过了我校“八五”发展计划后，及时研究和提出了“北京农业大学两年综合改革计划”，它是为适应我国改革开放形势和经济体制的转变，实现将我校由一个缺理工少文经，学科狭窄的传统的农业大学向着一个以农科为主的，一流和新型的综合性大学的宏大目标的战略措施。农大要把握国家改革开放这个难得机遇，农大正处在重大转折的历史时期，这个弯子转好了，起飞就有了基础。

综合改革的内容和部署是：以人事分配制度改革为突破口，以教育和教学改革为主体，大力抓好校办高新技术产业。1992 年 6 月召开的第十一次工作会议上，讨论和部署了人事分配制度改革；同年 11 月的第十二次工作会议上讨论部署了教改第一阶段——院系和专业结构调整；今年 5 月的第十三次工作会议讨论和部署了教改的第二阶段——制订新的教学计划和管理制度；目前开始启动教改第三阶段——教学内容和方法改革及管理系统改革。去夏以来，后勤支持系统和校办产业系统改革一直在进行着。

整个综合改革都是有计划地、积极而又扎实地一步一步推动，业已取得明显效果，开拓了学校工作的新局面。

二、进展和效果

1. 教改方面，出台了三项重大改革措施。一是为了适应向社会主义市场经济体制过渡、学科的发展和实现我校总体目标，对现有院系和专业结构做了重大调整，改建为 8 个学院、29 个系和 74 个专业方向。目前除一个院外，其他均已做到机构、干部、工作三到位，师生干部积极性很高。院系和专业结构的调整搭起了我校向新型一流大学转化的总体框架。二是在新的教育思想指导下，制订了一个新的教学计划，包括学生培养模式、基础与专业、知识与能力、智力与精神素质以及各类教学内容的结构等都做了较大幅度的调整，从而为新型人才的培养提出了一个好的设计蓝图。出台的第三项重大教改措施是制订了一个新的教学管理制度，学生方面主要有必选修制（选修课学时由 5% 提高到 30%）、主辅修制、弹性学制、转院系制、改助学金制为奖学金制（扩大级差）、交费重修制和预淘汰制等；教师方面有聘任和择优上岗制、挂牌上课制、高教时津贴和优秀课程重奖制、年终述职评议和累计工作量制等。

今年是我校恢复高考以来招生人数最多（1 200 多名），形式最多（如定向生、委培生、自费生、实践生、双学位、民族班、师资班、校外联合培养等）的一年。学校决定，以上出台的三项教改措施在今年入学的学生中全部实行，高年级另有过渡性计划。实行两个月来，普遍反映良好，明显调动了教和学两方面的积极性。过去是系主任求老师接课，现在是教师争要教学任务；过去一些教师教学不认真，现在想方设法上好课，否则面子和经济上的损失太大。学生的一、二、三等年奖学金分别为 900 元、600 元、300 元，各占班学生数的 10%、20% 和 45%，一个班中还有 7 人得不到奖学金，均以学习成绩和思想表现评定。现在学生中获高奖学金者要卫冕晋级；低和未得奖学金者不服气，欲争高下；少数靠“经商”赚点小钱的学生说：费很大力气忙一年，不如奖学金升一级。现在上图书馆和教室看书复习功课的同学越来越多。今年我校学生参加北京地区计算机水平考试获优异成绩，合格率和优秀率分别较北京地区平均线高 14 个和 29 个百分点；外语水平考试的合格率在全国和北京市高校平均下降 7% 的情况下，我校提高了 4%。

教改形势和效果喜人。但仅是起步，面还不大，问题和要做的事还很多。

2. 科研政策和管理上的改革，大大激发了教师积极性。我校今年新增了科研项目 94 项，经费 754 万元，全年可超过 1 000 万元。在国家自然科学基金的 1 600 多个获准单位中，我校排名第五。今年成果和获奖形势也很好。以反映我校主持的黄淮海平原综合治理和农业开发为主要内容，于今年 9 月在北京召开的“持续农业的资源综合管理国际学术会议”取得了很大成功，国内外专家给予很高的评价。

3. 农业推广方面，按部领导的部署，我校组织了 20 多名师生蹲点调查和参与防治棉铃虫的战役，并提出了新型农药北农 931 和生物农药阿弗米丁，取得了好的效果，得到刘江部长表扬。我校农业推广的专职机构——农业综合发展中心最近举行了成立五周年纪念会，在探索大学—地方—农民三位一体推广模式、建立一个新兴学科——农村发展研究、举办农民活动日、建设一支推广队伍以及立足国内，走向国际等方面均取得可喜进展和成就。

4. 去年 6 月的第 10 次工作会议上对校办高新技术产业做了重要部署，一方面放宽政策，激发院系和有条件单位开发的积极性；另一方面对校办产业做了重要调整，形成了阿弗米丁、种衣剂、增产菌等拳头产业，与一些面上产业相呼应。今年收入过千万元，校基金收入较去年增长 30% 左右。可喜的是为以后的开发打下了基础，力争明年上新台阶，达到营业额 6 000 万元，收入 1 500 万元。种衣剂厂已经剪彩，种衣剂项目已纳入国家计委、国家教委的“产学研”项目，资金 1 000 余万元，并筹办产业集团公司。正大集团投资 950 万元的肉鸡发展中心即将竣工投入运行、与本溪制药厂联合生产的阿弗米丁已有批量产品、与日本京食食品公司合资创办的快餐食品厂（投资约 400 万美元）谈判已进入实质阶段、高油玉米开发也将成为拳头产业于明年启动。

5. 后勤支持系统的改革是以改行政管理体制为事业型企业化管理经营实体，形成小机关，多实体，大服务，用户实体学校三有利的格局。已先后建立了交通运输服务中心、修缮服务中心和生活服务中心，年内将成立饮食服务中心、物资供应服务中心和绿化服务公司。原来由 240 多人组成的总务处，将减少到 30 人左右，企业化管理的经营实体人员 100 余人。后勤支持系统改革出现许多新人新事。今年 8 月教育司在我校召开的后勤工作改革会议上，我校得到领导的表扬和兄弟院校的好评。住房制度改革已全面推进小步提租和超标加租等。

6. 为适应新的形势，管理系统做了重大调整。按宏观职能将全校分为业务系统（执行教学科研推广任务）、技术和生活支持系统、校办产业系统和管理系统等四个工作系统。业务系统和管理系统按事业化管理，校产系统及支持系统按企业化管理。两种运行机制，两个轮子协调转动。事业化管理系统中，实行校院系三级管理，加强校级宏观管理职能，院的行政管理职能（学校向院下放了教学科研指挥和人财物管理“五权”）和系的学术职能（专注于加强教学科研和教师队伍建设），强化首长负责制。管理制度上的改革是对各单位及个人实行“优、定、聘、评、配”五字管理办法、做到严谨有序、精干高效、突出服务、奖罚分明。为了促进人员流动，人事处成立了人才交流中心，为了把财管好用好和推进社会化服务，经有关方面同意，财务处成立了内部储蓄代办所，并将成为一正规的、多功能服务和现代化的农大地区储蓄所。同时开办了“结算中心”。此类改革项目甚多，均取得很好的综合效益。管理系统改革仍在进行中。

7. 由于部领导的关心和支持，今年基建竣工项目有校医院、动物医院、科学园锅炉房和试验温室、103 宿舍楼等约 28 000 米 ^{2}，是近几年我校竣工项目和面积最多的一年。6 300 米 ^{2} 的 103 楼从破土动工到建成只用了 8 个月；涿州农场三栋宿舍楼竣工，100 多户职工喜迁新居，鞭炮声不停；自筹兴建的科技一条街第一批用房（1 000 米 ^{2}）即将竣工，将成为我校科技开发，联系和服务社会的橱窗。今年动工的有教学实验大楼等 7 个项目，约 25 000 米 ^{2}。

8. 改革开创新局面，改革出效益。教职工近两年的生活福利明显增长，除国发工资和补贴外的年人均收入，1991 年、1992 年、1993 年分别约 1 000 元、1 600 元和 2 600 元；近两年 800 多户搬进新居或扩大住房面积；用学校基金于元旦前更新家属区公用电视天线、安装有线电视和卫视。关心群众生活，不断增加教职工收入和改善生活福利条件是稳定队伍、调动积极性的重要条件，体现党对知识分子的关心。

三、问题和打算

1. 当前最大的问题仍然是教学经费极缺。事业费中人头费已占到 63%，水电暖占 18%，教学经费很少。多年未曾添置的教学设备，陈旧落后和严重不足。今年水电涨价，将较年初计划多支出约 100 万元；近两三年医疗费猛增，已超支 160 万元。另外，教师待遇太低，特别是青年教师已处在温饱线上下，中老年教师生活拮据。

2. 一年多来，各项改革纷纷出台，力度速度不小，效果不错，是件好事。但在破旧立新中既有思想观念上的碰撞，又有个人利害得失的冲突，还有改革中缺乏经验，一时不能完善等。如住房制度改革中，对某些同志有利，对另一些同志就不利；奖金分配、食堂、修缮等涉及群众切身利益的各方面改革中，也会不断出现新问题新矛盾；创收中也可能出现亏损或赔款。改革是一个艰苦的过程，需要决心、信心和更多的理解和热情的支持。

3. 我们按计划、有步骤、扎扎实实地完成了前一阶段的综合改革任务，并将一如既往地部署好今后 8 个月的改革，全部完成两年综合改革计划，为以后工作和农大的起飞打下坚实基础，对此我们充满信心。摆在我们面前的一个重要限制因素是经费严重不足和教职工待遇太低。对此一方面是希望国家和部能够增加投入；另一方面是力争主动，大力组织好校办产业，在收入上明年上个新台阶，以解燃眉之急。希望部和各司局领导在这方面多加指导和支持，促进“造血功能”。

当前我校形势很好，我们对前景充满信心，这是狠抓改革的结果。改革在我们面前展示了“柳暗花明又一村”的局面，只有改革才能缓解当前困境；只有改革才能发展；只有改革才有光明前途，对此我们有着深刻的切身体会。如果说我校综合改革取得了一些进展和成绩，主要是有国家改革开放的大形势，党的领导、部领导的关怀和支持，以及全校师生员工，特别是广大干部奋力拼搏，日夜辛勤劳动的结果。全校师生员工都十分珍惜时代的机遇和改革的成果，团结一心发展我校的大好形势，不辜负党和部领导对我校的期望。

北京农业大学

1993 年 11 月 13 日

27 1993 年学校工作报告

（1994 年 3 月 30 日）

【导读】

1993 年是“两年综合改革”计划实施的关键一年，大量改革措施出台和实施（见 23 和 24 文）的一年。由于年末工作很多，不得不将讨论管理体制改革的十四次工作会议推迟到 1994 年的 3 月召开。石元春校长还在此次大会上，以书面形式提交的 1993 年工作报告，安排不上口头报告的时间了。他每年都是在工作会议上做年度工作报告，这已经形成一种习惯和制度，会议上安排不上就给会议递书面的。本文后附有关于召开第十四次工作会议的报道。

1993 年是全面实施综合改革计划的第一年和执行“八五”计划的第三年。全校教职员工以高度的热情投身于教学、科研和管理等方面的改革，较好地完成了各项任务，取得了很好的成绩和进展。

一、基本情况

（一）业务系统

1. 教学工作

本科生教学方面，开设课程 500 门。由于教师干部的共同努力，教学质量和学生学习积极性有了提高，特别是计算机和外语教学上有了明显进步。今年我校学生参加北京地区计算机水平考试合格率和优秀率分别较北京地区平均线高 14 个和 29 个百分点。外语水平考试的合格率在全国和北京市高校平均下降 7% 的情况下，我校提高了 4%。从 1993 年第二学期始，在全校范围内选择 7 门影响面较大的基础课程作为挂牌教学试点课，在教师中引入竞争机制，调动了教师的积极性，增加学生对教师选择的灵活性和主动权，取得了较好的效果。1993 年毕结业本科生 451 名，分配就业形势很好，一次到岗率达 95%。今年是我校恢复高考以来招生人数最多和形式最多（如定向生、委培生、自费生、实践生，双学位、民族班、师资班、校外联合培养等）的一年，招收了本专科生958人。

研究生教学方面，1993年招收硕士生172名（含计划外世银贷款培养的动物营养学研究生班32名），招生比为3.88∶1，录取博士生64人。到1993年9月在校博士研究生达170人，硕士研究生达432人，共计602人。此外，还为农业推广系统举办硕士课程进修班，录取46名学员。分配毕业硕士研究生116名、博士研究生29名，其中分配在教学单位的占41.6%，科研单位占26.6%，党政机关单位占11.0%，农场公司占7.8%，攻博或博士后占13.0%，其中81%分配在北京。1993年博士后流动站进站11名，在站人数达15人。

1994年全校在校生（本科和研究生）较1992年增加了598名。

继续教育方面，先后举办了28个培训班，共培训学员1 034人。其中访问学者交流和助教进修2批共计49人，第一期29人，共参加科研课题36项，写出论文67篇（已发表和在学术会议交流的有24篇）选修课程50门；二期还在学习中。大专函授方面，设“经济管理”和“财务会计”两个专业，先后在6个县开办了8个班，共计学员332名。大专“专业证书”班，设“农业技术与管理”和“经济管理”两个专业，共计8个班，372名学员，教学班分设在新疆、西藏、济南、秦皇岛、北京、兰州等地。管理干部和技术人员培养班，共举办7期，培训学员250人。此外，由农业部教育司、继续教育学院和中央电视台联合举办的“绿色证书”培训，计划在全国300个县招收5 000～10 000人，目前近30万字的文字教材和15个专题27集电视教学片已制作完毕。

2. *科研工作*

今年新增科研项目94项，新增经费751万元，全力项目达432项，全年经费过1 000万元（含主持协作费则达1 526万元）。在国家自然科学基金的1 600多个获准单位中，我校排名由1992年的第13位提到第5位。1994年获部委奖10项，其中二等奖以上4项，黄淮海项目获国家科技进步特等奖，属于农业首项。“八五”期间共获各类奖项已达46项，其中部级二等奖以上26项。在科研条件建设方面，畜禽遗传育种实验和土壤和水实验室被评为农业部重点开放实验室。在密切配合教师主动做好管理服务方面，深入到院系、课题组和实验室座谈达287次，主动提供信息达200多条。

3. *农业推广方面*

按部领导的部署，组织了20多名教师干部蹲点调查和参与防治棉铃虫的战役，并提出了新型农药“北农931”和生物农药“埃弗米酊”，取得了好的效果，刘江部长为此专门写了表扬信。农业推广的专门机构——农业综合发展中心10月间举行了成立五周年纪念会。他们探索了一条在校内，专职队伍与各院系所相结合；校外，大学—地方—农民相结合的一套经验和做法，并使一门重要和新兴学科——“农村发展”在我校逐步发展起来。当年进行了湘西扶贫工作五年总结。

先后有 108 人次的教师参加。通过推广先进技术、举办培训班和参加当地的“丰收计划”，取得新增产粮食 1.14 亿公斤、新增产值 8 000 万元，为当地扶贫工作做出了贡献和得到当地农民和干部的一致好评。

（二）校办高新技术产业系统

继与教委高科集团公司合办高微公司，作为第一个高校进入上海浦东开发区后，种衣剂项目纳入国家计委、国家教委的“产学研”项目，资金一千余万元，正筹办产业集团公司。在我校涿州高新技术开发区兴建的种衣剂厂经一年多的努力，已于 12 月剪彩投产和开始接受批量订货。正大集团捐资 950 万元的肉鸡发展中心也于 12 月 19 日建成剪彩，正式投入运行。与本溪制药厂联合生产的阿弗米丁已有批量产品和接受了内蒙古等地的批量订货。与日本京食食品公司合资创办的快餐食品厂（投资约 400 万美元）谈判已进入实质阶段。

1993 年校产取得较好成绩，一是采取富系政策，实行校、校院（系）、院系不同层次的开发体制，重点抓校级和校系合办实体，理顺了关系，明确了政策，调动了各层次的积极性；二是经济效益有明显的改善，1993 年全校总产值 2 225.27 万元，利润 597.1 万元。

（三）技术支持系统

电教中心全体职员齐心合力，坚持为教学和社会服务的正确方向，积极制作电视教材，1993 年又获新成果，《植物的细胞》获“银河”一等奖，同时分获“金烛”奖和优秀电视教材一等奖。

涿州教学实验农场，坚持改革开放，进行了人事分配制度改革，对产业进行调整，坚持服务和效益同时抓，取得较好进展。生产粮食 442 万千公斤，水果 101 万公斤，鸡蛋 31 万公斤，雏鸡 77 万只，种蛋 46 万枚，种猪 225 头，生产配合饲料 2 917 吨，销售总收入 1 830 万元，比 1992 年增加 35 万元。全年利润 331 万元，净利润 132 万元。协助完成了正大肉鸡发展中心和种衣剂厂的建设，接待大、中学生实习 682 人次和日本等兄弟单位的参观学习 300 多人次。基本建设方面，完成 3 栋家属楼，96 户喜迁新居，购汽车 4 部和一批农业机械，投资果树生产 50 万元，饲料厂 180 万元（年产 3 万吨）。

昌平实验站，1993 年承担各院系科研课题 45 项（农学 30 项，畜牧兽医 8 项，园艺、土壤、植保各 3 项），推广玉米良种 67 万斤、小麦良种 21 万斤、大豆良种 1.3 万斤、优种蛋、种雏 224 万枚（只），小型猪 682 头。引进法国明星肉鸡原种合成系肉鸡 3 110 只。从银行贷款新建鸡舍 1 500 米 ^{2}。生产小麦 11.6 万斤、玉米 9.5 万斤、大豆 1.3 万斤、种蛋 65 万斤。全年总收入 449.9 万元，比 1992 年增加 130.9 万元，是历史上收入最多的年份。

曲周实验站结合学校人事分配制度改革，建立健全各项管理制度，制订了把该站建设成“开放式、管理型、多功能的新型综合实验站”的总目标。“八五”攻关专题取得阶段性成果 4 项，发表论文 31 篇，出版专著 1 部。接待 23 位外国专家到站讲学，合作研究和参观考察以及河北农业大学和我校 30 多名师生的教学、社会实践活动。科技开发上，建立了酵母饲料厂、果树组培室和在全县范围内组织了我校“农药 931”和“阿弗米丁”的试验、示范工作。

科学园区完成 1 号温室建筑面积 308 米 ^{2}、附属建筑 416 米 ^{2} 及配套设备条件建设。开工Ⅱ号温室（804 米 ^{2}）的建设。修筑加固了东北围墙，完成了主干道上下水管线、锅炉房、暖气管道工程。新开辟试验地 9 亩。在服务方面，大田区播种面积 120 亩，安排 300 多人的教学、实习、论文实验。先后安排 17 间温室作为教学科研服务。

图书馆 1993 年采购中文书 1 938 种，4 295 册，外文书 195 种，新办图书证 1 300 多人，净增 600 多人，总持证人数达 5 400 人，日人流量约 2 000 人次，入藏图书利用率较高，6 000 多册书的平均借阅量为 6.5 册（次）。开展了代查业务，代查 795 篇，情报检索 500 多个课题，视听业务接待 2.5 万人次。此外，初步完成了旧馆三库中文书的剔除和搬迁工作。旧书整理工作还在进行。

出版社 1993 年共出版图书 133 种（其中教材 55 种、学术专著 42 种、农业科技图书 36 种），约 400 万字，50 余万册。1993 年是实行事业型企业化管理改革的第一年。全体职工转变观念，解放思想，克服求稳怕累心理，走出社门和校门，走向市场和社会，实行经济效益和分配挂钩的承包责任制，超额完成了“承办任务书”中的经济指标，取得明显好于往年的经济效益。此外，原“农大知青书店”改名为“北京农业大学书店”，成为出版社的橱窗。

（四）后勤保障系统

总务工作在进行事业单位企业化管理改革中取得一些进展，成立了交通服务中心、修缮服务中心、生活服务中心，先后有 111 人进入服务中心。汽车安全行驶 77 万公里，创纯利润 30 万元。投资 15 万元成立了汽车修理部，承修车辆 400 余辆次，为学校节省开支 10 余万元，投资 40 万元新建加油站。完成了主楼暖气大修、兽医楼大修及加固、植保楼部分大修。全年营业额 219 万元，净利润 29 万元。招待所营业额 19 万元。在节电方面，为 4 个学生楼安装了限电设备，同时加强了水电暖费的回收工作，比去年多回收 10 余万元，完成卫视和有线电视天线的改造和安装工作，改善了职工文娱生活。

基建方面，1993 年基建总投资 1 860 万元，位居全国农业院校之首，完成投资建设 1 287 万元，竣工面积 1 058 米 ^{2}，包括校医院、103 住宅、温室区锅炉房、一条街用房、喷水池、科学园区围墙、水暖管道及填土工程。

今年在水、电、暖、邮、旅、差等各项开支因涨价因素而大幅度增长（30%～80%），部拨教育事业费仅 1 555 万元，缺口 491.6 万元的严峻形势下，取得了连续第六年的校财政收支持平，这是一项十分艰巨和复杂的任务。院系和各单位科技开发和对外服务收入 1 309 万元，支出 1 233 万元。

作为农业部部属的唯一的国有资产清查试点单位，我校已出色地完成了试点任务，受到农业部的表彰。经清查，我校单价在 2 万元以上的仪器设备共 582 件，价值 3.74 亿元。

（五）管理系统

今年调入 117 人，其中应届毕业生 58 人，回国人员 7 人，具博士学位的高职人员 25 人；具硕士学位的 26 人。调出 42 人、离退休 28 人、出国自费留学 14 人、自然减员 5 人，共减员 119 人。教职工总数保持稳定。年初年末两次职称评定中，共评出 48 位正教授（其中 35 岁以下的 9 位）、139 位副教授和 164 位中职。教师节颁发了首届“农大人”奖和“校长奖学金”。19 位老教授老领导获“荣誉农大人”奖、10 位教职工获“农大人”奖；14 位同学获“校长奖学金”。推荐部级优秀中青年专家等 20 余人。调整正副处干部 45 人。

财务收支方面，1993 年全年拨款 1 785.4 万元，全年支出 2 227 万元，超支拨款 491.6 万元，全部用抵支和待转抵支冲抵，在经费十分困难的情况下，1993 年收支仍然保持平衡。在基金创收方面，校办产业上缴学校 100.5 万元；学校各单位对外社会服务收上缴 12.2 万元，学校非承包单位上缴学校 67.5 万元（其中财务处上缴 64.5 万元），共上缴 190.2 万元，支出 250.3 万元，超支 60.1 万元，用年前结余抵冲。财务处在做好日常工作的同时，还在争取资金，拓宽资金渠道，加强管理提高服务质量方面做了大量工作：①支持校办产业，融通资金，增加学校收入；②拓宽服务领域，逐步形成了以财会核算为主的多功能服务体系，建立了储蓄代办所和财会结算中心；③举办“新会计制度”培训班，全校 104 人参加，历时 5 个月；④配合部审计局进行了经济效益审计工作；⑤开发财务核算软件，提高会计电算化水平。

1993 年保卫处团结协作坚守岗位处理了 21 起治安案件和事件。各类案件均比去年有所下降。公安局授予农大保卫处集体嘉奖，被海淀区评为消防先进单位。

监察室接待来信来访 29 次件，调查处级干部违反财经制度案件 2 起，完成部、海淀区监察部门交办的调查任务 2 件。审计处先后对农药厂、增产菌进行了经济效益审计，摸清了全校在各银行的开户情况（55 户），实施了全校审计工作。

在国际和对台交往方面，与德国洪堡大学、以色列西伯莱大学建立了校际关系；成功地召开了“持续农业的资源综合管理”的大型国际学术会议。今年海峡两岸交流速增，石元春、裘维蕃等先生访台；在我校召开了“海峡两岸生物技术产业化研讨会”；邀请和接待杨家麟先生“大陆合作事业考察访问团”；台湾大学等三所高校 19 名研究生和大学生来校交流以及和台大农学院和中兴大学加强交流合作等。

召开校务会议 27 次、校长办公会 5 次、研究问题 124 项。召开讨论贯彻校务会决定的行政办公会十次和举行了第十三次工作会议。有效地推动了学校工作和各项任务的完成。

我校今年信息发布和对外报道明显增加。共出版《北京农大报》19 期，闭路电视播放的要闻报道 445 条，专题报道 87 条。中央电视台、北京电视台等报道我校的新闻全年 30 余条，其中 30 条是学校录制外送的，比去年增加 58%；在《人民日报》《光明日报》《北京日报》《科技日报》《神州学人》等各报纸杂志报道我校的百余篇，其中自投稿 26 篇。

二、重要进展

（一）抓主旋律——改革，使我校在改革中不断调整、适应和发展

在制订了我校“八五”发展计划后，自 1992 年 6 月开始，我校实施了“1992.7—1994.7 两年综合改革计划”。1993 年是综合改革的关键年。我们把这场改革作为在计划经济体制下形成的旧的教育教学体制和管理体制向着社会主义市场经济体制下的新的教育教学体制和管理体制的带根本性质的转轨，是一场革命，是将我校由旧的传统性的大学迈向现代的新型的大学的关键性一役。

1. 在认真分析国内外农业高等教育发展的历史和经验，以及我国由计划经济体制向社会主义市场经济体制转换的重大变革的基础上，结合我校的发展经历和实际情况，将我校办学目标由“综合性和多科性的，一流和新型的农业大学”调换为“一流和新型的，以农科为主的综合性大学”。这是我校办学目标的一次重大和战略调整。

2. 为适应新的办学目标，将原来的 12 个院系调整为 8 院 29 系和 74 个专业方向。新组建的资源环境学院、基础科技学院、人文社会科学学院已先后成立；动物科技学院、动物医学院调整后建院；原生物学院和农经学院也做了相应调整。至此院系专业结构的总体框架基本搭好。

3. 今年 5 月召开了以讨论新教学计划和新教学管理制度为主题的第十三次工作会议。会后，经 3 个月的努力，已制订出新的教学计划和新的教学管理制度，并在 1993 级全体新生中全面实施和初步取得明显效果。新教学管理制度包括必选修制（选修课学时由 5% 提高 30%）、主辅修制、弹性学制、转院系制、改助

学金制为奖学金制（扩大级差）等。新教学计划和教学管理制度明显地提高了学生的学习主动性和积极性。教学内容和方法的改革也已启动。

4. 管理体制上的改革：

- 在将全校划分为业务、支持、校产和管理四大功能系统的基础上，业务及管理系统按事业化管理；支持和校产系统按企业化管理。两种运行机制，两个轮子协调转动。
- 事业化管理系统中，实行校院系三级管理。加强校级宏观管理职能、院级行政管理职能（学校向院下放了教学科研指挥和人财物管理“五权”）和系的学术职能（专注于加强教学科研和教师队伍建设）。强化首长负责制。行政管理的各职能处的改革也在不断深化，如财务管理改革中加强资金融通，扩大服务领域和增加社会和经济效益。
- 后勤支持系统逐步形成“小机关、多实体（事业单位企业化管理的经营实体）、大服务”，做到用户、实体、学校三有利。已先后建立了交通运输服务中心、修缮服务中心和生活服务中心。交通运输服务中心的农大地区加油站已经正式批准和开始兴建，明春投入使用；修配厂也经批准和开始运营。
- 校办产业系统分学校和院系两个层次，调动两个积极性。在扶持院系办产外，大力加强学校层的高新技术产业。各公司、厂均为独立核算，自主经营、自负盈亏，按学校管理条例和与学校签订的承办任务书经营管理。按企业化管理的自收自支单位的职工达学校职工总人数的14%左右。
- 为了提高工作效率和办学效益，现在正在进行的有校内管理机构和职能的改革调整、加强院的行政管理职能、考核核编和聘任、干部管理和队伍建设等四项工作，在充分酝酿准备的基础上，在3月初召开的第十四次工作会议上出台。
- 提高教职工积极性是管理改革的中心环节。教师方面，在1992年人事管理和分配制度改革的基础上，开始实行聘任和择优上岗制、挂牌上课制、高教时津贴和优秀课程重奖制、年终述职评议和累计工作量制等。每一标准教时由原来2元提高到10元，优秀课15元，学校为此拨专款50万元作1993年下半年教时津贴之用。管理干部也在原来的基础上月人均增加50元以上。

（二）抓办学和生活条件的改善

1. 今年基建经费达1 790万元，竣工面积2.8万米^2，都是历年中最多的一年。竣工项目中，改善办学条件的有动物医院、科学园的锅炉房、试验温室和加高围墙、科技一条街用房等；改善生活条件方面有校医院、103楼、涿州农场3栋宿舍楼、家属北区餐厅等。经3年多的努力和准备，我校最大的综合教学实验大楼于12月28日正式奠基开工，预计1995年我校90周年校庆前竣工。其他新开工项目6处。

2. 经过艰苦的努力，我校微生物发酵工程基地及其产品已正式运行营销；种衣剂厂、正大肉鸡中心正式建成投产；科技一条街 1 000 米 ^{2} 用房已经完工和即将交付使用。我校校办高新技术产业的实力大大增强，1994 年将出现新的局面。

3. 教职工生活福利 1993 年有明显增长，除国发工资和补贴外的年人均收入，1991 年、1992 年、1993 年各约 1 000 元、1 600 元和 2 600 元，1993 年较 1992 年增长 63%。800 多户搬进新居或扩大住房面积。在“小康工程”中用学校基金于春节前全部更新家属区公用电视天线、安装有线电视和卫视以及北区的绿化和餐厅等。

面临的新问题和工作的不足。

1. 我们面临着三个更加严峻的挑战：

- 在向着社会主义市场经济迅速转移的形势下，考生和家长的报考趋向开始发生变化。我校 1993 年录取的新生中，第一志愿率由 1992 年的 84% 下降为 74.4%，录取分数下降，减招地区和人数增加，这是一个严重的信号。
- 水电煤通信旅差等各种费用的大幅度上涨加剧了教育事业费更加严重不足。这种势头 1994 年还将继续发展，日子会越来越不好过。
- 老教师退休速度加快，中青年教师一时接替不上来，青黄不接现象严重，对教学质量和争取“九五”科研项目的影响较大。教师待遇因工改稍有缓解，但工资偏低的教职工增长幅度不大，队伍稳定仍是个大问题。

2. 我校综合改革是有计划、有步骤、有成效的。但是改革是个过程，不仅复杂和难度大，还处在初期，不完善，效益的发挥需要有一个过程和一段时间。改革也没有现成的经验。

3. 工作中的主要不足：

校办产业的收入仍在前两年水平上徘徊。管理系统改革拖延，力度不大；物资管理改革尚未提到议事日程。高校和科研单位将青年教师队伍建设作为迎接 21 世纪的战略重点，不仅已经形成共识，还采取了不少大力度措施。而我校在这方面没有什么新作为。改革，在某种意义上说，是权利利益的再分配。在这方面考虑得不细，有些方面安排不到。

1993 年里最令人欣喜的事情是，我校已作为农口高校中第一所报请进入“211 工程”的学校。国家教委“211 工程”小公室已函复农业部，同意我校及重点学科进入预审。现正在准备预审材料。我校向“211 工程”的进军中迈出了重要一步。

【资料】我校第十四次工作会议——推进管理体制改革，部署 1994 年工作

我校于 1994 年 3 月 5—7 日召开了第十四次工作会议，其中心议题是推进管

理体制改革，讨论1994年工作纲要，全面准备建设“211”。参加会议的有学校党政领导、各院系院长系主任及主管行政工作的副院长副系主任、总支书记、各部处室中心的负责人以及我校民主党派负责人共95人。农业部教育司司长毛达如、副司长孙翔等同志出席了会议并讲话。

会上，原副校级调研员、人事处处长戴述骅就“管理系统机构和职能调整”和“加强学院管理职能”做了发言。程序副校长介绍了我校第一次校办产业工作会议的情况，并对如何加强和改进校办产业工作做了发言。张立强副校长讲了支持系统的管理改革和今年工作打算。党委副书记唐运新同志对如何加强德育改进学生管理工作做了专题发言。党委组织部长曹增良同志以“认真加强党群管理部门建设”为题发了言。

大家围绕会议主题进行了分组讨论。农业工程系主任陈青云、民主党派代表李志民、科研处长白玉良、高微公司总经理梅汝鸿、动物科技学院院长吴常信、我校区人大代表陈金大等13位同志做了大会发言，交流了各组讨论情况，对如何推动管理体制的改革、调整职能、理顺关系、收到实效发表了看法，提出许多中肯的意见。

石元春校长在会议开始、会议中间和会议结束前做了三次讲话，并以书面形式报告了1993年工作。石校长首先回顾了第十一次工作会议以来综合改革计划执行的情况，强调管理体制改革是关键的一步，要下大力气加强学院管理职能，实行岗位目标责任制；要加快行政管理系统、校办产业系统和支持系统的管理改革，尽快实现高效率、高效益、高活力的目标。石校长对干部精神素质提出了“献身敬业、勤奋求实、开拓创新、整合服务，理解支持”20个字的要求。1994年工作总体部署是在做好经常性工作和完成常规任务的同时，突出推进以下十项准备：①教育教学改革准备；②学生工作准备；③学科建设准备；④物资管理改革准备（开放实验室计划）；⑤队伍建设准备（“跨世纪人才”）⑥“521”支撑计划；⑦发展校改计划；⑧支持系统改革准备；⑨基本建设准备；⑩管理体制改革准备。并强调1994年是关键性的一年，担子很重、压力很大的一年。希望大家树信心下决心，斗志昂扬、出色地完成工作任务。

党委书记周鹏程同志最后做了总结讲话，强调稳定是压倒一切的中心任务，他要求各级党组织、全校共产党员、各民主党派要以崭新的精神风貌，以勇往直前的气魄紧抓机遇，迎接挑战，积极投身改革大潮，为农大的发展做贡献。

（引自1994年《年鉴》30页）

28 北京农业大学教育教学改革纲要

（1994 年 5 月）

【导读】

“三年转型改革”“‘八五’发展计划”，以及“两年综合改革”的核心内容是教育与教学改革，特别是院系专业结构调整、培养模式和计划，以及教学管理制度改革。1994 年 5 月发布的“北京农业大学教育教学改革纲要”是近年来推行教育教学改革的总结，是指导当前教育教学改革的基本原则和宏观控制性文件，共 6 个部分 27 条，另附 8 项有关规章和实施细则。此件发至各院系处执行。

此纲要是我校综合改革中的重要组成部分，是 1992 年 10 月以来全校教职工及第十二次和第十三次工作会议上对教育教学改革，特别是院系专业结构调整、培养模式和计划以及教学管理制度改革进行学习讨论的结晶，是指导我校当前教育教学改革的基本原则和宏观控制性文件，并据此制订有关规章和实施细则。

一、总则

第一条此次教改的时代背景，一是我国改革开放不断深化，长期以来实行的高度集中的计划经济体制正转换为社会主义市场经济体制。这个重大历史性变革必将对高等教育产生极为深刻和久远的影响；同时，全球性新技术革命浪潮也极大地冲击着当代的科技和高等教育。我们必须自觉和主动地去迎接这个时代的挑战，把握机遇，及时调整发展自己。

第二条此次教改的目标，一是适应，二是发展，三是激励。即对长期以来在高度集中的计划经济体制下形成的教育和教学体制（理论、观念、培养模式和计划、管理制度等）进行一番深刻的改造，使之适应新的、社会主义市场经济体制和全球性新技术革命的挑战。同时，抓住这个有利时机，克服我校缺理工少文经，专业学科狭窄的先天不足，将我校建设成为一个以农科为主的，新型和一流的综合性大学，为社会主义现代化建设培养高质量人才、出高水平科研成果和提供高效益的社会服务。为实现此目标，必须进行改革和在改革中调动教和学两个方面的积极性。

第三条此次教改的性质是教育思想和观念以及整个教育教学体制上的转换和全面变革，是一次历史性的和深刻的革命，是一项长期而艰巨的任务。

第四条此次教改的主要内容如下。

- 院系和专业的结构调整，使之在总体框架上得到优化。
- 建立一套新的培养模式和培养计划。
- 改革课程的教学内容和方法。
- 建立一套实施性的软件（管理）系统和必要的硬件保障系统。

整个教改分调整院系专业结构、制订新的培养计划和管理制度以及改革教学内容和方法三个阶段进行。

二、院系和专业结构调整

第五条院系和专业的设置不仅体现一个学校学科门类的多少和结构，还是综合优势、整体适应能力和应变能力的衡量。此次院系专业结构调整的原则是：适应我国向社会主义市场经济体制转换和改革开放的需要；适应现代科学技术和文化发展的需要；符合教育自身规律；符合将我校办成为以农科为主，一流和新型综合性大学的发展目标。

我校的整体教育结构是：本科生教育和研究生教育并重，大力发展大学后继续教育。提高研究生教育质量和扩大规模是我校发展中的一项战略目标。

第六条学科发展上的指导思想是“稳定提高一头，拓宽搞活一片”。即一些基础性的、传统的和优势的学科要稳定提高，更新改造；前沿性和新兴学科以及理工文经等薄弱和缺门学科要积极拓宽和发展；密切适应社会发展需要的热门学科和短线专业要灵活设置和反应快速。

根据上述院系专业调整的原则、学科发展的指导思想和我校的当前实际，调整中应向以下重点方面发展。

- 传统和优势学科，如作物、果树、蔬菜的栽培和遗传育种、植物生理生化、微生物、植保、土化、畜牧、兽医、农经等要稳定、提高和进行更新改造。
- 向着前沿性的、新兴和交叉学科方向延伸和发展，如分子生物学、生物技术、资源与环境、信息科学和技术、计算机、遥感、植物的化学控制技术等。
- 向着工程学科方向延伸和发展，如生物环境控制工程（设施农业等）、微生物发酵工程、农村机电、食品加工工业、饲料加工工业和肥料加工工业等。
- 向着经贸管和人文社会学科方向延伸和发展，如农产品贸易、乡镇企业经营管理、农村发展、农业推广、土地资源与管理、经济法、行政管理、社会学等。

- 向着农业科技企业和农村社会化服务体系的需要方向延伸和发展如种子、肥料、饲料、植保、农药、农机、农产品加工、畜牧生产等农业科技企业。
- 向着热点方向延伸和发展，如花卉、草坪、金融、会计、房地产等。
- 向着国际化方向延伸和发展，如农产品国际贸易、农村发展等。

第七条建立一个既能保持相对稳定，又能做适应性调整的有效运行机制具有重要意义。为此，改校系两级管理体制为校院系三级管理体制。院是由相近的学科群组成的一级比较稳定的行政管理层，有利于教学科研工作的协调和学科间渗透，院下的系按本科招生口径设置（少数系下设招生专业），含一至数个研究生专业，是组织教学科研工作的实体，系下专业方向是供本科高年级学生选择专业重点而设置的不同课程组合，而非独立的业务层次，因而更具灵活性。为了拓宽本科生的知识面和具有更大的灵活性。在条件的院进行按院招生和辅修制的试点。研究所（中心）以承担研究工作和培养研究生为主要任务，不招本科生，但可根据需要，给研究生和本科生开课。

为建立相对稳定而又能作适应性调整的运行机制还要有制度上予以保证。学校应拥有较大的系和专业的调整权，校院系三级也要职能和责权分明，约束有序。

第八条根据以上原则和考虑，在目前院系专业设置的基础上，调整为 8 个学院，29 个系，74 个本科专业方向和 18 个研究所（中心）。研究生专业在现有基础上，增加硕士和博士点，特别是一些新兴学科。在此次调整中，各院系专业，有新建的、有调整升格的、有调整名称的，而更普遍的是在新的形势和认识下做业务内涵的调整，注入新的内容和活力。

院系专业结构调整不仅是学科和教学科研问题，而且涉及现行体制、行政管理、人际关系，是一项十分复杂、困难和长期的任务。改革中要本着积极稳妥的精神，做细致的工作。各院系所和中心，要十分重视利用这次院系专业调整的机遇，积极进取，发展自己，在学科建设、教学科研和管理工作上开创一个新的局面。

三、本科生的培养计划和课程设置

第九条科技发展和知识更新的速度日益加快以及社会需求和学生就业去向的多元化和不稳定性的时代特征决定了学生必须具有较强的适应和应变能力。因此，在培养模式上，改窄深专才型为广适应性的通才型。在培养计划设计中要考虑的原则是：一要全面培养，即不仅重智力教育，也要加强精神素质和非智力因素的培养；二要基础扎实，包括数理化生及通识教育（外语、计算机、经管法、人文社科等）；三要专业知识面宽；四要重能力的培养。根据这些要求，精心设计一个具有良好结构的教学体系和既能保证学生的基本质量要求，又可因材施教，有较大选课余地和灵活管理的培养计划是此次教改的核心内容。

第十条教学计划由以下四类教学内容组成：基础和通识类（Ⅰ）、相关农业和专业基础类（Ⅱ）、专业类（按招生系或专业）（Ⅲ）、专业技能类（Ⅳ）。在经调整后的8院29系（包括少数招生专业），按其学科性质分别归属于农学（农业生产）、理学、工学、医学和经济人文社会科学五大科类。不同科类的四类教学内容的比例和要求不同，但同一院系内的Ⅰ、Ⅱ类教学内容应基本一致。

教学内容中有必修与选修两种。必修课是为了保证学生达到培养目标的最主要和最基本的要求，一定要精选、高质和严要求，要保质保量。选修课是为了打破刻板划一的教学模式，适应学生的个性发展，因材施教和就业多样性的要求，要做到多样灵活。必修课和选修课是整个培养计划中相辅相成的两个方面。

第十一条教学内容和课程结构的调整和设计包括以下宏观控制性规定。

- 全学程的总学时数由目前的3 100左右调为2 800～2 900，其中必修课由目前的95%下调为70%左右，选修课由5%上调到30%左右；Ⅰ、Ⅱ、Ⅲ类教学内容的比例由5∶2∶3调整为6∶2∶2；Ⅳ类，即实习和实践教学22～25周。
- Ⅰ类教学内容的数理化生等基础课学时数稍有增加，一般不少于550（32学分），重在提高教学质量。
- Ⅰ类教学内容的通识课的总学时为576，其中，外语课学时较大幅度地提高到288（16学分），前二年内通过四级统考；计算机课学时校大幅度地提高到144（8学分），全学程累计上机时数达120～150；中国革命史、哲学、当代资本主义经济与社会主义建设三门必修课学时144（8学分），大力加强社经管法等人文社会科学课程；体育课4学分，达国家大学生体育锻炼含合格标准。
- Ⅱ类教学内容要注意拓宽知识面，必修学时数600左右，加上限选学分的学时数，约占全程总学时的25%。
- Ⅲ类教学内容按招生系（少数按专业）的专业要求设置，必修学时数300左右，占全学程总学时的11%。
- Ⅳ类教学内容——实习和实践教学总计22～25周，含公益性劳动2周、社会实践2～3周。
- 以上为宏观性控制数字，不同科类及院系可按不同要求略有增减。
- 由于课程的类型多、职能不同，选修比例大和通用化程度提高，课程的规范化很重要。包括课程的类型，要求，学时、学分和学期等都要有统一规格，以利于管理。

第十二条专业技能和综合能力的培养是当前教改和提高学生适应能力的重要内容，也是我校相对薄弱的环节，应当在此次教改中予以足够的关注和强化。

各院系要重视学生的专业技能和操作方面的培养，提高他们的动手能力。凡以专业技能操作为主的课程，一定要突出技能操作部分，要有明确要求，具体指标，严格考核。与课堂讲授相结合的实验课也要有明确和严格的技能操作要求。努力提高各类实习，特别是毕业实习的质量，严格技能训练的要求具有重要意义。每个院系都要精心建设几门高质量的专业技能课，让学生学到几手看家本领。综合能力如获取知识、处理信息、计算机操作、表达写作、社交公关、组织领导等，可在整个学习过程、社会工作和日常生活中得到锻炼和提高。

第十三条要十分重视精神素质培养和非智力因素方面的教育。其内容一是基本素质教育，包括正确的政治方向和人生观、世界观以及科学精神和求实态度；二是心理素质教育，包括开拓创新和坚韧不拔的精神、应变能力和竞争意识；三是文学、艺术、写作等文化素质教育；四是社会素质教育，包括公关、法纪、社交、组织和领导能力等；五是国际化教育，要有国际和全球意识。

越是在当今迅速发展和激烈竞争的时代和社会，学生的精神素质和非智力因素的培养越加重要，它对学生智力教育成果的发挥和事业上的成功常常具有关键作用，是体现整体教学质量的重要构成。精神素质教育不仅靠社会人文等基础和通识类课程的学习，还有赖于一套相应的管理制度、思想政治工作、社会实践，教师的熏陶和校园文化等，也就是我校“八五”计划中的熔炉工程。这些内容在我们制订的教学计划中只能得到部分体现，教学计划以外的第二课堂应当受到重视和得到落实。

四、本科生的教学管理制度

第十四条教学管理制度是推动教学过程有效运转，教学计划得以实施和调动教与学两方面积极性的软件系统。高度集中的计划经济体制下的教育教学模式需要有它的一套管理制度，社会主义市场经济体制下的教育教学模式也要有其相应的管理制度。此次教育教学改革中提出的新教学体系和培养计划，也必须有与之相适应的新的教学管理制度。

第十五条完善学分制和辅以弹性学制、必修选修制、交费重修制、主辅修制、转系制和导师制。学分制是以学分为统一单位计算教学量和学生学习量的一种制度。弹性学制是指按规定修满总学分数即可毕业，可少于或多于四年。如四年学习期内未完成规定学分，允许交费继续修读。允许因故休学停学，保留学籍。考试及补考不及格，不能获得学分，但允许交费重修。

主辅修制是指学生在完成其主修专业，成绩优良、学有余力的情况下，可跨院系申请学习辅修专业。经审查批准并完成修读计划可发给辅修专业学习证书。转系制是指学生按入学的院系就读，如确有原因，可申请和经审批后转学其他院系。学生转院系要根据入学成绩，已学课程和成绩以及所转院系的接受条件，由接收院系审定。转系生按自费生标准收费。

导师制是一位教师和数名学生建立固定联系，指导咨询，使之适应新的教学计划和管理的一种制度。也有利于加强师生联系和学生的健康成长。导师制可先在有条件的院系试行。

以灵活计算学习量的学分制为基础，辅以上述诸制，其改革的核心和内涵不仅为推动新教学计划的施行，还为适应学生需求的多样化；为了依生而异，因材施教；为了培养学生自我选择和设计意识以及学习主动精神的充分发挥。

第十六条建立相应的奖罚制度，加大正面和负面的激励强度，是新的教学管理制度的重要组成部分。

改助学金为根据学习成绩和综合表现发放奖学金，发放面约占学生总数的75%。对生活确有困难的学生发放贷学金，同时，积极组织学生勤工助学。奖学金分一、二、三等，各约占学生总数的10%、20%、45%，奖金数额拉开档次。一年级按平均奖学金发放；二年级按一年级学习情况综合评定，如此类推，逐年滚动调整。此外，设置校长奖学金以及英语、计算机学习优秀等单项奖励。

预淘汰和试读制是指学习成绩较差或受记过处分者定为预淘汰生。允许预淘汰生交费试读一年，达到规定要求者可转为正式生。连续两次定为预淘汰又未能通过者作自动退学处理。

五、研究生教育教学改革

第十七条发展研究生教育对实现我校建设的总目标具有十发重要的战略意义。研究生，特别是博士生的培养水平是体现学校学术水平和培养能力的重要标志。在当前形势下，我校研究生教育的工作和改革的主要取向：一是继续提高培养质量是根本和工作重点；二是研究生需求上近期虽仍将以教育科研领域为主，但在技术开发、高新技术企业、经营管理等国民经济建设主战场对应用型高层次专门人才的需求将会日益增加和多样化；三是培养方式上的多形式多渠道；四是在保证不断提高质量的前提下，按我校“八五”计划，力争年招生规模提高到硕士生 200 人、博士生 100 人，委培和经费自筹生 100 人，在校生 1 200 人左右。

第十八条以计划内招生为主体，同时积极组织招委培生，自筹经费生、论文博士生以及进一步扩大在职人员申请学位的规模和范围。计划内招生除统考外，要注意在全国范围内通过免试、推荐、硕士生直接攻博等形式招收优秀生入学。要下大力量、在校内和走出学校扩大生源、提高入学生质量。

第十九条继续执行国家教委和农业部组织制订的各硕士学位研究生培养方案

和博士学位研究生培养的基本要求。并在以下方面做适当调整。

- 硕士生课程总学分数调为30，学位课与选修课之比大体为6∶4。
- 政治理论课除“自然辩证法”为必修外，其他改为选修课或专题课。
- 选修课一般不超过2学分，鼓励开设专题讨论课（Seminar），方向课不列入开课计划。
- 切实采取措施，提高外语水平和计算机操作能力，并结合专业，加强研究生的综合实践和技能方面的培养。

第二十条研究生管理制度改革的要点是：

- 考试不及格的课程允许补考一次，仍不及格者自费重修，学位课重修一次不通过者退学；
- 严格实行中期考核制、博士研究生资格考试制和奖罚制。考核和考试的要求、内容、方式和评分标准要逐步做到规范化和制度化。优秀者颁发优秀奖学金，硕士研究生允许提前攻博，考核考试不合格者做退学处理。
- 按（1992）校字21号文件精神，认真推行研究生“三助制”（教学助理、研究助理、管理助理），合理支付奖酬金和津贴。

第二十一条研究生招生要克服平均主义，重点放在我校“四三工程”，即优先和集中于重点学科、重点科研项目、重点实验室以及四大优先领域，同时向新兴和交叉学科倾斜扶持。

严格执行导师遴选的五项条件。为了在研究项目和经费上能提供较好条件，招收博士生和硕士生的导师的科研经费每生分别不得少于年人均1.5万元和1万元，社科类减半。凡已取得博士学位，工作一年和符合以上条件者可招收硕士研究生。鼓励符合以上条件的离退休教授和副教招收计划外的自筹经费生。

六、师资管理制度改革

第二十二条教改的成功与否，在很大程度上取决于教师的教学质量和主动精神。我校综合改革中人事管理和分配制度改革提出了“宏观控制，调整职能，责酬包干，自主管理”的十六字原则和“优、定、聘、评、配”五字诀，改善了人事管理和分配上的平均主义现象。随着新教学计划和教学管理制度出台，需要在此基础上，补充制订进一步强化竞争和激励机制，调动教师的教学积极性的管理办法。本节各条是“业务系统内部管理改暂行条例”（1992校字25号文件）中有关部分的补充和深化。

第二十三条严格实行聘任和择优上岗制。教学计划的“细胞”是课程，课程的质量在于教师。因此，一定要严格执行聘任和择优上岗制。选聘对象除在职教师外，也可聘请退休教师，外院外校教师，或“三助”研究生。择优聘请教师授课，是系主任的首要职责和保证教学质量的重要措施。方法可以是约聘，也可以出榜招聘。要重视培养青年教师上岗，但要坚持岗前岗上的准备和培训，保证授课质量。牺牲教学质量，只求照顾，不讲竞争不坚持择优上岗原则的现象，应当在这次教改中基本得到克服。

第二十四条以高津贴加奖励制替代结构工资中的职务工资和部分业绩工资。去年实行的结构工资制较前虽有很大改进，但职务工资部分重资历而与实际工作质量直接挂钩不够。因此，按教师的教学、科研和管理方面的工作量分别实行高津贴和对优秀者加大奖励强度的办法可以更好地按绩获酬，调动教师的积极性。教学工作中，将讲授课、实验课、实习课、指导研究生等统一折算为教学工作日。教学工作日津贴（1993—1994 学年）平均 10 元，被评为优秀者可增加到 15 元或更高。科研津贴由目前项目费的 6%提高到 10%，优秀者按规定报奖获奖，并允许由节余科研费中按比例加奖。管理工作津贴及奖励另定。

津贴加奖励是对教师工作量和质的承认和表征。量多质优者收入高，荣誉大。反之，量少质差者处境将日益艰难。

凡列入学校正式下达的讲授课时津贴由学校统一发放，其他部分由各院系参照 1992 年 25 号文精神自定自支。

1993 年秋季学期开始实行。

第二十五条严格实行年终述职考评制。每位受聘教师要根据受聘任务及实际执行情况于年终做年度述职报告和总结工作。系主任主持考核评议，对受聘教师工作做出评价，选出校院（系）两级优秀工作者，按奖励办法授奖。年终述职考评是聘任和实施奖罚的依据，是对教师成绩的承认和激励。要逐步做到科学化、规范化和制度化。

第二十六条实验员是教学科研工作中的一支重要力量，要进一步明确岗位职责，质量要求以及待遇和奖励调动其积极性和主动性。和教师一样，实验员要接受聘任上岗，参加述职考核，评计工作质量，获取津贴和奖励。具体标准和办法另定。

第二十七条实行累计工作量制。教务处、研究生院、继续教育学院和科研处按时发布各院系所（中心）的学期和年度工作任务公报，各院所（中心）分别发布各所属单位和个人的学期和年度工作任务和聘任公报。根据各院系所工作任务总量人事处进行滚动核编。教师和实验员按受聘任务及实际执行情况计划工作量，未经系主任认可的工作不得计入正式工作量。人年工作总量不得少于 252 个工作日，不够者为未满聘，不能享受有关待遇。个人工作量可以多年累计，达一定标准者，可获提前申请高级职称的资格；不达标者，到时也不得申请资格。累计工作量也是提资、授奖、分房中考虑的重要因素。累计工作量制有利于克服凭工龄、熬年头的不公平竞争。

七、教学内容和方法改革（待定）

附件（有关规章和实施细则）：（略）

1. 院系和专业调整方案
2. 本科生新教学计划纲要
3. 本科生新教学管理办法和实施细则
4. 本科生奖学金发放办法
5. 研究行中期考核办法和实施细则
6. 研究生“三助”制实施办法（已有）
7. 教师的教学、科研（含推广）、管理工作量计算办法
8. 师资管理实施细则

1994 年 5 月

29 北京农业大学试办研究生院工作总结及深化改革的意见

（1993年11月至1995年1月5日）

【导读】

研究生教育是我校教育结构中的重要层次。我校1978年恢复招收研究生，1984年国务院批准试办研究生院，研究生教育有了长足发展。以下是1993年研究生院提交的试办研究生院10年的工作总结，全面而系统，是指导当时研究生工作的重要文件。在“三年转型改革”和“两年综合改革”的基础上，1995年初又提出了“关于深化改革，改进和加强研究生教育工作的意见”。以下收入的此二件是此次教育教学改革的重要文件。1994年12月2日隆重举行了北京农业大学研究生院成立十周年暨研究生教育研讨会。

第一部分 北京农业大学试办研究生院工作总结

（1993年11月）

北京农业大学研究生院是国务院批准首批试办研究生院的单位之一。经过十年的努力，研究生教育事业得到迅速发展。近十年来，研究生院逐步健全了组织机构，加强了自身建设，根据教育部提出的研究生院的职责，加强了对研究生工作的领导与管理，积累了研究生培养管理的经验。北京农业大学现已发展成为本科生与研究生教育并重，教学和科研两个中心的重要的农科研究生培养地。

近十年来，研究生教育为国家输送了一大批合格的高级专业人才，为社会主义建设做出了贡献，同时，研究生教育推动了科学研究的发展。

研究生院经过近十年的建设，取得了很大的成绩，但由于我国研究生院建立的时间较短，当前也存在着一些矛盾和困难。为了更好地推动研究生教育改革和发展适应社会主义市场经济的需要，对试办研究生院近十年来的工作进行总结是非常必要的，及时的。我校组织了研究生院全体同志和有关单位对近十年工作进行了总结，现报告如下。

一、设置研究生院是研究生教育发展的客观需要

1978 年研究生恢复招生以来，随着研究生教育的发展，研究招生人数逐年增多，根据第六个五年计划，到 1985 年全国招收研究生 2 万人，比 1980 年增长 4.5 倍，特别是为了适应 20 世纪 90 年代经济发展对人才的需要，1984 年经国务院批准在全国重点高等学校中，选择学科专业比较齐全、科研基础较好、学位授权点较多，博士研究生、硕士研究生指导教师力量较强的 22 所院校试办研究生院，我校为试办研究生院的首批学校之一。

二、国家提出的试办研究生院的“模式”保证了研究生院建设的健康发展

一开始，国家就把试办研究生院置于高等学校的重要地位。经国务院批准，原教育部下发的《关于在部分全国高等学校试办研究生院的请示报告》和《关于在部分全国高等学校试办研究生院的几点意见》中，规定“研究生院是在校（院）长领导下具有相对独立职能的研究生教学和行政管理机构”，“研究生院的院长一般应由校（院）长或一位主管研究生工作的副校长兼任，研究生院副院长，可由相当于教务长级别的人担任”。研究生院统一领导研究生工作。“研究生院有权召集学校主管研究生工作的各有关处长、系主任、教研室主任和指导教师会议，布置和检查研究生工作”，“集中管理和使用研究生业务费和有关研究生专项经费”等，正是由于有这些规定和措施可以使研究生院统一领导研究生工作，使研究生院具有符合研究生教育需要的，较强的组织协调能力，保证研究生院建设的健康发展。截至 1993 年年底，我校已招收硕士生 2 179 名；博士生 354 名；已毕业硕士研究生 1 479 名；博士研究生 137 名；并先后向美、英、法、日等国家派出硕士研究、博士研究生 40 名攻读学位或联合培养，并为国家教委招收出国预备研究生 119 名。

1. 专业设置，硕士、博士学科专业点已分别从 1984 年以前 26 个硕士学位授权点和 13 个博士学位授权点，1993 年分别发展到 39 个和 22 个（其中，国家级重点学科 11 个，部级重点学科 6 个）。硕士学位授权点已覆盖 95% 的专业，博士学位授权点已覆盖 54% 的专业。

2. 研究生培养方案是研究生教育的基本文件。它经历了一个从无到有，从不完善到逐步完善的过程。研究生院十分重视研究生培养方案的制订。1982 年根据《中华人民共和国学位条例》的要求，在农业部的组织领导下，拟定了 29 个专业的培养方案，1986 年为使研究生教育更好地适应我国四化建设的需要，我校结合几年来执行培养方案的情况，进一步修订了专业培养方案，按二级学科设置学位课，改变了过去按研究方向培养研究生的倾向。1987 年，根据国家教委《关于改进和加强研究生工作的通知》又对 1986 年的培养方案进行了调整，调整

后的培养方案对培养目标、学习年限、培养方式、论文要求、教学实践要求都做了具体的规定，保证了研究生培养质量。1991—1992 年我校积极参加了农业部组织的《硕士研究生专业培养方案和博士研究生专业培养基本要求》审定会议，修订和制订了农科《硕士生专业培养方案》和《博士生专业培养基本要求》，培养方案的制订和完善使研究生教育质量不断提高。

3. 加强课程建设。研究生院试办以来，始终把课程建设作为提高培养质量的大事来抓。1978 年恢复研究生制度以后的几年由于开课较少，学生选课很难选够应选的学分。到 1984 年只开出 135 门课程，经各方面的努力到 1986 年，已开出课程 320 门，其中必修课 130 门、选修课 195 门，占培养方案规定应开课程的 90% 以上，基本上满足了绝大多数研究生选课的需要。

1987 年，为保证研究生课程质量，使研究生课程规范化、制度化，按照“五定”（定课程名称、定学时、定学分、定开课时间、定主讲教师）、三会签（主讲教师、教研室主任、系主任）的要求，编制了《1987—1989 年研究生课程规划》。列入规划的课程有 373 门，其中，学位课 152 门，选修课 221 门。不仅为指导教师制订研究生个人培养计划和指导研究生选课提供了依据，对研究生课程的基本稳定和提高教学质量起了积极作用。同年在制订《开课规划》的基础上，组织教师编写了 310 门研究生课程《教学大纲》。这是研究生课程建设的重要环节，是保证教学质量的基础工作。截至 1988 年年底，已开出研究生课程 395 门（其中学位课 137 门，选修课 258 门）。1989 年随着教育改革的深入发展，在抓好课程宏观管理的基础上，研究生院制订了《关于研究生课程建设的具体实施意见》，并着手建设一批在全国有一定影响的、高质量的一类课程，制订了《研究生一类课程评估体系》，1991 年 4 月，“仪器分析原理”等 5 门研究生课程被评为一类课程，这些措施对推动课程建设、起了积极作用。

搞好课程建设，投入是基础。我校近十年来总计有近 300 万元（设备费、代培进修费等）用于研究生课程建设，其中重点是影响面大的公共课、学位课以及支持一些教师开设新课程等，如植物生理生化大实验课、计算机课程、仪器分析课程、外语课等的设备建设以及图书资料建设等。近十年来，共资助了 395 门课程，涉及全校 33 个专业，13 个院系。这些投入对于研究生课程发挥了重要作用。以“仪器分析原理”课程为例，研究生院从 1982 年起，在课程建设经费上投入了近 10 万元。1982—1986 年每年投资 1 万元，这门课程利用这些经费和世界银行贷款购置的设备，共开出了“光谱分析测试”“色谱分析和电化学分析”等 15 个实验，每年学习这个课程的研究生（包括中国农业科学院）在百人以上。另外，这门课程的教师在 1984 年、1987 年和 1991 年先后三次利用这门课程的实验条件为百余名兄弟院校的教师举办了“部级院校师资培训班”。新疆农业大学、吉林农业大学、沈阳农业大学、福建农学院等院校的教师回校后都开设了“仪器分析”课。近几年，研究生院对该课程投入两万余元购置微机等设备，该课程在这一基础上，又开发了十几个计算机辅助教学软件，该系统使研究生在形象的模拟实验操作中掌握了实验的内容。1990年，该系统通过了农业部科技司的科技成果鉴定，发表了论文并参加了国际学术会议交流。多年来，研究生对该课程教学效果反映很好，1993年9月该课程申报了国家教委的教学成果奖（待批）。

研究生院十年来对课程建设的这些投入、效果是明显的，这些投入不仅加强了课程的基本建设，提高了课程质量、也为研究生论文工作提供了基础条件，同时也为本科生教育质量的提高发挥了积极作用（很多投入同时也为本科生提供了教学和实验条件）。

4. 十年来研究生导师队伍不断发展壮大，1983年全校共有硕士生导师155名，博士生导师8名；1993年已有硕士生导师425名，博士生导师74名。导师遴选的条件，实质上是学校中“为人师表”的模式，是教师追求的目标，客观上也是“竞争”的条件。

在加强导师队伍建设的同时，学校、研究生院对博士点和国家重点学科的学术梯队进行了重点建设。重点扶植了一批中青年骨干和学术带头人，博士生导师的平均年龄已由1984年的67.7岁降到1993年的65.8岁，学术梯队结构渐趋合理。这种变化有力地促进了学科的建设与发展。

为加强研究生导师队伍建设，研究生院多次组织“研究生教育研讨会”和座谈会、工作会议，组织导师交流培养研究生的经验和体会。这些措施有力地推动了研究生导师队伍的建设。

5. 组织研究生结合论文进入科研工作的主战场，使研究生成为科学研究的生力军。研究生的论文选题绝大部分是导师科研工作的一部分。无论是在“攀登计划”、攻关计划，还是在自然科学基金项目中，研究生都是主要的参加者和执行人。许多重大项目都是在研究生的参加下完成的。

例如，我校“八五”计划内项目350余项（其中，攻关项目和农业部重点项目145项；基金项目135项；“863”2项；“攀登计划”1项；基金重大项目2项：重点项目6项；其他项目60余项），研究生参加的项目在80%以上。其中，参加自然科学基金项目的研究生占参加科研研究生总人数的20%；参加国家攻关项目的研究生占15%；基础性研究和北京市项目，研究生参加的比例更高，特别是在重大基础性研究中，如“攀登计划”项目，基金重大项目，“863”高新技术项目。据1992年统计，仅参加国家正式批准的研究所、研究室重点课题的硕士生就有82人。十年来，我校参加博士点基金研究项目的博士生共有108人。有31项研究成果获部级以上奖励。

6. 实验室建设是不断提高研究生培养质量的基础之一。一方面研究生院自身下大力气抓好实验室建设；另一方面学校有关单位也协助研究生院做好实验室建设工作。

十多年来，实验室建设的投入主要包括贷款（世界银行、联合国粮农组织、中德合作项目等）、重点学科建设投入、课程经费投入（用于实验设备购置）及科研经费投入等。702 万美元贷款的立项，主要考虑了为科研和研究生教育服务。这笔贷款有重点地集中建设了“中心实验室”并武装了一批学科和专业实验室，这对我校研究生教育起了重要作用。1990 年以来国家教委和农业部还为重点学科建设投入了 210 万元用于实验室的建设。另外，随着科研的发展，科研经费也不断投入到实验室建设中。

7. 图书资料是研究生教育的重要条件。学校十分重视图书资料建设，研究生院也多次把资金投入到图书资料建设中去。目前的图书馆藏书文献情况基本满足了研究生课程学习和论文工作需要。书馆收藏的文献保证率在 80% 以上。大多数学科专业的外文期刊能基本满足研究生论文工作需要。此外，一些院、系也设有资料室。各研究生专业和导师都有本学科专业的学科前沿文献资料藏书。

8. 加强在职人员申请学位试点工作，多渠道为国家培养合格的高级人才。我校是 1986 年国务院学位委员会批准的授予“在职人员硕士、博士学位的试点院校”之一。

1986 年我校的 5 个硕士专业被批准为在职人员申请硕士学位试点专业。1991 年 31 个专业可接受在职人员申请硕士学位，18 个专业可接受在职人员申请博士学位。截至 1993 年 7 月，我校已授予在职人员硕士学位 68 人，授予博士学位 9 人。

9. 试办研究生院以来，我校十分重视学位与研究生教育的检查评估工作。根据教委、农业部的布置，进行了多次学位与研究生教育自检评估工作。1986 年和 1988 年根据国家教委、农业部拟定的学位授予质量评估体系进行了两次学位授予质量的自检。1986 年 11 月至 1987 年 2 月对 81 ～ 83 级有毕业硕士研究生的专业的学位授予质量进行了全面自检评估。1988 年又根据农业部（1988）农（教）字第 5 号文件的要求又进行了评估自检的复查，自检专业 23 个。

10. 研究生院组织机构得到了不断充实与发展。根据原教育部上报国务院的《关于在部分全国高等院校试办研究生院的请示报告》和《教育部关于在北京大学等二十二所高等院校试办研究生院的通知》的有关精神，学校在 1984 年 6 月建立了研究生院的组织机构。研究生院下设一个研究生处。全院由 7 位同志分别承担研究生教育的培养管理事项。到 1985 年 12 月研究生院由一院一处发展到一院二处，即研究生培养处和研究生管理处。机构得到进一步充实和加强，管理人员增加到 9 名。1988 年 5 月，研究生院成立学位办公室（处级单位）。至此，研究生院完成一院三处的建制。以后硕士和博士毕业生也逐步充实到管理队伍中来。1991 年，为更好地做好管理工作，研究生院在培养处内设立教务科，在管理处内设立了学籍分配科和招生办公室。1988 年，为加强研究生教育研究工作，成立了研究生教育研究室。

在加强研究生院自身建设的同时，学校和研究生院也加强了各院系的研究生管理工作，我校研究生教育实行两级管理，除研究生院设专职人员外、各系（院）都有一位系主任（院长）和一位专职研究生秘书分管研究生工作。

经过近十年研究生院建设的实践，我们认为研究生院最佳的组织机构应该是：研究生院下设若干处，处下设科。我校研究生院下设三个处（即培养处、管理处和学位办公室）和三个科（教务科、学籍分配科和招生办公室）。其好处是把研究生院的职能分配到处、科两级，任务落实、职责明确，保证研究生院职能的实现。

各系（院）有一位主任（院长）领导研究生工作，招收研究生的教研组有一位主任或副主任分工负责领导研究生的培养工作。

11. 研究生培养管理制度是研究生培养管理的主要依据，对于建立有序的管理体制有重要的意义。

我校的研究生培养管理制度是随着研究生教育事业的发展而逐步建立和日趋完善的。特别是 1984 年试办研究生院以后，研究生院编制了《研究生手册》，其中有 20 多个有关研究生的培养、管理和学位授予方面的规章制度。并进行了三次认真的修订和完善，每次修订都反映了研究生教育事业的进步与发展，同时也反映了近十年来研究生院建设的进步与发展。

12. 我校博士后科研流动站是由研究生院分管的。农学博士后科研流动站 1985 年经国家科委批准成立，1987 年开始接收第一名博士后进站。1991 年又新设畜牧学科和兽医学科博士后科研流动站。三个博士后科研流动站覆盖了全校 22 个博士点。至 1993 年 10 月先后有 40 名博士后进站（含一名美籍博士后、一名法籍博士后），已出站 24 名（含两名外籍博士后），目前，农学站有 12 名，畜牧科学站有 2 名，兽医科学站有 2 名，共有 16 名。

国发〔1985〕88 号通知中指出“试办博士后科研流动站试行博士后研究制度是人才开发的一项重要措施，对于加快社会主义现代化建设需要的各级专门人才，加强学校交流，增强科研、教学队伍的活动，具有积极的意义”。我校几年来建立博士后科研流动站的实践说明了这一点。

几年来我校博士后科研工作取得了一批国内外先进水平的科研成果，并把它与学科建设选拔未来的学科带头人的工作结合起来。已出站的张大鹏博士已被评为教授和博士生导师。我校博士后科研流动站建设的成绩是与校领导的重视和有关单位的支持分不开的。校长亲自抓博士后科研流动站的建设，强调这是一支有利于学科发展的不可忽视的力量，要求学校各系、处积极配合，为博士后的工作和生活创造条件。学校领导利用出国考察机会，与在国外留学的学生开座谈会，介绍学校学科建设情况及博士后科研流动站的情况。石元春校长在《神州学人》杂志和《人民日报》海外版发表文章和接受记者采访，欢迎留学博士进站。校长并积极参加国内博士后联谊活动，支持在站博士后的学术活动要求；访问博士后家庭；1990 年春节还邀请农业部何康部长和其他领导来校与博士后座谈，向他们提出要求和希望，并倾听博士后的意见等。学校内部有关部门也不断创造条件，热心搞好服务，解决生活中的困难。这些工作都取得了成效，为建好博士后科研流动站提供了保证。

13. 加强研究生教育理论的学习与研究，提高研究生院管理水平。

随着改革开放的不断深入和研究生教育的不断发展，需要不断提高管理人员的素质和管理水平。我校十分重视研究生教育理论的学习与研究，早在 1984 年就参加了国家教委、农业部、北京市教育局组织的有关研究生教育研究课题的研究工作。研究生院一方面派出管理干部学习管理知识；另一方面在工作中组织大家积极总结研究生教育管理过程的经验教训。1988 年经主管校长批准成立了研究生教育研究室。截至 1993 年 10 月，我校研究生院参加组织编写或主编出版了《中国农科研究生教育发展战略研究》《中国农科研究生教育》和《国外农科研究生教育》等四本研究专著，全院同志累计在《学位与研究生教育》等研究刊物上发表论文 50 余篇。近十年来，研究生院管理干部通过不断的学习和总结，积累了管理经验，提高了自身素质和管理水平，对研究生院建设发挥了重要作用。

14. 研究生院的经费使用。研究生的业务费和专门经费，基本上用于研究生教育，如每年按招生人数拨的业务费、国家教委、农业部下拨的重点学科建设费等，另外，多年来的外单位借读、代培费。建院前后总计近 300 万元和设备费约 20 万元，用于研究生教育，例如：①研究生课程建设投入，仅据 1986 年的统计，对 320 门研究生课程建设的投入即达 141 万元；②研究生论文工作的临时补贴、改善论文工作条件的，设备投入等；③补足研究生业务费不足年份的差额，校内外学位授予质量评估；④设立研究生绿色奖学金。

学校和研究生院在经费使用上考虑研究生教育发展的长远和根本需要，采取了正确的做法，从而保证了研究生经费按规定的足额使用。

15. 积极配合党委结合研究生的培养与管理做好研究生思想政治工作，学校党委成立学生工作部，负责全校本科生和研究生的思想政治工作。

各院、系成立相应的学生工作领导小组，由专职总支书记或副书记任组长，分管思想政治工作的副系主任担任副组长，团总支书记、学生党支部书记、部分班主任作为成员。各个教研室都增设一位分管研究生思想政治工作的副主任，或者由党支部书记兼任。

各院、系根据不同情况，单独成立研究生党支部，并配备专职的研究生党支部书记，或者让研究生参加所在的教研室党支部。无论哪种形式，都归属各院系党总支，我们认为，这样一个管理体系，不仅体现了党委对研究生思想政治教育的全面领导，而且可以逐步做到思想政治工作和管理工作两副担子一起挑，可以克服那种“管业务不管思想”“管政治不管业务”的所谓“政治、业务两张皮”的现象，真正做到教书育人、管理育人、服务育人。

为了加强研究生的思想政治教育，学校团委也加强研究生团员的思想工作。选拔优秀的毕业研究生担任校团委、院、系团总支的专职团干部，并在团委设立研究生工作部，发挥共青团组织在研究生思想政治工作中的作用。

研究生院是研究生教学、管理、培养、学位授予等工作的培养管理部门，在健全各项管理规章制度工作前提下，还协助院、系和教研室抓好、落实好导师教书育人的职责，协助党委学生工作部抓好研究生的思想政治工作。这样就在我校形成一个党、政、团齐抓共管研究生的思想政治工作的网络系统。

按照国家教委《关于高等学校研究生马克思主义理论课（公共课）教学的若干规定》，我校加强组织了研究生“自然辩证法”“科学社会主义与实践”“科技革命与马克思主义”三门马克思主义理论课的建设与教学工作，同时也注重了马克思主义理论队伍的建设。在马克思主义理论队伍建设方面，我校一是注意从综合性院校的马列、人文社科专业选毕业生来校任教；二是也从本校及学习自然科学专业的毕业生中选拔优秀生再进行社科专业的学习来充实现论队伍；再就是对那些立场坚定、多年从事马克思主义理论教学和研究，有丰富的教学经验和教书育人的经验，有真才实学，身体条件较好的副教授以上的老教师，适当推迟离退休年限，继续担任教学、科研等领导工作。这样就使我校的马克思理论队伍有了一个比较合理的梯队结构和知识结构，有效地发挥了马克思主义理论课的思想教育功能。

通过我校马克思主义理论队伍的刻苦努力和学校、社科部的关心指导，研究生的三门马克思主义理论课的教学工作都取得了比较好的效果，经过全校的教学评估，自然辩证法课程 1987 年、1988 年两年被学校授予“教学成绩显著”教学奖。1991 年在我校研究生一类课程的建设与评比工作中，自然辩证法课教学、科研成果显著，在教学过程中很好地进行了教书育人的工作，经社科部评审，学校审批，成为首批研究生一类课程。

16. 广泛开展社会实践活动。社会实践作为研究生培养工作中的一个重要环节，作为研究生自己教育自己的一种好形式，显示出了强大生命力，通过社会实践活动，了解国情，调查民情，利用所学知识服务于社会和群众，并在实践中检验了所学的知识，锻炼了能力，增强了社会责任感。认识到密切联系群众，与工农结合是青年知识分子成长的必由之路。

自 1983 年开始，我校先后有 600 多名研究生深入到全国 20 多个省、市、自治区开展科技咨询、科技服务、调查研究等社会实践活动。研究生们以学校为依托，举办了各种如农业科技、农村基层政权与经济建设、农村乡镇企业管理等培训班 12 期，为解放军 88615 部队、中央警卫团和昌平县培训了 900 多名学员，经过考试合格，发给学员单科结业证书。同时为部队和地方的基层单位制作了教学、科研设备，进行科学种田的技术示范与指导，帮助他们建立养鸡场，建立果园，引进动、植物良种，为社会的生产发展取得了直接的经济效益。研究生们在社会调查的基础上还写出了约 40 万字的论文和调查报告，部分发表在农大学报和其他报刊上，为上级部门分析我国农业生产形势和制订农村发展战略，提供了参考依据。

研究生的社会实践活动取得了社会效益和人才效益。《人民日报》《光明日报》《中国青年报》《中国教育报》《农民日报》等先后报道了我校研究生社会实践活动中的先进人物与事迹，我校还被中宣部、国家教委、团中央联合授予“社会实践先进单位”的称号。

实践告诉我们，高校开展的社会实践活动于社会、于青年学生和高等教育工作有益，我校已经把社会实践活动作为一项重要内容列入研究生培养方案中，使社会实践真正成为研究生培养过程中的一个重要环节。并把研究生参加社会实践活动制度化。

三、建设过程中应注意的问题

近十年来，研究生教育的发展与研究生院建设的实践表明：①国家提出的研究生院建设的模式是符合研究生教育发展的需要的，正是由于符合客观需要的建院模式，使研究生院统一领导研究生工作，并具有较强的组织协调能力，从而保证研究生教育健康发展。②教育是分层次的，不同的教育层次需要有与之相适应的管理机构，以保证该层次教育目标的实施。研究生教育由于它培养要求的创造性，培养过程的综合性，培养方式的多样性等，其本身的特点要求较高层次的管理机构和素质较高的管理人员，保证其培养要求的实施。

试办研究生院以来，在其建设过程中，我们特别注意了以下几点。

（一）学校领导重视，贯彻“全校办院”

我校培养研究生虽已有几十年的历史，但大批的培养硕士、博士研究生还是近十年的事。因此，长期形成的办学观念，管理制度和管理方法都是着眼于本科生教育的。当研究生教育随着改革的加快而迅速发展的时候，人们的办学思想，管理制度都有一个为适应研究生教育发展的转变过程，特别是传统的“本科教育唯是”的观念更是如此，为缩短这个过程，加速这种转变，必须大力宣传研究生教育在学校的地位与意义，大力倡导“全校办院”的思想，把研究生院建设作为学校一件大事来抓，形成一种大家关心，各负其责，多方参与的建院气氛与环境。

①学校领导利用各种场合，强调说明研究生教育的意义与学校有关部门应负

的责任。

②制订有关规章制度，从研究生培养、管理体制、制度上明确学校各有关部门应有的责任。

③积极开展有关研究生教育的各种活动，如召开全校性的研究生培养管理的“研讨会”“座谈会”“工作会议”等，既交流经验研讨问题，同时也扩大研究生教育在学校的影响，随着这些活动的开展和研究生教育本身的发展，研究生教育逐步由学校的“教育孤岛”变成为大多数人关心、参与、支持的事业。系（院）把研究生教育正式纳入自己的工作范围；学校中心实验室主动为研究生的论文、教学服务；电镜室、计算机室、仪器分析室他们为研究生开课、向研究生开放，制订出方便研究生的工作的一套管理办法，曾得到由兄弟院校组成的学位质量评估专家组的一致好评；学校图书馆在用房很紧张的情况下，专为研究生开辟了阅览室，并在借书方面给以更多的方便；后勤和基建部门为研究生设计建成了两栋（8 264 米^2）的宿舍楼并做好住房、生活各方面的服务；实验设备处、财务处等单位在经费、设备条件方面给以支持等。

（二）根据研究生教育发展的不同阶段，各有重点地抓好研究生院建设

研究生院建设是学校的一项综合性重头工程，它涉及学校的方方面面。把研究生院建设好，要有一个过程，特别是在我国研究生教育发展较快而又历史较短、缺乏经验和基础的情况下，研究生院建设只能根据研究生教育的不同阶段有重点地去做，例如，在恢复招生的初始阶段，主要抓课程开设，首先解决研究生有足够的课程可选，到 1986 年已开出研究生课程 320 多门。随后重点抓以实施专业培养方案为中心的培养管理制度，其中特别注意处理好学生学习课程与论文的关系，（改变以往单从论文的需要选学课程的倾向）。接着围绕提高质量抓导师队伍的遴选、社会实践、拟定课程教学大纲并开展学位授予质量自评自检以及在学籍管理上引进竞争机制、对所有学生实行中期考核。当博士生发展到一定的数量时，我们又特别注意了学科建设特别是重点学科的建设等。由于这样，研究生院的建设大体上适应了研究生教育的发展，从而在规模发展的同时，保证了质量的提高。

（三）研究生院建设紧紧围绕提高质量，处理好质量与规模的关系

研究生院建设是为着培养高质量的人才服务的，各项建设与措施都是为培养高级人才建设好基地，创造一个好的育人环境。正因为如此，试办研究生院以来，为国家培养输送了一大批合格的高级专门人才。培养质量特别是硕士学位研究生的质量超过了一些发达国家名牌大学硕士研究生的平均水平。这一点就是国外的专家也是承认的，如世界银行负责中国大学教育发展计划的美国专家在给世界银行写的考察报告中对我校研究生的质量评价说：“学生提问的问题的水平相当美国一些名牌大学的水平”，“硕士论文设计都超过了美国的硕士论文的平均水平”，

“博士论文的设计都是雄心勃勃的”。

四、存在问题与进一步加强研究生院建设的设想

当前，在邓小平同志建设有中国特色的社会主义理论的指导下，我国正加快改革开放和现代化建设的步伐，并正在建立社会主义市场经济体制，改革开放的新形势对研究生教育提出了新的要求，为适应社会主义现代化建设的需要，国家教委提出“90 年代研究生教育，在保证必要的办学条件与质量和效益的前提下，要有一个较大的发展，2000 年在校研究生的规模力争比 1992 年翻一番，其中博士生的数量要有更大的发展”。这表明国家对研究生教育提出了更高的要求，另外，为提高教育质量，赶超世界先进水平，国家正在实施“211 工程”，“211 工程”的实施将体现高等学校分层次办学的职能，其中一部分重点高校将更多地承担培养研究生的任务，为国家培养输送更多的合格的高级专门人才。

面对改革开放和研究生教育要有一个较大发展的新形势，总结我校试办研究生院以来存在的问题与不足对今后的发展是很必要的。虽然我们经过了近十年的共同努力，但在认识上还缺乏对研究生教育意义应有的认识，在实践上现行的研究生教育模式还不能完全适应社会主义市场经济的要求。另外，管理体系的建设，管理干部的素质等也不能适应改革开放新形势的要求。

总结经验，发现问题是我们进一步做好研究生院建设工作的基础。面对改革开放的新形势，作为设有研究生院的重点学校，我校准备及早进一步做好研究生院的建设工作，以迎接时代的挑战。

1. 从认识上进一步动员全校提高对研究生教育的共识，进一步明确研究生教育在学校的地位和作用。

2. 进一步加强学科建设，特别是导师队伍建设和条件建设，尽快把我校建设成为高层次人才培养基地和科学研究基地。学校要集中力量把 11 个国家级重点学科和 7 个部级重点学科建设好，并花大力气积极选拔扶植优秀中青年学术带头人，学校在人力、财力、物力及政策上采取积极措施向学科建设倾斜。

3. 自上而下地加强研究生、教育管理体系的建设，改善管理工作，提高干部素质。学校把研究生教育管理干部队伍建设和机构建设作为一件大事来抓，在抓好研究生院自身建设的同时把院系两级研究生管理队伍建设好，积极组织大家做好研究生教育研究工作，提高管理干部的理论水平和管理水平。

4. 整体上把研究生院建设放到学校发展的重要战略位置上来抓，切实把研究生院建设好，适应学校发展和研究生教育发展的新形势。

第二部分 关于深化改革，改进和加强研究生教育工作的意见

我校自 1978 年恢复招收研究生、1984 年成立研究生院以来，研究生教育得到了较快发展，现已成为具有相当教育规模和较好培养质量的农科研究生培养基地。在国家经济体制发生重大转变、改革不断深入发展和我校进入“211 工程”建设的新形势下，我校研究生教育具有更加重要的地位，同时也提出了更高的要求。但是，当前的研究生教育中，在培养目标和年限、招生规模和专业结构、培养形式和优秀生源、师资队伍和培养条件、经费投入和研究生待遇、教学管理和培养质量等方面都不能适应新的形势和要求。因此，必须根据中央有关指示精神，结合我校实际，深化改革，全面提高我校研究生教育质量。现仅就学科建设（1）；招生和生源（2 ～ 4）；培养和质量（5 ～ 7）；导师和管理（8 ～ 10）3 个方面提出以下 10 条改革意见，实施细则另定。

1. 根据国家经济建设、社会发展和我校“211 工程”建设目标的需要，按“211 工程”建设的规划，逐步调整我校学科和研究生专业的结构。即在继续加强传统和优势学科的改造更新与发展的同时，积极促进和发展新兴、交叉和前沿性学科以及经济建设和社会急需的学科，设立学科建设基金，在校学科建设领导小组指导下，集中力量分期分批抓好重点课程建设。

2. 根据社会需求和生源的多样化趋向，在保证质量的前提下，研究生的培养方式和类型也要灵活和多样化。在以计划统招为主的情况下，积极发展以下多种培养形式：一是扩大招收培养经费自筹和代培生，在研究课题、培养条件和方式上更加灵活；二是为用人单位举办硕士课程进修班和共同组织论文研究和答辩；三是继续扩大和办好在职研究生教育和在职人员申请学位。

3. 除按规定统一招考录取研究生外，在保证质量和政策允许条件下以以下方式扩大和吸引优秀生源。以硕博连读五年制和学硕连读六年制（试点）扩大和吸收在读硕士生和本科高年级优秀生深造；推荐和选拔本外校优秀本科毕业生和硕士生中期考核或论文答辩成绩优秀者免试攻硕攻博。借鉴国外“宽进严出”的经验，和各省市自治区的高等农业院校、农科院所和生产第一线有关单位共同选拔有实际工作经验，符合条件和具有相应学历的优秀人才，经资格审查和考核批准可免试攻硕攻博。

4. 培养费与奖学金改国拨单一渠道为以国拨为主的多渠道制。以生为单位的研究生费包括由学校统一掌握的培养费和发放给研究生本人的奖学金，均由国家按计划招生数拨发。现仍将以此为主经费渠道，但可逐步打通和扩大其他渠道，如外单位委培、企业或个人设研究生基金、校内学科群、课题组或导师以部分科研经费自筹培养费和设奖学金以及研究生自费等。不同学科收费标准可以不同。

此外，改平均发放奖学金为按学习成绩和品德状况发放奖学金和奖励金，并扩大级差，提高激励强度。

5. 课程学习是研究生教育的基本内容和提高教育质量的重要环节，必须下决心、花大力气进行课程建设。在继续保持和提高已有的10门一类课的基础上，根据需要，对重要和覆盖面大的学位课分期分批进行重点建设。每年重点建设15门，到2000年达100门左右，均相当于全部学位课的一半。重点建设的课程必须在教学内容上丰富高质，反映学科前沿和国际最新成就；教学方法上能最大限度地调动学生学习的主动性，启迪和提高其科学思维和自我深化的能力；主讲教师由研究生院和有关学院从在职、离退和校外的优秀教师中选聘，必须以保证高教学水平和质量为原则；教学设备和文献资料在可能条件下予以充足保证。学校每年拨专款，进行重点课程建设。

博士生课程要重点加强规范化和质量建设，拓宽基础和专业知识面。

6. 研究生在导师指导下进行科学研究工作，是培养综合运用和吸取知识、独立进行研究的能力以及科学精神和优良学风的重要方式和环节。在论文选题要考虑导师的专长和已有科研题，也要十分重视国家经济建设、社会发展和研究就业的需要。研究工作中必须坚持实验性原则，论文内容应以研究生本人从事的第一手实验、观测和调查的材料为主。导师要加强从开题到论文写作答辩的全过程的指导，并具备该研究课题所必需的研究条件和经费。

7. 要十分重视研究生的德育。按我校“211工程”建设规划的要求，对研究生进行坚持正确的政治方向和人生观、道德观、价值观和科学观以及科德学风的教育。德育的目标、内容、要求、措施、评价方法和实施计划要贯穿全学程，由研究生院和各院系党政系统组织实施。导师在研究生德育教育中起着重要和关键作用，导师应加强育人意识，把科德、学风等德育教育贯穿研究生培养全过程。德育评价要作为中期检查、毕业考核以及评定奖学金和奖励基金的重要内容。

8. 导师是指导研究生和提高培养质量的主要力量和关键因素。招生指标和奖学金数额的分配要做到宏观控制、导师资格、培养条件和考生状况四结合。宏观指导是指按学校“211工程”建设规划中关于人才培养、学科建设和科研重点等方面的要求作为分配研究生招生名额和奖学金的根据。导师资格是指副教授具有指导硕士生和正教授具有指导博士生的资格（试点）。培养条件是指具有相应的科研项目和经费、试验设施和图书资料、研究群体和学术氛围以及指导研究生的经历和保证培养质量等。考生状况是指报考和上线人数。“四结合”中要贯彻宏观指导下的竞争原则。为了加强导师队伍建设，导师必须参加由研究生院组织的指导研究生的研讨班，交流指导经验，研讨研究生教育和管理等有关问题。指导博士生除以导师为主外，根据研究课题的特点和（跨）学科要求，成立指导小组，共同制订培养方案、指导课程学习、指导检查科研和论文写作。此外，研究生院定期进行研究生教育质量评估并公布结果。

9. 在加强研究生教学管理制度的基础上，建立严格的质量监督体系。一是严格的选课及课程学习要求；二是严格的中期考核制（博士生为资格考试制）；三是严格选题和课题设计审查制；四是严格的论文审查答辩和公开发表制。与质量监督体系相应的是建立相应的奖罚和淘汰办法。

10. 成立以研究生导师为主体的，研究生教育研究会，负责调查研究研究生教育的经验和问题、发展战略和政策、反馈和管理等，作为改进和发展研究生教育的参谋和咨询机构。

2. 综合改革计划的制订、部署和实施

如上所述，这次综合改革是全面、系统和体制性的变革。在充分酝酿和讨论的基础上，学校制订了两年综合改革计划。改革的对象是长期以来在高度集中的计划经济体制影响下形成的高校的教育教学体制和管理体制，使之转移到能适应社会主义市场经济体制的新的教育教学体制和管理体制上来，做到“三转轨”“三提高”。改革的主要内容是教育教学改革和管理体制改革。做法是：以人事分配制度改革为突破口，以教育教学改革为主体，大力发展校办产业。部署是：按管理体制改革、教育教学改革和综合调整三阶段进行。1992 年 3 月召开了讨论和贯彻我校“八五”计划的第十次工作会议后，同年 6 月在涿州农场召开了以人事分配制度改革为突破口的第十一次工作会议，拉开了我校两年综合改革的序幕。在启动了人事分配制度改革后，及时转入教育教学改革，于同年 11 月召开了以院系专业结构调整为中心的第十二次工作会议；1993 年 5 月召开了以讨论本科生培养模式、制订新的教学计划和教学管理制度为中心的第十三次工作会议和 1994 年 3 月召开了以管理系统改革为中心的第十四次工作会议。1994 年 8 月召开的第十五次工作会议对两年综合改革做了系统总结和新的部署。

3. 教育教学改革

教育教学改革方面做了四件事。

第一件事是对院系和专业结构及管理体制作了较大调整。长期以来形成的以本科教育为主的 12 个系（院）的结构无论在专业结构和内容、自我调节和主动适应能力上均已不适应新的形势，必须做带有根本性质的改造。确定的调整改造原则是：适应我国向社会主义市场经济体制转换和改革开放的需要；适应现代科学技术和文化发展的需要；符合教育自身规律；符合将我校办成为一流和新型的，以农科为主的综合性大学的发展目标的需要。专业结构调整拓宽的方向是：在稳定改造和提高我校传统和优势学科的基础上，向着前沿、新兴和交叉学科、生物工程学科、经贸管和人文社会科学学科、农业科技企业方面的学科以及国际化和社会需求热点方面的学科等 6 个方向延伸，并已组成了 8 个学院，34 个系和 18 个研究所（中心）的新的框架。

为了适应新的形势，经对现有机构的调整，构建了校院系三级管理体制。学院是由相邻学科的学科群组成，具有学科综合的优势和教学科研协调能力以及行政管理职能强和稳定性高；系则专注于提高教学质量和学术水平，并可对学科发展、人才需求和培养方向上做出及时和灵活的反应和调整。由此可知，院和系构成了一个稳定性与灵活性相结合，具有很强的自我调节和适应能力的新的运行机制。经过一年多的努力，一个对我校全面改革和发展具有基本意义的新的院、系专业结构框架和三级管理体制已初步形成。

第二件事是经全校性讨论和大家共同的努力，对本科生的培养模式和计划做了重要调整。科技发展和知识更新的速度日益加快，以及社会需求和学生就业方向的多元化和不稳定性的时代特征决定了学生必须具有较强的适应和应变能力。因此，在培养模式上，多年来在计划经济体制下和学习苏联形成的窄深专才型培养模式应为广适应性的通才型模式所替代。因此，在培养计划设计中考虑的原则是：一要全面培养，即不仅重智力教育，还要加强精神素质和非智力因素的培养；二是基础扎实，包括数理化生及通识教育（外语、计算机、经管法、人文社科等）；三要专业知识面宽；四要着重能力的培养。

为了实现培养模式的转变，教学计划实行“按系招生，组合式培养”，即“基础＋模块”的“两段”（共同基础段和专业方向段）——“三体系”（理论、实验、实践）的培养方案。新的培养计划中，在全学程总学时数、必修课与选修课内容和学时比例、课堂教学、实验教学和实践教学的内容和学时比例等方面都做了重大调整。

新的培养模式和计划提供了一张精心设计的蓝图，但还需大力改革教学内容和方法，做到“优质施工”。所以，在教育教学改革中做的第三件事是教学内容和方法改革。教学内容上的问题主要是在不同程度上存在陈旧、松散和重复；教学方法上存在的问题主要是单向灌输多而少启发，学生的学习主动性和创造性思维能力得不到发挥。1994 年初，以“两课”（系列课和一类课）建设和“125”计划（建设 10 门实践教学课，20 门实验教学课和 50 门教学方法改革课）为主要内容的第一期教学内容和方法改革计划已经启动，势头很好。教学内容和方法的改革是一项细致、艰苦和长期的工作。

教育教学改革中做的第四件事是教学管理制度改革。教学管理制度是推动教学过程有效运转，教学计划得以实施和调动教和学两方面积极性的软件系统。新的教学体系必须有与之相适应的新的教学管理制度。1993 年 5 月第 13 次工作会议讨论出台的新教学管理制度已在 1993 年秋季始学后全面实施。经过一年多运行情况甚好。

在学生和学的方面的改革，一是以完善和全面实行学分制为核心，辅以弹性学制，必修选修制、交费重修制、主辅修制、转系制和导师制；二是建立大幅度加强正负面激励强度和奖罚的制度，即一面改助学金为奖学金和贷学金，拉开奖励档次金额；一面实行预淘汰试读制。自 1993 年 9 月这项配套的教学管理制度出台以后，大大提高了学生学习的自觉性和积极性，自习率和学习成绩明显提高，课堂和考场纪律以及学生的思想和精神状况大大改善。

在教师和教的方面的改革，主要是实行严格的聘任——择优上岗制、挂牌上课制、高教时津贴制、述职考评制（期中和年终）、累计工作量制（代替在申请职称、提资、分房等的年限制）和教学事故处罚制等。这些制度充分运用竞争机制，克服干多干少、干好干差一个样的平均主义，大大调动了教师的教学积极性。教师积极争取教学任务，多上课，上好课，教学效果和质量明显提高。研究教学的风气浓厚了，系主任的教学管理工作也好做了。

新的培养模式、教学计划和教学管理制度已经全面出台，教学内容和方法改革也已启动。无论从广度、深度和系统性上都是多年来少有的。尽管刚刚开始，但已经看到了很好的苗头和趋势。

4. 管理体制改革取得了重要进展

管理体制改革是从机构机制和人员管理两个方面进行的。

机构和机制改革方面，我们是在对学校这个大系统按功能划分为业务、支持、校产和管理四个功能系统的基础上做了三件事。

一是将在计划经济体制影响下形成的统一的行政管理模式改为业务系统和管理系统按事业型管理；支持和校产系统按企业化管理，各按其自身工作特点和规律，以不同的机制运行，两个“轮子”协调转动。支持系统中除成立了涿州农场、昌平实验站、出版社以外，还成立了交通运输等 5 个服务中心。校产系统的各公司和厂均按企业化管理，人数达全校职工总数的 15%左右（不含 800 多名农场工人）。这些单位自主管理，单独核算，自负盈亏，承担职工工资福利和上交部分收入。在新的管理体制和新的机制运行下，这些单位的职工积极性和主动性得以发挥，效率、效益和服务质量明显提高。

二是在业务系统中，改校系组管理体制为校院系三级管理。对此前面已经谈到，这里不再重述。

三是在管理系统中，以精干高效原则，进行机构和职能的调整，克服机构叠置，职责不清、关系不顺、效率不高，人浮于事的弊病。已经撤并或归口管理了一些业务性质相近的单位，如扶贫办和黄办撤并到科研处；学办与学生处合并；信息中心和校产办归口校办等。拓宽了老干部处职能和改名为离退休人员工作处。近年来一直未能解决和管理比较混乱的是有的职能处下属服务性经营实体问题也得到了解决。即继续坚持职能处不得兴办服务性经营实体的原则，如确与本处职能直接有关和需要设置服务性经营实体的，可经学校批准，实行人财物分开，收支两条线，经营实体另立管理办法。如教务处的胶印车间、继教学院的干训楼和餐厅、国际交流中心的专家公寓、财务处的储蓄所和结算中心、保卫处的文园餐厅等。此外，按精简原则，管理系统人员由原 295 人精简到 240 人左右。

机构和机制的改革中，重要的是职能的科学分解和调整。对此，第 14 次工作会议上作了专门讨论并形成了文件下发实施。管理体制改革的第二个方面是人员管理的改革。对此，我们在定职能、定任务、定岗位、定编制的基础上也做了三件事。

第一件事是逐步实行和强化了聘任制。第十一次工作会议提出“优、定、聘、评、配”五字诀中，即是以“聘”作为关键的。在业务系统，加强了对教师的聘任——择优上岗制和满工作量制。各院系对此认真执行和效果较好，每位在聘教师都在年度聘书上定有明确的教学科研和管理任务和要求，但也存在有些专业课的选聘余地不大的问题。第十四次工作会议又规定了还可在离退休教师和外校教师中选聘，但政策还不配套。在肉鸡中心、种衣剂厂、各服务中心等企业化管理系统中，在广泛推行聘任制的同时，还尝试了新的招聘办法，效果也是好的。管理系统中情况比较复杂，以聘任制代替任命制还需要做很多工作。

第二件事是年终述职考绩制逐渐走上规范化和制度化。从校长到每一位教职工逐级在一定范围内述职和接受考评。每位教职工都将此作为应尽的职责和义务，是自己忠于职守，对人民负责的表现。1993 年有 1 636 人参加了述职考绩，占应参加人数的 93.7%。考绩中的优、良、差三级分别占参加考绩总人数的 18.8%，80.5% 和 0.7%。四位校长和各业务处处长进行了较大范围的述职考绩，评出了 4 个先进处和 5 位先进管理工作者。各位院长系主任也在所在单位进行了认真的述职考绩。年终述职考绩已为全体教职工所认同拥护和认真实行，是一项激励先进，鞭策后进，调动广大教职工工作热情和积极性的好制度；是克服平均主义，按劳绩分配的基础。

第三件事是克服平均主义，强化按劳绩分配。在业务系统，实行高教时津贴加高科研津贴制和加大级差强度，受到了教师的广泛欢迎和大大调动了他们教学科研工作的积极性。工作量大质优者可获高报酬，量小质差者的日子会日益艰难。农学系 1993 年全年津贴最高者 5 548 元，最低的 1 560 元，还奖励了两位教师各 5 000 元。按企业化管理的支持和校产系统则按劳绩和与经济效益挂钩。管理系统实行岗位津贴加业绩津贴制（七三比）和颁发管理单位的个人的先进奖。正负激励强度均小于业务系统和支持、校产系统。

5. **综合改革的主要收获和不足**

如上所述，此次综合改革是为适应新的形势而进行的根本性和体制性，系统和全面的改革。例如，办学目标、专业院系结构、学生培养模式和方案、教学管理制度校院系三级管理体制、事业化管理和企业化管理两种运行机制以及人事和分配制度中充分运用激励竞争机制等诸项改革都具有根本性和转轨的意义，是一次全面性的启动和良好的开端，将产生长远和重要的影响。同时也取得了一些近期效果和推动了当前工作。

- 经过充分酝酿和大量工作，8 个学院 34 个系的校院系三级管理体系的框架已初步构成。从建立较早的资源和环境学院（1992 年 6 月）的两年实践来看，不仅顺应了国家建设、社会和学科的发展的需要和走在全国高校前面，而且在加强教学、争取重大科研项目、发展学科、实验室和队伍建设等方面很好地起到了综合、协调、组织和促进的作用，在管理改革上也积累了好的经验。成立较晚的基础科技学院和人文社会科学学院等也有较好的进展。

- 教学管理制度的改革明显地调动了教师教学和学生学习的积极性，教学质量有了明显提高。1993 年我校学生参加北京地区计算机水平考试合格率和优秀率分别较北京地区平均线高 14 个和 29 个百分点。外语水平考试的合格率在全国和北京市高校平均下降 7%的情况下，我校提高了 4%。今年 92 级通过率又较同期 91 级提高了 15.9%。

• 教学内容和方法改革，特别是包括课堂教学、实验教学和实践教学三个方面的重点课程建设和“125”计划大大调动了教师的教改积极性。“125”计划申报过程的发动面达教师的 60%左右。在经费十分困难的情况下，学校上半年拨专款 30 万元投入“125”计划。

• 按工作性质特点将学校分为事业型管理和企业化管理两种运行机制，明显地提高了工作效率和效益。校产系统的公司和厂、支持系统的交通运输服务中心、出版社等都取得了较好效果。全校职工总数的 15%，近 300 人自行承担工资、奖金、福利和向学校上交部分收入。管理系统如财务处通过成立结算中心等项改革，融通闲余沉淀资金，由 1992 年上交学校 10 余万元，1993 年达 62 万元，1994 年将超过 100 万元。

• 多年实行的年终述职考评和 1992 年开始的分配制度改革已渐成为比较稳定和成熟的制度，包括业务系统的教时津贴、科研津贴和年终奖励；管理系统的岗位津贴和年终奖励以及校产系统支持系统的分配办法等初步打破了“大锅饭”和强化了按劳绩分配，调动了教职工的积极性。

当前进行的综合改革是根本性和体制性的改革，是一项长期和艰巨的任务，我们进行的两年综合改革计划只是一次全面的启动，各项改革只是开始，还很不完善；有的措施不配套，不落实；有的效果还不明显和产生一些新的矛盾；物资系统改革和公费医疗制度改革尚未进行。

二、“‘211 工程’建设规划”的制订和通过部门预审

在部领导的关怀和信任，全校教职工的共同努力下，经过近一年时间制订的《北京农业大学“211 工程”建设规划》(1994—2005 年）于 1994 年 12 月正式通过了部门的预审，这是我校发展历史上的一件大事。它为我校的进一步的发展和腾飞开辟了航向，勾绘了施工的蓝图。其要点如下。

1. 根据深入的形势分析，审时度势地提出的发展战略选择是向着综合性、高层次、研究型、多职能和提高国际化程度的方向发展。据此，进一步确立和完善了我校建设的总体目标：经过两年准备和 10 年“211 工程”建设，即由 1994 年到建校 100 周年（2005 年），我校将由目前学科比较单一的农业大学初步建设成为接近或达到世界先进水平的、以农科为主的综合性大学。学校规模由现在的

4 000 名左右在校生发展到 6 000 人。

2. 为了实现上述战略选择和总体建设目标进行如下结构性调整。

• 院系专业结构调整。如前所述，已调整为比较稳定的 8 个学院和比较灵活的 30 多个系，70 多个专业方向，院系专业结构的框架初步形成。

• 学科结构调整规划是由现有的 75 个二级学科规划增至 120 个，其中农学由 36 个增至 44 个，工学由 6 个增至 12 个，理学由 23 个增至 34 个，人文社会科学由 10 个增至 30 个。增幅最大的是人文社会科学。

• 学生结构调整规划是按在校生 6 000 人规模，到 2000 年，本科生、研究生和大学后继续教育生分别为 3 000 人，2 000 人，1 000 人；到 2005 年，分别为 2 500 人，2 500 人和 1 000 人。本科生和研究生之比由 1993 年的 1∶0.22 分别调整到 1∶0.67 和 1∶1。在校留学生发展到 150 人，以培养研究生为主。

3. 在新的教育思想和观点指导下，分别制订了本科、研究生和继续教育教学建设规划。包括培养模式和培养计划；课堂、实验和实践三大教学体系及课程、教材、设备、学风和教学管理建设规划；德育和体育建设规划等。

4. 教学和科研的重要基础是学科和条件实验室（场）。规划建设国家级重点学科 29 个（现有 11 个）；部级重点学科 45 个（现有 7 个）；并在以上学科建设的基础上，组建生命科学和资源环境科学两个国家学科群以及信息和计算机农业应用、农业经济和农村发展、农工结合三个部级学科群。学科建设相应的是规划建设 7 个国家级重点实验室、工业性中试基地和工程研究中心（现有 2 个）；17 个部级重点试验室；11 个国家和部级中心、工业性试验基地以及 3 个面向全校的中心实验室。

5. 根据对我校科研工作的现状和优劣势分析，对我校基础研究、应用性研究、开发性研究、重点项目研究与面上项目研究、纵向国拨经费与横向及高技术产业化返回经费之比以及教科人员人均年经费等进行了总体性的规划。并针对国民经济建设主战场、生物技术及其实用化以及基础性研究三条战线的需求，优选一批重大、关键和超前性技术，学校组织力量，形成人才优势进行突破。并以应用研究带动和组织好“上中下游”研究的衔接，形成系列性研究优势。并将科学研究建设与学科建设和科研的机构改革结合起来。

6. 农业推广的建设规划主要是形成校内工作体系、农业技术推广体系和全面参与农村发展体系。工作的主要内容是：为农村综合发展提供系统咨询，推广先进农业技术和开展信息及培训服务，特别要为建立农村社会化服务体系和农业（科技）企业的发展提供服务。

7. 高新技术校办产业建设规划是以我校学科和科技成果的优势为依托，以市场为导向，选准项目，集中力量办好几个能体现我校特色和规模经营的数项支柱性产业和组成集团公司。并在校部及涿州农场建设农业高新科技园区。计划

2000年的年产值2.5亿元，年利润5 200万元。

8. 提高国际化程度建设规划的重点是实施5项计划，即“重大合作项目计划”（已有4项，约700万美元；已议定5项，约1 100万美元，1995—2000年再增5～8项，争取1 000万美元以上）；“学赶计划”（根据“211工程”建设需要派出、请进和合作）以及“交往计划”“留学生计划”和“信息计划”。

9. 办一流大学必须有一支一流的教师和职工队伍。到2000年和2005年，随着学生人数增长，教职工总数由1 926人增至2 700人，与学生比由1∶2.0提高到1∶2.2，师生比由1∶5.3提高到1∶6.0。教科人员在职工总数中由现在的50%增到61%。教师队伍是队伍建设的重点，分别提出了相当于院士、博导教授和副教授的培养建设规划，特别是对中青年教师的培养。随着教学科研要求和进人学历的提高以及广泛推行研究生“三助制”，教师的职称结构也将发生很大变化，正高、副高和中初级职称比例将由现在的1∶3∶6发展为2∶5∶3。并有针对性地制订了教师队伍建设的五条主要措施。此外，实验技术人员队伍和管理人员队伍均有专项建设规划。

10. 管理系统是领导和推动全校各项工作有效运行、带领组织全校师生员工完成各项任务的主要力量。管理系统的素质决定着学校工作的质量和效率。管理系统建设包括结构和管理体制、机构和职能、运行“软件”和人员管理四个方面。

11. 办学条件建设规划包括基本建设、重点学科和实验室建设、支持系统建设3个部分。我校基本建设已被列入国家“八五”大中型建设项目。按在校生6 000人规模，校舍总建设面积39.4万米^2。原有和已建面积20.5万米^2，待建19万米^2。其中教学科研用房5.6万米^2，生活和附属用房13.3万米^2，累计投资额2.98亿元。重点学科建设0.26亿元，重点实验室建设1.22亿元；校园网、场站园、图书馆等支持系统累计基建设投资0.54亿元。三项总计投资额为5亿元。

“211工程”建设规划中最后描述了建成后的北京农业大学的宏伟前景，并写下了以下的结语：

“公元2005年，北京农业大学将以其全新的面貌举行成立100周年校庆。届时，一所具有高学术水平，培养高级人才，出高质量科研成果和新的学术思想，享誉国内外的，一流和新型的，以农科为主的综合性大学必将展现在拥有13亿多人口的伟大的社会主义中国的首都。这是国家发展和社会进步的需要；这是中国农业现代化建设的需要；也是农大人义不容辞的光荣的历史使命。”

三、经常性工作——全面和较好地完成了 1994 年各项办学任务

（一）业务系统

• 教学上共开课 944 门，编写教材 64 种（自编 41 种）。售出教材 49 457 册。1994 年毕业本科生 527 名，硕士生 137 名、博士生 40 名，他们都走上了各自的岗位，做到了用人单位、学校和毕业生三满意。对大学生的就业加强了指导，通过举办就业讲座、供需见面会，创办《就业信息报》，取得了良好效果。本年度招收大学生 965 人（含烟台教学基地专科 150 人、双学位 41 名），硕士生 187 人（计划内 150 人，自筹经费 30 人，代培 7 人）、博士生 92 人（计划内 80 人，自筹经费 5 人，代培 4 人；保留入学资格 3 人）。博士生招生人数和报名人数是历史上最多和最好的年份，报考硕士和博士研究生人数及考分上线人数均好于往年。近几年不仅招生人数有较大幅度增长，形式也多样化，如定向生、委培生、实践生、双学位、民族班、师资班、与外校联合培养等。通过研究生招生改革，除计划内招生外，多种形式自筹经费招收了硕士生 35 名，博士生 10 名。

继续教育学院开展了多层次、多类型的干部和成人教育，并不断开拓新的教学基地，在科教兴农、科技拥军、全方位为社会服务方面有了较大进展。全年举办干部培训 3 期 120 人；有学历函授班 12 个，518 人，面授 14 门课程，购置 17 种教材，组编 14 种近 30 万字教材；举办专业证书班 7 期，培训 600 多人；短期技术培训班 20 期，学员 950 多人。受农业部委托开展了“绿色证书（农民技术资格证书）”技术培训，面向全国 27 省市自治区，建立 15 个试点县，运用现代化运程教学手段，培训 8 000 人。为配合技术培训，制作 5 部录像片 308 分钟，向全国发行 160 盘，其中《果园建立》和《彩色獭狸》分获 1994 年国家“星火科技”电视节目一、二等奖。培训楼全年接待 1 万人次，利用率达 70%，比 1993 年提高 10%，全年总培训人次 9 867，比 1993 年增长 30%。

• 科研形势喜人。1994 年是总结“八五”和争取“九五”的关键年，经调查摸底，98 % 的“八五”课题进展顺利，鉴定成果 29 项，获奖 13 项，1991—1994 年累计获奖 30 项。为加强技术推广，组织编写了“八五”期间《北京农业大学推广技术成果》一书。此外，《北京农业大学学报》被评为核心刊物，在全国 300 种刊物中名列第 66 位，并出刊了《农业生物术学报》。1994 年争取到大小项目 123 项，经费 791.2 万元。在深化科研管理改革方面，全年共召开全校大型和专业的科研信息发布会 29 次，全处集体下院系 49 次，发行《科技动态》24 期，试办《科研管理工作简报》4 期。

• 农业推广方面，各院系组和教师结合教学和科研成果转化开展了大量为农

业农村农民推广先进技术，提供咨询服务的农业推广工作，社会影响很大。1994年我校培育的高产玉米杂交品种3 315列为国家重点推广项目。我校于1992年开始举行的“农民科技活动日”，引起很大社会反响。于1994年5月，农业部在全国16个省份组织了“全国农民科技活动日”，主会场设在我校。在1994年全国扶贫工作会议上，刘江部长曾多次表彰了我校的扶贫工作。

•1994年国际交流合作和对台工作活跃，先后与德国洪堡大学、韩国汉城大学、巴西里约热内卢联邦大学、尼特拉斯洛伐克农业大学等8校建立了姊妹学校关系。此外，举办了6期国际培训班，招收了10位留学生、成功地举行了“持续农业资源的综合管理”等国际学术讨论会。1994年派出师生163人次，请进各类专家122人次，接收留学生13人。

1994年学校在引进外资上取得重要进展，有日本神内先生无偿捐资2.7亿日元，在我校建“北京农大——神内农牧业经营研究开发中心”；日本京食公司与我校合资兴办“都丽梦食品公司”，双方各投资2.7亿日元；美国温洛克基金会捐资100万美元，设置由我校主持的，为中国培养农经博士的项目等。

（二）技术和生活支持系统

• 图书馆采购中文图书2 973种，6 886册，外文刊599种，购置录像带208盒录音带238盒；光盘资料5万元，新编图书3 000多种；接待声像读者4.5万人次，检索课题490余个，印刷各种资料250万张。

• 出版社出版农科书类图书100种，其中大专教材占50%，学术专著占18%，农业科技图书占30%，总字数2 830万字，共39余万册，其中家禽营养、养殖、饲料加工、疾病防治类，已形成系列和特色，取得了较好的经济效益和社会效益。全年利润36万元，上交学校21万元，其中承包利润8.8万元，还款4万元，返还工资8.2万元。

• 电教中心坚持为教学和社会服务的宗旨，积极制作电视教材节目1 200多分钟，为全校学生播放教学节目650场，收视人数达1.8万人次。有3部片获北京市和国家教委金奖和一等奖，有2部获优秀奖。

• 涿州农场在全面深化改革，完善管理制度，调动职工积极性方面取得重要进展，并进一步调整了产业结构。在克服旱、雹、虫灾的情况下，农、林、果、养、工副业取得了较好成绩。全年生产粮食3 850吨，因受灾比1993年减产570吨，但农业总收入提高到457.8万元，比1993年增收61.8万元。水果56万斤。畜牧业方面，生产鸡蛋292.5吨，雏鸡119万只，猪1 141头，创造了较好的经济效益及社会效益。工业方面，生产配合饲料5 749吨、纸箱27万套，汽车运营79万公里。全年销售收入1 118万元，比1993年增长9.8%。职工人均销售收入32 097元，比1993年增长20.4%；职工收入4 543元，比去年提高37.6%。全年净利润 17.8 万元，固定资产新增 686 万元。

• 昌平实验站承担科研 47 项，接待校内实习生 186 人，日本实习生 15 人。畜牧业是该站的支柱性产业，全年蛋鸡存栏 27 460 只，育雏 4 900 只，育成鸡 12 900 只；存栏小型猪 204 头，新建饲料厂后取得良好效益，半年盈利 9 万元。种植业方面，生产粮食 9 万千克，销售良种 35 万千克。全年总收入近 650 万元，比 1993 年增加近 200 万元，总支出 580 万元，盈利 64 万多元。

• 科学园区，主要抓了三件大事：一是建立健全规章制度，实现管理规范化；二是科学园规划的实施与建设工作；三是科学园的管理服务工作。全年运进土方 8 400 米^3，填平了养殖园区的大坑；竣工温室 804 米^2，配电室 165 米^2；植种绿篱 4 000 多株，紫玉兰和月季 300 多株，播草坪 3 000 米^2，科学园区的景观外貌进一步美化。在为教学和科研服务方面，承担科研项目 75 个，有 80 多位博士及硕士研究生在此完成毕业论文实验，为 300 多名大学生提供田间教学等服务。

• 总务处以办好学生和教工伙食为主要任务。交通服务中心安全行驶 50 万公里，维修车辆 900 多辆次；集资建立的加油站日加油量达 5 吨。生活服务中心为师生订票 4 000 多张；及时解决了 103、16 楼的通信和通邮问题。修缮服务中心粉刷学生宿舍 200 多间，家属宿舍 150 多套。总务处在水、电、暖方面增收节支 35 万元；改造电视天线，增加了有线电视、卫视等十几个频道，丰富了教工文化生活；增容电话 100 部；扩大了幼儿园的面积，改善办园条件。

• 基建工作方面，1994 年在施面积达 2.5 万米^2。基建经费 2 991 万元（其中 770 万元低息贷款）。竣工面积 7 425 米^2，分别为 16 号教职工住宅、兽医预防科学楼、科学园 2 号温室及配电室、加油站、家属区配电室（电力增容 1 160 千瓦）以及完成各种管线 4 047 米。校园美化绿化方面，摆放路椅 100 把，新植整地 22 940 米^2，栽植绿化苗木 13 097 株，种草 4 500 米^2，清运渣土 3 000 米^3。科教服务中心为科研教学提供各种仪器设备和药品等约 110 万元。在西三旗和五道口高校教师住宅区集资 462 万元用于购房，可望在 1996 年提供 105 套高校教师住宅区套房。

• 保卫处在认真贯彻岗位责任制和目标责任制的同时，把维护学校稳定、安全和打击违法犯罪作为经常性和中心工作。一年来，共发现各种隐患百余起，重大隐患 30 余起，发现处理火险 3 起，补装铁护栏 10 余处，侦破流氓、诈骗案 3 起，处理打架斗殴 50 起。还为学生会武术协会购买了 1 500 元的训练器材，加强了保卫干部与学生的联系和感情沟通。保卫处被评为公安机关先进集体。

（三）产业开发

一支力量较强的产业开发队伍已经建立，人数达 69 人，一批支柱性的校办高新技术产业逐渐形成，它们是以经营阿维菌素等生物制剂的京农总公司、高校第一个进入上海浦东开发区的“高微公司”、列入国家计委和教委“产学研”项目的种衣剂厂、农药厂、北京农大——正大肉鸡发展中心以及正在筹建的北京农大——日本京食“都丽梦快餐食品公司”等。农学系的良种公司、动物医学院的兽药厂和动物医院、动物科技学院饲料厂等都有了较大发展。在技术、生产、产品和市场方面，我校高新技术产业已经打下了良好的基础取得了较好的经济效益。1994 年校办产业和各经营实体经营总额 5 700 万元，利润 477.8 万元；对外社会服务经营总额 1 880 万元，利润 175 万元。

（四）管理系统

• 人事工作主要围绕实施和完善校院系三级管理制度，调整机构、编制和干部，优化管理队伍，提高管理效益和质量方面进行工作。全校院系调整后形成了 8 个学院 39 系（含食品和农工两个独立系，其余 37 个为院下系）的业务系统，并调整了各院系的领导班子。全校由 47 个处级机构调整为 40 个；调整副处以上干部 40 名，中层干部中 40 岁以下的人数由 1990 年的 17% 提高到 33.7%；文化层次和高职比例也有明显提高。全年接收留学回国人员 10 人，调入副教授 9 人，办理博士和博士后两地分居 21 人，接收应届毕业生 61 人，调入 67 人，调出 42 人，自动离职 49 个，离退 66 人，自然减员 5 人。在编总人数较 1993 年净减 45 人。此外，59 人自费出国，校内调动 47 人次。评定正高职 22 人、副高职 42 人、中级职务 50 人。目前我校已有 376 人享受政府特殊津贴，达高职比例的 48%。

•1994 年下达教育事业费 2 632.5 万元，比去年增长 47%，但增加部分主要用在调资上。人员经费去年占总经费的 58.3%，今年提高到 64.8%，缺口达 400 多万元。主要原因一是此次工改月人均增资 173.6 元，国家只给 110 元；离退人员月人均增资 220 元，国家只给 150 元，使学校不得不在当年事业经费中拿出 270 万元用于人员经费。二是电费上涨 36%、煤价上涨 20%，其他许多物价都有不同程度上扬。如何弥补这 400 多万缺口？学校采取的措施一是校财政的经费来源改单一的国拨渠道为以国拨为主的多元化渠道，即按规定将学杂费、联合办学费、科研提成费、水电房费等收入纳入校财政的总体计划，今年约可补充 300 万元。二是组织增加校办产业和经营实体的收入和上交工作，约可补充 100 多万元。三是采取多种措施增收节支。在全校师生的共同努力下，1994 年继续保持了第 8 个年头的财政收支平衡。需要提到的是，公费医疗超支严重，1994 年达 150 万元，这是全国普遍存在的政策性缺口，农业部同意可暂将此挂账。学校拟于 1995 年进行公费医疗管理的改革。

• 审计处围绕学校中心工作，积极参加对校办产业经济效益评估。经对全校 43 个产业（其中持有法人执照的 27 个）评估，1993 年校办产业创利税 635 万元。在评估中发现了一些问题和不足，为改革校产工作和调整校产提供了依据，并强化了企业的成本观和效益观。监察室处理了人民群众来信 15 件，来访 29 人次。

• 国有资产办在加强国有资产管理的同时，为物资改革做准备，增补了卡片 7 698 张，发现漏登并补登设备 202 件。1994 年全校新增各类固定资产 1 391.4 万元。其中仪器设备 1 162 件，646 万元；图书资料 11 557 册，72.9 万元。1994 年底固定资产存量为 24 896 万元，其中各类仪器设备存量为 25 473 件，9 500 万元。

• 校长办公室协助校长组织校务会 24 次，校长办公会 3 次，行政办公会 9 次，全校大中型会议 11 次。此外，收转发文件、信函等约 1.5 万件次，各类报表 15 套，整理和接收各类档案卷宗 4 000 多卷。今年的一项重要工作是协助校长组织编写，修改和印刷了《北京农业大学"211 工程"建设规划》《北京农业大学"211 工程"重点学科建设规划》以及《北京农业大学"211 工程"建设规划（缩写本）》，为"211 工程"预审准备了美观、高质和齐备的材料，得到了预审评委的好评。

• 信息中心编印校报 20 期，《农业发展与思考》2 期，制作"农大要闻"272 条，专题 69 个，播出 382 小时，广播站播音 557 小时。在对外宣传方面，向《人民日报》《光明日报》等投稿 23 篇；向中央电视台、北京电视台报送新闻 21 条，专题 6 个。校园网络中心全年发送电子邮件 500 多件，并将北京农大简介推向国际 Internet 网络系统，使 154 个国家可以查看到北京农业大学的信息。信息工作在提高我校知名度和扩大社会影响上发挥了重要作用。

•1994 年教职工收入和福利有了很大改善。在校经费十分困难的情况下，工改后学校不仅下发了工资额的 70%，其余的 30% 也按月发给大家，学校为此每年贴补 270 万元。学校还继续安排了各种津贴奖金，如全年发放课时费 115 万元，科研津贴 104 万元，（不含院系和有关单位发放数额），教师年人均收入约 3 500 元，管理部门人员等各项津贴年人均约 2 500 元。1994 年底，还为工资不足 300 元 / 月的职工（特别是青年职工）一次性补助 200 元。

1994 年有近 300 户搬进新居，改善了住房条件；家用电话普及率达 70% 以上；104 位教授办理了"102"高干医疗证。在"小康工程"中学校用基金 20 余万元全部更新家属区公用电视天线和安装有线电视和卫视天线，每年付收视款 7 万元。北区的绿化和餐厅，南区的食堂和服务社等也都为职工提供了方便。

在完成办学任务的各项工作中，存在的主要不足有：在提高教学质量上抓得不够实，不够细；在队伍建设，特别是青年教师的培养上，抓得不狠；工改后有 30% 左右的同志的工资仍然偏低，对他们的关心不够；在经费和物资管理上，抓节约和反浪费不够；在管理工作中，更广泛听取意见不够等。

在这一年里，由于全校教职工的共同努力，在克服了种种困难的情况下，我们出色地完成了各项办学任务，还抓了"两年综合改革"和申请"211 工程"两件大事。1994 年是农大发展历史中具有转折意义的一年。我们面临着严重的挑战，但又得到了一次难逢的历史机遇；我们遇到了重重困难，但又是可以克服的。只要一年一个脚印地向前走去，就一定能达到我们既定的目标。

【资料】我校召开第十五次工作会议

1994 年 8 月 25—27 日，我校召开第十五次工作会议，对两年的综合改革进行了认真的总结，对“211 工程”建设规划开展了热烈的讨论，对本学期重点工作进行了部署。

石元春校长受校务会委托，对我校综合改革的背景、过程、成绩和不足进行了回顾和总结。他说：改革的难度很大，我校两年来陆续出台了一系列改革方案，靠广大师生员工积极参与，才得以实施，取得成效。我们的综合改革抓住了改革的根本和实质，起点高，是有深度有计划有实效的。他还提出今后一年要对前两年的综合改革进行巩固、完善和提高，特别是物资管理改革要启动。

石校长还介绍了我校“211 工程”建设规划思路。

党委书记周鹏程传达了全国及市教育工作会议精神，部署了本学期党的工作。

副校长黄铁城、张立强、程序和副书记唐运新先后做了关于教学改革、生活支持系统兴办经营实体、我校“211 工程”学科建设和科研规划、全面提高学生素质的发言。有关部门的负责同志做了专题发言。农业部教育司副司长韩会鹏等出席了会议。

我 校副处级以上党政干部和各民主党派负责人 160 人参加了会议。

（引自 1994 年《年鉴》第 30 页）

31 提高研究生教育工作十条
——根据石元春校长在北京农业大学研究生院成立十周年庆祝会上的讲话摘登

【导读】

1994年12月2日，北京农业大学隆重举行了北京农业大学研究生院成立十周年纪念大会。石元春校长做了研究院工作总结和深化改革的报告(见《教育卷》)后概括为“提高研究生教育工作十条”，曾刊载于《校长论坛》。

我校的研究生教育已得到较快发展，现已成为具有相当教育规模和较好培养质量的农科研究生培养基地。在国家经济体制发生重大转变、改革不断深入发展和我校进入“211工程”建设的新形势下，研究生教育具有更加重要的地位，同时也提出了更高的要求。根据中央有关精神，结合我校实际，深化改革，全面提高我校研究生教育质量。提出以下10条意见。

1. 根据国家经济建设、社会发展和我校“211工程”建设目标的需要，按“211工程”建设的规划，逐步调整我校学科和研究生专业的结构。即在继续加强传统和优势学科的改造更新与发展的同时，积极促进和发展新兴、交叉和前沿性学科以及经济建设和社会急需的学科，设立学科建设基金，在校学科建设领导小组领导下，集中力量分期分批抓好重点课程建设。

2. 根据社会需求和生源的多样化趋向，在保证质量的前提下，研究生的培养方式和类型也要灵活和多样化。在以计划统招为主的情况下，积极发展以下多种培养形式：一是扩大招收培养经费自筹和代培生，在研究课题、培养条件和方式上更加灵活；二是为用人单位举办硕士课程进修班和共同组织论文研究和答辩；三是继续扩大和办好在职研究生教育和在职人员申请学位。

3. 除按规定统一招考录取研究生外，在保证质量和政策允许条件下扩大和吸引优秀生源：以硕博连读等方式扩大和吸收在读硕士生和本科高年级优秀生深造，推荐和选拔本校优秀本科毕业生和硕士生中期考核或论文答辩成绩优秀者免试攻硕、攻博；选拔有实际工作经验、符合条件和具有相应学历的优秀人才，经资格审查和考核批准可免试攻硕、攻博。

4. 培养费与奖学金改国拨单一渠道为国拨为主的多渠道制，逐步打通和扩大外单位委培、企业或个人设研究生基金、校内自筹培养费和设奖学金等。不同学科收费标准可以不同。此外，改平均发放奖学金为按学习成绩和品德状况发放奖学金和奖励金，并扩大级差，提高激励强度。

5. 对重要和覆盖面大的学位课程分期分批进行重点建设。重点建设的课程必须在教学内容上丰富高质，反映学科前沿和国家最新成就；教学方法上能最大程度地调动学生学习的主动性，启迪和提高其科学思维和自我深化的能力；主讲教师由研究生院和有关学院从校内外优秀教师中选聘，教学设备和文献资料在可能条件下予以充足保证。学校每年拨专款，进行重点课程建设。博士生课程要重点加强规范化和质量建设，拓宽基础和专业知识面。

6. 研究生的论文选题要考虑导师的专长和已有科研课题，也要十分重视国家经济建设、社会发展和研究生就业的需要。研究工作中必须坚持实验、观测和调查的材料为主。导师要加强从开题到论文写作答辩的全过程的指导，并具备该研究课题所必需的研究条件和经费。

7. 要十分重视研究生的德育，要对研究生坚持正确的政治方向和人生观、道德观、价值观和科学观以及科德学风的教育。德育的目标、内容、要求、措施、评价方法和实施计划要贯穿全学程，由研究生院和各院系党政系统组织实施。导师应加强育人意识，把科德、学风等德育教育贯穿研究生培养全过程。德育评价要作为中期检查、毕业考核以及评定奖学金和奖励基金的重要内容。

8. 导师是指导研究生和提高培养质量的主要力量和关键因素。招生指标和奖学金数额的分配要做到宏观控制、导师资格、培养条件和考生状况四结合。宏观指导是指按学校“211 工程”建设规划中关于人才培养、学科建设和科研重点等方面的要求作为分配招生名额和奖学金的根据。导师资格是指副教授具有指导硕士生和正教授具有指导博士生的资格（试点）。培养条件是指具有相应的科研项目和经费、试验设施和图书资料、研究群体和学术氛围以及指导研究生的经历和保证培养质量等。考生状况是指报考和上线人数。"四结合"中要贯彻宏观指导下的竞争原则。为了加强导师队伍建设，导师必须参加由研究生院组织的指导研究生的研讨班，交流指导经验，指导研究生教育和管理等有关问题。指导博士生除以导师为主外，根据研究课题的特点和（跨）学科要求，成立指导小组，共同制定培养方案、指导课程学习、指导检查科学和论文写作。此外，研究生院定期进行研究生教育质量评估并公布结果。

9. 在加强研究生教学管理制度的基础上，建立严格的质量监督体系。一是严格的选课及课程学习要求；二是严格的中期考核制（博士生为资格考试制）；三是严格选题和课题设计审查制；四是严格的论文审查答辩和公开发表制。与质量监督体系相应的是建立相应的奖罚和淘汰办法。

10. 成立以研究生导师为主体的研究生教育研究会，负责调查研究研究生教育的经验和问题、发展战略和政策、反馈和管理等，作为改进和发展研究生教育的参谋和咨询机构。

32 北京农业大学“211 工程”建设计划

（1994—2005 年）缩写本

【导读】

1993 年 2 月国务院颁布的《中国教育改革和发展纲要》中明确指出：“要集中中央和地方等各方面的力量办好 100 所左右重点大学和一批重点学科和专业。”为此，1993 年 7 月国家教委发出《关于重点建设一批高等学校和重点学科点的若干意见》和 1994 年 5 月开始启动部门预审。显然，能够进入“211 工程”计划对北京农业大学是何等重要。

有着 7 年转型改革的工作基础，并一直参与国家教委“211 工程”策划和准备的国家教委科技委副主任的石元春校长，当然深知“211 工程”对北京农大的重要意义和如何进行申报准备。1994 年 9 月，农业部副部长洪绂曾及部有关司局组成的考察组听取了准备工作汇报；11 月 21—24 日，以洪绂曾副部长为组长的 15 人组成的专家组正式进驻学校，听取了石校长关于北京农业大学申报“211 工程”的报告和进行了 3 天的考察，最后一致同意北京农业大学首批进入“211 工程”重点建设项目。

以下是由石元春校长亲自起草的“北京农业大学‘211 工程’建设计划（1994—2005 年）缩写本”，有附表 12 个，并以 8 项目标描绘了 2005 年前后的北京农业大学建设规划。该“‘211 工程’建设计划”最后写道：“公元 2005 年，北京农业大学将以其全新的面貌举行成立 100 周年校庆。届时，一所具有高学术水平，培养高级人才，出高质量科研成果和新的学术思想，享誉国内外的一流新型的、以农科为主的综合性大学必将展现在拥有 13 亿多人口的伟大的社会主义中国的首都。这是国家发展和社会进步的需要；这是中国农业现代化建设的需要；也是农大人义不容辞的光荣的历史使命。”

8 年转型改革为“211 工程”打下了基础，“211 工程”将北京农业大学的 8 年转型改革推向高潮，画上了圆满句号。

制订本规划的依据是《中国教育改革和发展纲要》和国家教委颁发的“211 工程”有关文件。制订规划的指导思想和原则：一是审时度势，高瞻远瞩，重在把握发展目标和战略；二是重在建设，使学校在整体质量上上档次，上水平；三是既重办学条件的“硬件”建设，又重体制和管理改革及挖掘内涵的“软件”建设；四是既重发展规划，又重便于实施操作。1994—1995年是准备期，1996—2000年为一期建设，2001—2005年为二期建设。本建设规划分综合、主体建设规划和支撑条件规划三个部分共16项和第四部分“建成后的北京农业大学”。

以下是北京农业大学“211工程”建设规划的缩写本。

一、综合部分

1. 基本情况

北京农业大学是1949年由北京大学、清华大学、华北大学三校农学院合并组成，现属农业部领导。1954年被国务院确定为全国6所重点大学之一；1984年又被列为全国10所重点建设大学之一；学校基建1990年被列入国家“八五”大中型建设计划项目。

北京农大是我国实力较强的一所大学。国家级重点学科、实验室、中科院院士和博士后流动站数在全国33所著名大学中排在第6～8位，博士生导师数为13位；12项主要办学指标在农口高校中均排名第一（附表1，附表2）。校园面积75公顷，实验场、站面积1 604公顷，校舍基建面积20.5万米^2，固定资产2.05亿元。

现有8个学院35个系，37个硕士研究生和22个博士研究生专业，3个博士后流动站。并设研究生院和继续教育学院，分别负责管理全校研究生教育和大学后继续教育。在校研究生605人（其中博士生172人），本专科生2 812人，函授和夜大学本、专科生694人，共计4 111人。教职工1 926人，其中教学科研人员961人，中科院院士4人、中国工程院院士1人，博士生导师72人，教授141人，副教授366人。1950年以来，为国家培养了博士和硕士研究生1 616人，本、专科生20 917人，他们已成为我国农业生产、科研、教育和管理部门的重要骨干。北京农大在科学研究、农业推广和高新技术开发等方面也做出了重要贡献。

2. 形势、战略和目标选择、建设思路

形势分析。未来的一二十年，我校面临的形势，一是科技迅猛发展，社会激剧变革，观念不断更新，特别是我国将逐步建立起社会主义市场经济体系，变革和发展是当今的时代特征。二是在我国经济建设和社会发展中，农业担负着重大的任务而又承受着资源和环境的基础差、投入少、社会需求高等多方面的沉重压力。同时，在建立社会主义市场经济体系中，将由单纯的农产品生产向着产前产

中产后，农工贸一体，一、二、三产结合，面向农业、农村和农民的大农业方向发展。三是迅速发展的科学和技术日趋综合、交叉和相互渗透，作为一个大的领域和门类，农业科学和其他学科领域间的渗透交叉，无论在广度和深度上都将迅速拓展。四是在新形势下，高等教育中加强学生的德育工作，提高学生的综合素质和广适应能力已是必然。学生来源和就业的多途径、多样化以及学校间对考生越来越激烈的竞争向学校提出了严重的挑战。五是我国有 66 所农业高校，在校生 12.5 万人，230 多所中等农业专科学校，在校生 13.6 万人，农业教育结构在改革和调整的新形势下，北京农业大学应当突出自己的特色，充分发挥优势和正确地找到自己的恰当位置。

战略选择。根据以上的形势分析，结合我校具有学科、师资和地理条件的优势以及学科比较单一的不足，客观地对我校提出了高要求。“211 工程”建设的战略选择是向着综合性、高层次、研究型、多职能和提高国际化程度的方向发展。即在学科的以农为主的基础上，向着综合性方向发展；在培养人才上，加强研究生教育层次；在坚持教学、科研两个中心，不断提高教学质量，强化科研综合实力和水平的同时，面向社会，多职能办校以及走向国际，发展自我。

总体目标。学校建设的总体目标是，经过两年准备和十年“211 工程”建设，即由 1994 年到建校 100 周年（2005 年），我校将由目前学科比较单一的农业大学初步建设成为接近或达到世界先进水平的、以农科为主的综合性大学。具体表述为：建成以培养人才为根本，教学和科研两个中心，本科教育与研究生教育并重，兼有大学后继续教育等多种形式办学、农业推广和高新技术产业开发等多种职能，以培养高层次农业专门人才为主，具有高质量教学、高水平科研、出色的农业推广和高新技术产业开发和较高国际化程度的，接近或达到国际先进水平的，以农科为主的综合性大学。学校规模由现在的 4 000 名左右在校生发展到 6 000 人。

建设思路。为了实现上述战略选择和总体目标，建设内容包括结构性调整、教育教学、学科、科研、农业推广、高新技术产业开发和提高国际化程度等 7 项主体建设和人、财、物及管理等 4 项支撑条件建设。

二、主体建设规划

3. 结构性调整

为了实现上述战略选择和总体目标，对学校现状做如下四个方面的结构性调整。

学科结构调整。现有二级学科 75 个，规划增至 120 个，其中农学由 36 个增至44个，工学由6个增至12个，理学由23个增至34个，人文社会科学由10个增至30个。增幅最大的是人文社会科学（附表3）。

院系专业结构调整。在保持、改造和发展我校传统和优势学科的同时，向着新兴交叉、工程、经贸管、人文社科等6个方向拓展。新的院系专业结构是：9个学院——植物科技学院、动物科技学院、动物医学院、食品和生物环境工程学院、资源和环境学院、经济管理学院、生物学院、基础科技学院和人文社会科学学院（附表4）。除食品和生物环境工程学院待建外，其他8个学院均已建成。

院系专业管理体制调整。为了建立一个既能保持相对稳定，又具及时做出适应性反应能力的运行机制，改现有的校系两级管理体制为校院系三级管理体制。院是由相近的学科群组成的，有利于教学科研工作的协调，是学科间交叉渗透的比较稳定的行政管理层；院下的系按本科招生口径设置，是组织教学科研工作的实体；系下专业方向是供本科高年级学生选择专业重点而设置的不同课程组合和若干个博士和硕士专业点，不是独立的业务层次。这种新的三级管理体制既有利于学科综合协调，又有利于加强教学科研和行政管理；既有院的稳定性，又有系（专业方向）的灵活性，可以提高对形势的应变能力。

学生结构调整。按在校生6 000人规模，到2000年，本科生、研究生和大学后继续教育生分别为3 000人、2 000人和1 000人；到2005年，分别为2 500人、2 500人和1 000人。本科生和研究生之比由1993年的1∶0.22分别调整到1∶0.67和1∶1。在校留学生发展到150人，以培养研究生为主（附表5）。

4. 本科教育教学建设规划

新的培养模式。科技发展和知识更新的速度日益加快，社会需求和学生就业方向的多元化和不稳定性的时代特征决定了学生必须具有较强的适应和应变能力。因此，在培养模式上，多年来在计划经济体制下和学习苏联形成的窄深专才型培养模式应为广适应性的通才型模式所替代。因此，在培养计划设计中考虑的原则是：一要全面培养，即不仅重智力教育，也要加强精神素质和非智力因素的培养；二要基础扎实，包括数、理、经、生及通识教育（外语、计算机、经管法、人文社科等）；三要专业知识面宽；四要着重能力的培养。

教学计划建设。为了实现培养模式的转变，教学计划实行“按系招生，组合式培养”，即“基础＋模块”的“两段”（共同基础段和专业方向段）——“三体系”（理论、实验、实践）的培养方案。在此基础上遵循“拓宽基础，淡化专业，优化结构，柔化计划”等改革原则，并引入学分制、导师制等教学管理机制。新教学计划要求学生最低取得的学分数为176学分；必修选修课比为7∶3，取消限选课。学生可按共同计划完成学业，也可根据客观条件和自身能力，在允许范围内做必要调整；可提前毕业，也可延长修业年限至8年。此项教学计划已从九三级开始实施，1993—1997年第一轮实施过程中不断改进完善，1997年做第二次修订，并结合全面实行学分制，使教学计划更加柔性化。为保证新教学计划的顺利实施，已开始制订和实施师资、课程（内容和方法）、实验和实践教学、教材、学风等五项教学建设计划。

教学管理制度改革和建设。教学管理制度是推动教学过程有效运转、教学计划得以实施、调动教和学两方面积极性和提高教学质量的软件系统。高度集中的计划经济体制下的教育教学模式需要有它的一套管理制度，社会主义市场经济体制下的教育教学模式，也必须有与之相适应的新的教学管理制度。教学管理制度建设，一是建立符合我国国情的完善的学分制和辅以弹性学制、必修选修制、交费重修制、主辅修制、学分相换制、转系制和导师制，在保证培养基本要求的基础上，以适应学生需求的多样化和调动学生学习的主动精神和积极性。二是建立相应的奖罚制度，加大正面和负面的激励强度。改助学金为奖学金，设置贷学金和积极组织学生勤工助学，同时，实行预淘汰和试读制。教学管理中改过程管理为主为以目标管理为主和建立基金、评估和奖励等制度。

5. *研究生教育教学建设规划*

研究生教育的质量和规模是衡量我校整体办学质量和水平的重要标志，是“211工程”建设的重点。我校是全国首批也是农口唯一一所试办研究生院的高校。经过10年建设和发展，在博士和硕士研究生专业、学位授权点、国家和部级重点学科、博士生导师、培养博士和硕士研究生的数量和质量以及在管理能力和水平上，都已有较好基础和较强实力。

研究生专业和培养方案。根据学科和学校发展的需要，规划硕士研究生专业和学位授权点由37本增加到59个；博士生专业学位授权点由22个增加到34个。并根据新的形势和要求，按二级学科全面修订培养方案和五年制硕博连读。工作重点是博士生的培养方案的修订和提高博士生培养质量。专业培养方案中改进和建设的重点是课程的总学分数、学位课和选修课的设置、提高研究能力和论文水平以及改善研究条件等。要扩大委托培养等多种形式的计划外招生和大力加强在职人员申请学位等多渠道、多形式的研究生教育。

课程建设。现有课程373门，其中学位课152门。到2000年和2005年分别增开课程80门和100门，累计课程在550门左右，其中学位课占35%～40%。其次，全面修订教学大纲，以从课程整体和个体上改进和规范对各课程的要求和内容为目的，在全面提高课程质量的基础上，实施“一类课建设计划”，以改进教学内容和方法。现已建设一类课10门，计划每年集中力量建设10门。即到2000年有一类课70门；2005年达120门左右，相当于全部课程的20%～25%。

提高研究工作水平和论文质量建设。一方面，加强导师队伍自身素质建设和对开题到论文答辩全过程的严格要求和管理。另外，在研究生的培养中，从导师—研究生的个体行为拓展到导师—研究群体—研究条件（课题、经费、试验设备等）—科德学风的群体行为和环境上来。大力加强重点学科、重点实验室的学术群体和环境的建设，将研究生教育的大部分集中于具有优良条件和环境的学术群体之中。为此，将制订和逐步实施百名优秀博士生导师、两百名优秀硕士生导师的“优秀导师”及“优秀学术群体”的建设计划。

教学管理制度建设。改变在计划经济体制影响下形成的形式单一和缺乏竞争与活力的研究生管理制度。新的教学管理制度包括：入学资格审查的多形式，奖学金来源和管理的多形式和导向性，推行研究生担任教学助理、研究助理、管理助理的“三助”制，严格实行中期资格考核制，论文工作中期检查制，学位授予质量检查制以及分期淘汰制等。

6. 继续教育教学建设规划

继续教育的对象是具有大、中专以上学历或同等学力，有一定实践工作经验的在岗教师、科研人员、技术人员（生产系统）、县局以上管理人员和各类社会成员，使他们在知识和技能上得到更新、补缺和提高。本科教育、研究生教育和继续教育是高等教育体系中的三个重要组成部分。

继续教育的精髓是按需施教和形式灵活。主要类型有：教师进修型、合作研究型、生产技术型、科技产业型、农业推广和农村发展型、经营管理型和社会服务型（含老龄层）等。形式有选读课程和攻读第二学位、岗位培训、研讨班、进入开放实验室合作研究以及在面授同时，大力发展函授和多媒体远距离教育等。学习时间由数周到两年，并颁发结业证书。

到 2000 年，继续教育发展规模达到在校生 1 000 人。近期的工作重点是公务员的岗位培训和“专业证书”教育，教师进修和合作研究的“访问学者”的研讨培训，农业推广和农村发展人员培训，农业企业（含乡镇企业）管理培训等。建设的重点是：师资队伍建设，教材建设，多媒体远距离教育手段及校内培训和生活条件建设，管理规范化建设等。

7. 德育建设规划

1987 年，我校即提出了全面加强学生精神素质的培养，智力因素和非智力因素教育要协调发展，并与整个教学过程相结合，构成学生从入校到毕业离校的全过程培养计划，我们称之为“熔炉工程”。此项建设计划建立了在新形势下的德育目标和在政治观、道德观、敬业、精神和风貌五项具体要求和目标体系，以培育有理想、有道德、有文化、有纪律，献身于具有中国特色社会主义事业的建设者和接班人。因此，德育工作对培养人才发挥导向、动力和保证作用。德育是一个多因素、多层次、多变量的复杂系统，它是学校大系统的子系统，本身又包括若干子系统。运用系统科学的方法，使“三个流”（人流、物流、信息流），“五个机制”（动力机制、激励机制、创新机制、约束机制、分解还原机制），“六个系统”（情报信息系统、研究创新系统、实施系统、支持保障系统、调控系统、评估系统）整合为一个有机的整体，把过去狭义的德育发展成为一个开放系统和全过程、全方位及全员育人的“熔炉”。

德育建设的重点是：有理论教育、实践教育、教书育人、环境育人“四个教育”途径，以及“五个机制”“六个系统”等软件方面的建设和与之相适应的育人环境方面的物质条件的“硬件”建设。

8. **体育建设规划**

体育是培养德智体全面发展人才的重要内容。近几年来，我校在体育教学、课外体育活动和体育设施建设上有了较大发展。在全国大学生橄榄球运动和农口高校体育运动中起了积极推动作用。学生参加体育锻炼的积极性和热情很高。在“211 工程”建设中，体育建设具有重要意义。建设重点：一是贯彻“以普及为主，以不断增进健康为主”的体育工作原则。在 1996—2000 年间，在校学生通过“国家体育锻炼标准”和“大学生合格标准”的人数保持在 98％以上。二是积极组织体育教学改革和筹建单项俱乐部，1996—2000 年间规划成立 15 ～ 20 个单项俱乐部。三是利用我校开展橄榄球运动的优势，在挂靠我校的“中国大学生体协橄榄球分会”的基础上，成立“全国英式橄榄球教练员培训中心”，积极参加和推动我国橄榄球运动的发展。四是积极参与和推动农口高校体育运动的发展，举行和开展各类比赛及培训工作。

9. **重点学科和重点实验室建设规划**

学科是教学和科研的基础，没有一批一流的学科就没有一流的大学。学科建设的目标是建立一个能适应当代科技发展和实现我校发展目标需要的学科结构；建设一批在国内外具有先进水平的重点学科和在此基础上形成的学科群；造就一批一流的科技人才和学科梯队。工作方法是：“抓住‘两头’，促进综合，形成重点”。“两头”是指传统学科的更新改造和新兴交叉学科的建设和发展；“综合”是指形成一批学科群。

“211 工程”在强调重点学科点和学科群的建设目标中明确提出：重点学科点应能“对国家经济建设、科技进步和社会发展的某一领域产生重大影响，能解决本领域的重大科技问题，培训可成为学术带头人的高层次人才”；而具优势、特色学科群则应能“培训高层次的跨学科人才，承担国家重大项目的研究，出一批达到或接近世界水平的研究成果，对国家的经济建设、科技进步和社会发展的主要领域产生重大影响以及成为国内外学术交流中心”。

根据以上原则和要求，我校的学科总体结构框架将在现有的 75 个二级学科的基础上，新建 45 个，达到 120 个。他们分布在农学、工学、理学、经济学、法学、哲学、教育学等 8 个学科门类（附表 3）。

重点学科的建设规划是国家级重点学科 29 个（现有 11 个，新增 18 个）；部级重点学科 45 个（现有 7 个，新增 38 个）；并在以上学科建设的基础上，组建生命科学和资源环境科学两个国家级学科群以及信息和计算机农业应用、农村经济和社会发展、农工结合三个部级学科群（附表6和附表7）。

与学科建设相应的规划建设7个国家级重点实验室、工业性中试基地和工程研究中心（现有2个，新增5个）。规划建设17个部级重点实验室和11个国家或部级中心、工业性试验基地以及3个面向全校的中心实验室（附表8）。

学科建设的主要措施是根据以上部署，相应地实施和做好人才、大型科研项目（经费）、实验室（场）建设和国际交流合作四项建设计划。组织上的建设包括组建现代化的“综合研究中心”、以学科组取代教研组和成立校院两级学科建设领导小组。

重点学科建设另有专门项目报告。

10. **科学研究建设规划**

科学研究建设和学科建设是相互呼应、相辅相成的。根据对我校科研工作的现状和优劣势分析，科研建设的总体部署是：基础性研究、应用性研究、开发性研究的经费比大体保持在4∶4∶2；进入重点学科（群）和重点项目的研究经费与面上研究经费之比大体为8∶2；纵向国拨经费与横向及高技术产业化返回经费之比由现在的1∶0.2上升到1∶0.5（2000年）和1∶1（2005年）；教科人员人均年经费由现在的1万元上升到1.5和2万元（指到2000年及2005年，以1993年不变价计）；针对国民经济建设主战场的需求，优选一些重大、关键和超前性技术的研究，以应用研究带动和组织好“上中下游”研究的衔接；把科学研究建设与学科建设和科研机构改革结合起来，从而改变目前的散、小和系所合一的体制。

研究重点的部署，拟在面向国民经济建设主战场、生物技术及实用化和基础性研究三条战线上展开。

（1）基础性研究方面的重点是：作物高产抗逆生理和遗传，植物细胞生物化学，动植物遗传和育种，节水农业基础以及植物矿质营养；并争取在这些方面建成国际上有一定影响、国内有权威的国家级研究中心。

（2）生物技术及其实用化研究：继续执行1990年已制订的“生物技术发展纲要”，即“（909）计划”。鉴于有限的经费和人力，坚持与产业化结合并在少数确有优势的领域取得国内领先、争取国际领先的指导方针。如DNA指纹技术应用于人体DNA定位和应用于畜禽育种，利用现代生物育种MOET技术选育中国黑白奶牛核心群，产业化瘦肉型猪基因工程育种技术，基因工程法制备重组猪生长激素，利用动物乳房作生物反应器生产医用蛋白、基因工程疫苗以及微生物发酵工程等。

（3）面向“主战场”（国民经济和社会发展重大课题），国家科技攻关等应用技术研究：围绕高产、优质、高效益的战略目标，重点加强粮棉作物、果蔬和畜禽育种；以黄淮海平原为主要对象的区域治理和农村发展；资源和环境的可持续利用和持续农业；植物病虫害防治；动物生产和营养、饲料工业科技；果蔬的贮藏保鲜和加工；生物环境控制和设施农业等方面取得一批具重大经济效益的大成果，并提高相关学科的学术和技术水平。

按5个学科群部署的基础性研究、应用研究和开发研究重点（附表9）。

11. 农业推广建设规划

农业推广是农业院校开展社会服务的重要形式，是我校办学职能之一，对加强师生与社会联系和理论与实践相结合都具有重要意义。主要内容是：为农村综合发展提供系统咨询，推广先进农业技术和开展信息及培训服务，特别要为建立农村社会化服务体系和农业企业的发展提供服务。农业推广要与农村发展全面结合。

建设的主要内容如下。

（1）形成校内的农业推广工作体系。目前学校参与农业推广性工作的有国际农村发展中心、农村发展和农业推广系、继续教育学院和有关院系。根据上述参与区域农村发展、农业技术推广和提供信息及培训服务三项工作内容，理顺各方面关系，形成统一协调的推广工作系统。

（2）全面参与农村发展。立足于操作性研究与推广、培训、咨询实践，发展和完善区域农村发展学科，作为大学推广的理论和方法依据。并就持续农业和区域农村发展、区域农村发展规划、参与式农业推广与培训、妇女与农村发展、地区脱贫、项目管理、监测与评估等，承担国际国内（包括地方）发展项目的指导任务。

（3）农业技术推广。以推广我校技术成熟的实用性科技成果为主，已正式登记提出的有127项，科研处每年发布新增的推广项目。建设三类推广受体，即建设8个综合基点；河北省邯郸市、唐山市、曲周县、东光县、吴桥县、故城县，城郊型的有北京顺义县和河北省邯郸市；建设若干个专业推广点以及在全国范围开展农业技术推广服务。

12. 高新技术产业建设规划

高新技术产业是当代产业和推动经济向新的高度发展的生长点和竞争热点。高新技术产业的发展必须以高素质、多学科的科技群体为依托，在这方面大学的积极参与和主导作用已成世界性趋势。在不影响正常教学科研工作的前提下，大学以其自身成果和人才技术优势组织高新技术产业开发有利于高科技成果向生产力转化，有利于师生的企业和经营意识的培养和加强与社会的联系，有利于开拓新的资金渠道，改善教学科研工作条件和教职工生活待遇。

根据1993年11月国家教委、国家科委和国家体改委联合召开的全国高校校办产业工作会议精神和我校的实践和现况，校办产业建设及发展的目标和战略是：以市场为导向，扬己之长和充分利用已有基础，集中优势力量，全力抓好具有较大规模效益的校办支柱性产业。

1994 年和 1995 年校办的，利润百万元以上的支柱性产业如下。

（1）农牧业用微生物发酵工程系列产品——阿维菌素、伊维菌素、α- 玉米赤霉醇、食品级赤霉素等，由北京农业大学高新技术开发总公司组织生产经销。1994 年将组织全国性集团公司。

（2）广谱益微系列产品和工程菌产品的开发，由北京农大和教委高科集团公司合资的“高微科技发展公司”组织生产和经销。

（3）种衣剂系列产品开发，已列为国家经贸委和教委联合组织的“产学研”项目，1994 年将组织成立全国性集团公司。

（4）北农—京食中日合资快餐公司，资产 3 500 万元，1995 年 10 月正式运营。

支柱性产业的后备项目有特种玉米系列开发、特种饲料开发等。

年利润在 100 万元以下的一般性产业有：中泰合建的北农—正大肉鸡开发中心、新农药实验工厂和亚胺造纸厂。

1996—2000 年华备新上的项目有：生物基因工程产品开发—医用转铁蛋白、胰岛素产品开发和转基因动物和生物反应器系列开发。

计划 1995 年和 2000 年，年产值分别为 7 500 万元和 2.5 亿元，年利润分别为 2 100 万元和 5 200 万元。

主要措施是：以我校学科和科技成果的优势为依托，以市场为导向，选准项目，集中力量办好几个能体现我校特色和规模经营的支柱性产业，组成集团公司和在校部及涿州农场建设农业高科技园区；校办产业按企业方式经营管理，成为自主经营、独立核算、自负盈亏的独立法人实体和市场竞争主体；实行事企分开，确立学校和公司在责权利上的新型关系，学校在科技成果开发、人事和财务等方面加强对企业的支持和管理；多渠道、多形式地引进资金和招聘培养一批思想素质好，事业心强，懂技术，善经营，会管理的企业领导人才。

13. 提高国际化程度建设规划

只有吸收国内外办大学的一切有用经验才能充实发展自己，建设新型一流大学。因此，在“211 工程”建设中需要进一步扩大开放程度，大步进入国际大环境，成为国际高教界一员。从整体上，无论在学术水平、办学经验和条件上，我校与国外以农科为主的著名大学还有相当大的差距，应当有针对性和有目标地取人之长，补己之短，既发展自己，又提高国际知名度。建设规划的重点是实施 5 项计划，即“重大合作项目计划”（已有 4 项，约 700 万美元；已议定 5 项，约 1 100 万美元，1995—2000 年再增 5 ～ 8 项，争取 1 000 万美元以上）、“学赶计划”（根据“211 工程”建设需要派出、请进和合作）、“交往计划”（每位骨干教师都要制订和实施国际交往计划）、“留学生计划”（培养以研究生为主的留学生）和“信息计划”（建立多种形式，特别是计算机网络等先进手段以扩大国际信息交往）。

三、支撑条件建设规划

14. 队伍建设规划

办一流大学必须有一支一流的队伍，这是制订队伍建设规划的基本指导思想。

在教职工总数的规划中本着控制总量、改善结构、提高素质、讲究效益的原则，从 1993 年到 2000 年和 2005 年，随着学生人数由 3 837 人增至 6 000 人，教职工总数将由 1 926 人增至 2 700 人，增长率分别是 56% 和 40%。二者比由 1 : 2 增长到 1 : 2.2。在内部结构上，教科人员由占职工总数的 50% 增到 61%；师生比由 1 : 5.3 提高到 1 : 6.0。技术和校产人员在稳定中略增，管理和工勤人员在稳定中略减。各类人员内部也将在学历、职称、年龄结构上得到改善，人员素质有较大提高（附表 10）。

教师队伍建设是队伍建设的重点。在改善结构的同时，重点培养和形成一批出类拔萃的高水平人才。规划到 2000 年和 2005 年，相当于科学院和工程院院士的国内外著名科学家由现在的 4 人分别增至 10 和 15 人；相当于博导的国内一流专家由现在在职的 57 人分别增至 100 人和 120 人；国内知名的专家、教授（不含上两部分）由 71 人分别增至 120 人和 150 人。有了这样一批约 20 位，平均年龄在 55 岁（2000 年）和 45 岁（2005 年）的著名教授和学科带头人，对实现“211 工程”的目标具有关键性的意义（实现这个目标，既能充分发挥现在 50 岁以上的（学术上造诣较深，知名度较高）中老年教师承上启下的作用，同时，花大力气加强青年一代的培养，这也是时代和战略的需要）。随着教学科研要求和进入学历的提高以及广泛推行研究生“三助制”，教师的职称结构也将发生很大变化，正高、副高和中初级职称比例将由现在的 1 : 3 : 6 发展为 2 : 5 : 3（附表 11）。

主要措施：一要有总体部署，运筹帷幄；二要扩大视野和渠道，变“等才”为“求才”；三要着力完善自我，从而对人才能有很强吸引力和在吸引人才中有很强竞争力；四要对青年一代在人生观、师德和学风等方面严格要求，精心培养和公平竞争；五要有明确的政策导向和规范化的管理。

实验技术人员是教学科研工作中的重要力量。在人数稍有增加的情况下，关键是强化岗位职责和管理，提高技术水平和素质，落实各项政策和待遇。校办产业急需招聘培养一批精于企业经营管理的经理人才，近期 10 ～ 15 名，到 2000 年达 40 名。管理队伍的素质和水平决定着学校工作的质量、效率和水平。管理队伍建设在数量稳中稍减的情况下，通过优化结构，提高素质，深化改革以改善管理队伍状况。

主要措施是根据岗位特点和需要，建设好专职和兼职（“双肩挑”）两支干部队伍；严格实行聘任制、岗位目标责任制、述职考绩制、津贴—奖励制以及加强干部的培养和管理。

15. **办学条件（硬件）建设规划**

我校基本建设已被列入国家“八五”大中型建设项目。遵照基本建设的发展规律，以北京农业大学总体规划为蓝图，结合农业高校基本建设的特点，既高瞻远瞩，又从现有基础出发，综合平衡、合理布局，精心实施，高标准、高速度、高质量地推进高校基本建设。按在校生 6 000 人规模，校舍总建筑面积 39.4 万米 ^{2}，总投资 3.44 亿元。原有和已建面积 20.5 万米 ^{2}，待建 19 万米 ^{2}，尚需投资 2.98 亿元，1999 年完成（附表 12）。

（1）主要项目及投资额：

教学科研用房	5.6 万米 ^{2}	1.11 亿元
生活和附属用房	13.3 万米 ^{2}	1.16 亿元
室外工程		0.10 亿元
其他		0.61 亿元
累计		2.98 亿元

（2）重点学科和实验室建设投资额：

国家级重点学科（29 个，其中新建 18 个）2 000 万元

部级重点学科（45 个，其中新建 38 个）600 万元

国家级重点实验室、中心（共 15 个，其中国家级重点实验室 7 个，需主要投资的中心 8 个）9 000 万元

部级重点实验室、中心　3 200 万元

累计　14 800 万元

（3）支持系统建设规划投资额：

图书馆　750 万元

电教中心　140 万元

计算机辅助教学实验室　250 万元

校园信息网　1 300 万元

实验农场　1 400 万元

实验站　720 万元

科学园　670 万元

出版社　170 万元

累计　5 400 万元

以上三项总计为 5 亿元。

16. 管理系统（软件）建设规划

管理系统是领导和推动全校各项工作有效运行、带领组织全校师生员工完成各项任务的主要力量。管理系统的素质决定着学校工作的质量和效率。一个能适应社会主义市场经济体制和建设一所现代化的新型大学并使之优质高效协调运行和充满生机活力的管理系统，对建设我校“211 工程”具有重要意义，是重要的“软件”。

管理系统建设内容有以下四个方面。

一是结构和管理体制建设。在结构上，将学校这个大系统按功能分解为业务、校产、支持和管理四个功能系统。在管理上，实行校院系三级管理体制为事业化管理与企业化管理的“双轨”管理体制。

二是机构和职能建设。为适应新形势的要求和以改革的精神逐步建立起新的机构和职能系统，达到优质、高效、精干的目标。近期以调整职能理顺关系为重点，特别是增加了适应新形势需要的人才交流中心、财务结算中心、交通修缮、生活等服务中心以及处理好管理部门与经营实体之间的关系。现有的 23 个处级单位调整为 20 个，管理人员减少 20%。

三是运行软件建设。即各种规章制度、会议制度和信息传播媒体（包括文字性的“文件”“通报”“年鉴”、各类报刊等，音像性的闭路电视、广播以及校园网和 E-mail 等）的建设。使政令和各种信息能够准确、及时、快速、广泛地在校内传播和对校外进行发布。

四是人员管理制度建设。管理工作的核心是对人的管理，运用竞争和激励机制以充分发挥工作人员的聪明才智和最大的活力和积极性。根据业务、校产、支持和管理系统的不同特点分别建立完善的聘任和择优上岗制、岗位目标责任制、述职考绩制、高津贴加奖励制和培训制等五项制度。

四、建成后的北京农业大学

17. 建成后的北京农业大学

第一，形成了充分体现多职能、综合性、高层次和研究型的全新结构。它将建成 9 个学院 37 个系、34 个博士研究生专业点和 60 个硕士研究生专业点和近百个本科专业方向以及多类型、多形式的大学后继续教育的完整的高等教育体系。在校生 6 000 人规模（现 4 087 人），本科生与研究生之比由 1∶0.22 逐渐提高到 1∶1；继续教育在校生保持在 1 000 人左右。在以教学和科研为主的同时，农业推广和校办高科技产业有了很大发展，社会服务职能将得到充分发挥。

在覆盖大部分农学门类学科的基础上，理工经文法哲等门类学科有了较大发展，二级学科总数达 120 个（现 75 个）。29 个具有或接近国际先进水平的国家级重点学科，60 个具有国内先进水平的部级重点学科和 5 个学科群；12 个国家级和 22 个部级重点实验室和一批有很强实力的研究所、室、中心，科学园，试验场形成了一个强大的阵容——能承担和研究解决本领域重大科技问题，出高水平研究成果和能成批培养跨学科高层次人才的基地。

第二，为适应社会主义市场经济体制及科技发展的需要，形成了一套比较成熟的教育思想和观念、新的人才培养模式、新的教学计划、新的教学内容和方法、新的德育“熔炉工程”、新的教学管理制度和招生就业办法，加上教师素质和办学条件的明显改善和提高，我校的教学质量将有大幅度提高。本科和硕士研究生的整体质量达到国际先进水平，博士研究生接近国际水平。

在 10 年的建设期间，为国家培养和输送约 2 000 名活跃在各个学科领域前沿的具有博士学位和 5 000 名具有硕士学位的高层次科技人才；工作在生产、科教、企业和管理部门的近万名本科毕业生；具有学士学位的技术骨干和进行了知识和技能的更新、补缺和提高的约 3 万名在岗技术和经营管理骨干人员。这是国家经济建设和社会发展中的重要的“人才资本”和宝贵财富。

第三，通过对学科、实验室、研究所和中心的建设，研究生教育的大发展和科学研究工作上的部署，我校在面向国民经济建设主战场的应用研究、基础性和高技术研究方面将取得一批重大科研成果；10 ～ 20 项理论和技术上的重大突破；产生新的学术思想、学科和学派。同时，在国内率先建成大学的农业推广和农村发展的校内外工作体系，为我国农业推广、农村社会化服务体系建设和农村发展做出贡献，并参与到国际农村发展的研究和实践中去。

第四，形成了以生物工程、微生物发酵工程、种苗工程、生物环境控制工程和食品工程为骨干的具有较大规模效益的校办高技术产业集团和校部、涿州实验场两个农业高技术园区。到 2000 年，校办高技术产业的年产值为 2.5 亿元，年利润 5 200 万元。我校的科技成果转化开发能力和学校自我发展能力将大大加强。

第五，形成了 150 人规模的以研究生为主的留学生培养体系；与国外大学和国际组织的合作，专家间的双向讲学、合作研究和互相兼职的活动成倍增长，我校的国际化程度明显提高。

第六，形成了高素质和一流的以教师队伍为主以及实验技术、管理、校产、支持系统的 5 支队伍。教职工规模达 2 400 人（现 1 926 人），与学生比由 1 : 2 提高到 1 : 2.5 ；师生比由 1 : 5.3 提高到 1 : 7.0，办学效益明显提高。在此教职工代际交替的时期，到 2000 年和 2005 年，80 年代以后培养成长的中青年将是教职工的主体。到 2005 年，相当于院士级的国内外著名科学家有 15 名左右（现 4 人），相当于博导级的国内著名教授 120 名（现 71 人），以及国内知名教授 150 名。

教师队伍的职称结构中正、副教授级人员达70%（现35%）左右。

第七，以改革为动力，形成了在结构和体制、机构和职能、运行系统和人员管理以及动作手段上的一套适应社会主义市场经济体制的现代化的高校管理体系，将体现精干、高效、活力和人的主动积极精神的充分发挥。这是一所新型和现代化大学的重要软件系统。

第八，全面完成了基本建设计划。教学实验楼、生物科技楼、资源信息科技楼、食品科技楼，教工、学生活动中心，新家属住宅区，体育馆等一批教学科研用房以及生活和福利用房，图书馆、场站园、校园信息网等支持系统等的建成，使办学和生活将得到整体性的改善和提高到一个新的水平。拥有了一本布局合理，功能完善，设施齐全，环境优美，具有时代特点的和高度文化气息的校园。

公元2005年，北京农业大学将以其全新的面貌举行成立100周年校庆。届时，一所具有高学术水平，培养高级人才，出高质量科研成果和新的学术思想，享誉国内外的一流新型的、以农科为主的综合性大学必将展现在拥有13亿多人口的伟大的社会主义中国的首都。这是国家发展和社会进步的需要；这是中国农业现代化建设的需要；也是农大人义不容辞的光荣的历史使命。

附表

附表1　北京农业大学几项主要办学数量指标在全国农业院校的比例和名次

（根据1991年农业部教育司统计资料）

项目名称	数量	比例（%）	名次
博士授予点	22	19.13	1
硕士授予点	33	7.02	2
博士后流动站	3	25.00	1
博士后流动站学科	22	28.90	1
在校博士生	89	18.54	1
在校硕士生	424	14.19	1
1987—1991年博士学位授予	83	30.07	1
硕士学位授予	849	14.03	1
博士生导师	62	25.50	1
教授	98	9.89	1
副教授	235	4.20	1
教师中具有博士学位	73	24.00	1
国家级重点学科	11	36.66	1
部级重点学科	7	26.92	1

附表 2　北京农业大学在全国 33 所著名大学学术实力名次
（根据 1991 年 12 月底国家教委资料）

项目名称	数量	名次
博士学位授予点	22	13
博士导师	62	13
国家重点学科	11	7
博士后科研流动站	3	6
中科院院士	6	8
国家级实验室	3	8
硕士学位授予点	33	28
已授博士学位	83	29
已授硕士学位	1 199	31

附表 3　学科总体结构框架

	现有	拟建	总计
农学	36	8	44
农学	14	2	15
畜牧	7	3	10
兽医	15	3	18
工学	6	6	12
自动控制	0	1	1
计算机科学与技术	1	1	2
管理技术与工程	0	2	2
建筑学	0	1	1
土木、水利	2	0	2
农业工程	3	1	4
理学	23	11	34
数学	2	2	14
物理学	1	1	22
化学	5	1	26
地理学	2	2	14
大气科学	2	1	23
生物学	11	2	413

续附表 3

	现有	拟建	总计
系统科学	0	2	2
哲学、经济学、法学、教育学、文学（按门类和一级学科）	10	20	30
哲学	1	1	2
经济学	5	4	9
法学	1	7	8
教育学	2	5	7
文学	1	3	1
总计	75	45	120

附表 4　院系专业设置

<table>
<tr><th>学院名称</th><th>系（所）名称</th><th>主要专业方向（近期）</th><th>备注</th></tr>
<tr><td rowspan="14">植物科学技术学院</td><td>农学系</td><td rowspan="3">农学、植物遗传育种、种子生产与经营管理</td><td rowspan="3">本科生按农学系招生</td></tr>
<tr><td>植物遗传育种系</td></tr>
<tr><td>种子科学系</td></tr>
<tr><td>果树园艺系</td><td>果树栽培与经营管理、果树遗传育种</td><td rowspan="3">本科生按园艺系招生</td></tr>
<tr><td>蔬菜园艺系</td><td>蔬菜育种与良种繁殖、蔬菜栽培与经营管理</td></tr>
<tr><td>观赏园艺系</td><td>观赏植物栽培与经营管理、观赏植物遗传育种、园林设计与造景装饰、草坪科学与管理</td></tr>
<tr><td>植物病理学系</td><td>植物病源及其病害诊断、植物病生理和药理、植物病害生物技术、植物病毒及分子植物病理</td><td rowspan="8">本科生按植物保护和植物检疫系招生</td></tr>
<tr><td>昆虫学系</td><td>农业昆虫和抗虫性、昆虫生态、昆虫生理和毒性、害虫生物防治</td></tr>
<tr><td>植保植检系</td><td>植保系统工程、植物检疫、杂草控制、鼠害防治</td></tr>
<tr><td colspan="2">综合防治研究所</td></tr>
<tr><td colspan="2">植物生态工程研究所</td></tr>
<tr><td colspan="2">植物产前产后工程研究所</td></tr>
<tr><td colspan="2">植物医院</td></tr>
<tr><td>植物营养系</td><td>植物营养、肥料（加工、使用、贸易）、植物肥料土壤测试技术</td></tr>
</table>

续附表 4

学院名称	系（所）名称	主要专业方向（近期）	备注
动物科学技术学院	动物科学技术系	动物科技与生产管理、畜产品加工及对外贸易、草地科学、家禽科学	
	动物营养与饲料科学系	动物营养与饲料科学	
	动物遗传育种系	动物遗传育种	
	草地科学研究所		
动物医院	基础医学系		按院招生，实行四、三、二九年连续学制
	预防医学系		
	临床医学系		
	国家兽医诊断中心		
	农业生物和实验动物研究中心		
	动物医院		
经济管理学院	农业经济管理系	财务与会计、农业经济管理	
	乡镇企业经济管理系	乡镇企业经济管理、中外合资企业经济管理	
	农村金融系	农村金融、农村财政税收、农村保险	
	农业推广系	农业推广、农业计划与统计	
	农产品贸易系	农产品运销、农产品国际贸易	
	农业经济研究所		
资源和环境学院	土壤与水管理系	土壤学与土壤改良、农田水管理	
	农业水管理所		
	土壤和水开放实验室（部级）		
	土地资源与管理系	土地利用与规划、土地管理、不动产经营	
	农业气象系	农业气候资源开发利用与保护、生物气象环境监测与调控、台站农业气象业务管理与农业气象服务技术	
	农业气候资源与农业减灾研究中心		
	农业生态和环境科学系	生态工程、环境科学和保护	
	信息管理技术与应用系	农业资源信息系统、土地信息系统、经济信息系统、现代化自动系统	
	全国农业遥感应用和培训中心		
	曲周试验站		

续附表 4

学院名称	系（所）名称	主要专业方向（近期）	备注
生物学院	生物技术系	生物技术	
	植物生理生化系	植物生理、生化	
	动物生理生化系	动物生理、生化	
	微生物学系	微生物发酵工程、食用菌和药用真菌、环境与资源微生物、分子微生物	
	国家农业生物技术开放实验室		
	植物生理生化开放实验室		
基础科学技术学院	应用物理学系	电子技术、测试仪器分析技术、核技术应用	
	应用化学系	农用药剂。植物化学以农副产品综合利用	
	农业应用化学研究所		
	计算机和应用数学系	计算机和应用数学	
	计算机中心		
	中心实验室		
人文社会科学学院	人文社会科学系		
	公众传播与交流系		
	外语教学部		
	体育教学部		
食品和生物环境工程学院	食品科学系	农产品贮运、农产品加工、畜产品加工	
	食品科学技术研究所		
	生物环境工程系	植物设施与环境控制、动物设施与环境控制、农牧机械工程、农业建筑工程	
合计	学院	9	
	系、部	39	
	院管所、中心、实验室（含国家、部挂靠）	11	
	系管所、中心、实验室	9	

注：1. 研究所、中心和实验室分院管（含国家和部挂靠的）及系管两种。
2. 实验室和中心之列国家级及部级。

附表 5　学生规模和结构

人

年份	在校生总数	本科生数	研究生数				本科生与研究生之比	大学后*继续教育
			博士生	硕士生	留学生	总计		
1993	4 111	2 812	172	429	4	605	1 : 0.22	694
1995	4 700	2 700	300	700	15	1 000	1 : 0.27	800
2000	6 000	800	800	1 200	100	2 000	1 : 0.67	1 000
2005	6 000	1 000	1 000	1 500	150	2 500	1 : 1.00	1 000

* 含函授及夜大学生本专科生。

附表 6　重点学科和研究生专业点建设规划

学科名称 门类		学科（二级）	已有		第一批增建（1996—2000 年）		第二批增建（2001—2005 年）		现有研究生点		增建研究生点		专业代号	所在学院
			国家级	部级	国家级	部级	国家级	部级	博士	硕士	博士	硕士		
理学（07）	数学	应用数学（生物数学）						△				△	070103	基础
	物理学	原子核物理						△			△		070203	
	化学	有机化学						△				△	070303	资环
		分析化学						△					070302	
		环境化学						△				△	070307	
	地理学	地址和第四纪地质学						△					070502	
		环境地理学						△					070505	
		地图学与遥感						△				△	070506	
	大气科学	应用气象学（农业气象）						△		*	△		070606	

续附表 6

学科名称 门类		学科（二级）	已有 国家级	已有 部级	第一批增建（1996—2000 年） 国家级	第一批增建（1996—2000 年） 部级	第二批增建（2001—2005 年） 国家级	第二批增建（2001—2005 年） 部级	现有研究生点 博士	现有研究生点 硕士	增建研究生点 博士	增建研究生点 硕士	专业代号	所在学院
理学（07）	生物学	植物学								*			070807	生物填料
		植物生理学及生物化学	*						*	*			071002	
		昆虫学	*						*	*			071004	
		微生物学		*	△				*	*			071009	
		病毒学（植物病毒学）				△	△						071010	
		细胞生物学						△					071015	
		分子生物学（分子植物病理学）				△	△				△	△	071016	
		生态学（农业生态学）				△	△			*	△		071017	资环
		微生态学				▲	▲						新设	
		生物技术				▲	▲						新设	生物
小计			2	1	1	5	5	10	3	7	4	5		
工学（08）		计算机应用（农业应用）						△				△	081005[①]	基础
		管理信息系统				△	△					△	081103	资环
	土木、水利	水文学与水资源						△						
		地籍测量与土地信息						△						
	农业工程	农业机械化								*			082401	食品农工
		农业水土资源利用工程						△		*			082404	

续附表 6

学科名称 门类		学科（二级）	已有 国家级	已有 部级	第一批增建（1996—2000 年） 国家级	第一批增建（1996—2000 年） 部级	第二批增建（2001—2005 年） 国家级	第二批增建（2001—2005 年） 部级	现有研究生点 博士	现有研究生点 硕士	增建研究生点 博士	增建研究生点 硕士	专业代号	所在学院
工学（08）	农业工程	农产品加工工程						△		*		△	082452	食品
		农业生物环境工程				△	△			*	△		082453	农工
		农业系统工程及管理工程				△				*	△		082454	资环
小计			0	0	0	3	2	5	0	2	2	3		
农学（09）	农学（0901）	作物栽培与耕作学	*						*	*			090101	植科
		作物遗传育种学		*	△				*	*			090102	
		农产品储藏加工	*						*	*			090103	
		果树学		*	△				*	*			090104	
		蔬菜学				△	△			*	△			
		土壤学	*						*	*			090108	资环
		作物营养与施肥		*	△				*	*			090109	
		农药学	*						*	*			090110	基础
		植物病理学	*						*	*			090111	植科
		农业史								*			090113	农经
		观赏园艺学				△				*			090151	植科
		农业环境保护						△		*	△		090152	资环
		农业资源经济与土地利用				△	△				△	△	090153②	资环

续附表 6

学科名称 门类		学科（二级）	已有		第一批增建（1996—2000 年）		第二批增建（2001—2005 年）		现有研究生点		增建研究生点		专业代号	所在学院
			国家级	部级	国家级	部级	国家级	部级	博士	硕士	博士	硕士		
农学（09）	畜牧（0902）	动物营养学 / 饲料科学		*	△				*	*			090201	动科
		动物繁殖学	*						*	*			090202	
		动物遗传育种学	*						*	*			090102	
		动物生产学				△				*			090204	动科
		动物食品科学				△	△					△	090206[3]	食品农工
		草原科学						△	*	*			090207	动科
农学（09）	兽医（0903）	动物解剖学 / 组织学与胚胎学						△		*	*		090301	动医
		动物生理学、动物生理化学	*						*	*			090302	
		兽医药理学和毒理学						△		*	△		090303	
		兽医病理学						△		*			090304	
		兽医微生物学与免疫学										△	090305	
		传染病学与预防兽医学		*			△		*	*			090306	
		兽医寄生虫学和寄生虫病学	*						*	*			090307	
		兽医内科学							*	*			090309	
		兽医外科学							*	*			090310	
		中兽医学								*	△		090313	
		实验动物学								*			090314	
		兽医临床诊断学										△		
		小计	9	5	4	6	4	7	17	27	6	4		

续附表 6

学科名称			已有		第一批增建（1996—2000 年）		第二批增建（2001—2005 年）		现有研究生点		增建研究生点		专业代号	所在学院
门类		学科（二级）	国家级	部级	国家级	部级	国家级	部级	博士	硕士	博士	硕士		
经济学（02）	经济学（0201）	农业经济和管理		*	△				*	*			090112	农经
		国民经济计划和管理										△		
		技术经济						△				△		
		国际贸易										△		
		货币银行学										△		
		企业管理										△		
		会计学										△		
		区域农村经济发展（农业推广）				▲	▲						新设	国农中心及推广系
小计				1	1	1	1	1	1	1	0	6		
哲学 01	哲学（0101）	科学技术哲学										△	人文	
		经济法学										△		
		马克思主义理论教育										△		
		应用社会学										△		
总计			11	7	6	15	12	23	22	37	12	22		

注：①纳入“管理信息系统”。
②土地资源利用与管理。
③广义食品科学。
* 为已有；△计划新建；▲专业目录内待增补。

附表 7　学科群及其覆盖范围

学科群	覆盖范围				共同领域
	门类	一级学科	二级学科	国家和部级实验室中心	
1. 生物（命）学科群（国家级）	2	18	18	23	动植物科技和理论和生产问题 分子生物学、细胞生物学、生物技术等
2. 资源环境学科群（国家级）	5	10	21	7	水、土、气资源、生态和环境科学和技术 资源和环境状况调查、监测、治理、保护 农业持续发展
3. 信息和计算机农业应用学科（部级）	3	7	20	4	资源和环境、农业技术和经济、管理和决策等的信息采集、分析、管理、传播应用以及现代化信息技术
4. 农村经济和社会发展学科群	5	5	12	—	多学科综合研究农业和农村发展中的社会、经济、技术和生态环境问题
5. 农－工结合类学科群	4	4	13	5	食品工程、生物环境控制工程以及生物能利用、微生物发酵等工程性问题

附表 8　重点科研领域和前沿规划

学院	国家级重点开放实验室	部级重点开放实验室	国家、部工业化中试基地、中心等	面向全国的综合通用性基础开放实验室	合计
植物科技学院	植物病毒和分子植物病理学	农作物化学控制 果树矿质营养 农业昆虫和植物抗虫性及综合防治 昆虫病理和生理/昆虫生物防治 草原科学	农作物育种工程中心 种衣剂监测中心		7
动物科技学院	畜禽遗传、育种与繁殖（现为部级）	动物营养和饲料	饲料监测中心（世行贷款项目）		4
动物医院		传染病与预防兽医学 中兽医 兽药药理及残留 实验动物	兽医诊断中心（世行贷款项目）		5
资源和环境学院	土壤和水（现为部级） 植物营养	气候评价与生物环境监测	农业环境影响评价中心 农业生态及景观设计 农业资源、环境和信息工程	全国农业遥感培训和应用中心	7

续附表 8

学院	国家级重点开放实验室	部级重点开放实验室	国家、部工业化中试基地、中心等	面向全国的综合通用性基础开放实验室	合计
生物学院	农业生物技术（发展为农业生物工程研究中心）	动物生理与生物化学 农业微生物	国家农业微生物中间试验基地	细胞组织培养实验室	6
基础科技学院		核技术农业应用	病虫抗药性监测中心 国家农业应化工业性中试基地	现代分析测试中心 计算机实验室	5
食品与农业工程学院	农产品贮藏加工、产后生理及食品科学	生物环境控制工程	食品（营养）监测中心 食品工程中心		4
合计	7	17	11	3	38

附表 9 重点科研领域和前沿规划

学科群	基础性研究	应用研究（经济建设主战场）	开发研究
1. 生物科学学科群	• 细胞生物学和分子遗传学 • 植物体物质信息传输和抗逆生理 • 动物分子遗传学和胚胎学 • 分子植物病理学和昆虫化学生态学	• 生物技术 • 玉米、小麦等主要作物育种和病虫害综合防治（IPM） • 动植物生长物质应用研究 • 畜禽疫病防治 • 植物营养与施肥 • 动物营养与饲料	• 转基因动植物 • 生物反应器 • 生物性农药兽药及医用蛋白优良品种 • 种子工程 • 特种饲料（添加剂）
2. 资源环境学科群	• 生态学和资源可持续利用 • 土壤根层微生态学 • 营养及有害物的物质循环	• 区域综合治理和持续发展 • 农田水循环和节水农业 • 农业资源和环境的调查和监测	• 南水北调区域水盐监测预报技术 • 科学和经济施肥灌溉咨询系统 • 亚胺造纸－环保技术
3. 信息和计算机农业应用学科群	• 系统论、信息论、决策论和控制论	• 资源环境信息和 GIS 应用 • 动植物生产过程管理决策资讯系统 • 农业宏观管理决策咨询系统 • 信息传播 • 遥感技术及应用	• 软件工程 • 遥感信息服务
4. 农－工学科群	• 营养学 • 人工环境（设施）生物学	• 果蔬贮藏保鲜和加工 • 动植生产 • 人工环境控制工程 • 功能食品和无公害食品	• 设施工程技术 • 果蔬贮藏保鲜技术 • 工程和无公害食品

附表 10　教职工队伍现状及发展规划

项目		1993 年		1995 年		2000 年		2005 年	
		人数（个）	百分比（%）	人数（个）	百分比（%）	人数（个）	百分比（%）	人数（个）	百分比（%）
学生数		3 837		4 300		6 000		6 000	
教职工总人数		1 926	100	2 100	100	2 500	100	2 700	100
科研人员	教学	721	37.4	750	35.7	900	36.0	1 000	37.0
	科研	240	12.5	340	16.2	540	21.6	640	23.7
实验人员		177	9.3	180	8.6	200	8.0	200	7.4
校产人员		104	5.4	150	7.1	200	8.0	200	7.4
工勤人员		365	18.8	380	18.8	380	15.2	380	14.1
管理人员		319	16.6	300	16.6	280	11.2	280	10.4

附表 11　学生规模、师资队伍及科研经费发展规划

项目	1993 年（基数）		1995 年		2000 年		2005 年	
	人数（个）	百分比（%）	人数（个）	百分比（%）	人数（个）	百分比（%）	人数（个）	百分比（%）
学生总数	3 837	100	4 200	109.5	6 000	156.4	6 000	156.4
本科生数	3 812	100	2 700	96.0	3 000	106.7	2 500	88.9
研究生数	625	100	1 000	160.0	2 000	320.0	2 500	400.0
继教生数	400	100	600	150.0	1 000	250.0	1 000	250.0
年科研经费（万元）	920	100	1 300	141.3	2 000	217.4	3 500	380.4
教师总数	961	100	1 090	113.4	1 440	149.8	1 640	170.7
其中：教学编制	721	100	750	104.0	900	124.8	1 000	138.7
科研编制	240	100	340	141.7	540	225.0	640	266.7
教科编制比	1∶0.33	—	1∶0.45	—	1∶0.60	—	1∶0.64	—
师生比	1∶5.3	—	1∶5.60	—	1∶6.67		1∶6.00	—
非在编外聘教师	16	100	40	250	100	625	150	938

注：1. 教学编制与科研编制有混合使用的，也有专职科研的。

2. 百分比均以 1993 年为基数 100。

3. 师生比按教学编制教师与折算学生数之比年。

附表 12　1994—2000 年基建主要项目

项目	面积（米²）	投资（万元）	计划安排（期）
1. 教学科研及行政用房	56 150	11 050	Ⅰ
（1）兽医预防科学楼	2 000	350	Ⅰ
（2）教学实验大楼	15 000	4 000	Ⅰ
（3）食品科学大楼	6 500	700	Ⅰ
（4）生物技术大楼	4 500	900	Ⅰ
（5）资源及信息遥感楼	4 500	900	Ⅰ
（6）学术活动中心楼	2 000	400	Ⅰ
（7）学生教工活动中心	2 800	300	Ⅰ
（8）科学园用房	4 000	600	Ⅱ
（9）实验及附属用房	4 000	800	Ⅱ
（10）风雨操场	2 350	500	Ⅱ
（11）园艺楼	4 000	500	Ⅱ
（12）科学园（温室等）	4 500	800	Ⅰ、Ⅱ
（13）动物科技楼翻建	4 500	900	Ⅱ
2. 生活用房	94 694	9 290	
（1）学生宿舍	14 577	1 400	Ⅱ
（2）留学生宿舍	3 260	300	Ⅱ
（3）学生食堂	2 837	200	Ⅱ
（4）教授住宅 104 ～ 108	28 000	2 800	Ⅰ、Ⅱ
（5）教工住宅 1 201 ～ 1 211	36 120	3 200	Ⅰ、Ⅱ
（6）家属区食堂（南）	600	60	Ⅱ
（7）单身宿舍	9 300	930	Ⅲ
3. 福利及附属用房	38 033	2 330	
（1）总务库房	3 000	150	Ⅲ
（2）幼儿园	3 400	240	Ⅲ
（3）商业及其他配套用房	5 400	540	Ⅲ
（4）其他附属用房	21 733	900	Ⅲ
4. 室外工程		705	Ⅰ
（1）教学区暖气外线		65	Ⅰ
（2）教学区上下水		25	Ⅱ

续附表 12

项目	面积（米²）	投资（万元）	计划安排（期）
（3）学生生活区道路		35	Ⅱ
（4）学生生活区道路		10	Ⅱ
（5）学生生活区暖气外线		10	Ⅱ
（6）学生生活区开水房		10	Ⅱ
（7）操场整修扩建		50	Ⅱ
（8）新住宅区外线		250	Ⅰ
（9）绿化工程		200	Ⅱ
（10）科学院区平整		50	Ⅰ
5. 征地等其他项目		3 072	
（1）住宅区征地	97 亩	1 300	Ⅰ
（2）煤场征地	4 亩	52	Ⅱ
（3）地上物赔偿		60	Ⅱ
（4）四源费		540	Ⅱ
（5）供电增容费		300	Ⅱ
（6）电话增容费		500	Ⅱ
（7）天然气工程		300	Ⅱ
（8）存车棚		20	Ⅱ
6. 教学、科研、行政、设备费		3 000	Ⅱ
7. 不可预见费		353	Ⅱ
合计：总面积：188 877 米²	总投资：29 800 万元		
其中：Ⅰ期（1995—1997）安排	13 400 万元		
Ⅱ期（1998—2000）安排	12 800 万元		
Ⅲ期（2001—2005）安排	3 600 万元		

33 1995 年工作纲要

（1995 年 2 月 1 日）

【导读】

1995 年 5 月，石元春校长的二届任期将要结束，只有不到半年时间了。在召开的最后一次工作会议，即第十五次工作会议上，他部署了 1995 年的四件大事和 52 项工作，发布了最后一年的工作纲要。“慎终如始”一直是他为人行事的原则。

1994 年在学校完成了“两年综合改革”计划的同时，又通过了“211 工程”建设计划的预审。1995 年学校将面临“211 工程”建设计划的准备和启动工作；我校与农业工程大学并校；校行政领导换届和迎接校庆 90 周年四件大事。1995 年工作的总体部署是：以提高教学质量为中心，在做好经常工作和继续深入综合改革的基础上，认真抓好四件大事，迎接学校发展的历史新阶段。要点如下。

一、综合性工作

- 2 月底学校提出 1995 年工作纲要初稿，各院（系）处在学校总的部署和去年年终总结的基础上制订各自年度工作计划，3 月下旬完成。
- 4 月下旬召开 16 次工作会议，讨论 1995 年工作计划和几项重点工作。
- 专业性工作会议：本科教学工作会议；实验室和物资管理改革工作会议等。

二、本科生教学

在两年教育教学改革的基础上，围绕我校实施“211 工程”建设计划，进一步完善已出台措施，深化教学内容和课程体系改革，扎扎实实提高教学质量和办学效益。

- 以就业改革为龙头，深化招生制度改革，提高新生入学质量。加强招生宣传工作，扩大学校影响；选派精干招生人员，严把录取关；做好就业信息服务，提高就业层次；总结校外基地招生就业工作经验。

• 完善按系招生，分流培养模式，进一步提高学生全面素质；调整按院系招生专业；修订（部分）教学计划；完善学分制。

• 以转变教育思想为先导，进一步推动教学内容和教学方法的改革：落实、检查“125 工程”实施情况，进行经验交流，争取取得阶段成果。

• 多渠道增加教学投入，改善本科生教学基本设备条件，保证本科生教学的质量。

• 进一步改革教学管理制度，探索调动教师与学生“教”与“学”两个积极性的运行机制。修订（部分）教学管理制度；严格管理环节；总结推广青年教师的教学经验。

• 开好两个会议：“本科生教学工作会议”，总结交流两年来教育和教学改革的经验、问题及其对策。“专题研讨会”，总结交流实践、实验教学效果的经验和措施。

三、研究生教育（见“研究生院关于深化改革，改进和加强研究生教育工作的意见”）

四、继续教育

• 努力办好农业干部教育。全年安排 3 期县级领导干部培训班；若干期乡镇长级培训班；积极开展公务员培训，公职人员上岗前培训和在职人员技术培训；管理人员的知识更新培训。

• 大力开展高层次学历人员培训。接收较多数量的国内外访问学者和助教进修生；办好新技术新成果的高级研究班和专题研讨班。

• 在教好管好在学的函授生基础上，今年扩大在廊坊、邯郸、山西、上海、烟台五个地区的函授工作，计划招函授生 200 ～ 300 名。和有关省市协商建立函授站，实行规范化管理。

• 继续办好总后军需部及地方政府（内蒙古、北京）委托的专业证书教育。

• 开展多种类型的非学历教育短训班。大力普及面向农村的“绿色证书”资格培训。继续与中央电视台合作，组织 12 个专题的播放。

• 改善办学条件，做好服务工作。

五、学生工作

紧密结合学校实际，实施“熔炉工程”计划。认真学习，深入贯彻《中共中央关于进一步加强和改进学校德育工作的若干意见》和《爱国主义教育实施纲要》。

- 把“两课”建设放在重要位置上。重视和发挥政治理论课、思想品德课对学生进行系统马列主义基本原理、邓小平同志建设具有中国特色的社会主义理论的教育，思想品德修养、世界观、人生观、价值观形成的主渠道作用。
- 抓好政工队伍建设，关心政工干部培养，提高政工干部素质。
- 结合学生特点，强化全方位育人、全员育人、全过程育人，搞好招生、就业、学籍、奖励、违纪、早操、宿舍等学生管理工作，逐步做到规范化、制度化。结合形势和学校改革、校庆、“211 工程”建设规划准备与启动等大事件，加强对学生理想、信念、优良传统、敬业精神、校风校纪、安定团结等教育。
- 继续搞好军民共建、社会实践、校园文化、学生社会团体活动等，全面提高学生素质。
- 抓好学生党团组织建设，加强学生党、团员模范作用教育，培训好学生干部。
- 充分发挥学校教育、管理、服务三位一体综合职能，创造良好的校园环境，陶冶学生的情操，养成良好的习惯。
- 加强学校德育调查研究、理论研讨工作，以新方法，解决新问题。关心学生心理素质提高，加强学生忧患意识教育、挫折教育和心理咨询。

六、科研和推广工作

科研工作的重点是：全面部署，管理到位，完成“八五”承担的 400 多个研究课题，积极主动争取“九五”。

- 聘请校内 50 名专家教授建立科技咨询委员会。
- 召开全校科技工作会议。落实已有规划，进一步明确科研方向和重点目标，制订有关政策。
- 筹办“八五”科技成果展览，汇报取得的成果和进展，迎接校庆 90 周年。
- 启动“两位一体”工程，抓 10 ～ 20 个学科滚动使用，培养教学、科研两位一体的学科带头人。定期召开学科建设领导小组会议，围绕“211 工程”建设规划，加速学科带头人的培养和基础条件（实验室、基地、基点）的建议与调整，构建不同规模的学科梯队群体。
- 推广工作的指导思想和重点是：领导牵头，责任明确，组织有序，有始有终，取得成效。抓住当前国家支持农业和农业科技的有利时机，积极争取各种与推广密切相关的计划项目（丰收计划、扶贫计划、推广计划等），充分利用学校遍及全国各地的网点站的功能，挖掘教授联系基点的潜力，推广实用技术30～50项，各院系自抓5～8项。学校重点抓好和参与国家“四个一千”推广辐射面宽、带动力大的技术3～5项。

七、校办产业

• 以市场为导向，扬己之长和充分利用已有基础，集中优势力量，全力抓好已具有较大规模效益的校办支柱产业。

• 农牧业用微生物发酵工程系列产品。广谱益微系列产品和工程菌产品开发、种衣剂系列产品开发、北农——京食中日合资快餐公司（1995年底运营）、北京农大肉鸡产品的开发等，1995年将组织全国性集团公司。

• 牢固树立学校办实体要按市场经济规律运行，就是为了自我发展，增加收入的思想。在1994年校办产业评估的基础上，贯彻“关、停、并、转、立”五字方针，分清层次，划清界限，确定规模和经营方向并建立定期审计和评估等监督机制。

• 实行经营实体负责人（厂长、经理）定期汇报、轮流检查制度，完善责权利相互协调的各种管理办法和规章制度的约束机制。依据各经营实体的性质、规模、人员、资金和效益预测，以协议书形式确定向学校和院上缴份额，年终重奖有突出贡献的负责人。抓好2～3个经营实体的发展试点（校办产业1个，院办产业2个）。

八、国际交流

积极开展国际学校交流与活动，进一步提高学校的国际地位。

• 认真做好1995年度派出教师出国进修、学习和公派留学人员的选拔工作。
• 积极争取国际合作项目和引资工作。
• 加强与国外大学的交流和交往工作，组织好派团工作。
• 组织好国际友人来校参加校庆90周年活动。

九、技术支持系统工作

继续完善和发展技术支持系统的功能和作用，为教学、科研提供优质服务。

- 充分发挥现有馆藏文献信息资源和现有设备条件的作用，开通馆内计算机网络系统，提高服务水平，改变文献信息传递手段，加快文献信息传递速度。
- 1995 年新教学楼建成，电教中心将建设成具有制作、贮存和多种媒体教学功能。
- 实验站、试验农场将为教学、科研示范和推广提供优质服务。科学园区全力推进建设计划的实施。
- 出版社在已取得较好成效的基础上，1995 年继续完善和发展。

十、后勤支持系统工作

围绕学校总体工作，以进一步为教学、科研提供良好服务为目标，在两年综合改革基础上，巩固改革成果，总结经验，改进不足，精雕细刻地搞好后勤服务保障工作。

- 主动适应学校“211 工程”的启动，高标准、高质量、高速度落实后勤各项服务保障工作。
- 充实、调整、完善后勤支持系统干部队伍，认真总结改革经验，为进一步深化改革打好坚实的基础，为两校合并创造条件。
- 加强基础工作，狠抓科学管理，提高后勤队伍政治、业务素质，拓宽服务渠道，增加服务项目，提高服务意识，为教学、科研、生活提供良好的服务保障。
- 继续抓好学生基本伙食，抓好节水、节电措施的落实；推进房改工作进程；提高维修工作的质量和及时率，努力增收节支。

十一、管理工作

- 继续按“优、定、聘、评、配”五字诀的精神，以聘任制为中心，加大改革和正负激励力度。
- 以提高开放度和利用效率为中心，推动以实验室为重点的物资管理改革。
- 继续巩固和完善“全面规划，综合预算，多种功能和强化管理”的财务改革。

- 加快推进公费医疗制度及住房制度改革。

十二、主要基建项目

- 确保教学实验大楼优质和如期完成。
- 保证神内及京食项目年内启动和完工。
- 食品 – 农经楼进行设计。
- 校园网及通信设施加入北京“高科工程”，争取今年启动。
- 购地 100 亩。

1995 年 2 月 1 日

34 改革与发展

——石元春校长第二届任期的述职报告

（1995 年 5 月 26 日）

【导读】

1995 年 5 月 26 日，在有农业部人事司司长参加的北京农大副处以上的干部会上，石元春校长作了他第二届任期述职报告。以大量数据报告了四年来学校业务工作系统、技术支持系统、后勤保障系统、行政管理系统以及国际交往的工作与进展；报告了在一届任期的“三年转型改革”的基础上，通过制订和实施北京农业大学的“八五发展计划”和“两年综合改革计划”，全面完成了我校办学体制转型的预定目标；报告了北京农业大学“211 工程”建设规划及通过了部门预审，为新的一次腾飞勾画了蓝图和打开了大门；最后报告了办学、生活条件和职工待遇有了较大改善和新增固定资产 2 亿元。

在述职报告最后的“感受、不足和希望”中说：“这几年的改革转轨和‘211 工程’规划决定着学校的生存、发展和未来，是战略性和全局性的大事，而在转折和过渡时期的‘无序’态中全面完成办学任务和办学生活条件、职工待遇得到较大改善，这是部领导支持和大家努力辛劳的结果。在我这个位置上，有机会了解和认识到，在经费设备十分短缺，平均一门课只有几百元的情况下，教师们开展教学是多么艰辛不易；在新旧体制转轨，乏章可循和经费严重不足情况下，几位副校长和各级干部在工作中是多么困难和艰苦，每想到此，心中总是油然而生许多钦佩、感激、同情和慰藉之情。就像在‘58 年下放’‘文革搬迁’和‘艰苦复校’一样，农大人总是那么朴实和有一股处难不惧的韧劲。当然，在乏章可循和没有成熟经验的社会转型期，工作中的问题和缺点会很多，这是新体制诞生前分娩的阵痛。人们不应为此震惊、指责和失去信心，需要的是更加勇于改革开拓和相互间更多的理解和支持，在‘痛苦’的实践中创建新的‘有序’和更加美好的未来。”

“我个人在工作中存在的毛病，主要有两条：一条是做一件事的想法很好，但做起来有时效果不好或不太好。第二条是老毛病，即有时固执己见和心情不佳时处事态度不好，得罪人不少。”。“北京农大已经风风雨雨地走过了 90 个春秋，每一次历史性的转折都会带来一个时期的兴衰。而这一次是处在全球性科技革命浪潮和国家经济转型的时代背景之下，具有更加深刻意义的历史性转折。值此重大转折时期，多么企盼她能兴旺腾飞，为迎接新世纪的再度辉煌！我在北农大生活了46年，是北农大培养了我，我对学校怀有深厚感情。这是我在任期结束时想说的一些话。感谢大家的合作和支持。祝学校繁荣昌盛！”

我是1987年6月开始任校长一职的，已经8年了。这是在党的改革开放方针指引下，国家和学校发生巨大变化的8年。如果说我的第一届任期（1987.5—1991.5）的学校工作主题是恢复和打基础的话，二届任期的工作主题是改革和发展。故以此作述职报告的标题。

述职，首要的是把握好校长这个角色的职责并以此自衡。《北京农业大学校长责任制暂行条例》对校长职责有明确规定，我在上届任期述职报告中也曾谈到四点认识，现稍做改动，陈述如下。一是贯彻党的教育方针和政府有关政策，运用先进教育思想，审时度势，从宏观上掌握学校的发展方向和进程；二是领导和组织全校师生员工完成各项办学任务，改善办学条件和推动学校不断向前发展；三是团结关心广大师生员工，鼓舞士气，增强凝聚力；四是加强与社会联系，提高学校知名度和社会地位，为办学和发展创造一个良好的外部环境。我正是按此要求，努力做好岗位工作的。

由于我的岗位特点，述职时必然涉及学校的全面工作，所以在述职报告的基础上稍加扩展，权作四年工作总结。四年工作中，我只是起领导和组织推动作用，实际工作都是全校师生员工和各级干部做的。

这四年主要做了以下四件事。

- 全面和较好地完成了各项办学任务。
- 制订和实施了我校的“八五计划”和“两年综合改革”，全面启动了学校体制转型的历史性变革。
- “北京农业大学‘211工程’建设计划”的制订和通过部门预审为我校迈向一个新的，更加宏伟的目标勾画了蓝图和开拓了道路。
- 办学和生活条件以及教职工的生活待遇有了明显改善。

最后谈我个人在工作中的感受和不足。

这届班子的任期是1991.5—1995.5，报告中统计资料是1991—1994年4个自然年的数据，并列出1990年数据作为对比用的基数。

一、较好地完成了各项办学任务

按以下10个方面分别报告。

1. 教学和培养人才是首要任务。四年累计招收本、专科生 3 200 名、硕士生 655 名和博士生 242 名、成人教育生 1 077 名，累计 5 174 名。各类招生人数逐年稳定增长，以 1990 年为 100 名，以上 4 类的 1994 年招生人数分别为 156 名、140 名、387 名和 565 名。1991—1994 年本科生招生的第一志愿率分别为 86%、84%、73% 和 75%，四年共毕业本专科生 2 361 名、硕士生 645 名、博士生 115 名和成人教育生 450 名，累计 3 571 名。本科生一次就业率 67% ～ 94%，北京地区就业的占就业总数的 27% ～ 32%。毕业生走上了各自的工作学习岗位，做到了用人单位、学校和毕业生三满意（表 1）。

表 1　招生和毕业就业状况表（1990—1994 年）

项目			1990 年（基数）	1991 年	1992 年	1993 年	1994 年	1991—1994 年
招生人数	本专科		606（100）	638（105）	662（109）	953（157）	947（156）	3 200
招生人数	硕士生		131（100）	160（122）	143（109）	170（130）	182（140）	655
招生人数	博士生		23（100）	27（117）	40（174）	86（374）	89（387）	242
招生人数	成人教育		92（100）	75（82）	100（109）	382（415）	520（565）	1 077
毕业就业人数	本专科生	毕业生数	579	730	666	446	519	2 361
毕业就业人数	本专科生	考研率	8.1	8.1	6.3	10.0	16.8	
毕业就业人数	本专科生	一次就业率	64.1	66.7	74.2	94.3	87.8	
毕业就业人数	本专科生	北京地区就业率	32.6	27.4	26.8	—	32.1	
毕业就业人数	硕士生		151	160	145	125	115	545
毕业就业人数	博士生		24	27	24	29	35	115

注：1. 单位是人，考研率和就业率为%；

2. 招生人数栏中括弧内是以 1990 年为基数 100。

四年中为本科生累计开课 3 045 门次，18.7 万学时，编写教材 296 种，其中正式出版 59 种；为研究生累计开课 1 112 门次，6.3 万学时，编写教材 51 种。这几年教与学的积极性一直呈上升趋势，各院系为此做了大量工作。学校的“两年综合改革”中，特别是 1993 年新教学计划、新教学管理制度出台和教学内容和方法改革以及 1990 年开始的重点课程建设，1994 年的“两课 125 计划”等都起到了很好的推动作用。重点建设本科生课程 65 门，研究生课程 51 门。在学校经费十分紧张的情况下，除经常教学业务费外，每年还拨专款用于教学，四年累计百余万元，教师课时补贴约 200 万元（表 2）。

表 2　部分教学成果统计表（1990—1994 年）

项目		1990 年（基数）	1991 年	1992 年	1993 年	1994 年	1991—1994 年
开课门次	本科生	656	702	644	755	944	3 045
	研究生	298	271	278	273	290	1 112
总学时数	本科生	34 282	37 316	42 221	48 389	59 274	187 200
	研究生	16 322	15 418	17 095	15 246	15 577	63 336
正式出版教材数	本科生	5	10	21	20	8	59
	研究生	2	3	4	7	2	16
自编教材数	本科生	31	62	78	52	45	237
	研究生						
重点课程建设门数	本科生	20	20	15	15	15	85
	研究生		27	24			51

1993 年我校学生参加北京地区计算机水平考试合格率和优秀率分别较北京地区平均线高 14 个和 29 个百分点。外语水平考试的合格率在全国和北京市高校平均下降 7%的情况下，我校提高了 4%。最近基础科技学院面向全校的计算机基础教育课，对十多个专业 93 级、94 级的 385 名学生进行了操作统考，通过率 89.4%，其中得满分的占 73.8%。

我校在农口高校成立了第一个继续教育学院，四年中举办了 7 期县长、局长岗位培训班，培训学员 269 名：由副省厅局级干部和正副教授参加的高级研讨班 5 期，参加人员 230 名；举办各类培训班 129 期，学员 6 102 名；专业证书班毕业学员 4 222 人；绿色证书班毕业约 8 000 人；率先接受访问学者 69 名。继续教育目标明确，方式灵活，校内和校外组织教学，面授函授和声像结合，遍及全国 20 多个省、市，深受社会各界的欢迎。

2. 这四年，正是我校科研的“八五”立项和执行时期。在竞争相当激烈的情况下，项目、经费和成果较“七五”又上了一个台阶，主持国家攻关项目 2 项，专题 33 项；主持农业部重点攻关专题 16 项；主持“攀登计划”项目 1 项、课题 1 个和专题 4 个；主持国家自然科学基金重大项目 1 个和重点项目 8 个；累计主持和参加各类各级项目 484 个，总经费达 4 593.5 万元，较“七五”（2 500 万元）增长了 84%。已获国家和部委奖 59 项（“七五”44 项）。我校主持的“黄淮海平原综合治理和农业发展”1994 年获国家科技进步特等奖，这是我校，也是全国高校获得的最高级别奖励。四年中进入国内外检索系统的论文 1 804 篇（表 3 和表 4）。

表 3 1991—1994 年科研项目数和经费统计表 万元（项目个数）

项目	1991 年（基数）	1992 年	1993 年	1994 年	1991—1994 年累计	“七五”合计
合计	801.5（242）	1 350.2（87）	1 180.5（103）	1 157.3（106.5）	4 489.9（548）	2 621.7
国家攻关	375.0（95）	402.0	430.0	390.0	1 597.0（95）	995.4
农业部	75.5（66）	95.5	85.0	88.0	344.0（66）	521.0
国家自然科学基金	221.9（37）	390.2（37）	461.0（57）	365.0（50）	1 438.1（181）	564.4
北京市项目	32.0（9）	44.0（6）	51.0（5）	52.0（6）	179.0（26）	80.9
攀登计划项目	300.0（2.5）		75.0（4.5）	375.0（7）		
留学回国人员科研资助费	29.0（10）	35.0（12）	34.5（11）	73.8（20）	177.3（53）	
博士点基金	39.0（13）	42.0（14）	39.0（12）	35.0（9）	155.0（48）	228.0
资助优秀年轻教师基金	9.1（2）	23.5（4）	10.0（2）	11.5（2）	54.1（10）	
跨世纪优秀人才基金			30.0（2）	30.0（2）	60.0（14）	
“863”青年基金			20.0（2）	10.0（1）	30.0（3）	
开发、推广	182.0（4）		42.0（2）	39.0（3）	263.0（9）	86.0
其他	20.0（10）	18.0（12）	20.0（12）	22.0（12）	80.0（46）	146.0

表 4 科技成果获奖统计表（1986—1994 年）

类别	特等		一等		二等		三等		合计
	“七五”	“八五”	“七五”	“八五”	“七五”	“八五”	“七五”	“八五”	
国家级	—	1	—	—	—	3	1	3	1/8
农业部	—	1	3	1	9	10	14	16	26/28
教委	—	—	4	4	5	7	2	5	11/16
北京市	—	—	1	2	2	1	3	4	6/7
合计	—	2	8	7	16	21	20	28	44/59

注：表中“八五”不含 1995 年获奖；合计列的分子为“七五”，分母为“八五”。

与“七五”相比，这四年研究的领域拓宽了，内容结构更合理了，青年技术骨干的作用增长了。在研究的内容和成果中，既有一批作物、蔬菜和畜禽的良种选育等单项生产技术，又有如区域综合治理、吨粮田、畜禽饲养管理等综合性生产技术；既有传统科技，又有“863”等高科技；既有应用性研究，又有基础性研究。值得提出的是，基础性研究经费在总科研经费中的份额由“七五”期间的28%上升到47%。这种结构性的变化对我校是十分重要的。此外，科研队伍中，青年骨干的作用增长，一些青年学术带头人脱颖而出，开始崭露头角。青年专项科研经费已占到总经费的12%。

我校科研取得如上的重要进展，显示了我校教师的水平和综合实力，也与这几年科研管理改革和工作人员的努力分不开的。需要进一步改进加强的是在抓好面上研究工作的同时，要集中力量，突出重点，取得更多的重大研究项目的突破；要加强生产第一线的实践性的研究工作；要加强对青年技术骨干的培养；要加强论文著作发表的导向。

3. 在农业推广工作上，我校玉米、褐鸡等优良作物和畜禽品种、各种新型农兽药以及吨粮田、旱涝盐碱综合治理等的推广取得了很好的经济和社会效益。1993 年组织师生和干部下乡参加防治棉铃虫以及湘西的扶贫工作曾多次受到刘江部长的表彰。推广工作中探索出了一条具有我校特色的路子，即在综合农业发展中心成立 5 周年的大会上总结提出的：在校内，专职队伍与各院系所相结合；在校外，大学地方农民相结合的经验和使一门重要的新兴学科“农村发展”在我校逐渐发展起来。并且提出了“立足国内，走向国际”的战略，先后举办各类国际性培训班 8 期，百余名学员，来自十多个国家。先后与法、荷、英、意等国的近 20 多个国际组织机构建立了联系和合作关系。1993 年，在该中心基础上成立了北京农业大学国际农村发展研究中心。他们于 1992 年开始每年 5 月举办的“农民科技活动日”的社会影响越来越大。农业部于 1994 年 5 月在全国 16 个省组织了“全国农民科技活动日”，主会场设在我校。

4. 我校高新技术产业已形成以校办支柱产业为骨干，院系办产业相呼应的体系。以经营阿维菌素等生物制品为主的京农公司、高校第一个进入上海浦东开发区的“高微公司”、列入国家计委和教委“产学研”项目的种衣剂厂、北京农大正大肉鸡发展中心等已经具有较好基础和一定规模，取得了较好的经济效益。院系办的兽药厂、农药厂、饲料厂、作物良种开发中心等也有较好发展。高新技术产业队伍已达 169 人。1991—1994 年的年产值累计两亿余元，净利润约 4 000 万元，上交学校基金 986.8 万元。在创造了经济和社会效益的同时，对缓解学校和院系办学经费不足和改善职工收入上起了重要作用。但是，由于缺乏经验和管理不善，也发生了山东招远药害和最近大地公司无经营权经营种子的事件。学校正在整顿和加强校办产业的管理。

5. 国际交往有了很大发展。合作研究、考察访问等派出累计达 640 人次；请进短期和长期文教专家 382 人次；接待国外友人来访 1 067 人次。由于 20 世纪 80 年代我校条件较差而国家教委未批准我校接受外国留学生。但近年来，外国留学生以各种形式和不同渠道要求来我校学习，四年累计达 98 人次（按当年在校生数），这对我校今后扩大招收留学生是有帮助的。与日本东京农业大学每年互派大学生暑期实习已是第 5 年了，双方都很满意所取得的良好效果（表 5 和表 6）。

在与国外合作的大型项目中，中德项目历时 10 年，德方提供 1 600 万马克，于 1994 年正式完成，我校举行了隆重的总结庆祝会。该项目为我校培养了博士 20 余名，合作研究课题 12 个和共同建立了综合农业发展中心，对我校开展农村发展和农业推广起了奠基作用。1993 年又开始了美国洛克菲勒基金会提供 35 万美元资助的中国留学生学者短期回国合作研究的项目；1995 年正式签字的美国温洛克基金会提供 100 万美元资助的由我校主持，为全国培养中国农业经济学博士的项目以及日本神内先生无偿资助 2.2 亿日元建立的北京农大神内农牧业经营研究开发中心；泰国正大集团捐资 980 万元人民币建立的北京农大正大肉鸡发展中心、370 万元人民币的北京农大——正大培训中心以及与日本京食公司合资兴办的都丽梦食品公司，双方投资 4.7 亿日元。我校与外国合作的项目数量增加，内容更加多样，累计引进国外资金约 8 000 万元。

这四年中，建立姊妹学校关系的国外大学新增 13 所。除美、荷、泰、加、德、新（西兰）以外，还首次与韩国、巴西、墨西哥、斯洛伐克诸国的大学建立了合作关系。

表 5　1991—1994 年北京农业大学请进派出情况

项目		1991 年	1992 年	1993 年	1994 年	1991—1994 年合计
派出	国际会议	24	48	36	40	148
	合作研究	16	45	24	33	118
	考察访问	32	60	41	23	156
	攻读学位	10	3	5	1	19
	访问学者	18	15	17	21	71
	其他	35	17	31	47	130
	合计	135	188	154	163	640
请进	短期文教专家	31	99	120	118	
	长期文教专家	3	4	3	4	
外国留学生		22	42	21	13	
接待来访		227	253	275	312	1 067

表 6 1991—1994 年北京农业大学与国外大学新建立合作关系一览表

1992 年	1993 年	1994 年
泰国宁卡拉大学 泰国卡萨色大学 国立墨西哥研究生院 朝鲜平壤农业大学	荷兰瓦赫宁根大学 美国克莱梅大学	泰国康堪大学 新西兰梅西大学 韩国汉城大学 德国洪堡大学 加拿大圭尔夫大学（恢复关系） 巴西里约热内卢联邦大学 尼特拉斯洛伐克农业大学

6. 技术支持系统是完成教学科研推广和高新技术产业任务的技术支撑和保证。主要方面和工作进展情况如下。

• 我校新图书馆 1990 年 10 月开始运行后，1991—1994 年四年中，借阅图书 1.91 万册次、查阅图书 144 万册次、光盘检索 1 958 个课题、视听服务 858 人次；订购中文图书 9 702 种，21 315 册、外文图书 269 种，810 种（册）、接受外文赠书 728 种（册）。图书经费虽每年有所增长，但远不及书价涨幅，造成采购图书和订阅外文期刊种类逐年减少，满足不了教学科研需要。在经费十分困难的情况下，图书馆的同志通过加强管理以提高现有图书利用效率，做了大量工作和克服了各种困难。新馆运行近五年仍完好整洁如初，是他们精心管理的明证。

• 涿州教学实验场是一个集生产、教学、科研、推广为一体的大型实践基地。四年接待农事实习学生 1 896 人、生产和毕业实习学生 49 人，并为科研课题提供了条件和服务。累计生产粮食 1 650 万千克、水果 300.5 万千克、鸡蛋 18.3 万千克；总收入 6 608 万元、利税 1 111.5 万元、净收入 642 万元，并维持了近千名职工和离退人员的全部工资和生活福利。四年中除 1994 年受灾减产外，粮果蛋产量、年总收入和利税均逐年增长。此外，改造瘠薄砂石地 2 000 余亩，扩种果园 900 余亩，并通过加强畜牧业、林果业和加工业改善了生产经营结构。他们还进行了全员风险抵押等多项改革，推动了工作和生产发展。

• 昌平实验站接受农事实习同学 467 人、毕业和生产实习同学 79 人、年承担科研课题 177 项、推广了大量小麦、玉米良种和优良鸡种的种蛋。四年累计生产粮食 184.7 万千克、种蛋 876 万枚，总收入 1 837 万元、净收入 206.4 万元。

• 这四年科学园是以建设为主，逐渐增加为教学科研推广服务的项目。根据规划，清除旧房和废渣土 2 万米 ^{3}、回填好土 4.7 万米 ^{3} 和平整了土地、修建路面 4 335 米 ^{2} 和路旁绿化、打通了电、暖和通讯“三线”、安装了 110 亩农田喷灌系统、设置了气象观测场、新建温室两栋（1 799 米 ^{2}）、供暖用锅炉房、配电室（165 米 ^{2}）、购置 2 台拖拉机及部分农具。为教学科研提供服务的试验地逐步增加到125亩。

• 电教中心四年累计制作教材197部，5 763分钟、专题片7部，1 020分钟；播放2 050场次和收视7.88万人次。中心设备比较陈旧，但却制作了许多优秀作品，获奖甚丰，如第七届国际农业电影节联合国FAO奖，中国科协和科教影视讲会特等奖等18项奖励。

• 北京农业大学出版社是学校为教学科研服务和面向社会的重要橱窗。四年出书417种（其中教材181种，学术专著94种，农业科技图书143种）1.2亿字和156万册。出版社通过运行机制的改革，明显提高了工作人员和作者的积极性和工作效率，经济效益也逐年增长。重要的是能做到在商潮冲击和“向钱看”的冲浪中坚持为教学科研服务，不违法出书和不出坏书。

表7 技术支持系统统计表

项目	1990年（基数）	1991年	1992年	1993年	1994年	1991—1994年合计
• 图书馆						
查阅图书（万人次）		12	42	40	50	144
借阅图书（万人次）		0.3	0.49	0.34	0.78	1.91
视听服务（万人次）			1.39	1.8	5.39	8.58
检索服务（个课题）		411	452	630	465	1 958
订购中文图书（种）	2 268	2 342	2 543	1 944	2 873	9 702
（册）	5 050	4 490	5 643	4 316	6 866	21 315
订购外文图书（种）	242	258	158	195	158	769
（册）	246	262	165	220	163	810
接受外文赠书（种册）	130	140	154	210	224	728
订阅中刊（种）	962	1 055	1 028	1 059	1 062	4 204
（册）	1 267	1 528	1 419	1 442	1 389	5 778
订阅外刊（种）	695	674	643	636	604	2 557
• 出版社						
出书（种）	68	83	101	133	100	417
其中：教材	23	26	47	55	52	181
学术专著	17	20	14	42	18	94
农业科技	28	37	40	36	30	143
出书（万册）	25	29	38	50	39	156
累计字数（万字）	1 626	1 989	3 012	4 000	2 830	11 831

续表 7

项目	1990 年（基数）	1991 年	1992 年	1993 年	1994 年	1991—1994 年合计
• 电教中心						
制作电视教材（部）	87	72	45	40	40	197
总长度（分钟）	4 077	2 183	1 380	1 100	1 200	5 763
制作专题片（部）	3		7			7
总长度（分钟）	160		1 020			1 020
播放场次	338	470	450	480	650	2 050
收视人次（万）	2.19	3.29	1.35	1.44	1.8	7.88
获奖（项）	6	4	7	3	7	21
• 涿州教学实验场						
教科任务：农事实习生	178	220	684	682	310	1 896
毕业实习生	15	7	12	15	15	49
生产任务：粮食总产（吨）	3 622	3 685	4 542	4 420	3 850	16 497
水果总产（吨）	484	608	820	1 017	560	3 005
鸡蛋（万千克）	19.7	23.4	35	30.6	29.3	118.3
总收入（万元）	1 033	1 200	1 509	1 830	2 069	6 608
利税（万元）	251	273	280	331	228	1 112
净收入（万元）	127	139	183	132	178	642
• 昌平实验站						
接受农事实习生	109	91	74	116	186	467
接受生产和毕业实习	8	15	34	15	15	79
科研项目服务（项）	40	42	45	45	45	177
推广良种（万千克）	118.5	57.5	36	46	46	175.2
良种鸡种蛋（万枚）	140	223	171	224	224	876
总收入（万元）	380	420	319	450	450	1 837
净收入（万元）	46.6	94.7	18	53.7	53.7	206.5

7. 为完成各项办学任务提供生活支持和保障的有食住行、水电暖和讯医托保十个方面。

• 食的方面，在仅有 42 名正式职工的 10 个餐厅为 6 000 多名师生员工和客人提供一日三餐；住的方面，为近万名师生员工、家属和客人住房和 10 万米 ^{2} 工作用房提供服务，并进行了兽医楼、植保楼、幼儿园的大修加固和油漆粉刷房屋约 1 000 间套。在物价大幅上涨和经费严重不足情况下完成这些任务实非易事，工作人员做出了很大努力和辛劳。当然，工作中还有许多不足和不能令人满意之处。全校每人每日每时都与食住息息相关，工作表现昭然于众，所以工作难度大，更应当认真细致地做好服务。

• 行的方面，我校有各类汽车 127 辆，四年安全行驶近 300 万公里。他们注重节油和车辆保养，不少单车行驶 30 万公里以上。在 1993 年开始的“面的潮”的冲击下，通过改革，成立了交通运输服务中心，稳定了队伍，服务质量和经济效益明显提高。并成立了修车部，为校内外修车 1 500 余辆次；自筹资金建立了加油站，日加油量达 5 吨。

• 这几年水电暖供应上的压力很大，一是水电煤价成倍上涨；二是需要提供水电暖的用房面积年年增加，增加量约占学校总建筑面积的 20%（4.1 万米^2）；三是已使用 30 多年的老管线亟待维修。四年中，打新井一眼和维修了旧井，解决楼房 4 层以上供水不足问题；电力增容 1 160 千伏安和采取多项节水节电节煤措施。

• 我校通信状况有了很大改善，电话中继线由 1990 年的 63 条逐步增加到 112 条；电话门数由 1 160 门增加到 1 600 门，增长 37.9%；家用电话由 150 门增加到 900 门，增长了 5 倍。家用电话安装率达 80%，在兄弟院校中名列前茅。当前主要问题是资金不足，未能实现程控化。

• 新校医院 1993 年投入使用后大大改善了我校师生员工的就医条件。校医院每年门诊 6 万～7 万人次，各类体检约 2 000 人次。

• 保卫工作为维护学校办学和工作生活的安全稳定提供了重要保证。四年中发现和及时排除各种隐患 450 余起，重大隐患 170 余起；扑灭和处理火险 30 起；处理打架斗殴 130 余起，侦破盗窃、流氓、诈骗案 20 余起；追回、找回自行车百余辆。

8. 人事管理和教职工队伍建设是学校各项任务完成的质量和水平的重要保证。指导思想是严格控制数量，改善人员结构，提高教工素质和激励工作热情。全校教职工总数从 1990 年的 2 003 人为基数，四年净减 33 人，年流动率由 5% 提高到 9%。教职工队伍在动态平衡中发生如下结构和素质上的变化和改善。

• 教（科）：管：工的比例由 65∶15∶20 发展为 71∶12∶17。

• 高：中：初级职称比例由 30：37：33 发展为 38：34：28。

• 具有博士学位的比例由 3.4%（55 人）上升到 7.5%（120 人）。

• 全校职工平均年龄下降 4.56 岁（43.08 ～ 38.52），其中教师下降 3.69 岁（43.55 ～ 39.86）。教授的平均年龄由 61 岁下降到 57 岁，其中 45 ～ 55 岁由 15 人增至 25 人，40 岁以上由 0 人增至 14 人。

• 四年中累计由副高晋升正高职的 107 人；由中职晋升副高职的 275 人；由

初职晋升中职的 356 人；定初职的 199 人，即累计有 937 人的职称得到晋升，占可申请技术职称人数的 70% 左右。

• 四年中管理干部队伍也发生了很大变化。共任免正处级干部 86 人次，副处级干部 121 人次。1994 年与 1990 年相比，正副处级干部人数由 158 人减少到 144 人；40 岁以下人员的比例由 17% 增至 41.6%；有大学以上文化程度的人员由 72% 提高到 86%；有高级职称的由 48% 提高到 61%。

这四年的在校生人数，教学工作量、科研项目和经费、推广和校产开发等任务都有很大增长，而职工总数减少了 4%，且队伍结构和素质有了如上明显的改善（表 8）。人事管理还在工资、定编、聘任，年终评议和分配、干部培训、特津等方面做了大量工作。

表 8　1990—1994 年人员状况　　人

项目		1990 年（基数）	1991 年	1992 年	1993 年	1994 年
职工总数		2 003	2 006	2 029	2 004	1 970
结构状况	科研人员	102	139	148	160	187
	技术人员	284	297	291	325	352
	行政人员	290	273	257	252	240
	工勤人员	405	414	437	407	341
职称状况	正高级职称	117	100	128	142	143
	副高级职称	341	309	340	391	399
	中级职称	576	506	551	538	494
	初级职称	501	424	495	418	394
年龄状况	教师	43.6	40.7	41.2	40.7	39.9
	职工	42.5	38.9	39.5	37.9	37.5
	全体职工	43.1	39.9	40.5	38.1	38.5
减少数	离退休	83	86	66	63	66
	调出	28	19	37	45	42
	自动离职		15	56	49	
	自然减员	5	3	6	6	5
	合计	116	108	124	170	162
增加数	调入	43	34	74	70	67
	分配	72	77	73	75	61
	合计	115	111	147	145	128

9. 经费来源和财务管理是办学的基本保证和重要推动力。全国普遍存在的高校事业经费严重不足极大地困扰着高校，影响办学质量的提高以及教职工的积极性和稳定性。1993 年的工资改革使学校的经费拮据状况如雪上加霜。

四年学校财政状况可概括为，维持学校正常运转，预算收支平衡和经费总量不足。国拨教育事业费 7 288.2 万元，科研经费 4 752.5 万元，校办产业经济实体上交学校基金 986.8 万元。以上三项总计 1.3 亿元，是支持我校四年教学、科研和各项工作正常运转的主要资金保证。教育事业费四年总支出 8 582.7 万元，超支 1 294.5 万元，全部用学校投入抵冲，保证了每年预算的收支平衡。四年科研经费总支出 4 314.6 万元，校基金总支出 753.2 万元（表 9）。

表 9　1990—1994 年校财政收支基本状况表

万元

项目	1990 年	1991 年	1992 年	1993 年	1994 年
一、教育事业费					
（一）拨款	1 222.0	1 336.0	1 534.3	1 785.4	2 632.5
（二）支出①	1 311.3	1 471.0	1 774.3	2 277.0	3 060.4
1. 人员经费	580.7	629.0	835.8	1 040.9	1 706.3
占拨款总额比	47.50%	47.00%	54.50%	58.30%	64.80%
占支出总额比	44.30%	42.80%	47.00%	46.00%	56.00%
2. 公用经费	730.6	842.0	938.5	1 236.1	1 354.1
占拨款总额比	60.00%	63.00%	61.10%	69.20%	51.40%
占支出总额比	55.70%	57.20%	53.00%	54.00%	44.00%
（1）公务费	311.8	391.3	489.9	605.2	662.2
邮电费	28.9	45.9	43.7	76.5	114.6
水电费	92.4	141.5	150.3	233.8	241.7
取暖费	71.1	74.2	126.8	131.7	156
其他②	118.8	129.5	169.1	163.3	149.9
（2）设备费	74	51.9	59.9	65	65.2
教学设备	28.2	30.6	18.6	19.9	19.7
图书设备	33.4	8.2	17.2	17	24.5
一般设备	12.4	11.7	23.1	26.5	21
体育设备	—	1.4	1.0	1.6	—
（3）修缮费	69.9	63.1	28.9	148.9	177.3
（4）业务费	233.3	309.6	330.9	339.6	345.5
本科生	45.8	69.5	83.3	84.1	74.1

续表 9

项目	1990 年	1991 年	1992 年	1993 年	1994 年
研究生	114.3	120.8	110.2	101.8	116.7
资料③	28.7	51.5	61.9	59.8	65.9
其他	44.5	67.8	75.5	93.9	88.8
（5）其他费用	41.6	26.1	28.9	77.4	103.9
二、科研经费					
（一）拨款	1 288.9	1 353.8	1 592.8	1 525. 6	1 519.1
（二）支出	694.1	597.6	1 161.5	1 301.1	1 254.4
三、学校基金④					
（一）收入	114.9+309.9	309.0	232.8	152.0	293.0
（二）支出	241.1	303.8	199.1	250.3	305.7
其中：福利基金	155.2	190.4	94.4	171.1	247.5
发展基金	85.9	113.4	104.7	79.2	58.2

注：①支出与拨款之间的差额由校其他收入补充持平。

②含办公、行政差旅、车辆维持、行设、炊事维持、宣传、校园绿化卫生。

③其中含教学差旅、外事、招生、体育维持、临时出国、科研业务费。

④ 1990—1994 年超支部分由预算外收入冲，全部持平。

国拨经费虽逐年有所增长，如 1992 年、1993 年、1994 年较头一年增长率分别为 14.8%、16.4% 和 47.4%，但人员费占国拨款的百分率四年分别是 47%、54.6%、58.3% 和 64.8%。也就是说，近 2/3 的经费以人员费形式成为无法支配，但又必须首要保证的刚性支出。另外，水电暖和通信费因涨价而大幅度增长，占拨款总额的 20%～25%。教学业务费每年约 300 万元，1992 年、1993 年、1994 年较前一年的增减状况分别是 7.7%、8.1% 和 –6.1%，造成教学经费十分短缺和设备得不到改善。但是学校利用基金等收入拨教学专款百余万元和以教时补贴等形式拨款 200 余万元，改善教师待遇和提高教学的积极性。

在经费十分艰难的情况下，学校制订了量入为出、突出重点、兼顾一般的预算分配原则。连续 8 年（1987—1994 年）的预算收支平衡，正是采取了统一规划，综合预算的财务管理思路的成果。年初预算时，将能够计入教育事业费支出的国拨经费、办学性收入、成本性收入等，全部纳入年度预算，不做赤字预算。预算执行过程中坚持指标管理，严禁超支，确定了“量入为出、勤俭节约、落实经费、再行支出”的预算原则，保证了预算收支的平衡。

在资金总量不足和经费严重短缺的情况下，广大教师顾全大局，仍然较好地完成了教学科研等各项任务。各院系处所中心的领导同志、为学校创收和管理财务的同志都能在“穷家难当”和十分困难的情况下保证了各项工作的正常运转和学校的发展，我深切地对他们表示敬意。

10. 行政管理和信息工作是指挥协调全校正常和有效运转的中枢，主要工作如下。

• 校务会是学校最高决策层。四年中共召开校务会 135 次，校长办公会 19 次，研究和决定问题 479 个（项）。由院系处所中心正职参加的行政办公会是贯彻校务会决定和精神的主要形式，四年共举行了 41 次。由副处以上党政干部参加，每半年举行一次的工作会议，讨论贯彻学校重大决定和中心工作，四年中共举行了 8 次（第 8 次工作会议到第 15 次工作会议）。四年中，共发布文件 1 352 个，重要规章制度 53 项，行政公报 30 期。

• 学校大量和日常的行政管理事务是由 16 个职能处完成的。他们是保证学校行政管理工作运行的中坚力量，他们的工作质量和效率决定了学校行政管理系统运行的质量和效率。在经费总量严重短缺和物价上涨；干部队伍新旧交替和后备不足；校内外环境并不很好和工作难做的情况下，各职能处工作的同志努力克服困难，辛勤工作，相当不容易和较好地完成了各项任务。1992 年开始在年终述职的基础上评选出先进工作处 10 个次和先进个人 19 人次。

• 院系处在教学科研推广开发工作的第一线，直接面对教师和学生的重要基层管理层，学校和各职能处的各项业务和管理活动都要汇集到院系，他们承担着十分繁重的日常管理事务，特别多是“双肩挑”的同志，负担就更重了。在国家和学校发生重大历史性转折时期，学校承受的困难都会反映到各院系，特别是经费严重不足，工作很难做和在完成教学科研任务的同时，还要为本院系教职工的奖金福利而奔波，实在是难为他们了。

• 信息是一种资源，可以推动工作，凝聚和鼓舞全校师生员工，又能沟通学校和社会，扩大学校的社会影响。校信息中心四年累计出《北京农大报》88 期，国内报刊报道稿 382 篇（其中自投 89 篇）；校闭路电视播放《农大要闻》1 113 条、专题报道 286 条、中央和北京电视台播放我校消息和专题 90 条（平均每半月一条）；学生区广播（69 次）；出《年鉴》4 部。

校园网是现代化的信息交换系统，是“211 工程”建设的三大内容之一。我校 1991 年成立了校园网筹建领导小组；1992 年完成了校园网规划建议书；设立了校园网室计算机网络环境实验室和以单机方式与农业部信息中心及国际 Internet 联网。1994 年收发国际 E-mail 500 多件，我校简介进入国际 Internet 网，可供 154 个国家查询。

表 10　1991—1994 年行政管理和信息工作运行状况表

项目	1990 年	1991 年	1992 年	1993 年	1994 年	1991—1994 年累计
• 行政管理						
校务会（次）	38	46	38	27	24	135
校长办公会（次）		11	5	3	19	
两会累计研究问题	82	101	113	124	141	479
行政办公会	10	12	10	10	9	41
工作会议	2	2	2	1	2	7
制订文件对内（个）	72	86	101	79	100	366
对上（外）（个）	240	216	261	250	259	986
发布行政公报（期）	10	11	10	10	9	30
• 信息						
出版《北京农大报》	22	22	25	19	22	88
国内报刊刊稿（条）	94	150	50	86	96	382
其中：自投（条）	20	21	19	26	23	89
闭路电视播放						
农大要闻（条）	118	160	236	445	272	1 113
专题（条）	22	42	88	87	69	286
学生区有线广播（次）						
（1993 年 9 月 1 日开播）			23	46	69	
出版《年鉴》	1	1	1	1	1	4

二、北京农业大学“八五计划”和“两年综合改革计划”全面启动了我校办学体制转型的历史性变革

在我一届任期的“三年转型改革”的基础上，1991 年秋到 1992 年 3 月全校性讨论和制订了我校“八五”发展计划，1992 年 6 月到 1994 年 6 月制订和实施的“两年综合改革计划”，全面推进了我校办学体制型的历史性变革，是我校历史发展中的重大事件。

我校的教育教学以及管理体制是在 40 多年来的国家计划经济体制下形成和为之服务的，已经严重不能适应我国向社会主义市场经济体制转变和改革开放的形势。新经济体制下的农业向着产前产中产后，农工贸一体，一、二、三产结合，

农业农村农民统筹的大农业的方向发展，而我校的系和专业则是按计划经济体制下农产品生产型的小农业而设置的。教育体制上的重大改革是学校面向社会，自主办学和“两包”改“两自”，而现行的则是按上级计划进行招生、培养和分配的教育体制。此外，在全球性新技术革命浪潮冲击下的科技日新月异，知识积累更新速度骤增，学科更趋于分化综合，交叉渗透和新兴学科不断产生和发展。以上这些深刻和重大的时代变革，必然对我校现行的办学思想和体制提出了严重挑战，也提供了一次良好的历史机遇。我们不能麻木不仁和等闲视之，而要面对时代的挑战，抓住机遇，大胆改革，主动适应，向一个新的层次和高度开拓发展。如果因循守旧，等待观望，坐失机遇，在改革大潮和激烈竞争中将轮为三四流的大学和被淘汰。在历史的大转折时期，荣枯兴衰，系于一念，在此一搏。全校师生员工都要有这种忧患意识，危机感和紧迫感。学校领导班子正是基于这种认识才大力组织全校干部和师生，制订和推动“八五计划”和“两年综合改革计划”的。第 9 和 10 次工作会议（1991 年 10 月和 1992 年 3 月）讨论制订了“八五发展计划”；第 11 ～ 15 次工作会议（1992 年 6 月、1992 年 11 月、1993 年 5 月、1994 年 3 月、1994 年 7 月）讨论、制订和实施了“两年综合改革计划”，历时三年，召开了 7 次工作会议，以全面推动办学体制的转型。综合改革的主要成果包括学校发展总目标和院系专业结构的战略调整、教育教学改革和管理体制改革三个方面。

1. 学校发展总目标和院系专业结构的战略调整

如上所述，随着国家经济体制的转变，农业的领域大大展宽了，社会对人才的需求多样和易变了，学生可以自主择业了，高校在招生和学生就业市场上的竞争更加激烈了，以及当代科技迅猛发展和日趋交叉综合等办学的外界环境发生了重大和深刻的变化。而在计划经济体制下形成的我校缺理工、少文经，农科也较窄狭以及学科专业结构的现状已严重不相适应和将面临严重的困境；也是在体制和结构上对我校“211 工程”建设中向高水平和一流大学发展的一个很大制约。其问题实质和症结在于缺乏专业学科的综合性和能主动适应社会需求变化的运行机制。因此，需要在办学总目标和院系专业结构上进行战略性的调整。

学校发展的总目标是将建设“综合性和多科性的、一流和新型的农业大学”的目标调整为“一流和新型的，以农科为主的综合性大学”。为了向以农科为主的综合性大学方向发展和适应新形势下社会对人才的需求，院系专业结构的调整是在稳定改造和提高我校传统和优势学科的基础上，向着前沿、新兴和交叉学科、生物工程学科、经贸管和人文社会科学学科、农业科技企业方面的学科以及国际化和社会需求热点方面的学科等 6 个方向延伸。由原来的 12 个系（院）调整和组建为 8 个学院 29 个系和 74 个本科专业方向以及 18 个研究所（中心）的新的框架，并已初步到位。8 个学院中，动物科技学院、动物医学院、生物学院和农经学院是在原有建制基础上做学科专业的内部调整扩展；资环、基础科技、人文社科和植物科技4个学院则是在有关的系和业务单位的基础上重新组建。种子科学系、生物技术系、信息管理技术系、计算机和应用数学系、生物环境工程系、乡企经管系、农产品贸易系等10个系为新设；70多个本科专业方向中新设的约占1/3。逐步到位的多数新的院系已分别于1993年和1994级开始招生。此次院系专业结构调整的广度和力度很大，从学科和专业的这个重要方面提高了我校适应社会需求的能力和为进一步经常性的调整打下了基础。

重要的还在于建立一套能主动和迅速适应社会需求变化的机制，即构建了校院系三级管理体制。由相近学科的学科群组成的学院是一级行政管理层，有利于学科综合交叉和新兴学科发展，有利于教学科研工作的组织协调和具有较高的稳定性。系则专注于提高教学质量和学术水平，并可对学科发展、人才需求和培养方向上做出及时和灵活的反应和调整。从而构成一个稳定性与灵活性相结合，具有很强自我调节和适应能力的新的运行机制和结构系统。

经过大家的努力，一个对我校全面改革和发展具有基本意义的新的院系专业结构框架和三级管理体制已经形成。但因时间紧促、调研和讨论不够充分，还需在实践中不断改进完善。

2. 教育教学改革取得了实质性进展

教育教学改革是从培养模式、培养计划、教学内容和方法、教学管理制度四个方面进行的。

（1）科技发展和知识更新速度日益加快以及社会需求和学生就业去向的多元化和不稳定性的时代特征决定了学生必须具有较强的适应和应变能力。因而在本科生的培养模式上，以广适应性的通才型培养模式替代了40多年来在计划经济体制和学习苏联而形成的窄深专才型培养模式。

（2）通过大家的努力，一个按新的教育思想和培养模式设计的新的培养计划已经产生。在全学程总学时数；必修课与选修课内容及学时比例；课堂教学、实验教学和实践教学的内容和学时比例等方面进行了重大调整。在培养设计中，十分重视精神素质培养和非智力因素方面的教育。

（3）新的培养模式和计划提供了一张精心设计的“蓝图”，但还需大力改革教学内容和方法，做到“优质施工”。教学内容上的问题主要是在不同程度上存在陈旧、松散和重复；教学方法上的问题主要是单向灌输而少启发，学生的学习主动性和创造性思维能力得不到发挥。1991年开始了重点课程建设计划，1994年又以“两课125计划”（系列课和一类课以及10门实践教学课，20门实验教学课和教学方法改革的50门课）为主要内容的第一期教学内容和方法改革计划已经启动，势头很好。

（4）教学管理制度是推动教学过程有效运转，教学计划得以实施和调动教和学两方面积极性的软件系统。新的教学体系需要有与之相适应的，新的教学管理制度。1993 年 5 月第十三次工作会议讨论出台的新教学管理制度已在 1993 年秋季始学后全面实施。

在学生和学的方面的改革，一是以完善和全面实行学分制为核心，辅以弹性学制，必修选修制、交费重修制、主辅修制、转系制和导师制；二是建立加大正负面激励强度的奖罚制度，即一面改助学金为奖学金和贷学金，拉开奖励档次金额，一面实行预淘汰试读制。自 1993 年 9 月这项配套的教学管理制度出台以后，大大提高了学生学习的自觉性和积极性，自习率和学习成绩明显提高，课堂和考场纪律以及学生的思想和精神状况明显改善。

在教师和教的方面的改革，主要是实行严格的聘任择优上岗制、挂牌上课制、高教时津贴制、述职考评制（期中和年终）、累计工作量制（代替在申请职称、提资、分房等的年限制）和教学事故处罚制等。这些制度运用竞争机制，克服干多干少、干好干差一个样的平均主义，调动了教师的教学积极性。教师积极争取教学任务，多上课，上好课，教学效果和质量明显提高。研究教学的风气浓厚了，系主任的教学管理工作也好做了。

新的培养模式、教学计划和教学管理制度已经全面实施，教学内容和方法改革也已启动。如果说院系专业结构的战略的战略调整是结构性的转轨，上述教育教学改革则是教育思想和教学思想和教学过程的转轨，尽管只是开始和很不完善。

3. 管理体制改革取得了重要进展

在几十年高度集中的计划经济体制下形成的高校内部管理体制也严重存在着机构上重叠臃肿，效率低下；制度上层层设卡，没有工作活力；人员和分配上端“铁饭碗”，吃“大锅饭”，激发不了群众积极性和创造力。为适应新的经济体制和社会变革，学校内部的管理也必须作体制性的改变，做到机构设置和人员结构精干合理以及人员管理上充分运用竞争和激励机制，使学校各项工作能够充满活力和创新精神，优质高效地运行。管理体制改革是从机构机制和人员管理两个方面进行的。

机构和机制改革方面，我们是在对学校这个大系统按功能划分为业务、支持、校产和管理四个系统的基础上做了三件事。

一是将在计划经济体制影响下形成的一统的行政管理模式改为业务系统和管理系统按事业型管理；支持和校产系统按企业化管理，各按其自身工作特点和规律，以不同的机制运行，两个“轮子”协调转动。支持系统中除涿州农场、昌平实验站、出版社以外，成立了交通运输等 5 个服务中心；校产系统的各公司和厂均按企业化管理，人数达全校职工总数的 15% 左右（不含 800 多名农场工人）。这些单位自主管理，单独核算，自负盈亏，承担职工工资福利和上交部分收入。

在新的管理体制和新的机制运行下，这些单位的职工积极性和主动性以及工作效率效益和服务质量都有明显提高。

二是在业务系统中，改校系组管理体制为校院系三级管理和加强院级的行政管理职能。对此前面已经谈到，这里不再赘述。

三是在管理系统中，以精干高效原则，进行机构和职能的调整，克服机构叠置，职责不清、关系不顺、效率不高，人浮于事的弊病。已经撤并或归口管理了一些业务性质相近的单位，如扶贫办和黄办撤并到科研处；学办与学生处合并；信息中心和校产办归口校办等。拓宽了老干部处职能和改名为离退休人员工作处。近年来一直未能解决和管理比较混乱的是有的职能处下属服务性经营实体问题。继续坚持职能处不得兴办服务性经营实体的原则，如确与本处职能直接有关和需要设置服务性经营实体的，可经学校批准，实行人财物分开，收支两条线，经营实体另立管理办法。如教务处的胶印车间、继教学院的干训楼和餐厅、国际交流中心的专家公寓、财务处的储蓄所和结算中心、保卫处的文园餐厅等。此外，按精简原则，管理系统人员由原 295 人精简到 240 人左右。

管理体制改革的第二个方面是人员管理的改革。在定职能任务、定岗位、定编制的基础上也做了三件事。

第一件事是逐步实行和强化了聘任制。第十一次工作会议提出“优、定、聘、评、配”五字诀中，即是以“聘”作为关键的。在业务系统，加强了对教师的聘任择优上岗制和满工作量制。各院系对此认真执行和效果较好，每位在聘教师都在年度聘书上定有明确的教学科研和管理任务和要求，但也存在有些专业课的选聘余地不大的问题。第十四次工作会议又规定了可在离退休教师和外校教师中选聘，但政策还不配套。在肉鸡中心、种衣剂厂、各服务中心等企业化管理系统中，在广泛推行聘任制的同时，还试行了招聘办法，效果也是好的。管理系统中情况比较复杂，以聘任制代替任命制还需要做很多工作。

第二件事是年终述职考绩制逐步规范化和制度化。从校长到每一位教职工逐级在一定范围内述职和接受考评。每位教职工都将此作为应尽的职责和义务，是自己忠于职守，对人民负责的表现。如 1993 年有 1 636 人参加了述职考绩，占应参加人数的 93.7%。考绩中的优良差三级分别占参加考绩总人数的 18.8%、80.5% 和 0.7%。四位校长和各业务处处长进行了较大范围的述职考绩，评出了 4 个先进处和 5 位先进管理工作者。各位院长系主任也在所在单位进行了认真的述职考绩。

年终述职考绩已为全体教职工所认同拥护，认真实行，是一项激励先进，鞭策后进，调动广大教职工工作热情和积极性的好制度；是克服平均主义，按劳绩分配的基础。

第三件事是克服平均主义，强化按劳绩分配。在业务系统，实行高教时津贴加高科研津贴制和加大级差强度，受到了教师的广泛欢迎和大大调动了他们教学科研工作的积极性。工作量大而质优者可获高报酬，量小质差者的日子会日益艰难。农学系 1993 年全年津贴最高者 5 548 元，最低的 1 560 元，还奖励了两位教师各 5 000 元。按企业化管理的支持和校产系统则按劳绩并与经济效益挂钩。管理系统实行岗位津贴加业绩津贴制（七三比）和颁发管理单位的个人的先进奖。

我校管理体制改革已经全面推进，思路方法和初效是好的。但管理体制改革深受外部环境的制约和在内部长期形成的观念、习惯势力和人际关系的影响。改革只是刚刚开始，不完善和出现一些新的问题和矛盾，均有待于改革的深化。

三、“211 工程”建设规划及通过部门预审为我校的腾飞绘制了蓝图和开辟了道路

在农业部领导的关怀和信任，全校教职工的共同努力下，经过近一年时间制订的《北京农业大学“211 工程”建设规划》(1994—2005 年）于 1994 年 12 月正式通过了部门的预审，这是我校发展历史上的一件大事。她为我校进一步发展和腾飞开辟了航向，勾绘了施工的蓝图。其要点如下。

1. 根据深入的形势分析，审时度势地提出的发展战略选择是向着综合性、高层次、研究型、多职能和国际化的方向发展。据此，进一步确立的我校建设的总体目标是，经过两年准备和 10 年“211 工程”建设，即由 1994 年到建校 100 周年（2005 年)，我校将由目前学科比较单一的农业大学初步建设成接近或达到世界先进水平的、以农科为主的综合性大学。学校规模由现在的 4 000 名左右在校生发展到 6 000 人。

2. 为了实现上述战略选择和总体建设目标而进行如下结构性调整。

- 院系专业结构调整。如前所述，已调整为比较稳定的 8 个学院和比较灵活的 30 多个系，70 多个专业方向，院系专业结构的框架已经形成。
- 学科结构调整规划是由现有的 75 个二级学科规划增至 120 个。其中农学由 36 个增至 44 个，工学由 6 个增至 12 个，理学由 23 个增至 34 个，人文社会科学由 10 个增至 30 个。增幅最大的是人文社会科学。
- 学生结构调整规划是按在校生 6 000 人规模，到 2000 年，本科生、研究生和大学后继续教育生分别为 3 000 人、2 000 人和 1 000 人；到 2005 年，分别为 2 500 人、2 500 人和 1 000 人。本科生和研究生之比由 1993 年的 1∶0.22 分别调整到 1∶0.67 和 1∶1。在校留学生发展到 150 人，以培养研究生为主。

3. 在新的教育思想和观点指导下，分别制订了本科、研究生和继续教育的教育教学建设规划。包括培养模式和培养计划；课堂、实验和实践三大教学体系建

设规划；课程、教材、设备、学风和教学管理五项建设规划；德育和体育建设规划等。

4. 教学和科研的基础是学科，条件是实验室（场）。规划建设国家级重点学科 29 个（现有 11 个）；部级重点学科 45 个（现有 7 个）；并在以上学科建设的基础上，组建生命科学和资源环境科学两个国家级学科群以及信息和计算机农业应用、农业经济和农村发展、农工结合三个部级学科群。与学科建设相应的是规划建设 7 个国家级重点实验室、工业性中试基地和工程研究中心（现有 2 个）；17 个部级重点实验室；11 个国家或部级中心、工业性试验基地以及 3 个面向全校的中心实验室。

5. 根据对我校科研工作的现状和优劣势分析，对我校基础性研究、应用性研究、开发性研究；重点项目研究与面上项目研究；纵向国拨经费与横向及高技术产业化返回经费之比以及教科人员人均年经费等进行了总体性规划。针对国民经济建设主战场、生物技术及其实用化以及基础性研究三条战线的需求，优选一批重大、关键和超前性技术，学校组织力量，形成集团优势进行突破。并以应用研究带动和组织好“上中下游”研究的衔接，形成系列性研究优势。并将科学研究建设与学科建设和科研的机构改革结合起来。

6. 农业推广的建设规划主要是形成校内工作体系、农业技术推广体系和全面参与农村发展体系。工作的主要内容是：为农村综合发展提供系统咨询，推广先进农业技术和开展信息及培训服务，特别要为建立农村社会化服务体系和农业（科技）企业的发展提供服务。

7. 高新技术校办产业建设规划是以我校学科和科技成果的优势为依托，以市场为导向，选准项目，集中力量办好几个能体现我校特色和规模经营的数项支柱性产业和组成集团公司。并在校部及涿州农场建设农业高新科技园区。计划 2000 年的年产值 2.5 亿元，年利润 5 200 万元。

8. 提高国际化程度建设规划的重点是实施 5 项计划，即“重大合作项目计划”，已有 4 项，约 700 万美元；已议定 5 项，约 1 100 万美元，1995—2000 年再增 5 ～ 8 项，争取 1 000 万美元以上；“学赶计划”（根据“211 工程”建设需要派出、请进和合作）以及“交往计划”“留学生计划”和“信息计划”。

9. 办一流大学必须有一支一流的教师和职工队伍。到 2000 年和 2005 年，随着学生人数增长，教职工总数由 1 926 人增至 2 700 人，与学生比由 1 : 2.0 提高到 1 : 2.2，师生比由 1 : 5.3 提高到 1 : 6.0。教科人员在职工总数中比例由现在的 50% 增到 61%。教师队伍是队伍建设的重点，分别提出了相当于院士、博导、教授和副教授的培养建设规划，特别是对中青年教师的培养。随着教学科研要求和进人学历的提高以及广泛推行研究生“三助制”，教师的职称结构也将发生很大变化，正高、副高和中初级职称比例将由现在的 1 : 3 : 6 发展为 2 : 5 : 3。在实施教师队伍建设中，有针对性地制订了五条主要措施。此外，实验技术人员队伍和管理人员队伍均有专项建设规划。

10. 管理系统是领导和推动全校各项工作有效运行，带领组织全校师生员工完成各项任务的主要力量。管理系统的素质决定着学校工作的质量和效率。管理系统建设包括结构和管理体制、机构和职能、运行“软件”和人员管理四个方面。

11. 办学条件建设规划包括基本建设、重点学科和实验室建设、支持系统建设 3 个部分。我校基本建设已列入国家“八五”和争取列入“九五”大中型建设项目。按在校生 6 000 人规模，校舍总建设面积 39.4 万米 ^{2}。原有和已建面积 20.5 万米 ^{2}，待建面积 19 万米 ^{2}，其中教学科研用房 5.6 万米 ^{2}，生活和附属用房 13.3 万米 ^{2}，累计投资额 2.98 亿元。重点学科建设 0.26 亿元，重点实验室建设 1.22 亿元；校园网、场站园、图书馆等支持系统累计基建投资 0.54 亿元。三项总计投资额为 5 亿元。

“211 工程”建设规划中最后描述了建成后的北京农业大学的宏伟前景，并写下了以下的结语：

公元 2005 年，北京农业大学将以其全新的面貌举行成立 100 周年校庆。届时，一所具有高学术水平，培养高级人才，出高质量科研成果和新的学术思想，享誉国内外的，一流和新型的，以农科为主的综合性大学必将展现在拥有 13 亿多人口的伟大的社会主义中国的首都。这是国家发展和社会进步的需要；这是中国农业现代化建设的需要；也是农大人义不容辞的光荣的历史使命。

四、办学、生活条件和职工待遇有了较大改善，新增固定资产 2 亿元

前面报告了这四年较好地完成了办学的各项任务：“八五计划”和“两年综合改革”启动了我校体制转型的历史性变革，以及《“211 工程”建设规划》提出了我校向更新更高目标发展的蓝图和开拓了道路。在此“完成”“转型”和“发展”的同时，这四年在改善办学和生活条件、扩大固定资产以及职工待遇的改善方面也取得了重要进展。

首先，也是最重要的是 1991 年 3 月我校基建被国务院批准正式列为国家“八五”大中型基建项目。这对我校的建设和发展起了重大推进作用。四年基建经费分别达到 1 300 万元、1 530 万元、1 820 万元和 2 221 万元，累计 6 871 万元，相当于部属高校总经费的 1/3 强。四年累计完成基建项目 17 项，41 977 米 ^{2}，投资 4 755 万元，平均年完成投资 1 189 万元，四年竣工用房 10 345 米 ^{2}。此外，在建 2 项，2.34 万米 ^{2}。在完成基建项目中，生活用房 3.16 万米 ^{2}，占 76%。其中校区生活住房 4 栋（102 号楼、103 号楼、18 号楼、16 号楼）共 2.0 万米 ^{2}，

住房 282 套；涿州农场家属宿舍 3 栋，7 500 米^2；在建的住房 105 套，7 000 米^2；生活用房中还有北家属食堂、校医院、昌平实验站餐厅等。教学科研用房中有兽医预防医学楼、动物医院、科学园区的两栋温室和锅炉房、电力电话增容以及我校的头号基建工程将于今年校庆前完成的 1.6 万米^2 的教学实验大楼等都将大大改善我校的办学和生活条件。另外，这四年新增设备 10 238 件，金额 4 235 万元（表 11）。

表 11　1991—1994 年基建完成情况

序号	项目名称	建筑面积（米^2）	投资（万元）	竣工时间
合计	17	41 977	4 755	1991—1994 年
1	18 教工住宅	4 800	250	1991 年
2	科学园温室 1 号	995	140	
3	102# 教授住宅	5 197	328	1992 年
4	家属区锅炉房	1 038	230	
5	北家属食堂	576	70	
6	昌平实验站食堂	598	40	
7	103# 教授住宅	6 304	585	1993 年
8	兽医院	2 980	359	
9	科学园温室 2 号	804	75	
10	科学园温室区锅炉房	6 360	245	
11	校医院	2 346	246	
12	农场宿舍楼	7 500		
13	微生物发酵基地	1 900	919	
14	16# 教工住宅	3 823	300	1994 年
15	兽医预防楼	2 480	300	
16	电力电话增容	—	468	1992—1994 年
17	工程配套及科学园外线	—	200	1991—1994 年

第二，除维持日常运行的国拨事业费 7 288 万元和科研经费 4 753 万元，合计约 1.3 亿元外，学校努力开辟多种资金渠道。一是校办产业和经济实体上交学校 987 万元；二是泰国正大集团捐赠肉鸡发展中心 980 万元、培训中心 370 万元；三是日本神内项目捐赠 1 800 万元、“都丽梦”合资项目日方投资 2 040 万元；四是美国洛克菲勒项目 250 万元、温洛克项目 2 600 万元以及农业部最近划拨我校的“国家家禽育种中心”约 7 000 万元。以上 8 项共计约 1.5 亿元，超过了四年

国拨经费的总和（表 12）。

表 12　四年经费总汇和固定资产增加状况万元

项目	1990 年	1991 年	1992 年	1993 年	1994 年	1991—1994 年累计
• 国拨事业性经费合计	3 037	3 438	4 374	4 786	6 011	18 609
事业费	1 222	1 336	1 534	1 785	2 633	7 288
科研费	600	802	1 350	1 181	1 157	4 490
* 基建费	1 215	1 300	1 490	1 820	2 221	6 831
* 其中设备购置费		300	300	320	752	1 672
其中固定资产合计						8 503
• 非国拨事业性经费合计			250	980	13 810	15 040
* 北农—正大肉鸡开发中心（泰）				980		980
* 北农—正大培训中心（泰）			370	1 800	370	1 800
* 北农—神内农牧经营中心				2 040	2 040	250
* 北农—京食快餐公司（日）						2 600
洛克菲勒基金项目（美）			250		2 600	7 000
温洛克基金项目（美）					7 000	12 190
* 国家家禽育种中心				980	11 210	
其中固定资产合计						
• 总计		3 438	4 624	5 766	19 821	33 649
其中固定资产总计		1 600	1 790	3 120	14 183	20 693

注：1.* 为固定资产项目。

2. 设备购置费含于三项国拨事业费，1991 年和 1992 年为估计数。

3. 国家家禽育种中心为 1995 年 6 月项目。

4. 北农—京食快餐公司为我方投资额。

第三，四年累计国拨事业费 1.86 亿元，多渠道筹资 1.5 亿元，总计 3.36 亿元。其中，办学性消耗 1.03 亿元，固定资产新增额 2 亿元，接近于过去全校固定资产总额。

第四，这几年我校教职工住房条件有了较大改善。教授和校级干部 146 户迁进了 102 号楼、103 号楼的新居；226 户副高职和正处级干部先后调整到 16 号楼等三间一套的住房；170 户副处、中职、科级和其他职工的住房也得到改善。另外，还以 38 套作为引进人才的住房。以上改善住房条件的累计达 580 户，占校区住户的 60% 左右。在北京市高校和农口兄弟院校中，我校教职工的住房条件是相当好的。在住房分配和管理方面，尽管做了许多工作，但是存在问题较多，职工还有不少意见，学校将做专门研究加以改进。

第五，四年中，全校人均月工资由1990年的119元增长到1994年的359元（其中职务工资252元，津贴107元），即1994年人均月工资为1990年的3倍。此外，学校和各院系各单位还千方百计地设法缓解和改善教职工的经济收入状况，工资外收入也有较大幅度的增长。全校性发放的，即每人都有的书报费、洗理费、郊补费、防暑费、基本奖金、教师节和春节补贴共7项的年人均由1990年的700元提高到1994年的1 270元。教学科研人员的业务性补贴是，1991—1993年7月的年均教学补贴17万元，年人均189元（按900人计，下同）。1993年7月后，年均发放115万元，年人均1264.5元，增长了7倍；科研津贴1993年和1994年分别发放103万元和104万元，即年人均1 085元和1 096元。此三项相加，1994年教师年人均工资外收入约为3 643元。管理人员的行政津贴由1990年的240～600元提高到1994年的840～1 560元。加上全校性发放的补贴，管理系统人员年均工资外收入约2 500元（表13）。

表13　1991—1994年人均工资外收入状况　元

项目	1990年（基数）	1991年	1992年	1993年	1994年
• 全校性发放合计（每人都有）	628～820	698～810	1 143～12 351	505～1 577	1 260～1 284
奖金	280～400	300～350	725	768	700
书报费	48～96	48～96	48～96	192～216	192～216
洗理费	96～120	96～120	96～120	192～240	192～240
郊补费	120	120	120	120	120
防暑费	24	24	24	48	48
教师节发放	30	30～50	100	100	100
春节发放	30	30～50	30～50	85	100
• 业务系统发放合计（按900人计）	158.1	158.1	158.1	2 191.8	2 360.4
教时津贴	158.1	158.1	158.1	1 106.4	1 264.5
科研津贴			1 085.4	1 095.9	
• 行政系统津贴	240～600	240～600	240～600	840～1 560	840～1 560

从总体上看，在高校和科研院所中我校教职工的工资外收入处在中上水平。但是，随着物价的上涨和消费水平的逐步提高，教职工，特别是青年教职工的经济收入和住房条件还是相当差的，在希望国家大力改善教职工待遇的同时，学校

也要尽力改善大家的生活条件和经济状况。

五、感受、不足和希望

学校在奋力搏击和风风雨雨中度过了四年，谈一点个人感受、在工作中的不足和对以后的希望。

• 农大成立至今90年了。新中国成立以后，1949年三校合并成立北京农业大学和20世纪50年代初学习苏联是一大转折；“文革”、改校名、搬迁和复校是第二个大转折；随着国家经济体制转型，这几年学校的体制转型，是又一次重大的历史性转折。这一次的转折具有更加深刻的时代背景，既有新技术革命浪潮冲击下科技高速发展的全球性因素，又有四十几年推行的高度集中的计划经济体制转换为社会主义市场经济体制对高等教育的全新要求的国内因素。这两个重大的时代性变革对一个长期在计划经济体制和学习苏联情况下形成的办学思想和体制提出了一系列新的问题和挑战，如传统学科如何改造和吐故纳新？新兴和交叉学科如何发展和部署？在新的和社会主义市场经济体制和农业领域发生变化的情况下院系专业学科如何设置？人才规格要求上有什么变化？培养计划和教学内容方法如何重新调整？对“两包”改为“两自”和招生就业上的重大改革如何适应？校内管理体制如何全面改革以适应新的情况……这一系列问题归根到底是个办学体制的转轨问题。与此相应的是在经济转型期，人们的人生观、价值观、道德观、人际关系，行为准则以及改革转轨中，每个群体和个人在名利权的占有上出现新的格局和冲突等十分深刻的社会性变化，这些都会淋漓尽致地反映到学校生活中来。这几年，社会和学校正处在破旧立新的过渡状态下运行。

客观世界发生如此巨大变化的现实，任何单位和个人都是回避不了的。在现实中，一种可能是逃避现实，随波沉浮；一种是导向失误，走入歧途；还有就是以积极进取的态度迎接挑战，审时度势，头脑清醒地把学校带向时代前进浪潮的先锋，使学校顺应潮流地向更新更高的方向发展。这些年学校狠抓综合改革正是在大潮中冲浪搏击，向最好的方向争取。我们现在回观20世纪50年代的院系调整和“大跃进”，60—70年代的“文革”和搬迁复校，轮廓比较清晰，可以客观评说。而当时谁又能看得像如今这样清楚呢？“只缘身在此山中，难见庐山真面目”，感觉到的不一定是深刻的。同样的道理，处在历史转折中的我们，对今天的现实也会存在“当局者迷”的一面，只有用“时间”去拔高我们的认识，过十年，二十年后“鸟瞰”今天，会比现在清楚和客观得多。

• 这几年的改革转轨和“211工程规划”决定着学校的生存、发展和未来，是战略性和全局性的大事，而在转折和过渡时期的“无序”态中全面完成办学任务和办学生活条件、职工待遇得到较大改善，固定资产新增2亿元，这是领导支持和大家努力辛劳的结果。在我这个位置上，有机会了解和认识到，在经费设备十分短缺，平均一门课只有几百元的情况下，教师们开展教学是多么艰辛不易；在新旧体制转轨，乏章可循和经费严重不足情况下，几位副校长和各级干部在工作中是多么困难和艰苦，每想到此，心中总是油然而生许多钦佩、感激、同情和慰藉之情。就像在1958年下放、“文革”搬迁和艰苦的复校历程中一样，农大人总是那么朴实和有一股处难不惧的韧劲。当然，在乏章可循和没有成熟经验的社会转型期，工作中的问题和缺点会很多，这是新体制诞生前的分娩阵痛。人们不应为此震惊、指责和失去信心，需要的是更加勇于改革开拓和相互间更多的理解和支持，在“痛苦”的实践中创建新的“有序”和更加美好的未来。

• 我个人在工作中存在的毛病，主要有两条：一条是做一件事有时想法很好，但做起来效果不好或不太好。例如抓聘任制多年，有进步，但没有实质性突破；抓校办产业和办公司、修缮和生活服务改革，想法思路不错，但进展和效果不理想。有时问题出在对复杂情况估计不足，考虑不周；有时是抓得不细不实不得力。第二条是老毛病，即有时固执己见和心情不佳时态度不好。年纪大了，性格上的这些毛病难改。但细想想，如果想法做法都对头，固执己见是对的。而问题是在一些事情上深入群众和调研不够，听情况和意见的“圈子”小，决策不当或不周。这些工作方法上的问题是可以改进的。

回想这四年，我在工作中有四件憾事：一是在青年教师和干部的培养上，我是重视和做了一些工作的，但距自己的要求和目标差得很远；二是创收虽取得了显著进展，但比估计的要难得多，离要求很远；三是组建下届学校领导班子的准备工作做得不够；四是近一两年我和党委个别领导同志在工作配合上发生了问题，没估计到对工作和大家的情绪影响这么大。

在这个岗位上一晃8年了，不论干多干少，干好干差都已成过去，但是有两点我是敢说的，一是我在自己的岗位上是尽了心的，也尽了力的，从无懈怠；二是无愧坦然，即从未做违反法纪规章制度和道德准则的事，没有获取不应该得到的东西。请上级和广大教职工严格审查。

• 北京农大已经风风雨雨地走过了90个春秋，每一次历史性的转折都会带来一个时期的兴衰。而这一次是处在全球性科技革命浪潮和国家经济转型的时代背景之下，具有更加深刻意义的历史性转折。美国加州大学名誉校长克尔在总结美国200年中100所大学的发展变迁时指出，时代的重大转变是导致大学排位升降的重要因素。而影响学校发展的内在因素则系于学校主要领导人。改革开放以来，我国许多兄弟院校的事实说明，一个学校“向上爬坡”是很慢很难的，而“下滑”则很快很容易。如果缓过劲来“东山再起”，则要花加倍的力气，没有十年八年是断难奏效的。在当今百舸竞发的时代激流中，这种失误无异于被淘汰。

我们每个人都可以找到自己的退路，而学校是没有退路的，因为国家和9亿农民需要尽快有一所高质量高水平的农业大学，学校兴旺了，每一位师生员工都会受益，反之，都会受损，个人和学校是同呼吸共命运的。学校兴衰，人人有责。我在北农大生活了46年，是她培养了我。和每个农大人一样，对学校怀有深厚感情。值此重大转折时期，多么企盼她能兴旺腾飞，为迎接新世纪再度辉煌!

这是我在任期结束时想说的一些话。感谢大家的合作和支持。祝学校繁荣昌盛!

35 对我国农科教育适应性调整的思考

【导读】

1985 年出台的《中共中央关于教育体制改革的决定》指出："当前高等教育改革的关键，是改变政府对高等学校统得过多的管理体制，在国家统一的教育方针和计划指引下，扩大高等学校的办学自主权，加强高等学校同生产、科研和社会其他各方面的联系，使高等学校具有主动适应经济和社会发展需要的积极性和能力。要改革大学招生的计划制度和毕业生分配制度。改变高等学校全部按国家计划统一招生，毕业生全部由国家包下来分配的办法。"

正是在这种全国改革的大形势下，石元春于 1987 年 6 月接任了北京农业大学校长，带领全校师生员工，开始了长达 8 年的改革历程。1987 年 8 月第一次工作会议提出北京农业大学的"六个不适应"和开启了"三年转型改革"；1991 年领导制订了北京农业大学"八五"发展计划和"两年综合改革"；1994 年领导制订了"北京农业大学'211 工程'建设计划"和通过了部门预审，将一个在计划经济体制下发展起来的传统的北京农业大学逐渐转型为能面对全球风起云涌的科技革命和农业科技革命，能面对激流推进下的中国市场经济体制改革双重挑战的新型的北京农业大学，这是北京农业大学的一次历史性飞跃，一所大学的凤凰涅槃。

在他第二届任期结束的一个月前，中央电视台在他办公室进行了一次录像采访，他结合北京农业大学 8 年的转型改革，纵谈了新的农业科技革命浪潮和我国农业高等教育面临的三重挑战，以及 8 项适应性调整的见解。这是他在北京农业大学任校长 8 年的总结，是他离开岗位时给南京农业大学和全国农业高等教育留下的一段临别赠言。此文应邀以"挑战和适应性思考——面向 21 世纪的中国农科高等教育"为题收入中国高等教育出版社 1995 年 8 月出版的《当代科学技术发展与教学改革》一书；后被收入广东教育出版社 2000 年出版的《我的教育观》和 2001 年出版的北京高等教育丛书《大学校长书记谈办学》，其他刊物也多有转载。

谨以此文作为本卷的结尾篇。

中国农科高等教育正面临全球科技革命浪潮的冲击和我国经济体制改变下的农业和教育体制发生重大变革的时代性挑战。审时度势，调整自我，在适应中求生存、图发展是农业高校唯一明智的选择。

一、新的农业科技革命浪潮

民以食为天，国以农为本，农业是人类社会最古老和基础性的产业，现代叫第一产业。农业是唯一能通过光合作用将日光能转化为化学能和生物能的生物性生产的产业，是人类自身获得能量的主要来源。原始和早期的农业和农业科技的发展暂且不提，仅对近百年的发展作一简单回顾。

自19世纪后期到20世纪40年代，农业还是以依靠水土等自然资源为主，为维持人类基本生活需要而进行的低生产率、低科技水平和低产出的生产。半个世纪中，世界粮食单产由62千克/亩到68千克/亩，年均增长仅0.1千克。1950年我国粮食单产68千克/亩，仅稍高于两千多年前的汉代水平。美国在1870—1920年的50年间，玉米单产只增加了10千克/亩，年均增长0.2千克左右。这个时期世界粮食总产量的增加主要靠耕地面积的扩大。

自20世纪40年代起到20世纪80年代初，在科技推动下的农业进入高速发展时期。世界粮食单产由68千克/亩迅速增至153千克/亩，年均增长2.8千克/亩，是19世纪末到20世纪40年代的28倍，而收获面积仅增加了3.7%。同期内，我国由78千克/亩增到252千克/亩，年均增长4.8千克/亩，是同期世界粮食年均增长的171%。帕维里斯研究20世纪中叶世界粮食增长原因时提出科技的贡献率为81%。对增产做出贡献的主要科技是良种、农用化学物质（主要是化肥和农药）和灌溉，三者所占份额分别为3、5和2。这不得不使人们想到，19世纪后半叶李比希提出的植物矿质营养论对化肥工业的开辟，以及摩尔根遗传学为良种选育体系的建立所做出的巨大理论贡献。

第二次世界大战后到20世纪80年代初的约40年的稳定和繁荣，促进科学技术得到日新月异的发展。作为一个开放的、系统庞大的农业，也大量吸收各种现代先进科技来武装和发展自己。农用化学物质、良种、灌溉、栽培技术、农业机械等已经过多次更新换代，面目一新；计算机、信息、遥感、自控、新材料等先进技术也日趋广泛应用于农业并发挥着越来越大的作用。令人振奋的是20世纪50年代遗传物质脱氧核糖核酸（DNA）双螺旋结构的发现和20世纪70年代基因重组技术的建立和发展，开创了生物科学的新时代，对从事生物性生产的现代农业和农业科技产生了深刻和革命性的影响。现代农业和农业科技开始进入了一个将取得重大和突破性进展的新的发展时期。其特点如下。

近代技术对农业的武装程度和武装速度迅猛增长。

农业将加速向规模化、企业化、区域化、专业化以及技术服务社会化方向发展。

对生物体及其生长环境的可控程度、生产稳定性和经济效益大幅度提高。

可再生的生物能源对矿物能源的替代将越来越受到社会的关注，农业与工业、医药业的交叉日益深广。

农业在对人类赖以生存的资源和环境的保护、可持续发展，以及提高人类生活质量方面具有越来越重要的意义。

农业的国际性日益增强。全球性的饥饿以及人口、粮食问题均有赖于农业的发展。

需要提出的是，我国农业的生产和技术水平尚远远落后于发达国家；人均占有资源量远低于世界平均水平；基础差，投入少，并承受着沉重的人口和粮食的压力。此外，国家经济体制的转换和传统农业的改造给现代农业的发展更增加了复杂性和难度。我国农业在经济和技术上的改造和发展是一项长期和极其艰巨的任务。

二、我国农科高等教育面临三重挑战

当前我国农科高等教育面临着来自三个方面的挑战：一是上述的，在以生物学革命为主力的新技术革命浪潮的冲击下，农业科学技术正孕育着一次新的重大突破和迎来一个新的发展时期；新兴和交叉学科大量涌现，传统学科急迫需要改造、振兴和发展。这些都将深刻地影响着农科高教/校的专业设置、课程体系建设和教学内容改革。二是在我国经济体制转变中，农业已迅速由计划经济体制下单纯的农产品生产向着产前产中产后、农工贸一体、一二三产结合、统筹农业农村农民的现代化大农业的方向发展。我国社会和经济体制的巨大变革向农科高教/校提出了新的更广更高的要求。三是在高等教育体制改革中，学校面向社会自主办学、招生和就业，“两包”改“两自”以及财政拨款等方面一系列重大改革，将大大强化社会以及学生和家长的需求导向、社会（国际）评价的驱动以及学校间的竞争。农科高校在这些方面常常处在不利的地位，因此必须谨慎从事，在调整自我中求得生存和发展。

20世纪50年代初的院系调整、学习苏联以及为适应计划经济体制的需要而逐渐形成的我国农科高教体系，曾做出了重要贡献和发挥了积极作用，但是，学科比较单一，专业范围狭窄，重传统学科而新兴交叉学科弱，重生产技术而轻文经社管，窄深专家型的培养目标以及教育思想观念、教学内容方法等方面都已不能适应当今形势、科学发展和社会变革的需要，我国农科高教/校正面临着严峻的挑战和沉重的自我改造任务。

三、农科高教/校的适应性调整思考

“挑战”和“适应”已成为时代性的语言。1985年欧洲10余所大学校长聚会研究“迎接21世纪的欧洲大学”时提出，“在充满变革的未来，大学的重要任务是建立自身的适应外界条件变化的机制”。1989年美国农科大学在《全国农业教育改革的动员计划》中提出：“为了迎接变化带来的挑战，全国农业教育最高会议号召每个从事农业教育的成员，参与农业教育改革的过程，也可叫作‘重组’、‘重定向’和‘革命’的过程”；“建立一个能连续而系统地对市场的变化趋势和需求作出主动和快速反应的农业教育体系”。1992年，著名的荷兰瓦格宁根农业大学在《面向21世纪发展战略》中强调“在不断变化的社会和科学条件下，瓦格宁根农业大学总是一再重新确定自己应居的位置，从分析客观形势来设置和制订课程和专业”。面临三重挑战的我国农科高教/校又将作何对策呢？如果将农科高教/校作为一个整体，我考虑需作如下八个方面的适应性调整。

1. 高等教育中农科的适应性调整

高等教育中，文理工农医各科设置的规模结构要依国情、经济建设和社会发展的需要而定，国家应当有个宏观控制。1993年全国高校在校生264万人（含研究生），农科本专科生仅占4.3%，研究生占3.8%；农科硕博授权单位和学科专家点占全国的5.1%～6.1%。按1990年《中国统计年鉴》资料图所示，1978—1989年的12年间的在校生，农科均是最低值，只占理、工、农、医四科总数的10%左右；增长率与理科相近而远低于工医。我国是个农业大国，有9亿农民，农业在国民经济和社会稳定中具有重要地位，且基础差，改造任务极重。以上农科在高教中的比例和增长状况是我国国情和发展需要很不适应的。特别是在校研究生只有4 400人，只相当于一两所综合性大学的拥有数。工业和经济已经相当发达的美国和日本，每万名农业人口拥有农业科技人员分别为21人和9人，而我国只有5人。对农业的重视说得越多，与农业的现实反差越大。现在都在呼吁加强农业，国家教委在这方面是可以大有作为的。

2. 学科专业结构的适应性调整

专业和学科的门类与结构是对科学发展和社会需求作出宏观反应的主要形式。专业和学科结构的适应性调整可以从整体和宏观上构建一个良好的适应形势需要的教育/学内容的框架。

农科高教/校的主要门类和学科有：植物科技和植物性生产、动物科技和动物性生产、动物医学、农业工程、食品科技、农业资源和环境、农业经贸和管理、农村发展和农业推广以及基础科技、人文社会科学等。从我国农科现状和需要看，我以为除重视各传统学科的改造和发展外，需要加强和增设的主要有：数理化，特别是分子生物学和发育生物学等基础科学；食品和生物环境控制工程（设施农业农业资源、环境和可持续发展）；农业经贸和管理；农村发展和农业推广；农业信息；人文社会科学；各有关新兴交叉学科和高技术的农业应用。这里提到的只是门类和一级学科，二三级学科的调整面会更大。1986 年制订和 1990 年修订的《培养研究生学科专业目录》也需做必要的修改补充。

3. 农科院校结构的适应性调整

将取得重大突破和迎来新的发展时期的农业和农业科学技术必须有充足和高水平人才的支撑。农科高校应将为 21 世纪培养一大批基础深厚、知识宽广、人品高尚，能活跃在世界农业科技前沿，出重大科技成果的英才作为一项世纪性的战略任务。而农科高校的现状不仅存在前述体制性的不足和弱点，且全国 66 所农业高校，虽各有长短，但基本处在一个层次上，在校研究生只有 4 400 人，远不能适应为 21 世纪培养大批高素质、高水平人才的需要。因此，在面对 21 世纪新形势作适应性调整的战略性思考中，应按分层次办学的原则，建设几所不仅农科专业齐全、水平高，而且有较强的基础学科、人文社会科学的，培养高层次、高素质人才的，以农科为主的综合性大学是十分必要的。我国地域辽阔，农业生产条件差异大，传统农业的改造任务重，因此，在建设好几所以农科为主的综合性大学的同时，加强建设一批地区性的农业高校具有重要意义。

4. 招生和就业的适应性调整

在计划经济体制下，招生和毕业生分配都是按计划行事，很稳定、学校很省心。现在大不一样了，“两头在外”，且深受市场机制、价值观念、社会心理的影响，是最活跃 / 波动和最富挑战性的因素，也是评价一所大学办学是否成功的晴雨表。农科高校因行业和学科上的弱势而在这方面缺乏竞争力的问题是不容忽视的。为此，要从观念到工作上做较大幅度的调整。首先，我国的农业由单纯的农产品生产行业转为向产前产后、二产三产、农村农民的大范围延伸的大农业的现实决定了农科高校的招生就业领域应当大大扩展。二是在农科教育改革中，农村职业教育和农业中等专科教育得到很大加强的背景下，农业高教 / 校的地方性农业大学和少数培养高层人才的以农科为主的综合性大学应当重新找到并调整自己的位置，调整招生就业的走向。三是学校的招生就业工作要尽快从计划体制的影响下走出来，在观念和方法上有个大的改变。

5. 本科生培养模式的适应性调整

对本科生培养模式的见解虽有不同，但它最终决定于科学技术和社会的发展状况以及社会的需求。在计划经济体制下，农业主要从事农产品生产，高校按计划招生分配，社会需求比较单纯和稳定的情况下，本科教育的窄深专家型的培养模式还是可行的，多年来也培养了一批专门人才。在当今科学技术日新月异，知识积累更新速度加快，社会主义市场经济体制下的农业领域大大扩展，社会需求和学生就业趋向多元化和不稳定性，以及“两包”改“两自”等新形势下，窄深专家型的本科培养模式已越来越不适宜了。基础厚、通识和智能强的广适应性通才型的培养模式更能适应新的形势和社会需要。

6. 培养方案和课程体系设置的适应性调整

培养模式的转换，还要在培养方案和课程体系设置中得到反映和实现。为培养农业本科广适应性通才型人才，培养方案和课程体系的调整有如下一些原则性考虑。

不仅重智力教育，还要十分重视精神素质和非智力因素的培养；必须有扎实的数理化基础；必须加强外语、计算机、经管法、人文和农业概论等通识教育；专业知识面宜宽不宜深；重科学思维、动手和处理问题能力的培养；按系或院招生，学习后期有指导地自选某一专业方向，选修一定学分的专门课程；精心制订培养计划和设计课程体系“课堂、实验、实践”，描绘出一幅整体和有机的、造就农科广适应性通才的施工蓝图。

7. 教学内容和方法的适应性调整

培养计划和课程体系是“施工蓝图”，教学内容和方法则决定着“施工”的质量。一门内容充实、结构严谨、教学方法得当的课程将使学生受益终身。而课程内容的陈旧，已不能适应本学科发展和教学计划的要求，还有，课程结构松散，教学方法上的单向灌输以及课程间交叉重复等现象在不同程序和相当大的面上存在。在这些方面，我校已开始进行改革尝试。我校每年拿出专款进行重点和一类课程建设已有五年。1994 年开始实施“两课 125 计划”，即集中力量建设一批重点课和系列课、10门实验教学课、20门实践教学课和50门教学方法改革课，以招标办法遴选。全校 78% 的教师参与投标，中标项目主持人中近 50% 是 40 岁以下的中青年骨干教师，已显出很好的效果。

教学内容和方法的改革既需要相对集中地解决过去长期积累的问题，而它又是常改常新的动态过程，这项内功和慢功是一定要练好的。

8. 学校管理体制的适应性调整

这些年学校内部管理体制的改革进展很大，但从实质上看，并未摆脱计划经济体制影响下形成的高校管理体制，只是在某些方面增加了一些新的、强度有限的激励因素。学校的法人地位、自主办学体制、新的拨款制度和资金来源渠道等均未确定；现行的学校领导体制效率低、内耗大，不能适应新的和激烈竞争的形势；学校没有真正的用人权和解聘权；住房、公费医疗、后勤、离退休人员的社会保障等基本上仍在原管理体制上运行；以及 1993 年工资改革后转嫁到学校的经济压力等，都使学校负担越来越重，步履维艰。至于办学经费严重不足、队伍青黄不接和人才流失已经是老生常谈了。学校管理体制的适应性调整和改革的任务很重，要走的路还很长。

学校内部管理体制的调整和改革是在国家经济体制转换下的两种不同的高校管理体制上的重大变革。变革中不仅要求学校建立与新的经济体制、社会发展相适应的科学的大学管理体制，还必须建立一个对外界变化能够主动和快速做出反应的运行机制。

总之，基础较差和相当脆弱的农科高等教育正面临着一次严重的时代性的挑战。在计划经济体制下形成的农科高教，需要进行长期和艰巨的适应性调整和体制性的革命。它需要自身的努力，更需要唤起国家和社会的重视和支持。农科高等教育的兴衰，将直接影响我国农业的发展、现代化建设和十几亿人口的生计。

附件1 校长后关于教育问题的四篇短文

【导读】

“两年副校长和8年校长，当得够累的，该换一种活法了。”这是石元春离开校长岗位后对人常说的一句话。确也如此，他再也不问校事，全身心地参与了当时科技部领导制订的“S-863计划”（21世纪国家高技术发展计划）、“973计划”（国家基础科学研究计划）和“国家中长期科学与技术发展计划”的三大科技计划的战略研究，凡十年。后又关注生物质科技与产业化发展，又十年。20年远离学校工作，罕涉教育改革。有时，也应邀应景地说上几句，写段小文，20年仅4篇耳，但却思路更加开阔与深远。谨以“校长后”文纳入本卷附件，以别于校长期间的上下篇诸文。

前进的步伐，改革的深化（之一）

【导读】

修订后的《授予博士、硕士学位和培养研究生的学科、专业目录》于1997年颁布实施了。作为国务院学位委员会委员的石元春教授应邀为《学位与研究生教育》撰写了此文，发表在该刊1997年第4期上。

修订后的《授予博士、硕士学位和培养研究生的学科、专业目录》正式批准颁布实施了，这是我国学位和研究生教育发展中的一件大事。谈一点认识和体会。

学位和培养研究生的学科专业设置，犹如某一个学科的分类，是人们对该研究对象认识的高度概括和水平反映。学科发展得越成熟，分类越完善；对学位和研究生教育认识得越深刻，学科专业的设置也越趋合理。西方一些国家的研究生教育和学位制度已有几百年历史，他们根据自己社会文化和科学技术的发展，形成了比较成熟和完善的一套体系。我国建立学位制和规模较大的研究生培养才十几年，在吸收国外经验的同时，及时总结自己的工作，逐渐建立适合我国特点的学位和研究生教育体系，对提高我国研究生教育和学位质量和水平十分重要。学位和研究生培养的学科和专业设置就是其中的一项基础性和具有宏观把握和管理意义的工作。

原专业目录是1990年颁布实施的，已经六七年了。此间，科学技术发展很快，我国的社会经济有了很大变化，特别是计划经济向社会主义市场经济体制的转变，对我国的教育思想、人才需求、培养要求等产生着深刻的影响。同时，专业目录在实施过程中，也需要进行总结和调整。所以，这次专业目录的修订工作是十分适时和必要的。

原专业目录实施过程中，我们感到，学科专业划分过细，知识面过专过窄与客观发展和人才需求之间的矛盾越来越突出。如农学门类的一级学科——兽医学，下分的14个二级学科中有内科学、外科学、产科学、禽病学、中兽医学、兽医临床诊断学等。学科专业分得这么细，学生的知识面很窄，在治疗实践和学术发展中的视野和思考难以展开和深入。分得这么细，也不符合当今兽医工作的现实要求。此外，在一所农业高校里，一般也不太可能就这么窄的一学科有很大的学科建设投入和招生人数保障，故而评估时往往得分不高，甚至吃“黄牌”。当时的北京农业大学就曾为此而困扰。新专业目录将此5个二级学科合并为“临床兽医学”一个二级学科，这些问题可望迎刃而解了。

高等教育和高级人才培养中，大学的综合性和多学科，培养中的基础厚实和知识面宽是一种规律和共识。20世纪50年代以来，我国广行业务部门办大学和专业划分过细，是在计划经济体制下“一步到位”培养实用性“专才”的教育思想的产物，是为当时的计划经济体制服务的。近二三十年，科学技术迅速发展，日新月异。学科日趋分化综合，交叉和新兴学科不断涌现。另外，社会主义市场经济体制下，学生完成学业后，面对的是“双向选择、自主择业、位置多样、允许调整”，已经不是昔日“一次分配定终生”了。在新的科技和社会形势下，高层次人才必须是基础扎实，知识面宽，适应和应变能力强。教育思想和方法上，也要从“授之以鱼”转移到“授之以渔”，重要的是让学生学会学习、思维和解决问题。在这样的大形势背景下，这次专业目录修订，以“拓宽和调整二级学科”为重点，是顺应了时代发展，抓住了问题症结，是学位和研究生教育改革的深化。

这次修订的另一个重点是理顺和规范一级学科。学位和研究生培养的学科专业划分也是一个认识过程，较之原专业目录，新专业目录的一级学科划分更加明晰有序了。还是以农学门类为例。原目录下分农学、畜牧学、兽医学、林学和水产5个一级学科，其中农学学科包含了种植业学科的全部，和其他一级学科显然不在一个量级上。而且内容庞大，难以操作，形同虚设。现在将农学一分为四，关系就理清了，也为按一级学科授权打下了基础。

这次专业目录修订历时10个月，向数千名专家和有关单位进行了三轮的征询意见，是有广泛群众基础的。新专业目录的实施，还要做大量的、十分细致和复杂的调整工作，我觉得很重要的一点是，先要在思想和认识上吃透精神、取得一致。

另外也要看到，专业目录的修订是个不断完善，又不断去适应新的情况的永无终极的过程。这次修订工作的重点是“理顺、规范、归并、拓宽”，更多的是在形式和方法上。如何使专业目录能在科学和技术上更具前瞻性，更有利于促进新兴学科的成长，我认为现在就要注意，也希望能成为下次修订的一个重点。例如，生物技术和遗传工程是当今发展最快和最具潜力的一门新兴学科，对农学和医学的发展有着十分广泛而深刻的影响，以致议论到人的克隆问题。可是，生物技术和生物工程在理、工、农、医四个门类中几无反映。又如在一些交叉学科的处理上，“食品科学与工程”“农业工程”“农田水利工程”“农业经济”等都是具有鲜明农学学科特征，农学门类不可或缺的内容，但却没有得到反映。从学科发展趋势上，这些交叉学科与农学学科的结合，无疑会更有利于自身的发展。当然，这只是一己之见，难免偏颇。

新的专业目录批准颁布实施了，是我国学位和研究生教育在发展和前进中迈出的新的一步。相信，广大导师和研究生会由衷地欢迎新的专业目录和积极参与新专业目录的实施。

素质教育的环境工程（之二）

【导读】

1998年应朋友王克教授之邀，为她新作《素质的较量》（广东高教出版社，1999年12月）一书写了一篇题为“素质教育的环境工程”短文。此文是石元春任北京农业大学校长时提出“素质教育”和1991年《北京农业大学“八五”发展计划》中提出“熔炉工程”后，对人才素质教育撰写的一篇短文。文中说：“在某种意义上，这种‘润物细无声’的软环境建设比硬环境建设还难，还重要，前北京农业大学曾为此而设置了‘熔炉工程’。素质教育可以有声有形，也可以无声无形，塑造好这座熔炉，可“于无声处听惊雷”，素质教育的最高境界是‘无为’”。

素质教育，有有形的内容和形式，也有无形的感染与熏陶。这种无形的感染与熏陶对人情操的塑造可以起着不可估量和替代的作用。能够构成这种感染力的，有时代的大环境，也有群体的小环境。

中世纪欧洲宗教统治的“黑暗时期”和世界科学文明中心的中国（宋）；15世纪欧洲的文艺复兴和“科学实验时代”的到来；19世纪以来的现代科学、技术和产业革命的次次浪潮以及正在到来的信息社会，在此千年的时间长河中，是一个个时代的链条的延伸，创造了现代的物质和精神文明。毕昇与沈括、但丁与达·芬奇、培根与笛卡尔、哥白尼与伽利略、牛顿与麦克斯韦、施莱登和达尔文、瓦特与爱迪生、爱因斯坦与薛定谔等巨人和一批批科学家铸成了时代，时代的伟力也造就了这些巨人。是遭受凌辱和奋起的中国近代史，激发和成长了孙中山、毛泽东和邓小平等一批伟大的革命家；兴逢科教兴国盛世，也定将辈出科技巨匠和企业之星。时代是一座熔炉，熔炼着时代的精英，是时势造就了时代的英雄。

时代是历史发展的结果和片段。在时代大背景下，群体小环境在人才培育中也能发挥出特别的作用，这是人力所能为的。诺贝尔奖得主的分布不是随意和均态的，只是垂青于那些拥有抚育科学精英沃土的大学和研究所。20世纪颁发了近500项诺贝尔奖，10所大学竟囊括了一半以上，它们依次是剑桥、哈佛、哥伦比亚、柏林、明兴（Muenchen）、芝加哥、巴黎、哥廷根、牛津、加州理工学院。抚育精英的沃土，即是人才成长的良好群体环境。一所大学的群体环境，渗透在他的教育理念和优良传统、教育内容和校园文化，教师群的科教素养和人格魅力、学生群的科学精神和人生心态，这不是凭几门课程和说教者所能做到的。在我国，从中央到地方领导层中出现的清华现象，不是清华开了“领导学”课程，而在于清华长期形成的育人软环境熔炉的陶冶。

在某种意义上，这种“润物细无声”的软环境建设比硬环境建设还难，还重要，前北京农业大学曾为此而设置了“熔炉工程”。我国的孟母三迁故事和“近朱者赤，近墨者黑”之说是个体对这种软环境的趋求，而大学则在于熔炉的建设。素质教育可以有声有形，也可以无声无形。塑造好这座熔炉，可“于无声处听惊雷”，素质教育的最高境界是“无为”。

在2008级本科生开学典礼上的讲话（之三）

【导读】

2008级本科生开学典礼上，应柯校长之邀，文集作者作为教师代表讲话。热情洋溢地以自身经历谈到对大学，对中国农业大学，对农业的认识与感受；又用河流和水的故事谈了人生感悟；最后用岳飞《满江红》中的“莫等闲，白了少年头，空悲切”与同学们共勉。

老师们，同学们：

看到你们一张张充满阳光的脸，再看看自己的白发，无限感慨。

其实，我也曾在你们的“位置”上坐过，那是59年前，也有好多老同学和老师们欢迎过我。作为一名新同学，到了一个新的环境，就有着一堆的问题。这个学校到底怎么样？我念的系好吗？老师是不是很厉害？食堂的饭吃得惯吗？……当时的我和你们现在的心情可能是一样的。

中国农大，这所大学怎么样？

当时我是在清华大学农学院入学的，在清华园住了一个多月。后来，清华大学农学院、北京大学农学院和华北大学农学院合并成立了北京农业大学，我算是北京农业大学的第一批新生。因为是清华、北大等三校农学院合并而成的，集中了精华，学校的整体水平和影响力都很强。当时，全国的第一批六所重点高校中就有北大、清华、师大、人大和北京农大。当时北京农大有 10 位一级教授，一般大学有一两位就不错，有的只有二级或三级教授。北京农大是一所有着优良传统和优秀教师队伍的大学，就是这所大学培养了我。如果将时间从现在往前推 100 年，这所学校还是经光绪皇帝御批，奉旨兴办的“农科大学堂”啊！

然而，在“文化大革命”期间，这所学校遭到了空前的灾难，校舍、教室、实验室、设备都没有了，学生也没有了，只留下了 1 000 多名高素质的教职工队伍和科学严谨、自强不息、百折不挠、不断进取的农大精神。学校从北京搬到延安，又从延安搬到涿县。那时，造反派还很猖狂，党办和校办在涿县、廊坊等地到处流亡，多数教师都下到农村，“走与工农相结合”的道路。农学系的一位老师叫王树安，帮助农民种小麦，深受农民喜爱，农民给他取个外号叫“小麦王”。我们土化系的一些老师在曲周帮农民改良盐碱地，在当地的影响也很大。正是因为农大老师在农村中做出了成绩，为农民和地方做了实事，使当时中央的一些领导看到，农大是有实力和很重要的，为农大迁回北京起了很好的作用。

20 世纪 80 年代初农大迁回北京，当时条件非常差，校园破烂不堪，临时房和地震棚随处可见。我是 1987 年 6 月出任北京农大校长的，就在 9 月新生入学的一个早晨，在主楼前毛主席塑像下面，见到一个新生在哭，家长在一旁叹气。我问他们发生了什么事，学生家长问我：“这里是大学吗？怎么一点也没有大学的样子？”当时对我的刺激很大，下决心整顿校园。

20 年过去了，学校从实质到面貌都发生了翻天覆地的变化，师资力量越来越强，教学质量越来越高，科研成果越来越多，学生素质越来越好，校园建设也越来越令人高兴，今天我们不是就坐在这么好的奥运会的场馆里举行开学典礼吗？

下面说说什么是大学？有人说大学是大楼，有人说大学是大师，有人说大学是传道、授业、解惑的地方。我从学生和教育工作者的角度来感受，大学是一种环境和氛围，一种科学和人文的环境和氛围，是一座科学和人文的殿堂和熔炉。你们将要在这样的环境和氛围里生活四年，这将是一次精神上的洗礼，素质上的升华，人生的转折。在这四年里，你们可以近距离地与老师交谈；可以到图书馆博览群书；可以在实验室和试验地做试验；可以去思考、辩论、求索，指点未来，激扬文字；可以参加音乐、舞蹈、书法和诗社各种社团，在运动场和舞台上一现身手。这是一种充满挑战、激情，向往和催人奋进的精神和文化环境和氛围，你们要用自己的心灵去感受她，像海绵一样地去汲取滋养自己的精华，像雪球一样地越滚越大。大学生活对人只有一次，一定要用心感受，切莫蹉跎！

这里是一所农业大学，什么是农业？中国有过两千多年辉煌的农业文明，有高深的农业思想，有精湛的精耕细作农艺。但在进入工业社会以后，农业逐渐被边缘化了，因为农业已经不再是社会先进生产力的代表。与工业相比，农业的生产方式显得落后了，经验性强，标准化、组织化和可控程度低，稳定性差。这些先天性行业弱势是因为农业的主要生产资料是空气、阳光、温度、水和土地，对象又是有生命的植物、动物和微生物。恩格斯在自然辩证法里说过，物质运动中简单的是物理运动，复杂的是化学运动，最复杂的是生命运动，农业从事的正是在大自然车间里从事生命物质生产的行业。

在工业化的一两百年过程中，现代科学和技术也在不断地改造农业。细胞学说、进化论、孟德尔遗传学以及李比希矿质营养学说引发了生物学和农业化学上的革命，农业有了良种、化肥、有机农药、拖拉机。令人振奋的是，在 20 世纪后半叶，又发生了两个重大科学事件，一个是 1953 年发现遗传基因的双螺旋结构，将生物学研究从细胞水平提升到了分子水平。1973 年又获基因重组的成功，出现了遗传工程学，使过去无法控制的遗传现象开始可以设计、施工和复制，人的基因可以转移到牛身上去，使牛奶成分和人奶差不多。所谓龙生龙，凤生凤，耗子生仔会打洞的传统观念被打破了。

另一个重大科学事件是计算机和信息技术，还有航天和航空技术的出现。这与农业有关吗？太有关系了，计算机的强大功能和信息技术将在相当大程度上弥补了农业的经验性强，标准化、组织化和可控程度低，稳定性差的先天性弱势。至于遥感（RS）、全球定位（GPS）和地理信息系统（GIS），恐怕除军事用途外，农业是最大用户（GPS 有广泛民用）。

所以说，当今的农业科技不仅不是落后的，而且比传统制造业更胜一筹，因为它可以较广泛地应用当今最先进和发展最迅速的生物技术、信息技术和航空航天技术。

再说说生物经济问题。由于工业化的发展和对矿藏资源的强度开采，人类社会赖以生存和发展的矿藏资源日渐枯竭。根据国际能源机构统计，全球石油只够开采 50 年，天然气 70 多年，煤炭 100 多年。如果没有进口石油，中国石油资源只够开采 11 年，煤炭只够用 50 多年了。国家发改委估算到 2020 年，我们国家经济建设中所必需的 45 种重要矿产资源中，有 19 种严重短缺。不可再生资源越来越少了，全球都在寻找新的可再生和可以持续的资源，主要的就是生物资源，这就给生命科学和农业带来了新的契机。

工业经济以后是什么经济？有人说是信息经济，有人说是知识经济，但这些都是非物质的，就物质生产而言，工业经济以后将是生物经济。美国科学院1998年预测，未来美国所有有机原料中有90%和运输燃料中的50%将来自生物质。未来30年或50年中，生物产业将成为继信息经济之后的一种新的主导性产业，有人估计其产值将是信息产业的10倍。在生物经济刚开始起步的时候，你们就进入了这个行列，你们真是幸运的一代，前途无限的一代，让人羡慕的一代。

在今天开学的时候，我还要给你们讲个河流和水的故事。

一个多月前我到了青海，虽未亲临，但感受到了那伟大的“三江源”，长江、黄河和澜沧江的源头。就说黄河，从三江源出来以后，本想顺势而下，东流入海，不料经兰州后，突然往北流向了宁夏和内蒙古，然后又向东流到山西，再向南流到陕西的潼关附近才折向东流入海，绕了一个倒“U”字的大弯。为什么会这样？其实，每条河都想向低处流，但是都有几百几千道弯，因为一路上会受到各种各样的地形和地貌，岩石和土质的影响，不得不东拐西弯。河流总想向低处流，环境又使它不得不九曲十八弯。

人的一生也是这样，你总在选择，希望一帆风顺，而环境也在选择你，让路途坎坷不平。你选择了中国农大，其实也是中国农大选择了你；一会儿你们去食堂吃饭就要选菜，菜也在选你，因为菜价是不一样的。以后你们要择业、择友、择偶，其实社会、朋友和你所心仪的对象也在选择你，人的一生是选择与被选择的一生。我已是耄耋之年，还在选择如何度过晚年，同样，病痛也在选择我。

不断地选择和被选择，是不是只能随波逐流，随遇而安了？不是的，这里有它规律性的东西。刚才说到的河流，不管是高山深谷还是一马平川，不管是奔腾湍流还是舒缓如歌，河流总是掌握着两条，向下和向前，最终荣归大海。人生也是这样，无论环境多么复杂多变，可能一帆风顺一路高歌；也可能诸事不顺倒霉连连，但也要紧紧把握住两条，就是做人要正，做事要勤，有了这两条，你就能处于主动和有利的位置，这是我给大家可以享用一生的两条锦囊妙计。

何谓正？可以讲三天，但我觉得核心是要有责任心，对自己、朋友、家庭、民族、国家、人民、社会乃至地球、生态和环境都要有责任心。圣人说，己所不欲勿施于人，老吾老以及人之老，人皆有恻隐之心等等，我理解就是对别人要有责任心。你们十年寒窗苦读，好不容易熬到进了大学，该轻松一下了，有人说：“60分万岁，80分再见”，这也是一种选择，这种选择是对自己，对父母，对社会负责任吗？你们这一代，大多是独生子女，在家里集爸爸、妈妈、爷爷、奶奶、姥姥、姥爷的宠爱于一身，唯我独尊。现在你们是成人了，是正在受高等教育的成人了，没有责任心怎么行？至于勤，就是做事要勤奋，勤能补拙。就是要把每一件事做到自己的最好，超越自我，这也是奥运的精神。

最后说说水的故事。水，至柔至刚，至静至动。至柔，水随外器而可方可圆，随环境而蜿蜒逶迤；至刚，可水滴石穿，摧枯拉朽；至静，可静若处子；至动，可波涛汹涌。所以，“智者乐水”是有道理的。老子在《道德经》中就多处从哲理禅意上谈到水的秉性，一句最重要的话是：“上善若水，水善利万物而不争”。人说人生若梦，我说人生若水才是最高境界。人的一生不会一帆风顺，总会有挫折和坎坷，只要正以为人，勤以做事，有水一般的品格，就能达到人生的最高境界。

最后用岳飞《满江红》中的“莫等闲，白了少年头，空悲切”与同学们共勉。

现在我们一起朗诵：“莫等闲，白了少年头，空悲切！”

谢谢大家！”

迎新生，谈大学精神（之四）

【导读】

为欢迎2014年入学新生，中国农业大学人文与发展学院团委拟编写《与你分享——写给农大新生》的册子。本文集作者接受该书编委会采访，约谈了“大学精神”“您眼中的中国农大”和对新生的“寄语”。以下是访谈后文集作者自己整理的笔录，写于2014年春。这是离任校长20年后对大学精神的一次再认识，不无感慨地说道：“现代中国大学谈‘大学精神’似乎太奢侈了。”

你们在访谈中能想到“大学精神”这个沉重话题，还要将他写入迎新的册子里，我很高兴，这应该是送给新生的一份重礼。我说“沉重话题”，是因为“大学精神”现在普遍缺失，我说“一份重礼”，是因为可以让新生知道真正的大学应当是什么样子的，免得到了毕业，还不知道大学是什么。

近年来，人们开始关注“大学精神”，有不少文章和著作，这是件好事。

对什么是“大学精神”？先贤鸿儒，大家名校都有高论，虽说法不一，见仁见智，但核心意思是相近的。相近的核心意思是什么？这就要从“大学”本身说起。

且不说中国春秋时期的稷下学宫和古希腊的柏拉图学院，就说相当于现代意义上的老牌大学，如博诺尼亚大学（意大利，建于1088年）、牛津大学（英国，建于1167年）、剑桥大学（英国，建于1209年）、巴黎大学（法国，建于1257年）、海德堡大学（德国，建于1386年）、哈佛大学（美国，建于1636年）等都是当时这些国家学术精英高度汇集的“象牙之塔”。20世纪以前，不像现在各国有那么些研究机构，大学是该国唯一集人才、研究和教育于一身的最高学术殿堂，一所大学就是一座发射思想和科技光芒的灯塔。

发射思想和科技光芒的标志和代表主要是那些熠熠生辉，彪炳史册的教授与大儒们。比如，哲学家弗朗西斯·培根（1561—1626年）、物理学家牛顿（1642—1727年）、血液循环发现者威廉·哈维（1578—1657年）、现代经济学奠基人亚当斯密（1723—1790年）和凯恩斯（1782—1828年）、浪漫派诗人乔治·拜伦（1788—1824年），生物学家查尔斯·达尔文（1809—1882年）、核科学之父卢瑟福（1871—1937年）、第一台计算机制造者查尔斯·巴贝奇（1792—1871年）、哲学家伯特兰·罗素（1872—1970年）、青霉素发现者亚历山大·弗莱明（1881—1955年），喷气式发动机发明者弗兰克·惠特尔（1907—1996年）、开创射电天文学新纪元的马丁·赖尔（1918—1984年）、DNA双螺旋结构发现者弗朗西斯克里克（1916—2004年）和詹姆斯·沃森（1928—？）、“宇宙之王”斯蒂芬·霍金（1942—2018年），还有哈佛大学的政治学之父约翰·亚当斯、富兰克林·罗斯福总统、大卫·洛克菲勒、比尔·盖茨等等，他们中的每一位，都会让人振聋发聩，如雷贯耳，正是这些鸿儒巨匠改变着人类的思想和历史进程。也许你们不会想到，以上的这些大师鸿儒，皆出自英国剑桥和牛津两所大学。仅近百年里，这两所大学就产生了120多位诺贝尔奖获得以及丘吉尔等25位英国首相。还有巴黎大学、海德堡大学、哈佛大学等也都是鸿儒伟人辈出之所，不一一列举了。

为什么这些人类知识的精英和巨匠集中出于大学，特别是那些著名大学？这就与“大学精神”有关了。正如北京大学前校长蔡元培所说：“大学者研究高深学问者也”；清华大学前校长梅贻琦所说：“大学者，非有大楼之谓也，乃大师之谓也”。

那么，是什么大学精神孕育大师辈出呢？在这些大学的校训中出现频率最多的是“追求真理”。剑桥大学的校训是“真理”；哈佛大学的校训是“与亚里士多德为友，与柏拉图为友，更与真理为友”；耶鲁大学的校训是“真理和光明”；斯坦福大学校训是“愿学术自由之风劲吹”；约翰霍普金斯大学是“真理与自由”等等。所以我以为大学精神的灵魂是“求真”与“独立思想”，这也正是孕育大师鸿儒的土壤。

现代意义的大学在中国成立仅百余年历史。蔡元培吸收和继承西方大学的思想，一面提出“大学者研究高深学问者也”，一面提出“学术自由，兼容并包”，无学术自由和兼容并包何以“求真”？无学术自由和兼容并包，北京大学怎能吸纳和聚集那些特立独行的胡适、陈独秀、段锡朋、李大钊、傅斯年、罗家伦、张国焘等新文化运动的领军人物，又何谈中国的“五四运动”。

经历近半个世纪的辛亥革命、军阀混战、抗日战争、解放战争而成立的新中国，使大学处在一种特殊的环境之下，前30年是政治挂帅，后30年是经济挂帅。建国伊始文艺界批武训传、批俞平伯红学思想、批胡风反党集团；科技界将孟德尔遗传学打成“反动的资产阶级学说”，树米丘林学说为无产阶级革命学说；知识界经历了思想改造运动、反右运动、“文化大革命”运动等，这样的环境和氛围，哪有“求真”和“独立思想”的一点余地。改革开放后，经济挂帅之毒极深，全社会性的“人皆逐利”与“浮躁求名”大潮将大学殿堂冲得一片狼藉，哪能找到一块净土？何谈“求真”与“独立思想”？

钱学森说：“现在中国没有完全发展起来，一个重要原因是没有一所大学能够按照培养科学技术发明创造人才的模式去办学”。“为什么我们的学校总是培养不出杰出人才？”的钱学森之问难道不让我们痛心和猛醒吗？

现代中国大学谈“大学精神”似乎太奢侈，但却成了一种时尚，如中国科技大学前校长谈到“大学要有崇尚学术卓越的精神”。我倒觉得复旦大学杨玉良校长的观点更是贴切于中国大学的实际：“大学应该在精神层面上回归大学本身的高尚，就当前来讲，回归与坚守比改革更重要”，说得太好了。

新中国成立以来，特别是改革开放以来，中国的大学多了，大楼多了，教师多了，学生多了，经费多了，研究成果多了，这是中国大学的基本面，但是大学精神之殇不得不令人容动心伤。

好啦！说说第二个问题，“我心目中的中国农业大学”，这个话题可以轻松些。

鸦片战争撬开了中国大门，带来近百年半殖民地的耻辱。至晚清，无数仁人志士变法革新不断，提倡“西学”风起。光绪二十二年五月初二（1896 年 6 月 12 日），刑部左侍郎李端棻上奏《请推广学校折》，光绪当即批给总理衙门“议复”。经筹备，光绪御批的“京师大学堂”终于 1902 年 12 月 17 日正式开学，也就是现北京大学的校庆日。

京师大学堂总监张亨嘉对分科大学堂的一番筹备后，于 1905 年 8 月 15 日上奏《京师分科大学亟应择地建置折》。光绪又御批和成立了“京师农科大学堂”，1928 年改北平大学农学院，1946 年改北京大学农学院。

作为赴美留学预备班的清华学校于 1909 年成立之初即设有农业课程，1921 年设农科。1928 年清华学校改名清华大学后，于 1934 年办农业研究所，成立农业研究会，梅贻琦校长亲任会长，1946 年成立清华大学农学院。

新中国成立之初，为迎接经济建设高潮而对全国大学进行了大刀阔斧地院系调整。1949 年 12 月 12 日，由北京大学农学院、清华大学农学院和解放区的华北大学农学院合并而成的北京农业大学正式成立了。旋即，北京农业大学的森林系划出另建北京林学院、1952 年农业机械系划出另建北京农业机械化学院，后改名农业工程大学（1985 年）。1995 年北京农业大学与北京农业工程大学合并为现在的中国农业大学。

我是 1949 年考入清华大学农学院的，是清华大学农学院最后入学，也是北京农业大学第一届入学新生。65 年过去了，现在我又受访准备迎接 2014 届新生，时间过得真快。

中国以农立国，有五千年灿烂辉煌的农业文明，历朝历代尊农重农有加。新中国成立之初建北京农业大学，当时全国仅有北大、清华、北京师大、北京农大、中国人民大学等6所大学直属教育部领导，足见北京农大之地位。1956年全国设置高校教师岗位时，一级教授要求极高，全国只有158位，北京农大即有10位，仅少于北大、北医和上海第一医学院而位列第四。李富春、习仲勋、郭沫若等一些中央领导的子女积极学农或就读北京农业大学。自1949年至今，中国农大为国家农业建设培养了大量人才。中国农大有院士17位（含已故），全国高校中排位第8（2009年）。

上面说的都是中国农大“过五关斩六将”的光辉事迹，但也有走麦城的时候。就因为毛主席说过一句话：“农业大学办在城里不是见鬼吗？”“文革”中全国农业高校纷纷外迁，北京农大搬迁到延安清泉沟。“文革”十年，北京农大的校名没有了（当时叫华北农业大学），校园没有了（交给军事机关），学生没有了，教学科研设备没有了，连桌椅板凳家具都散失在由北京搬迁到延安的一路之上，剩下的只有这支光杆的教工队伍。仅3年，就因地方病肆虐而不得不迁回原北京农大涿州农场，1979年经中央批准才恢复原校名，迁回原校址办学。

家贫出孝子，国难见忠臣。十年的颠沛流离却是考验了这批打不散、拖不垮的北京农业大学教职工队伍。他们走到哪儿，办学到哪儿，为农民服务到哪。下放在石家庄的教学小分队里有位农学系教小麦栽培学的王树安老师，从种到收，他都在小麦地里向农民传授科学种麦的知识，使当地小麦年年增产，于是当地农民从开始叫“王老师”到后来改称他“小麦王”。他当年提出的“吨粮田”在黄淮海平原已经开花结果。土化系的一批老师到河北曲周县张庄村帮助农民改良盐碱地，粮食产量由每亩一百多斤增加到一千多斤，后来由北京农大主持的黄淮海平原综合治理项目获1993年度国家科技进步特等奖。

我讲这些是想说明，几十年的经历和磨砺，“崇尚科学，报国为民”逐渐成为中国农大的一种传统。现在中国农大的师生，教学中十分重视到农业生产第一线，与农民结合，为农民服务。

作为一个学长，我祝贺你们有幸进入大学学习阶段，祝贺和欢迎你们能成为中国农大大家庭的一员。

大学生活是丰富多彩的，你们可以陶醉于老师的谆谆讲授和名师大家的警言宏论；你们可以徜徉于图书馆的书海；你们可以激扬文字，引吭高歌；你们可以与室友抵足夜谈，与心仪之人婆娑起舞；你可以享受晨曦下操场的晨练，月光下的漫步与低语；你们可以……想起我60年前的大学生活仍然使我心醉，真想再过一次、两次、三次的大学生活。

我也想起“大学”是我一生中最重要的一次转折。大学是一生中接受常规教育的最高阶段；二十岁上下是人生中最具活力和塑性，由不成熟到渐趋成熟的阶段；人生中的大学弯道转好了，终身受益，没转好会终身遗憾，这是我的切身感受。短道滑雪选手和方程式赛车也是这样的，转好弯子是全赛程的关键。怎么才能转好弯子，过好这 4 年或 7 年的大学生活呢？你们每个人自己去寻求答案吧。

附件 2 石元春教育思想研究

沈阳农业大学“当代农学家学术思想研究课题组”研究并撰写了《石元春教育思想研究》文，发表在 2000 年 3 月的《沈阳农业大学学报》2 卷 1 期上。作为非本校和非本人的一项独立研究，更具客观性，故以附件 2 收入本卷。

【摘 要】石元春是我国著名的土壤地理学专家、农业教育家，曾在北京农业大学试行校长负责制期间任校长职务 8 年。本文通过对石元春在由传统教育向现代教育转变中所提出并实践的思想、理念和措施的研究，找出我国高等农业教育发展过程中值得传承的财富。
【关键词】教育思想；改革；发展

中图分类号 G640 文献标识码 A 文章编号 1008—9713（2000）01-0019-09

思想，是客观存在反映在人的意识中经过思维活动而产生的结果，也就是对某个对象或事物的认识。教育思想，是遵循教育规律，在教学、科研、管理等实践中提炼、总结出来的，对完成教育任务、目标、教学原则起指导作用的科学的总结。在教育现代化中，教育思想是主导，教育内容是核心，教育方法、管理、条件等是保证。教育的现代化最重要的是教育思想的现代化。由于每个人对于认知的对象所处的角度不同，个人的经历迥异，认识也不尽相同。在高等农业教育发展的历史中，那些熟悉高等农业教育的农业科学家们，在大量实践的基础上，提出并实践了一些弥足珍贵的思想。我们常常说要转变教育思想，更新教育观念，那么，教育思想中有哪些是需要更新的？又有哪些是已经更新了的？认真地研究这些结晶，是我们在新的世纪教育改革中必须回答的问题。

一、石元春的教学、科研成就

1. 学养历程

石元春，1931 年 2 月 18 日出生于湖北武汉。在教会学校读完高中后，于 1949 年入清华大学农学院。1959 年任北京农业大学教师。1987 年 6 月至 1995

年9月任北京农业大学校长。1991年当选为中国科学院院士，1994年当选中国工程院院士，1995年当选为第三世界科学院院士。1989年被评为全国教育系统劳动模范，1990年获得全国五一劳动奖章。现任中国科学技术协会副主席。

1953年，石元春毕业于由清华、北大、华北大学三校农学院合并而成的北京农业大学。在李连捷教授的门下读研究生，并得到刘东生教授具体指导。他的研究生论文是从晋西北的黄土第四纪地质研究开始的。他所接受的第一次科学训练，是导师带他参加中国科学院黄河中游水土保持综合考察队的晋西野外考察。1955年的流火时节，师生手提地质锤，肩背地质包，每天步行几十公里在晋西野外观察地形、描述剖面、填图、素描。刘先生为了让学生观察地质剖面的性状，常常攀上一二十米高的黄土峭壁。老一代科学家不辞劳苦、严谨求实的科学品质，铺就了石元春作学问的基石。1956年中国第四纪地质学会成立时，石元春作为年轻的科学工作者在大会上所做的题为《晋西地区的黄土及其形成》的学术报告，以其丰厚的第一手资料、清晰的思路和畅达的文笔引起了科学前辈的瞩目。1956年他提前毕业，跟随李连捷教授赴新疆参加中国科学院组织的综合考察。这个考察队是遵从周总理的批示，由国内各学科著名科学家组成的多学科协同攻关的团体。4年里，他从准噶尔到塔里木，从阿尔泰到天山，在荒漠、冰川、森林和草原等不同自然条件下进行了艰苦的考察研究工作，使他对气候、地质、地貌、水文、水文地质等有了进一步的认识。在导师的指导下，他就山地垂直带、山麓第四纪地质、地貌与土壤类型、易溶盐的地球化学分异、盐渍土的形成和改良、土地资源的评价和开发利用等撰写了一系列论文和考察报告。同时，他受到了许多科学家做人、做学问的修养的影响和严格的科学训练。这一难得的机会，构筑起石元春做学问的科学思想方法的框架[2]。1959年年底，考察工作结束，他回到北京农业大学担任土化系土壤教研室副主任。

2. 教学及科研成就

石元春从事教学工作几十年，为本科生、研究生讲授土壤地理、土壤调查制图、地貌学和第四纪地质学等课程。在教学中，他跳出传统教学模式的巢穴，在教学内容上提出了地学综合体等新概念；在教学方法上，注重拓展和启发学生的思维空间；在教学手段上，从分析影响人的发展的主要因素着手，从理解年轻人的角度出发，与学生交流思想，成为学生的朋友。学生们说，听石老师的课是一种享受。他指导的硕士生、博士生和博士后20余人。1989年他被评为全国教育系统劳动模范。

石元春从事土壤地理和盐渍土发生和改良方面的研究近40年，出版专著8部，发表论文80余篇。他的研究成果丰富了土壤地理和盐渍化学理论。在大量调研的基础上，首次提出了黄淮海平原易溶盐的古地球化学过程及近代地球化学分异；提出了我国北部地区上更新世气候转为干燥和出现易溶盐积聚的观点；通过对黄土中埋藏的古土壤研究，提出了黄土高原更新世古土壤地理、分类以及在时间和空间上发展演替的序列。更重要的是，在黄淮海平原旱涝盐碱综合治理的研究中，运用理论上的突破，在解决中国这样一个既要改造中低产田以求温饱，还要在水资源缺乏的条件下持续发展生态农业的重大问题上，做出了卓越的贡献。他主持的科研课题先后9次获得国家和部级一等奖，受国务院嘉奖一次。1988年获得黄淮海平原农业开发一等奖，受国务院表彰。

3. 在黄淮海平原综合治理研究中的成就

黄淮海是我国最大的平原，也是重要的农业区和最大的中低产田地区。1960年，石元春参加了河北黄淮海平原土壤次生盐渍化的学术讨论会，专家们对平原大面积次生盐渍化的成因众说纷纭。石元春将在新疆考察时打下的盐渍化研究的基础和平原的情况做了对比，他觉得，弄清水盐运动的规律是打开谜团的关键。那时候，没有人委派，他每周一次扛土钻，坐5小时的公共汽车，步行几公里路程，到北京南郊大兴县的芦城村，一个人打钻取土4小时并详细作图。课余又用四五天时间整理土样数据。在没有科研经费的条件下，他整整干了两年。

1973年秋天，国家科委决定在河北黑龙港地区，围绕地下水开发和旱涝盐碱综合治理组织科学会战。当时，石元春正由陕北回京疗养克山病。听到这个消息，他和另外7名中年教师一起，主动来到河北省曲周县，在盐碱灾害最重的张庄扎下根。他们和当地农民一样，住土屋、吃红薯，在2 000公顷老碱窝上开始了黄淮海平原旱涝盐碱综合治理试点工作。他们还是从“笨功夫”做起：用双手把土钻一把把钻进地下两三米深，将数以十万计的数据仔细整理分析。石元春当时的克山病还没有痊愈，他曾几次晕倒在田间。“劳其筋骨，饿其肌肤，空乏其身”对这一代知识分子来说，已司空见惯，而“苦其心志”又让他们承受了巨大的压力。由于无暇回校参加“批林批孔”，又因为他们的研究影响了当地向国家争取打深井的经费，他们被说成代表了“阶级斗争新动向”；支持他们研究的当地技术干部成了“坏分子”……就是在这样的压力下，他们的研究不仅没有停止，而且又运用计算机、遥感技术和信息等现代科技的监测预报网络，取得了准确的数据。在进行大量的科研调查和数据分析的基础上，总结出半湿润季风气候条件下水盐运动的理论。这种理论认为：黄淮海平原的旱涝盐碱，是受半湿润季风气候影响，在一定地貌和水文地质条件下，区域水盐运动在不同的时间呈上行或下行趋势所表现出的一组自然现象；旱涝盐碱与地下咸水共存，既互相联系又互相制约。因此，治理旱涝盐碱的实质，是对区域水盐运动进行科学调节和管理，从而达到旱季不旱、雨季不涝、土壤脱盐和地下水淡化的目的。在这一理论的指导下，提出了“以浅井深沟为主体、农、林、水并举”的综合治理方案。经过十几年的努力，试验区由“春天白茫茫，夏季雨汪汪，只听耕声响，不见粮归仓”变成了沟渠成网、土地成方、绿树成行的米粮川。曲周试验区的成就，引起了联合国农业基金会（IFAD）的重视，提供了1 800万美元的贷款，治理曲周县北部15 333公顷低产农田[2]。

1978年石元春获全国科学大会奖；1979年受到国务院通令嘉奖；1985年，石元春教授主持召开了国际盐渍土改良学术会议，来自14个国家的200多位世界知名土壤学家到曲周等地考察后称“中国的盐渍土改良工作是世界第一流的”。1988年，石元春获得国务院颁发的黄淮海平原农业综合开发一等奖。

1988年，中国政府做出了开发黄淮海平原的部署，石元春被任命为黄淮海平原综合治理国家科技攻关顾问专家组组长及项目主持人。项目由北京农业大学、中国农科院、中国科学院、中国林科院、水利科学研究院和冀、鲁、豫、苏、皖五省农科院所属有关所（系）共204个单位的1 141名科技人员参加，治理范围涉及32万公里2，耕地1800万公顷。项目组在应用基础理论研究、综合配套技术研究、重大关键单项技术和农业发展宏观战略研究四个方面获得重大突破性进展，并建立起了不同类型中低产区综合治理开发模式，建立了26.7万公顷不同类型的治理开发试验示范区样板，总结出一系列可操作、高效益综合配套技术体系。仅“七五”以来推广重大成果81项，累计推广面积达720万公顷，获经济效益74.15亿元。该项目获1993年度国家科技进步特等奖。

1988年教师节，曲周县的农民在北京农业大学的校园里，为石元春等北京农业大学的专家们立了一块写着“改土治碱造福曲周”的汉白玉石碑。

二、石元春教育思想形成的历史背景

1. 国际高等农业教育发展的基本状况

20世纪80年代中期，世界发达国家面临第一产业向第二、三、四产业转化的关头。农业在国民经济中的比重减小，农业教育比重和地位也相对下降；入学人数减少，传统的动植物生产类的专业学生人数普遍下降；教育投资不足；传统专业失去了吸引力，不适应市场需要的专业被取消；日本、美国研究生人数开始上升的状况成为一个趋势。

一些发展中国家高等农业教育的主要目标仍然是教学生如何增加生产。其弊端是急功近利，忽略了持续发展；为了解决人才短缺问题，盲目增设学校，扩大招生，由于资金和师资不足，教育质量下降，人才市场上又出现供大于求的状况[1]。

发达国家、发展中国家在高等农业教育上存在的共性问题是建立在基础生物学和自然科学基础上的传统的农业教育，不能适应时代发展的需求；农业这样一个受制因素多的复杂的生命产业，需要科学技术上不断地创新和突破；生产率的飞跃，需要新型的高质量的人才。在关于规模和质量方面，各国的课程模式是相近的“拼盘式”，教学计划是把各门课程拼在一起。特点是简单分门别类封闭式的自成系统，各门课程互不联系。从高等教育发展的总体上讲，各国高等教育的规模在不断扩大，但是政府支持的力度却在下降；资金不足是世界性的问题；高等院校面对飞速发展的社会，仍然表现出巨大的惯性和内在的惰性。为了改变这种状况，各国都在为寻找适应国情的教育发展模式做着不同的探索[7]。

2. 我国高等农业教育发展的历史阶段

党的十一届三中全会以来，高等农业院校首先从“左”的思想中挣脱出来，积极恢复和发展高等农业教育，一些在“文化大革命”中搬、迁、撤、散的学校得到恢复，逐步恢复了正常的教学秩序。随着我国农村经济体制改革和农业生产的迅速发展，农村的经济结构、产业结构、农业的经营方式和对科学技术的需求，都发生了战略性的变化[5]。而此时，我国高等农业院校中按照苏联的教育思想组装的教学模式；我国自己按照计划经济的需求构筑的教育模式；片面强调教育为无产阶级政治服务，与生产劳动相结合，摒弃基础教学的教育思想等已不能适应时代发展的需求。

1985 年，我国经济体制改革、科技体制改革和教育体制改革相继启动。《中共中央关于教育体制改革的决定》指出了当时教育体制上的三大弊端：一是政府对高等学校统得过死，学校缺乏活力；二是高等教育内部的科系、层次比例失调；三是高等教育思想、教育内容、教学方法等，脱离经济与社会发展的需要，落后于当代科学文化的发展。《决定》提出，必须进行教育体制、教育结构、招生分配制度以及教学内容与方法等方面的改革。高等农业院校开始对延续了几十年的、传统的、以专业教育为主的教育模式的改革。

3. 北京农业大学基本概况

北京农业大学是我国最早建立的一所高等农业学府，又是新中国成立后在全国范围内，由北京大学农学院、清华大学农学院、华北大学农学院组建起来的第一个专业大学。她集中了一大批著名的教授和专家，继承和发扬了重视基础、联系实际、求实严谨的优良传统和作风。新中国成立初期，是全国 6 个重点院校之一。1984 年，列为全国重点建设的 10 所高等院校之一。这是一所开创并奠定了中国农业高等教育基础的院校[3]。

石元春接任校长的 1987 年，北京农业大学从北京到陕北、再到河北、再回北京的一路迁徙，使还算殷实的家底流失殆尽。1978 年回原址办学后，一直在相当困难的条件下办学。当时被占的校舍还没有全部收回，校园环境杂乱；教室、实验室、图书馆等基本办学条件及经费严重不足。

石元春在 1987 年第一次工作会议上指出了农业大学的几个不适应：

专业学科和院系设置上的不适应。目前的专业学科设置和培养计划基本承袭 50 年代中期的苏联模式，至今处于相当稳固的状态。这种以不变应万变的状态的产生，是因为高等教育长期受到国家包培养、包分配、包接收的“大锅饭”用人制度和办教育不讲效益观念的保护。

培养人才的质量观上的不适应。长期以来，我国实行的是专才教育，强调专业知识学习而基础不厚，知识面窄，导致适应和应变能力差；强调理论和课堂教学，轻视实践教学，使学生实际工作和动手能力差；强调传授知识，以教师为中心和注入式教学方法，忽视智力开发和能力培养，导致学生分析和解决问题的能力差。

教育层次和结构上的不适应。一次性的大学教育可以终身受用的传统教育思想受到挑战；继续教育和高层次教育市场需求增大，但是学校并没有充分认识和必要的准备。

学科发展观念上的不适应。农业大学强调传统学科而对交叉和新兴学科的倡导、支持和重视不够；强调单项学科而对与近邻学科的结合和多学科的综合重视不够；强调自然科学技术而对社会、经济和人文科学重视不够；强调“硬”科技而对信息、系统科学、管理等“软”科学重视不够；强调研究而对研究成果向生产转移重视不够。

人才、思想和物质条件上的不适应。师资队伍中，高低优差一个样的“大锅饭”现象很普遍，竞争意识淡薄，论资历排辈思想严重，优秀中青年教师难以脱颖而出，缺少学术思想的交流和相应的生机。人才流、物质流和思想流处于阻滞状态。

管理模式的不适应。由于习惯于按“单”加工，缺乏主动地研究和制定发展战略目标，包括一个中近期的工作规划和计划，使得学校的运行机构、管理手段阻滞[1]。

这“六个不适应”准确地概括出了当时农业院校共性的问题。20 世纪 80 年代末，我国经济体制改革所带来的巨大变化，使得政治体制改革开始做出一些尝试。自 1987 年起，农业部所属高等农业院校中，有三所（北京农业大学、沈阳农业大学、上海水产大学）开始试行校长负责制。意在探索社会转型期教育体制改革的经验和教训，打破传统的管理模式，加快决策和转变教育思想的进程。

石元春正是在这样的历史背景中，在各种各样的角色期待中，出任北京农业大学校长。他开始全面推进包括教育思想、教学内容、教学管理及教学方法手段在内的教育领域的各项改革。

三、石元春教育思想的核心内容

上任伊始，石元春觉得最重要的任务是完成“由旧的传统式农业大学向新型农业大学的历史性转变”。他认为，1949年三校合并和50年代初学习苏联是一次大转折；‘文革’、搬迁和复校是第二个大转折；随着国家经济体制转型，学校的体制转轨是又一个重大的历史性转折。这一次转折具有更加深刻的时代背景：既有新技术革命浪潮冲击下科技高速发展的全球性因素，又有40多年推行的高度集中的计划经济体制转换为社会主义市场经济体制对高等教育和社会各方面带来深刻影响的国内因素。这两个重大的时代性变革对一个长期在计划经济体制和学习苏联模式情况下形成的办学思想和体制提出了一系列问题和挑战。[1] 大学的办学思想、职能、结构、教学方式、内容、管理方法等必然要经历的一场深刻的变化，石元春透过纷纭的现象，抓住了大学办学方向选择、功能定位、人才培养类型选择等重大矛盾，进行了一系列改革。

（一）关于农业大学功能的选择

教育的本质是培养人的社会文化的活动，而大学的本质是传承、应用、融合和创新文化的学府。高等教育工作的基本矛盾，是学校教育与社会需求之间的矛盾。社会评价一所大学价值的高低，在于它是否适应并满足社会需要的程度。国家的发展，迫切需要高等院校迅速做出反应。一所大学的校长，就必须按照这样一个原则，依据国情、校情，在理论与实践的结合上，选择办学理念、学校层次定位、功能选择及方法途径，等等。

1. 农业大学文化功能的选择

马克思主义认为，教育与社会的关系是相互制约、互为因果的。社会发展的决定因素是生产力，而生产力中最主要、最活跃的因素是人。邓小平提出的科学技术是第一生产力的思想，使大学这样一个集人才培养和科学技术的创造于一体的部门，应该更注重文化功能的建设[6]。石元春在完成农业大学由传统教育向现代教育的转化过程中，通过对传统教育的选择、改造、发展和继承，强化了学校的文化功能。

（1）把北京农业大学办成“以农科为主的综合性大学”。这是建立在对教育规律和时代特征深刻认识基础之上的教育理念。1987年，石元春提出的学校发展的总目标是“综合性和多学科性的，一流和新型的农业大学”。到1992年，把这一目标调整为“一流和新型的，以农科为主的综合性大学”。这一理念的依据有三：从农业在经济发展所占的位置来看，近代技术对农业的武装程度和武装速度迅猛发展。农业将加速向规模化、企业化、区域化和专业化以及社会化方向发展。对生物体及其生长环境的可控程度、生产稳定性和经济效益在大幅度提高。可再生的生物能源对化石能源的替代将越来越受到社会的关注。农业对人类生存的资源和环境的保护、可持续发展，以及提高人类生活质量方面具有越来越重要的意义；从全国高等教育的结构看，中国有以工科为主的清华，有以文理科为主的北大……但是没有一所以农科为主的综合性大学。到 1993 年，我国在校生 254 万人中，农科本专科生仅占 4.3%，研究生占 3.8%，农科硕、博授权单位和学科专家点占全国的 5% ～ 6%，特别是在校研究生只有 4 400 人，只相当于一两所综合性大学的数量；从高等农业教育的结构上看，我国现有高等农业院校 66 所，而称为农业大学的约 10 所，真正意义上的以农科为主的综合性大学还没有一所。这一目标强调的是综合性，这是大学的层次定位；以农科为主，强调的则是自己的特色主体。

（2）把北京农业大学办成一所研究型的大学。这是完成上述教育理念的一项战略性的选择。现代教育理论研究，将大学分为三个层次：研究型（以解决重大科研问题为主，重点培养高层次人才）、教研兼容型、教学型。石元春在分析、借鉴国内外经验及高等农业教育现状和学校的形势后，提出，北京农业大学要“向着综合性、高层次、研究型、多职能和提高国际化程度的方向发展。”[2]

（3）把北京农业大学办成没有围墙的大学。这是一个十分广泛的概念：在办学思想上，紧紧抓住主要矛盾，把高等农业教育与经济、科技结合起来，把学校与农业、农村、农民的需求结合起来，使大学更好地为农业经济发展服务；在办学体制上，加强与社会的联系，使学校与社会生息相通，有助于使学校自主办学的选择更为准确；在办学手段上，开掘信息资源，建立起远程教育系统；在人才培养上，只有坚持理论与实践的结合，才能培养出高质量的人才。在北京农业大学举办的农民科技日活动中，石元春对来校园里的农民说：“农业院校本来就是为农业、农民服务的，农大与农民之间没有围墙。”[1]

按照以上的定位和选择，石元春重点抓了以下两个方面：

——重视研究生教育。1984 年，北京农业大学建立了高等农业院校中第一个研究生院。农业院校人才结构几经调整，1986 年前后，研究生教育经历了一个大发展后的萎缩时期。北京农业大学年招生人数减少了 50%。石元春综合分析学校的学科、地域、人才等优势，根据他所掌握的人才市场的变化需求和政策因素（在教育事业费中，每个本科生年经费 0.65 万元；每个硕士生年经费 0.90 万元；博士生年经费 1.10 万元），提出：“北京农业大学在具有本科教育、研究生教育和继续教育三层结构的综合性的农业高等教育体系中，应该把研究生教育作为一个重点抓好。”研究生教育的目标主要是为教育科研系统和管理系统培养高层次农业专门人才。但在程度上，是否可以把我校的培养目标或水平瞄准或定在为 21 世纪培养一批在农业科学各学科前沿的优秀农业科学家上。[2] 主要措施是：建设一批高质量的课程，内容结构以高新技术为主纵向深入，以边缘、交叉学科为主的横向拓展，以培养科学思维能力和素养为主线；鼓励学生流向承担大项目的重点学科和边缘、交叉学科；推进研究生兼教学助理（TA）、科研助理（RA）、管理助理（MA）制度；加大研究生招生数量。1994 年，北京农业大学硕士、博士在校生分别达655人、242人，比1990年分别增长了72%和26%[3]。

——重视基础研究。石元春提出，没有一流的学术水平，就没有一流的大学。学术水平是高等农业院校综合实力和整体水平的体现。要提高学术水平，必须重视基础研究。因为农业应用基础理论研究，是农业科研的源端，它形成的理论原理、规律和积累的材料，是一种增加科技后劲和增加储备的艰苦的工作，一旦取得突破，就会推进人类认识自然的深度。针对学校基础研究薄弱的状况采取的措施，一是增加基础研究的科研经费。基础研究经费在学校总研究经费中由“六五”的2%增长到1990年的26%，1994年北京农业大学承担的国家攻关、国家自然科学基金、博士点基金课题经费总数已经占科研经费总数的68%。基础研究经费所占份额上升到47%。二是争取重大科研项目。建立起对全校11个国家级重点学科和12个校级重点学科的评审制度，组织教师积极参与国家攻关、“863”、自然科学基金等重点科研项目遴选。到1994年，北京农业大学主持国家攻关项目2项、专题33个，主持农业部重点攻关专题16项，主持国家自然科学基金项目等各级各类课题共484项，总经费达4 593.5万元。三是重视培养青年学术带头人。青年教师的选留以博士、硕士为主，1988—1992年进校的248人中，博士占18.1%，硕士占55.6%；对青年教师委以重任，让他们挑重担。石元春亲自掌握一批住房，以吸引国内外人才；学校每年拿出10%～15%的高级职称指标，用于青年教师的脱颖而出；青年专项科研经费占总经费的12%。[1]

2. 教育变革实质、方向的选择和把握

我国教育现代化的指导思想就是邓小平同志提出的“教育要面向现代化，面向世界，面向未来。”这是改变旧的教育思想、教育制度、教育内容和教育方法的依据。在管理体制改革中，有一种观点认为，教育的现代化就是“教育西方化”。这种理论认为，发展中国家与西方发达国家的发展历程是一致的。要实现现代化，唯一的途径是西方化和照搬西方的模式。在传统思想的转变中，如何贯彻三个面向？如何把握社会主义的办学方向？石元春提出并实施了这样的方案：

（1）非智力因素教育与熔炉工程。石元春认为，高等农业院校不仅仅是完成教学、科研、推广等任务，重要的是在社会经济发展中发挥其文化功能，特别是在学生的素质教育中，这一点尤为重要。他说：“高等学校应当具有一股强大的精神力量和深沉的气质，犹如一座陶冶英才的熔炉。”[3]

《中共中央国务院关于深化教育改革全面推进素质教育的决定》是于1999年6月做出的。1987年，石元春在第一次工作会议上提出的质量观中，首先强调的是“把正确的政治方向、献身和创新精神以及良好的文化素养，作为主要内容的精神素质培养和品德教育纳入培养目标和计划。”[4]石元春在学校工作会议上提出关于非智力因素培养的问题。他认为非智力因素培养中重要的是精神素质的培养。精神素质培养的内容里，重要的是培养学生马列主义的人生观、价值观，对中国农业的使命感、责任感、科学严谨的治学态度。结合自己成长的历程，石元春认为人才成长的环境和条件对于精神素质培养关系重大。他说："在我的经历中，得到一个基本的认识，就是一个人的思想行为、思维方式以至气质等都决定于他的成长环境。一个人的一思一言一行，无不打上环境的烙印。人的成长环境中，一种是理性的，一种是感性的。理性的是人类实践活动中总结出来的理论，这些需要系统的学习。而感性的东西主要由感知获得。这包括两方面的内容：一是如何做人和如何处理好人与人的关系，如人生观、价值观、理想情操、文化教养、伦理道德、社会责任感等；二是精神气质。如何创新开拓、顽强拼搏、坚韧不拔、豁达大度、乐观向上等。这种非智力因素是一种对智力因素发挥着重大影响的心理因素。衡量学生的整体质量，要包括智力因素和非智力因素两个方面。"[1]

据此，他提出建立人才培养的"熔炉工程"的概念："精神素质的培养除必要的理论灌输，主要是环境影响。环境影响一种是活动性的，如社会实践、科技活动小组、音乐讲座、小说电影评论、演讲会、辩论会等等；一种是非活动性的，如在教室、图书馆、宿舍、食堂、校园等各种场合的讲礼貌、守纪律、崇尚科学、献身农业的精神培养，使学生随时随地都感受到科学和事业的熏陶以及肃静优雅的气氛。这是一种精神力量，在耳濡目染中塑造学生良好的精神素质。我把它叫作'熔炉工程'。""熔炉工程是由各个部门相互有机融汇成的一个整体性的育人环境，要一件一件，实实在在地抓上去。没有五年十年的艰苦努力，这个精神熔炉是建立不起来的。"[2] 1994 年他主持制定了《北京农业大学实施学生德育"熔炉工程"计划》。

1999 年，石元春应邀为《素质的较量》一书作序时，对于素质教育有了进一步的认识："一所大学的群体环境，渗透在她的教育理念和优良传统、教育内容和校园文化、教师群的科教素养和人格魅力、学生群的科学精神和人生心态之中。这不是凭几门课程和说教者所能做到的。在我国，从中央到地方领导层中出现的清华现象，不是清华开了'领导学'课程，而在于清华长期形成的育人软环境熔炉的陶冶。在某种意义上，这种'润物细无声'的软环境建设比硬环境建设还难还重要。前北京农业大学曾为此而设置了'熔炉工程'。素质教育可以有声有形，也可以无声无形，塑造好这座熔炉，可'于无声处听惊雷'，素质教育的最高境界是'无为'。"[8]

（2）推广"四段实践教学法"。高等农业教育在系统理论教学和参加生产实践的问题上，常常出现片面性。石元春认为"一个农业大学，必须有以课程为中心的系统的基础和专业理论教学，同时也要有以生产实践为中心的实践教学。二者应当相互协调比例得当。相互割裂孤立和以一面代替另一面是不符合马克思主义认识论和理论联系实际原则的。"[3] 1988 年学校总结推广了农学系的"四段实践教学法"，即利用学生 4 年学习期间的三个全生长季，分农事实习、田间技术与生物学观察、科研训练和生产实习四段安排。实践教学累计24周，占总学时的15%。这个实践教学系统与理论教学的基础课、专业基础课、专业课的系统和程序相呼应，相互协调补充和学生在动手能力，分析能力、解决问题能力和创造性思维能力的智能培养以及在生产观点、实践观点、学农爱农、献身农业的使命感，艰苦朴素的作风等精神素质的培养上都有着重要的作用。为加强这个教学环节，在四个方面加强了工作力度。一是把基地建设与学校承担的课题结合起来，解决教学基地不足问题。把涿州、黄淮海开发区作为教学基地，每年约有4 000人在基地参加科研和实践教学；二是针对缺少既有理论基础，又有丰富的实践经验和较好的体质的教师，同时又缺乏科学合理的工作量计算、生活补助条例，导致教师的主要精力没在教学上的状况，提出并实行了对教师的聘任—责任—评议结合的制度，鼓励那些有经验、教学效果又好的教师上教学一线；三是尽力增加实践教学经费。

（3）注重国际交往和对外开放。石元春注重把学校与世界上著名的农业大学进行比较，尽可能扩大国际交往，利用合作研究、考察访问等合作方式，打开学校的视野。先后与20多个国家的农业大学建立了合作关系；建立了与国外企业的大型合作项目。中德项目为学校培养博士20多名，含合作研究课题12个和1个综合农业发展中心。与美国洛克菲勒集团合作，由洛克菲勒基金会提供35万美元，资助中国留学生短期回国进行合作研究的项目等；1991—1995年期间，请进短期文教专家382人次，接待国外友人来访1 067人次，接受外国留学生98人次。

（二）遵循马克思关于人的全面发展的学说，定位农业大学培养人才模式

1. 人才类型定位——培养通才和专才结合的创造型人才

1988年，石元春在工作会议上提出："长期以来，我们实行的是专才教育，强调专业知识学习而基础不厚，知识面窄，导致适应和应变能力差；强调理论和课堂教学，忽视实践教学，导致实际工作和动手能力差；强调传授知识，以教师为中心和注入式教学，忽视学生智力开发和能力培养，导致学生分析和解决问题的能力差。"改变这样一个人才的质量观上的不适应状况，首先要树立一个科学的、明确的、统一的质量观。而现代的质量观，是在通才教育的基础上，培养创造型人才。石元春把这一培养模式和标准概括为："使受教育者在品德（正确的政治方向、事业心、献身精神、进取开拓创新精神）、知识（基础深厚，知识面宽）、能力（动手和工作能力，适应和应变能力）三个方面得到全面培养和发展。"

按照这样的人才观，从1988年开始，北京农业大学从培养模式、培养计划、教学内容和方法、教学管理制度四个方面开始了改革：全面修订了教学计划，实行"按系招生，分流培养，模糊专业界限，改专业一贯制为三段组合制"的教学

模式。新的教学模式通过淡化专业，强化基础，使学生的知识呈“T”字形结构，成为既有较宽的基础知识，又有一定专业知识，动手能力强的高级专门人才；院系结构调整向着前沿、新兴和交叉学科、生物工程学科、经贸管理和人文社会科学学科、农业科技企业等6个方向延伸，由原来的12个系（院）调整和组建为8个学院29个系、74个专业方向以及18个研究所（中心）的新框架。新的框架改变了封闭型教育模式，扩大了农业教育的外延，使学校具有很强的自我调节能力，在学科发展、人才需求和培养方面满足社会发展的人才需求并在激烈的竞争中立于不败之地。

2. 人才知识结构定位——融会贯通终身教育思想

20世纪50年代法国著名成人教育专家保罗·郎格朗首先提出终身教育的主张。1965年联合国教科文组织讨论了他的提案，终身教育开始成为国际会议的主题。其主要的内容：终身教育是“人们在一生中所受到的各种培养的总和”。对社会而言，终身教育的理想是建立一个学习化的社会；对个人而言，终身教育要造就能够在现代社会中应付各种变化并发挥个人独特才能的创造者。终身教育不仅仅是一个体系，而是建立一个体系的全面组织的原则[6]。在传统的教育思想中，大学教育应该是最高层次的教育，必须使受教育者掌握必要的、专门的知识。石元春依据终身教育的原则，将大学教育置于阶段体系中，构建起一个在先进的科学技术基础上的，与时代发展相结合的高等农业教育结构。采取的措施主要有三种：

（1）在教学结构选择上，对于本科、研究生和继续教育实行提高质量、突出重点的发展方向，两次修订了本科、研究生和继续教育的教学建设规划，包括培养模式和计划，课堂、实验和实践三项教学体系建设规划。

（2）在教学内容选择上，构筑学生所应了解和掌握的现代科学技术发展的知识框架：向着“拓宽知识面，增强适应能力；打好基础，增强应变能力；加强实践教学，提高学生素质”的方向积极调整。课程建设以“建”和“创”为核心，实施重点课程建设计划，提倡以“优质施工”来保证“改革蓝图”的实现。

（3）在教学管理体制上，建立起一套能主动和迅速适应社会需求变化机制：给院系以充分的主动权，以利于学科的综合交叉和新兴学科的发展；完善和全面实行以学分制为核心，辅以弹性学分制、必修选修制、交费重修制、主辅修制、转系制、导师制、淘汰制等；建立加大正负面激励和奖罚制度，调动学生学习的积极性。

（三）农业大学经济功能的选择

从教育同社会其他方面的综合关系看，传统教育的功能比较简单，除了传递社会文化外，主要为社会政治服务。政治功能是传统教育的核心功能。今天，教育的功能是多方面的，除了政治、文化功能外，还有经济、调整社会人口素质和人才体系等多方面的功能。科学是一种知识形态的生产力，只有转变为物质形态直接进入生产过程，才能从间接的、潜在的生产力转化为直接的、现实的生产力，成为开发自然、改造社会的巨大力量。石元春指出："在当今新理论技术日新月异、知识更新和社会变革快速发展的时代，大学的职能已由单纯的培养人才向着教育、科研和社会服务的多功能方向发展。大学已不是封闭的象牙之塔，而要面向经济建设，与社会密切联系，成为时代洪流中的中坚。"核心内容是强化高等农业院校的经济功能。

1. 摆正教学与科研的位置

石元春对于教学和科研的关系这个时常产生异议的问题，提出了明确的观点。他认为，高等教育本身就具有包括科研在内的综合职能，而没有较高的科研和学术水平就不可能有一支高水平的师资队伍，也办不出高质量的学校。"从整体上看，没有必要在谁第一，谁第二；谁为主，谁为辅的概念上作无谓的争论。但是，在具体的单位、个人、时段以及工作上却要注意处理好二者的关系。如有的教师所在单位科研任务过重，社会活动过多，对教学工作抓得不紧、不认真，效果不好，这是不应当和不允许的；但是也不能把工作安排和管理不当而产生的某些现象以偏概全地归之于科研冲击教学。高校教师，特别是高级职称的教师，一定要创造条件，在完成教学任务的前提下，尽力使科研工作取得好的成果，以不断提高自身的科学和教学的素养。"[1]

2. 以经济效益为目标，组织多种形式的推广和开发

石元春说："农业推广在高校中一直是某些应用研究的附带性工作。大学应不应该搞推广也是个有争议的问题。我对此是持肯定态度的。因为这是现代大学服务社会的重要形式和渠道；中国农业发展中的一项长期而重大的战略任务是促进科技成果转化为生产力，农业大学责无旁贷；促进师生联系实际，提高解决实践问题能力的重要途径。"[2]北京农业大学在建立和发展社会服务功能的过程中，坚持参与黄淮海平原区域农业开发和扶贫工作，争取大的项目；1988年成立了全国农业院校中第一个专门性的农业推广机构——北京农业大学农业综合发展中心；建立了第一个农业推广专业，首聘了第一批"推广教授"；成立了北京农业大学高新技术开发总公司，推动实用技术向生产转化，将学校的高新技术、成果物化和商品化。在为农业经济发展做出贡献的同时，缓解了学校经济拮据的状况，为学校注入了生机。

3. 千方百计增强学校的实力

经费不足是制约学校发展的大问题，石元春认为它关系到办学质量提高以及教、职工的积极性和稳定性。随着改革的发展，各项经济补贴、工资改革政策的出台原则是，只给政策不增加拨款。"找钱""要钱""赚钱"成了大学校长的

重要工作。石元春带领全校师生在困境中求生存、求发展，创出了值得借鉴的路子。一是把关心群众生活和调动教职工积极性当成“熔炉工程”来抓，1991 年学校基建被国务院批准正式列为国家“八五”大中型基建项目。4 年基建经费 6 871 万元，相当部属高校总经费的 1/3 强。完成基建项目 41 977 米^2，教学、科研、生活条件得到了很大改善。二是以高新技术产业为主，积极创办校办产业和经济实体。成立了高校第一个进入上海浦东开发区的高微公司、都丽梦食品有限公司、以生物制品为主的京农公司等等。校办企业 1994 年上交学校基金 986.8 万元。三是利用学校整体优势，运用各种形式，积极引进外资。与泰国正大集团、日本神内公司、京食公司、美国洛克菲勒基金会、温洛克基金会联合办企业、开展项目合作，引进国外资金约 8 000 万元。通过这些途径，使学校办学、生活条件和职工待遇有了较大改善，新增固定资产 2 亿元。

回望这段历史，使我们充分认识到，一所大学在一个特定的历史阶段中所取得的成就，非个人能力所及。但是一个正确的教育思想的确立和实践，却是使一个单位、部门赢得时机的关键。北京农业大学于 1994 年，顺利通过国家“211”预审。石元春提出并实践的教育思想，留在了中国高等农业教育发展的历史中。

参考文献

[1] 石元春．挑战和适应性调整思考——面向 21 世纪的中国农科高等教育，当代科学技术发展与教学改革．北京：高等教育出版社，1995.147-157.

[2] 石元春．实事创新求是，院士思维．合肥：安徽教育出版社，1998（44）.

[3] 北京农业大学校史资料征集组．北京农业大学校史．北京：北京农业大学出版社，1990.

[4] 朱荣，郑重，张林池，等．当代中国的农业．北京：当代中国出版社，1992.

[5] 路明．中国高等农业教育五十年．北京：中国农业出版社，1999.

[6] 历以贤．现代教育原理．北京：北京师范大学出版社，1988.

[7] 吴玉金等．改革发展中中国高等教育．沈阳：辽宁大学出版社，1998.

[8] 王克．素质的较量．广州：广州高等教育出版社，1999（12）.

[9] 顾明远．关于教育现代化的几个问题．新华文摘，1997（11）：156-159.

附件3 北京农业大学8年转型改革大事记

（1987年6月至1995年9月）

1987年

5月22日　中共中央组织部组任字（1987）35号文通知：石元春任北京农业大学校长，免去安民北京农业大学校长职务。

8月22—26日　召开第一次工作会议，主题是确定大政方针与提高教学质量

9月2日　召开全校大会，石校长传达第一次工作会议。

10月28日　在召开的教代会上，石校长做工作报告。

1988年

1月27—31日　石校长代表学校出席全国高教工作会议。

2月2—6日　召开第二次工作会议，主要议题是改善学校管理系统和运行机制，通过“北京农业大学校长负责制暂行条例”，确定以校系为主轴的两级管理体制。

2月29日　新学期开学典礼和全校教职工大会，石校长做工作报告。

3月3日　成立参战“黄淮海农业推广战役指挥部”和黄淮海工作办公室，组成邯郸、沧州和盐城三个工作团“下海”。

4月15日　校务委员会审议通过了《北京农业大学88级试行组合式教学计划》。

5月30日　至6月12日石校长访德，讨论CIAD二期合作项目。

6月2日　农业部正式批准北京农业大学试行校长负责制。

6月6日　新图书馆开工。

6月7日　农业部批准北京农大成立继续教育学院及京农高新技术产业开发公司。

6月14日　李鹏总理到北京农大曲周试验区视察。

7月4—8日　国家教委农林业重点学科审定会在北京农业大学召开。

7月23日	荒废20余年的游泳池修复和投入使用。
7月24—31日	李鹏总理邀请以石元春教授为首的黄淮海科技攻关科技人员代表到北戴河做客休假和颁发国务院嘉奖令。
8月	部队501所交还主楼和农学楼。
8月22日	与日本东京农大签合作协议，每年暑期互派大学实习生。
8月25—30日	召开第三次工作会议，主题是讨论提高科研整体水平。
10月12日	在土化系、畜牧系和生物学院作教师职务聘任制试点。
10月14日	成立学生工作办公室。
10月14日	成立信息中心。
11月2日	召开全校实践教学经验交流会。
11月5日	召开全校教师会，介绍按系招生和组合式教学。
12月31日	农业部部属8院校及16个农业管理干部教育分院在北京农大开会，农业部何康部长和国家教委何东昌副主任参加。会后全体代表参加全校师生的除夕晚会。

1989年

1月17—18日	召开首届三次教代会，石校长做工作报告，与校民主党派代表对话，共议校事。
2月24—26日	召开第四次工作会议，主题是讨论1989年的转型改革和工作计划。
3月27日	我校教育改革成果“教学—科研—推广中建立农科实践教学体系”通过农业部主持的鉴定并在全国农业院校推广。
4月20日	我校土地资源系成立。
4月19—23日	石校长赴南京参加国家教委科技委员会。
6月9—15日	石校长应邀访问日本东京农业大学。
9月1—2日	召开第五次工作会议，主题是围绕科研项目讨论“抓七五”和“争八五”。
10月11日	近30名师生组成农业技术推广咨询团，以河北省邯郸地区8个县的800农户作为协力推广农户，推广我校38项实用技术；应地方邀请，我校7位教师分别派到河北省7个县任科技副县长，主管农业科技及推广工作。
10月21日	成立生物技术分学术委员会。

12月1日　　校务会议审议通过了课程建设计划。

12月20—21日　我校召开二届教代会和十四次工代会，石校长做工作报告。

12月26—29日　农业部部属高校工作会议在北京农大召开，国家教委、农业部有关负责同志及22所院校校长和党委书记参加，国家教委副主任何东昌到会并讲话。

1990年

1月8日　　召开全校教职员工大会，石校长做1989年工作总结和1990年工作计划报告。

2月12—14日　召开第六次工作会议，讨论和通过了《关于加强工作作风建设的意见》，要求各级干部“沉下去，做实事，服务好”，规定每周四为无会日。

3月6日　　石校长邀请参加全国科技工作会议的35位农业院校校长及校友来校座谈“科技兴农”，交流改革经验。

3月14日　　毛副校长主持召开实践教学工作会议。

3月28—31日　全国“高等农业院校教材指导委员会”学科组长会议在北京农大召开。

3月　　农业部和北京市规划委员会批准北京农大建设总体规划，用地71公顷，总建筑面积36万米^2，其中新建面积18万米^2，学生规模6 000人。

4月13日　　继续教育学院获农业部授予“农业成人教育先进集体”。

4月14日　　石校长、毛副校长与校民主党派教师座谈，共商教育与改革校事。

4月19—22日　农业部党组在北京农大召开部属8院校书记校长会。

5月21—22日　首届农业生物技术年会在北京农大召开。

5月26—29日　石校长参加中共中央国务院召开的科学家座谈会并发言。

7月6日　　国务院各部委的教育司司长来校考察。

8月23—24日　召开第七次工作会议，制订了《关于建设教风建设的意见》《关于加强学风建设的意见》和《关于加强工作作风建设的意见》。10月，北京市教工委在《大学情况》转载此三个文件。

10月5日　　作为85周年校庆的序幕，“农业教育现状与展望国际会议”在我校召开。

10 月 9 日	隆重举行建校 85 周年校庆。
11 月 20 日	国务院学位委员会下达第四批博士生导师名单，批准我校 15 个博士专业点的 18 位教师为博士生指导教师。
12 月 3 日	新图书馆落成剪彩。
12 月 13 日	北京农大橄榄球队成立，是中国大陆的第一支橄榄球队。
12 月 17—20 日	全国高校科技工作会议在北京召开，我校黄淮海项目研究组被评为全国高校先进科研集体，石校长做大会发言。
12 月 26—29 日	农业部在北京农大召开部属农业院校校长会议。
12 月 27 日	召开全校实验室工作会议。

1991 年

1 月 3 日	毛副校长主持召开教学工作会议，部署首批重点建设课程的评议工作。
2 月 20—22 日	召开第八次工作会议，贯彻教委 24 字方针，部署 1991 年工作，提出“八五计划”设想。
4 月 3 日	新一届校领导班子配齐，程序、张立强等副校长。
4 月 4—5 日	研究生院召开一类课程评审会。
4 月 26 日	校务委员会通过一类课名单，研究生科 5 门，本科生课 7 门。
8 月 22 日	国家计委通知北京农大基建已列入国家“八五”大中型建设项目。
8 月 29—31 日	召开第九次工作会议，讨论《北京农业大学“八五”计划》和十年规划。
9 月 21 日	国务院 1991 年 9 月 21 日决定石元春连任北京农业大学校长。
10 月 15 日	举行暑期学生实践学习活动总结表彰大会。
11 月 5 日	我校 69 位教师获国家特殊津贴，石校长代表到农业部受奖。
12 月 23—25 日	黄铁成副校长主持召开第二次实践教学研讨会。
12 月 28 日	闫隆飞教授、石元春教授当选中国科学院院士。
12 月 29 日	召开校二届二次教代会和十四届二次工代会，石校长做第一届任期“述职报告”。

1992 年

1 月 23 日	学校召开评聘推广型教授的公开答辩会，此次被评聘的有蓝林旺等三位教授。

3月12—14日 我校在CIAD报告厅召开第十次工作会议，讨论和通过了《北京农业大学“八五”发展计划》。

6月2日 召开副处级以上党、政干部会贯彻邓小平同志南方讲话精神，加快学校改革步伐。

6月6日 农业部副部长洪绂曾，教宣司司长毛达如、人事司司长王锵、财务司司长彭辉等一行17人来我校现场办公，听取我校综合改革汇报，力求为我校改革保驾护航。

6月13—15日 在涿洲实验场召开以“人事分配制度改革”为主题的第十一次工作会议，确定了我校“宏观控制，调整职能，责酬包干，自主管理”的16字改革方针，将进一步下放权力，开放搞活。讨论和通过了《校内管理改革的方案》《聘任制实施办法》《校内工资津贴实施方案》和《人才交流中心工作条例》。

6月20日 召开全校教职工大会，石校长做综合改革动员报告。

6月27日 举行“农业资源与环境学院”成立大会。

9月1日 学校召开副处级以上干部会，石元春校长宣布我校综合改革已进入实施阶段。本学期重点是落实好人事管理和分配制度改革方案。

9月1日 成立人才交流中心，配合人事管理和分配制度改革；教务处拟定的《关于本科生修读辅修专业的暂行办法》自本学年开始试行。

9月19日 日正式颁布“北京农业大学技术转让和中试管理暂行办法”。

10月17日 石元春校长主持召开了各院系和教学业务单位负责人参加的行政办公会，就教育和教学改革问题进行了讨论和部署。继学校业务系统、支持系统和校办高新技术产业系统改革方案的8个文件下发到各院系各单位以后，我校10院系根据学校下发的《北京农业大学业务系统内部管理改革暂行条例》，修订各自的实施方案，10月底校长办公室下发文件批复。

11月11日 交通运输服务中心成立。这是我校支持系统在改革中正式成立的第一个服务实体。该中心成立后将实行企业化管理，自主经营，自负盈亏。在完成学校交办任务的前提下，可以不断增加服务项目，扩大服务范围，最终走向市场。

11月21—23日 召开了第十二次工作会议，中心议题是：主动适应社会主义市场经济的需要，调整优化我校专业结构。

11 月	中旬开始我校各单位进行年终总结评议工作。这是我校实行以人事分配制度改革为突破口的综合改革后的第一次年终评议，完成了“评、聘、配”的改革环节。

1993 年

1 月 6 日	李青山副校长主持召开德育工作研讨暨总结表彰大会，改选了校德育研究会。
1 月 7 日	农业部副部长洪副部长一行到校听取石校长对“两年综合改革”的汇报并视察。
2 月 8 日	国家教委高教司司长周远清及所属 8 个处的负责人等一行 30 余人来校考察，石校长等汇报了学校工作及“两年综合改革”。
3 月 1 日	召开行政办公会，部署“主体升帐，三军护航”及 1993 年工作计划。
5 月 13 日	北京农大举办第二届农民科技日，上千位农民和技术人员参加，现场十分活跃。
5 月 22—24 日	召开第十三次工作会议，讨论调整优化培养方案，改革教学管理制度。
6 月 9 日	石校长给学生介绍学校的两年综合改革及进展。
6 月 23 日	动物科技学院成立。
6 月 29 日	发布“北京农业大学教育教学改革纲要”，这是近年来推行教育教学改革的总结，是指导当前教育教学改革的基本原则和宏观控制性文件。
8 月 8 日	高等数学、普通化学、微机系统及应用基础、植物形态解剖学等 7 门课挂牌上课。
11 月 24 日	举行人文社会学院成立大会。
11 月 29 日	举行基础科技学院成立大会。
11 月 20 日	李岚清副总理召开部分高校领导关于高校改革座谈会，石校长参会并发言。
12 月 8 日	农业部通知，北京农大被列为“211 工程”第一批预审单位。
12 月 13—14 日	石校长参加国家教委在清华召开的“211 工程”实施纲要大会。
12 月 18 日	教委张孝文副主任来校视察，听取两年综合改革汇报。
12 月 19 日	在涿州实验教学农场，北京农大与泰国正大集团联合举行了

	“北京农业大学－正大集团肉鸡发展中心”的落成剪彩庆典。
12月28日	举行实验大楼开工奠基典礼。

1994年

1月4日	召开行政办公会，布置年终考评工作。
1月10—15日	石校长和三位副校长在副处以上干部会上做1993年述职报告，下午评议。
2月2—4日	举行农业工程系成立大会。
2月26日	召开全校校办产业大会。
3月5—7日	召开第十四次工作会议，讨论管理体制改革及1994年工作纲要。
3月18日	我校主持的黄淮海中低产田改良和农业发展国家科技攻关项目获1993年度国家科技进步特等奖，项目主持人石元春教授代表到人民大会堂受奖。
4月7日	李岚清副总理到北京农业大学视察工作，听取了石校长的工作汇报并作指示。
4月9日	颁布《人才交流中心工作条例》。
5月6日	继成立交通服务中心和修缮服务中心后，绿化服务中心和物资供应服务中心相继成立
5月21日	北京农大第三届农民科技日，也是在农业部支持下举办的首届全国农民科技日。以北京农大为主会场，全国有北京农业工程大学、北京农学院、中国农科院、中国林科院等57个单位参加的16个分会场，接待了京、津、冀、鲁、豫、皖、辽、吉等省1 000余农民，有113位专家教授参加，提供了673项实用技术、1 000余种图书，达成了24项科技成果转让协议。
5月23日	中国大学生橄榄球协会成立，石元春校长任协会主席。
5月25日	颁布《人事调配工作暂行规定》。
6月6日	中央电视台教育节目与北京农业大学继续教育学院联合举办了“绿色证书果树栽培技术专题讲座”的培训班结业并颁发证书。
7月8日	北京农业大学高新科技产业一条街举行剪彩仪式。
8月25—27日	召开第十五次工作会议，总结“两年综合改革”，讨论“‘211工程’建设规划”。
9月18日	农业部洪副部长来校听取“北京农业大学211工程建设规划”